博碩文化

U0077542

C++

物件導向

程式設計實務與
進階活用技術 第2版

胡昭民 著　ZCT 策劃

結合 ChatGPT AI 寫程式更有效率

完整C++功能：融合程式語言、物件導向設計
及 C++ 樣板

上機測驗：強化程式撰寫與除錯能力

驗收學習：難易適中的例題，協助學習成效

資料結構與演算法首選：提供程式碼應用在程
式設計領域

運算
思維

資料
結構

演算
法

 本書範例檔案請上博碩官網下載

作　　者：胡昭民 著、ZCT 策劃
責任編輯：Cathy

董 事 長：曾梓翔
總 編 輯：陳錦輝

出　　版：博碩文化股份有限公司
地　　址：221 新北市汐止區新台五路一段 112 號 10 樓 A 棟
　　　　　電話 (02) 2696-2869　傳真 (02) 2696-2867

發　　行：博碩文化股份有限公司
郵撥帳號：17484299　戶名：博碩文化股份有限公司
博碩網站：http://www.drmaster.com.tw
讀者服務信箱：dr26962869@gmail.com
訂購服務專線：(02) 2696-2869 分機 238、519
（週一至週五 09:30 ～ 12:00；13:30 ～ 17:00）

版　　次：2024 年 4 月初版

建議零售價：新台幣 720 元
I S B N：978-626-333-826-5
律師顧問：鳴權法律事務所 陳曉鳴律師

本書如有破損或裝訂錯誤，請寄回本公司更換

國家圖書館出版品預行編目資料

C++ 物件導向程式設計實務與進階活用技術 /
　胡昭民著. -- 二版. -- 新北市：博碩文化股
　份有限公司，2024.04
　　面；　公分

　ISBN 978-626-333-826-5(平裝)

　1.CST: C++(電腦程式語言)

312.32C　　　　　　　　　　113004595

Printed in Taiwan

博碩粉絲團　歡迎團體訂購，另有優惠，請洽服務專線
　　　　　　(02) 2696-2869 分機 238、519

　　C++ 主要是改良 C 語言而來，除了保有 C 語言的主要優點外，C++ 比 C 要更為簡單易學，因為它改進了 C 中一些容易混淆出錯的部份，並且提供了更實用與完整的物件導向設計功能。嚴格說來，C++ 語言融合了傳統的程序式語言、物件導向設計以及 C++ 樣板三種不同程式設計方式，使它成為近代最受重視且普及的程式語言。

　　本書強調理論與實作並重，依照 C++ 功能循序漸進、由淺入深，安排 18 章介紹 C++ 物件導向程式設計的實務及進階活用的議題。除了課文內大量的程式範例正確無誤執行外，各章中的上機程式測驗單元，可以讓學生強化撰寫與除錯能力。另外，本書也精心設計大量的習題，可以協助驗收學習成效，本書很適合作為程式語言加深加廣的 C++ 程式設計的選用教材。本書中所有的 C++ 程式是以免費的 Dev C++ 來編譯與執行。全書分成四個重點：

- **基礎語法 Chapter1~ Chapter4**：先簡單說明如何進行 C++ 程式撰寫、編譯、執行與除錯，接著再導入變數與常數與各種資料型態的介紹，並進而了解各種運算子及流程控制指令。

- **進階語法 Chapter5~ Chapter10**：包括陣列與字串的宣告與綜合運用，再介紹指標與位址的觀念與實作，並示範如何自訂函數、參數傳遞與函數進階應用，最後則提到前置處理指令與巨集及自訂資料型態。

- **物件導向 Chapter11~ Chapter14**：是本書中物件導向程式設計的重點，筆者以生活化的案例說明類別與物件的物件導向程式設計基礎常識，有了這些入門能力後，再介紹類別的進階應用、運算子多載及繼承與多形，來完整呈現物件導向程式設計的精華。

- **活用技術 Chapter15~ Chapter18 及附錄 A、B、C**：介紹資料流及檔案的入門觀念，並探討各種檔案類型的操作技巧與管理。另外，除了例外處理的錯誤控制機制外，也介紹了 C++ 樣板的程式設計方式。第 17 章則以標準樣板函式庫（STL）來實作各種常見的基礎資料結構，包括：vector 容器、堆疊、佇列、集合（Set）、Map 容器、排序、搜尋、鏈結串列⋯等，最後一章則安排了資料結構中的樹狀及圖形結構中的演算法精選範例。

另外附錄 A、附錄 B 則介紹 C++ 常見的函數庫、格式化輸出入資料等實用知識點。附錄 C 則介紹「ChatGPT 與 C++ 語言程式設計黃金入門課」，談論的重點包括：認識聊天機器人、ChatGPT 的操作入門，使用 ChatGPT 寫 C++ 程式以及 ChatGPT 使用祕訣等精彩內容。

雖然本書校稿過程力求無誤，唯恐有疏漏，還望各位先進不吝指教。

目錄 Contents

CHAPTER 03 運算式與運算子

CHAPTER 04 流程控制結構

CHAPTER 05 陣列與字串

CHAPTER 06 指標與位址

CHAPTER 09 前置處理指令與巨集

CHAPTER 10 自訂資料型態與應用

CHAPTER 11 認識物件導向程式設計

CHAPTER **12** 類別的進階應用

CHAPTER **13** 運算子多載

CHAPTER 14 繼承與多型

CHAPTER 15 檔案入門與處理機制

CHAPTER 16 例外處理與樣板

CHAPTER 17 大話標準樣板函式庫（STL）

CHAPTER 18 解析樹狀結構及圖形結構

APPENDIX **A C++ 的常用函數庫**

APPENDIX **B 格式化輸出入資料**

APPENDIX **C ChatGPT 與 C++ 程式設計**

01

C++ 入門基本課程

對於一個有志於從事資訊專業領域的人員來說，程式設計就是一門和電腦硬體與軟體息息相關的學科，稱得上是近十幾年來蓬勃興起的一門新興科學，為了應用電腦強大的運算能力，我們必須學會程式設計的基本能力，首先就必須認識程式語言。「程式語言」就是一

程式語言讓我們跟電腦之間不會變成雞同鴨講

種人類用來和電腦溝通的語言，也是用來指揮電腦運算或工作的指令集合，可以將操作者的思考邏輯和語言轉換成電腦能夠了解的語言。

到了西元 1954 年，德州儀器（Texas Instruments）公司成功地研究出以矽做成的商業用電晶體，促使現代電腦製造技術的突飛猛進。一些高階語言（high level language）也在這時期發展出來，取代以往所使用的機器語言。高階語言是相當接近人類使用語言的程式語言，雖然執行較慢，但語言本身易學易用，因此被廣泛應用在商業、科學、教學、軍事等相關的軟體開發上。舉凡是 Fortran、COBOL、Basic、PASCAL、C 或是 C++，都是高階語言的一員，其中 C/C++ 更是其中翹楚，對近代的程式設計領域有著非凡的貢獻。

1-1 認識 C++

C++ 是由丹麥 Bjarne Stroustrup 所設計發明的程式語言，C++ 主要是改良 C 語言而來，除了保有 C 語言的主要優點外，並將 C 語言中較容易造成程式撰寫錯

誤的語法加以改進。此外，C++ 也導入物件導向程式設計（object-oriented programming）的概念，而這種概念的引進，會讓程式設計的工作更加容易修改，而且在程式碼的重複使用及擴充性有更強的功能，自然更足以因應日益複雜的系統開發。另外，在 C++ 中還加入了標準程式庫（standard library），它提供了一套標準統一的程式開發介面，透過這些完善的標準程式庫，除了可以讓程式開發更加容易及簡潔外，對於日後程式的維護與管理也有相當的幫助，自然在程式的整體開發成本，可以有明顯的降低。

> **TIPS** 1972 年貝爾實驗室的 Dennis Ritchie 以 B 語言為基礎，並持續改善它，除了保留 BCLP 及 B 語言中的許多觀念外，更加入了資料型態的觀念及其他功能，並且將它發表為「C 語言」。在許多平台的主機上都有 C 語言的編譯器，例如 MS-DOS、Windows 系列作業系統、UNIX/Linux，甚至 Apple 之 Mac 系列系統等等都有 C 語言的編譯器。因此程式設計師能夠輕易地跨足許多平台以開發程式。C 語言僅需克服平台差異即可在不同的機器上編譯與執行。

    C++ 是屬於一種編譯式語言，也就是使用編譯器（compiler）來將原始程式轉換為機器可讀取的可執行檔或目的程式，C++ 可以說是包含了整個 C，也就是說幾乎所有的 C 程式，只要微幅修改，甚至於完全不需要修

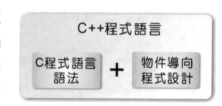

改，便可正確執行。所以 C 程式在編譯器上是可以直接將副檔名 c 改為 cpp，即可編譯成 C++ 語言程式。或許各位心中會有疑問，是否在學習 C++ 前有必要先學會 C？事實上，學習 C++ 並不需要任何 C 的基礎，甚至可以肯定的說，C++ 比 C 要更為簡單易學，因為它改進了 C 中一些容易混淆出錯的部份，並且提供了更實用與完整的物件導向設計功能。

    C++ 中所增加的物件導向功能，更適時的解決大型軟體開發時所面臨的困境，並能充份加強程式碼的擴充性與重用性，開發出功能性更複雜的元件，這使得 C++ 在大型程式的開發上極為有利，目前所看到的大型遊戲許多都是以 C++ 程式語言來進行開發。

1-1-1　物件導向程式設計

    在傳統程式設計的方法中，主要是以「結構化程式設計」為主，它的核心精神，就是「由上而下設計」與「模組化設計」，也就是將整個程式需求從上而下、

由大到小逐步分解成較小的單元，或稱為「模組」（module）。每一個模組會個別完成特定功能，主程式則組合每個模組後，完成最後要求的功能。不過一旦主程式要求功能變動時，則可能許多模組內的資料與程式碼都需要同步變動，而這也是結構化程式設計無法有效使用程式碼的主因。通常「結構化程式設計」具備以下三種控制流程，對於一個結構化程式，不管其結構如何複雜，皆可利用以下基本控制流程來加以表達：

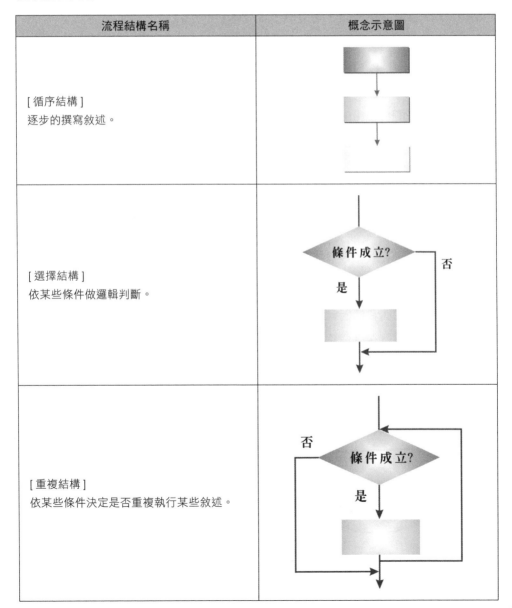

流程結構名稱	概念示意圖
[循序結構] 逐步的撰寫敘述。	
[選擇結構] 依某些條件做邏輯判斷。	
[重複結構] 依某些條件決定是否重複執行某些敘述。	

　　C++ 中最讓人津津樂道的創新功能，無疑就是「物件導向程式設計」，這也是程式設計領域的一大創新。物件導向設計主要是讓各位在進行程式設計時，能以一種接近生活化的思考觀點來撰寫出可讀性高的程式，並且讓所設計的程式碼也較容易擴充、修改及維護。「物件導向程式設計」（OOP）是近年來相當流行的一種新興程式設計理念。它主要讓程式設計師在設計程式時，能以一種生活化、可讀性更高的設計觀念來進行，並且所開發出來的程式也較容易擴充、修改及維護，以彌補「結構化程式設計」的不足，如 C++、Java 等語言。

　　物件導向程式設計的主要精神就是將存在於日常生活中舉目所見的物件（object）概念，應用在軟體設計的發展模式（software development model）。也就是說，OOP 讓各位從事程式設計時，能以一種更生活化、可讀性更高的設計觀念來進行，並且所開發出來的程式也較容易擴充、修改及維護。

　　現實生活中充滿了各種形形色色的物體，每個物體都可視為一種物件。我們可以透過物件的外部行為（behavior）運作及內部狀態（state）模式，來進行詳細地描述。行為代表此物件對外所顯示出來的運作方法，狀態則代表物件內部各種特徵的目前狀況。如右圖所示。

　　物件導向設計的理念就是認定每一個物件是一個獨立的個體，而每個獨立個體有其特定之功能，對我們而言，無需去理解這些特定功能如何達成這個目標過程，僅須將需求告訴這個獨立個體，如果此個體能獨立完成，便可直接將此任務，交付給發號命令者。物件導向程式設計的重點是強調程式的可讀性（readability）重複使用性（reusability）與延伸性（extension），本身還具備以下三種特性與相關專有名詞，說明如下：

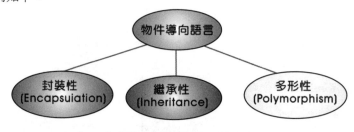

物件導向程式設計的三種特性

⭐ 封裝（Encapsulation）

封裝是利用「類別」（class）來實作「抽象化資料型態」（ADT）。類別是一種用來具體描述物件狀態與行為的資料型態，也可以看成是一個模型或藍圖，按照這個模型或藍圖所生產出來的實體（instance），就被稱為物件。

類別與物件的關係

所謂「抽象化」，就是將代表事物特徵的資料隱藏起來，並定義「方法」（method）做為操作這些資料的介面，讓使用者只能接觸到這些方法，而無法直接使用資料，符合了「資訊隱藏」（information hiding）的意義，這種自訂的資料型態就稱為『抽象化資料型態』。相對於傳統程式設計理念，就必須掌握所有的來龍去脈，針對時效性而言，便大大地打了折扣。

⭐ 繼承（Inheritance）

繼承性稱得上是物件導向語言中最強大的功能，因為它允許程式碼的重複使用（code reusability），及表達了樹狀結構中父代與子代的遺傳現象。「繼承」則是類似現實生活中的遺傳，允許我們去定義一個新的類別來繼承既存的類別（class），進而使用或修改繼承而來的方法（method），並可在子類別中加入新的資料成員與函數成員。在繼承關係中，可以把它單純地視為一種複製（copy）的動作。換句話說當程式開發人員以繼承機制宣告新增類別時，它會先將所參照的原始類別內所有成員，完整地寫入新增類別之中。例如下面類別繼承關係圖所示：

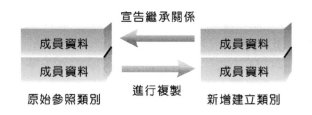

⭐ 多型（Polymorphism）

多型也是物件導向設計的重要特性，可讓軟體在發展和維護時，達到充份的延伸性。多型（polymorphism），按照英文字面解釋，就是一樣東西同時具有多種不同的型態。在物件導向程式語言中，多型的定義簡單來說是利用類別的繼承架構，先建立一個基礎類別物件。使用者可透過物件的轉型宣告，將此物件向下轉型為衍生類別物件，進而控制所有衍生類別的「同名異式」成員方法。簡單的說，多型最直接的定義就是讓具有繼承關係的不同類別物件，可以呼叫相同名稱的成員函數，並產生不同的反應結果。

⭐ 物件（Object）

可以是抽象的概念或是一個具體的東西包括了「資料」（data）以及其所相應的「運算」（operations 或稱 methods），它具有狀態（state）、行為（behavior）與識別（identity）。

每一個物件均有其相應的屬性（attributes）及屬性值（attribute values）。例如有一個物件稱為學生，「開學」是一個訊息，可傳送給這個物件。而學生有學號、姓名、出生年月日、住址、電話…等屬性，目前的屬性值便是其狀態。學生物件的運算行為則有註冊、選修、轉系、畢業等，學號則是學生物件的唯一識別編號（object identity, OID）。

⭐ 類別（Class）

「類別」是具有相同結構及行為的物件集合，是許多物件共同特徵的描述或物件的抽象化。例如小明與小華都屬於人這個類別，他們都有出生年月日、血型、身高、體重等類別屬性。類別中的一個物件有時就稱為該類別的一個實例（instance）。

⭐ 屬性（Attribute）

「屬性」則是用來描述物件的基本特徵與其所屬的性質，例如：一個人的屬性可能會包括姓名、住址、年齡、出生年月日等。

⭐ 方法（Method）

「方法」則是物件導向資料庫系統裡物件的動作與行為，我們在此以人為例，不同的職業，其工作內容也就會有所不同，例如：學生的主要工作為讀書，而老師的主要工作則為教書。

1-1-2　演算法

　　日常生活中也有許多工作都可以利用演算法來描述，例如員工的工作報告、寵物的飼養過程、廚師準備美食的食譜、學生的功課表等，甚至連我們平時經常使用的搜尋引擎都必須藉由不斷更新演算法來運作。當認識了演算法的定義後，我們還要說明描述演算法所必須符合的五個條件：

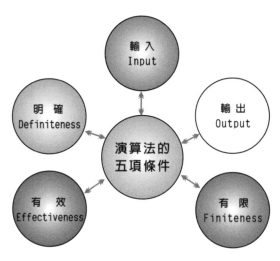

演算法的五項條件

演 算 法 特 性	內 容 與 說 明
輸入（input）	0 個或多個輸入資料，這些輸入必須有清楚的描述或定義。
輸出（output）	至少會有一個輸出結果，不可以沒有輸出結果。
明確性（definiteness）	每一個指令或步驟必須是簡潔明確而不含糊的。
有限性（finiteness）	在有限步驟後一定會結束，不會產生無窮迴路。
有效性（effectiveness）	步驟清楚且可行，能讓使用者用紙筆計算而求出答案。

　　接著還要來思考該用什麼方法來表達演算法最為適當呢？其實演算法的主要目的是在提供給人們閱讀瞭解所執行的工作流程與步驟，演算法則是學習如何解決事情的辦法，只要能夠清楚表現演算法的五項特性即可。

　　常用的演算法表示法有一般文字敘述如中文、英文、數字等，特色是使用文字或語言敘述來說明演算步驟，有些演算法則是利用可讀性高的高階語言（如python、C、C++、Java 等）與虛擬語言（pseudo-language）來實作。

> **TIPS** 虛擬語言是接近高階程式語言的寫法,也是一種不能直接放進電腦中執行的語言。一般都需要一種特定的前置處理器(preprocessor),或者用手寫轉換成真正的電腦語言,經常使用的有 SPARKS、PASCAL-LIKE 等語言。

至於流程圖(flow diagram)也是一種相當通用的演算法表示法,必須使用某些圖型符號。為了流程圖之可讀性及一致性,目前通用美國國家標準協會 ANSI 制定的統一圖形符號。以下說明一些常見的符號:

名稱	說明	符號
起止符號	表示程式的開始或結束。	
輸入 / 輸出符號	表示資料的輸入或輸出的結果。	
程序符號	程序中的一般步驟,程序中最常用的圖形。	
決策判斷符號	條件判斷的圖形。	
文件符號	導向某份文件。	
流向符號	符號之間的連接線,箭頭方向表示工作流向。	
連結符號	上下流程圖的連接點。	

例如請各位畫出輸入一個數值，並判別是奇數或偶數的流程圖。

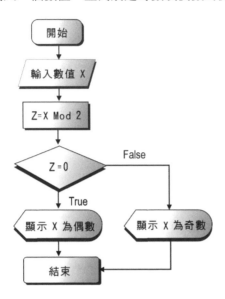

> **TIPS** 演算法和程式有什麼不同，因為程式不一定要滿足有限性的要求，如作業系統或機器上的運作程式。除非當機，否則永遠在等待迴路（waiting loop），這也違反了演算法五大原則之一的「有限性」。

1-2 我的第一支 C++ 程式

學習程式語言和學游泳一樣，沒有別的捷徑，跳下水感覺看看才是最快的方法。以筆者多年從事程式語言的教學經驗，對一個語言初學者的心態來說，就是不要廢話太多，趕快讓他從無到有，實際跑出一個程式最為重要，許多高手都是寫多了就越來越厲害。早期要設計 C/C++ 程式，首先必須找一種文字編輯器來編輯，例如 Windows 系統下的「記事本」，或是 Linux 系統下的 vi 編輯程式都可以，接著再選一種 C++ 的編譯器（如 Turbo C/C++、mingW、gcc 等）來編輯執行。

不過現在不用這麼麻煩了，只要找個可將程式的編輯、編譯、執行與除錯等功能畢其功於的整合開發環境（integrated development environment），就可以一手包辦了。由於 C/C++ 的使用市場相當大，市面上較為知名的 IDE 就有 Dev C++、C++ Builder、Visual C++ 和 GCC 等。

現行的幾種 C/C++ 之 IDE 雖然有一些自訂的語法與特殊功能。然而，對於初學者而言，只要從基本的內容著手，將重點放在語法、邏輯等等考量。目前市面上幾乎沒有單純的 C++ 編譯器，通常是與 C 編譯器相容，稱為 C/C++ 編譯器。原本的 Dev-C++ 已停止開發，改為發行非官方版，Owell Dev-C++ 是一個功能完整的程式撰寫整合開發環境和編譯器，也是屬於開放原始碼（open-source code），專為設計 C/C++ 語言所設計，在這個環境中能夠輕鬆撰寫、編輯、除錯和執行 C 語言的種種功能。這套免費且開放原始碼的 Orwell Dev-C++ 的下載網址如下：http://orwelldevcpp.blogspot.tw/。

當各位下載「Dev-Cpp 5.11 TDM-GCC 4.9.2 Setup.exe」安裝程式完畢後，就可以在所下載的目錄用滑鼠左鍵按兩下這個安裝程式，就可以啟動安裝過程，首先會要求選擇語言，此處請先選擇「English」：

接著在下圖中按下「I Agree」鈕：

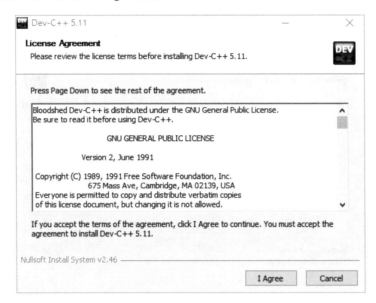

進入下圖視窗選擇要安裝的元件，請直接按下「Next」鈕：

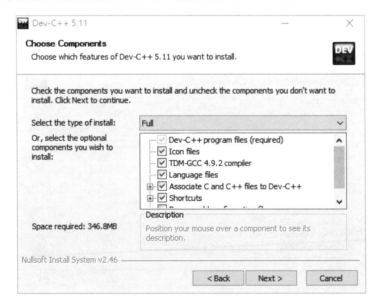

之後會被要求決定要安裝的目錄,其中「Browse」可以更換路徑,如果採用預設儲存路徑,請直接按下「Install」鈕。

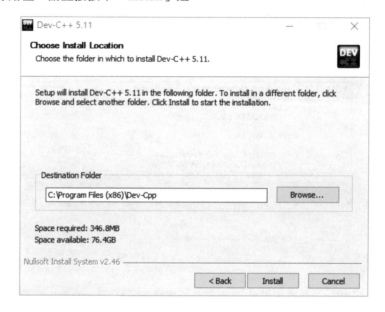

接著就會開始複製要安裝的檔案:

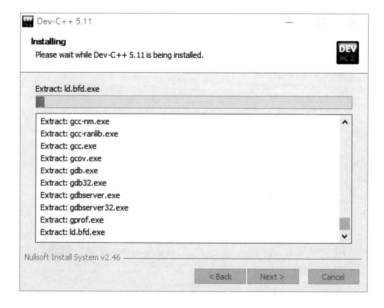

當您檢視到下圖的畫面時,就表示安裝成功。

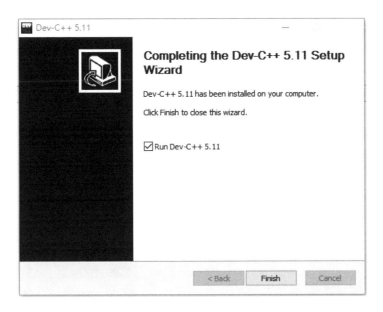

　　安裝完畢後，請在 Windows 作業系統下的開始功能表中執行「Bloodshed Dev C++/Dev-C++」指令或直接用滑鼠點選桌面上的 Dev-C++ 捷徑，進入主畫面。如果主畫面的介面是英文版，可以執行「Tools/Environment Options」指令，並於下圖中的「Language」設定為「Chinese (TW)」：

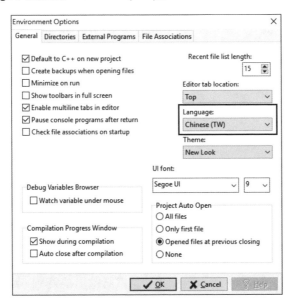

更改完畢後，就會出現繁體中文的介面：

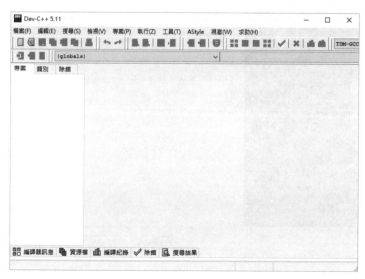

在你的電腦中好安裝好 Dev C++，就可以在開始功能表中執行，並且出現以下工作畫面：

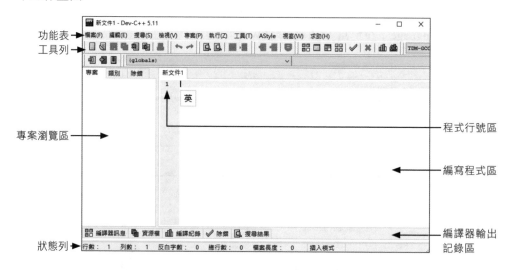

1-2-1　開始撰寫程式

從編輯與撰寫一個 C++ 的原始程式到讓電腦跑出結果，一共要經過「編輯」、「編譯」、「連結」、「載入」與「執行」五個階段。看起來有點麻煩，實際上很簡單，因為這些階段都可以在 Dev C++ 上進行，只要動動滑鼠就行了。

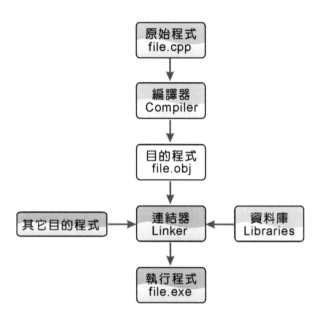

現在請各位確定已經安裝完 Dev C++ 了,接著執行桌面上 Dev-C++ 程式捷徑,環境視窗後,再執行「檔案 / 開新檔案 / 原始碼」指令。當開啟程式編輯環境視窗後,這個時候就可以在空白的程式編輯區鍵入程式碼。請進入 Dev C++ 環境後,按照以下視窗中 CH01_01 檔的程式碼輸入完畢。在此要特別提醒各位,在本書中每行程式碼之前的行號,都只是為了方便程式內容解說之用,請千萬別輸入到編輯器中。

◀ **隨堂範例** ▶ **CH01_01.cpp**

```
01    #include <iostream>
02
03    using namespace std;
04
05    int main()
06    {
07        cout<<" 我的第一個 C++ 程式 "<<endl;
08        // 列印字串
09
10        return 0;
11    }
```

1-2-2　儲存檔案

當程式寫完後，請執行「檔案 / 儲存」指令或是工具列上的「儲存」🖫 鈕，檔名命名為 CH01_01，並以 .cpp 的副檔名進行檔案的儲存，就完成 C++ 程式的編寫，如下圖所示：

❷ 程式寫完後，按下「儲存檔案」鈕，並決定存
　檔路徑、檔名，並以 .cpp 為副檔名

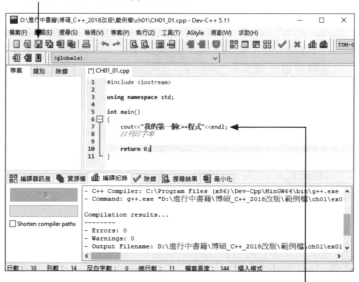

❶ 輸入 C++ 程式碼

在此各位可能對有些 C++ 的語法一知半解，但先別著急，就如同我們所建議，學習程式語言的最佳方式，是先熟悉整個 C++ 編譯器的操作過程，至於語法說明則容後再行說明。

1-2-3　編譯程式

編輯過程的主要功用是產生檔名為「*.obj」的「目的檔」。所謂目的檔就是使用者開發的原始程式碼在經過編譯器編譯後所產生正確的機器語言碼，它可讓電腦設備明白應該執行的指令與動作。不過因為目的檔只能檢查語法上的錯誤，所以並不能保證程式的執行結果是否正確。

在 Dev C++ 中要執行編譯程式須按下工具列中的編譯按鈕 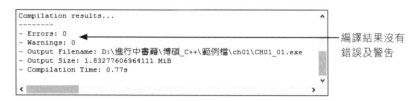 或執行「執行 / 編譯」指令，然後會出現以下視窗，代表檔案編譯成功：

```
Compilation results...
--------
- Errors: 0
- Warnings: 0
- Output Filename: D:\進行中書籍\博碩_C++\範例檔\ch01\CH01_01.exe
- Output Size: 1.83277606964111 MiB
- Compilation Time: 0.77s
```

編譯結果沒有錯誤及警告

1-2-4　執行程式

雖然目的檔中已經包含機器語言碼，不過通常編譯過程中還得多一步功夫，就是需要連結程式來連結函數庫檔案（*.lib）與其他程式目的檔，之後就會產生執行檔（.exe）。現在就來瞧瞧這個程式的執行結果，請執行「執行 / 執行」指令或按下執行 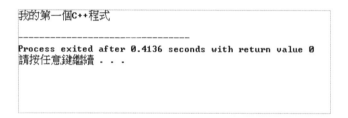 鈕。底下為本程式的執行結果：

```
我的第一個C++程式
----------------------------------
Process exited after 0.4136 seconds with return value 0
請按任意鍵繼續 . . .
```

1-2-5　程式錯誤

當然如編譯時發生錯誤，必須加以除錯，重新編輯原始程式碼。事實上，從認識語法到寫出較大型的程式，所面臨的最大困難就是程式的偵錯。當程式越寫越大時，要偵測出哪裡出錯，會更加困難，此時除了平時多累積撰寫程式的經驗外，善用 IDE 所提供的偵錯工具也是一種很好的方法，通常 IDE 會提供直覺式使用介面的除錯器，方便使用者用來偵錯。一般來說，程式的錯誤依照性質可區分為兩種：

⭐ 語法錯誤

這是在程式開發過程中最常發生的錯誤。語法上的錯誤在程式編譯時會發生編譯時期錯誤（compile time error），編譯器會將錯誤顯示在「輸出視窗」中，程式開發人員可以根據視窗上的提示，迅速找出錯誤位置並加以修正。

⭐ 邏輯錯誤

邏輯錯誤是程式中最難發現的臭蟲（bug）。這類錯誤在編譯時並不會出現任何錯誤訊息，必須要靠程式開發人員自行判斷。這與程式開發人員的專業素養、經驗和細心程度有著密不可分的關係。例如薪資的計算公式、財務報表等等，這些都必須在開發過程中以資料進行實際測試來確保日後程式執行結果的精確性。

1-3 程式架構簡介

各位依樣畫葫蘆地操作了一遍從編寫、編譯與執行 C++ 程式碼的過程後，相信對 C++ 程式有了一點認識。基本上，寫程式就好像玩樂高積木一樣，都是由小到大慢慢累積學習，但是如何執行過程務必要先了解，不然一堆密密麻麻的程式碼，也不知道能否執行。以下我們將針對各位的第一個程式碼範例為您做快速解析，各位只需有個基本認知：

- 第 1 行：含括 iostream 標頭檔，C++ 中有關輸出入的函數都定義在此。
- 第 3 行：使用標準程式庫的命名空間 std。
- 第 5 行：main() 函數為 C++ 主程式的進入點，其中 int 是整數資料型態。
- 第 7 行：cout 是 C++ 語言的輸出指令，其中 endl 代表換行。
- 第 8 行：C++ 的註解指令。
- 第 10 行：因為主程式被宣告為 int 資料型態，必須回傳（return）一個值。

C++ 程式的內容主要是由一個或多個函數組成，例如我們之前在 CH01_01. cpp 中所看過的 main()，就是函數的一種。所謂的函數，其實就是一種多行程式敘述的組合，對電腦而言，一行敘述代表一個完整的指令，C++ 以分號做為終止符號，代表一道指令的結束。為了方便展現一些螢幕輸出，特別將較基本的輸出及輸入指令作一簡單說明，希望透過本節的內容安排，可以帶領程式設計的新鮮人進入 C++ 程式設計的基礎領域。接著我們將從 CH01_01 的程式碼說明中，來為各位詳細介紹 C++ 程式的基本架構與語法。

1-3-1 標頭檔區

標頭檔中通常定義了一些標準函數或類別來讓外部程式引用，在 C++ 中是以前置處理器指令「#include」來進行引用的動作。例如 C++ 的輸出（cout）、輸入（cin）函數都定義在 iostream 標頭檔內，因此在使用這些輸出入函數時，就得先將 iostream 標頭檔載入：

```
#include <iostream>
```

C++ 的標頭檔有新舊之分，其中舊型的副檔名為「.h」，這種作法是沿用 C 語言標頭檔的格式，這類的標頭檔適用於 C 及 C++ 程式的開發：

C/C++ 舊型標頭檔	說明
<math.h>	C 的舊型標頭檔，包含數學運算函數。
<stdio.h>	C 的舊型標頭檔，包含標準輸出入函數。
<string.h>	C 的舊型標頭檔，包含字串處理函數。
<iostream.h>	C++ 的舊型標頭檔，包含標準輸出入函數。
<fstream.h>	C++ 的舊型標頭檔，包含檔案輸出入的處理函數。

而新型的標頭檔沒有「.h」的副檔名，這類的標頭檔只能在 C++ 的程式中使用，如下所示：

C++ 新型標頭檔	說明
<cmath>	C 的 <math.h> 新型標頭檔。
<cstdio>	C 的 <stdio.h> 新型標頭檔。
<cstring>	C 的 <string.h> 新型標頭檔。
<iostream>	C++ 的 <iostream.h> 的新型標頭檔。
<fstream>	C++ 的 <fstream.h> 新型標頭檔。

依據標頭檔所在路徑的不同有兩種引進方式：第一種是以一組「<>」符號來引用編譯環境預設路徑下的標頭檔，另外一種則以一組「" "」來引用與原始程式碼相同路徑下的標頭檔，引用的方式如下：

```
#include <標頭檔檔名>        // 要引用的標頭檔位於編譯環境預設路徑下
#include "標頭檔檔名"        // 要引用的標頭檔與程式碼位於相同路徑下
```

通常編譯環境預設路徑下的標頭檔包含了 C++ 標準程式庫、編譯器本身所支援的標頭檔。當程式開發工具進行安裝時，大部份會自動為標頭檔設定預設路徑，當程式進行編譯時，如果出現找不到標頭檔的錯誤時，首先必須先檢查標頭檔是否確實存在，如果是以「< >」方式引用標頭檔，那麼就必須確認標頭檔是否位在編譯環境的預設路徑。如果程式是以「" "」的方式來引用標頭檔，那麼進行程式編譯時，便只需要確認所引用的標頭檔是否與程式檔案位於相同的路徑。通常這種標頭檔的引用方式常用於引用自己定義的標頭檔。

1-3-2 程式註解

當撰寫程式時，需要標示程式目的以及解釋某段程式碼內容時，最好使用註解方式來加以說明。愈複雜的程式，註解就顯得愈重要，不僅有助於程式除錯，同時也讓其他人更容易了解程式。通常 C++ 中以雙斜線（//）來表示註解（comment）：

```
// 註解文字
```

// 符號可單獨成為一行，也可跟隨在程式敘述（statement）之後，如下所示：

```
// 宣告變數
int a, b, c, d;

a = 1;    // 宣告變數 a 的值
b = 2;    // 宣告變數 b 的值
```

由於在 C 語言中的註解方式是將文字包含在 /*…*/ 符號範圍內做為註解，所以在 C++ 中也可使用這種註解方式：

```
/* 宣告變數 */
int a, b, c, d;

a = 1;    /* 宣告變數 a 的值 */
b = 2;    /* 宣告變數 b 的值 */
```

至於 // 符號是註解只可使用於單行，/*…*/ 註解則可跨越包含多行註解使用。當我們使用「/*」與「*/」符號來標示註解時必須注意 /* 與 */ 符號的配對問題，由於編譯器進行程式編譯時是將第 1 個出現的 /* 符號與第 1 個出現的 */ 符號視為一組，而忽略其中所含括的內容，往往容易搞錯。因此建議各位最好還是採用 C++ 格式的 // 註解符號，以免不小心忽略了結尾的符號（*/），而造成錯誤。

1-3-3 主程式區 -main() 函數

C/C++ 也是一種符合模組化（module）設計精神的語言，也就是說，C/C++ 程式本身就是由各種函數所組成。所謂函數，就是具有特定功能的指令集合。其中 main() 函數更是作為主程式的進入點，main 函數包含兩部分：函數標題（function heading）以及函數主體（function body），在函數標題之前的部分稱為回傳型態，函數名稱後的括號 () 裡面則為系統傳遞給函數的參數：

⭐ 回傳型態

表示函數回傳值的資料型態。例如以下敘述是表示 main() 會傳回整數值給系統，而系統也不需傳遞任何參數給 main 函數：

```
int main()          // 呼叫 main 函數時，無參數但須傳回整數
```

也可以將上式寫成：

```
int main(void)      // 呼叫 main 函數時，無參數但須傳回整數
```

在 () 中使用 void 是明確地指出呼叫 main 函數時不需回傳參數。如果呼叫 main 函數時無參數也不需傳回任何值，則可用 void 回傳型態表示不回傳值，並省略回傳參數，如以下敘述：

```
void main()         // 呼叫 main 函數時，無參數也不傳回任何值
```

請注意！上述式子雖然語法邏輯正確，但有些編譯器卻不能編譯通過，因此本書中對於所有 C++ 程式中的 main() 函數都統一宣告為 int 型態。

至於函數主體是以一對大括號 { 與 } 來定義，在函數主體的程式區段中，可以包含多行程式敘述（statement），而每一行程式敘述要以「;」結尾。另外，程式區段結束後是以右大括號 } 來告知編譯器，且 } 符號之後，無須再加上「;」來作結尾。

此外，如果妥善利用縮排來區分程式的層級，往往會使得程式碼更容易閱讀，例如在主程式中包含子區段，或者子區段中又包含其他的子區段時，這時候透過縮排來區分程式層級就顯得相當重要，通常編寫程式時我們會以 Tab 鍵（或者空白鍵）來做為縮排的間距。而函數主體的最後一行敘述則為：

```
return 回傳值 ;
```

這行敘述的最主要作用是回傳值給 MS-DOS 系統。如果回傳值為 0，表示停止執行程式並且將控制權還給作業系統：

```
int main()          // 函數標題
{                   // 函數開始
                    // 敘述區
                    // 敘述區
    return 0;       // 傳回整數 0 給作業系統
}                   // 函數結束
```

1-3-4　名稱空間

早期的 C/C++ 版本是將所有（包含變數、函數與類別等）的識別字名稱都定義為全域性名稱空間，因為所有名稱都處於同一個名稱空間，所以很容易造成名稱衝突，發生所謂覆寫現象。因此在 ANSI/ISO C++ 中，新加入了所謂的「名稱空間」（namespace）。

由於各個不同廠商所研發出的類別庫，可能會有相同類別名稱，所以標準 C++ 新增了「名稱空間」的概念，用來區別各種定義名稱，使得在不同名稱空間的變數、函數與物件，即使具有相同名稱，也不會發生衝突。

由於 C++ 的新型標頭檔幾乎都定義於 std 名稱空間裡，要使用裡面的函數、類別與物件，必須加上使用指令（using directive）的敘述，所以在撰寫 C++ 程式碼時，幾乎都要加上此道程式碼。

例如在下述程式碼中引入 <iostream> 標頭檔後，由於名稱空間封裝的關係，所以無法使用此區域定義的物件。只有加上使用宣告後，即可以取用 std 中 <iostream> 定義的所有變數、函數與物件，如下所示：

```
#include <iostream>
using namespace std;
```

當然也不是非要設定名稱空間為 std 才行。另外還有一種變通方式則是在載入標頭檔後，如果要使用某種新型標頭檔所提供的變數、函數與物件時，直接在前面加上 std::。例如：

```
#include <iostream>
...
std::cout << " 請輸入一個數值：" << endl; // 在每個函數前都必須要加上 std::
```

1-3-5 輸出入功能簡介

C++ 的基本輸出入功能與 C 相比，可以說更為簡化與方便。相信學過 C 的讀者都知道 C 中的基本輸出入功能是以函數形式進行，必須配合設定資料型態，作不同格式輸出，例如 printf() 函數與 scanf() 函數。

由於輸出格式對於使用者來說並不方便，所以 C++ 將輸出入格式作了一個全新的調整，也就是直接利用 I/O 運算子作輸出入，且不須要搭配資料格式，全權由系統來判斷，只要引用 <iostream> 標頭檔即可。

事實上，在 C++ 中定義了兩個資料流輸出與輸入的物件 cout（讀作 c-out）和cin（讀作 c-in），分別代表著終端機與鍵盤下的輸出與輸入內容。尤其當程式執行到 cin 指令時，會停下來等待使用者輸入。語法格式如下：

```
cout << 變數 1 或字串 1 << 變數 2 或字串 2 << ……<< 變數 n 或字串 n;
cin >> 變數 1 >> 變數 2 … >> 變數 n;
```

其中「<<」為串接輸出運算子，表示將所指定的變數資料或字串移動至輸出設備，而「>>」則為串接輸入運算子，作用是由輸入設備讀取資料，並將資料依序設定給指定變數。

當利用 cout 指令做輸出時，可以使用 endl 做跳行控制或是運用下表的特殊字元格式來作為輸出控制碼：

字元格式	說明
'\0'	產生空格（null space）。
'\a'	產生嗶聲（bell ring）。
'\b'	倒退（backspace）。
'\t'	移到下一個定位點（tab）。
'\n'	換行（newline）。
'\r'	跳到該行起點（carriage return）。
'\''	插入單引號（single quote）。
'\"'	插入雙引號（double quote）。
'\\'	插入反斜線（back slash）。

1-3-6 程式指令編寫格式

程式敘述（有人也稱為指令）是組成 C++ 程式的基本要件，我們可將 C++ 程式比喻成一篇文章，而程式區塊就像是段落，指令就是段落中的句子，在結尾時則使用 ";" 號代表一個程式敘述的結束。指令所包含的內容相當廣泛，例如宣告、變數、運算式、函數呼叫、流程控制、迴圈等都是。如 CH01_01 中的第 7 行：

```
cout<<" 我的第一個 C++ 程式 "<<endl;
```

C++ 的指令具有自由化格式（free format）精神，也就是只要不違背基本語法規則，可以讓各位自由安排程式碼位置。例如每行指令以（;）做為結尾與區隔，中間有空白字元、tab 鍵、換行都算是白色空白（white space），也就是可以將一個指令拆成好幾行，或將好幾行指令放在同一行，以下都是合法指令：

```
std::cout<<" 我的第一個 C++ 程式 "<<endl;   // 合法指令
std:: cout<<" 我的第一個 C++ 程式 "
<<endl;   // 合法指令
```

在一行指令中，對於完整不可分割的單元稱為字符（token），兩個字符間必須以空白鍵、tab 鍵或輸入鍵區隔，而且不可分開。例如以下都是不合法指令：

```
intmain();
return0;
c out<<" 我的第一個 C++ 程式 ";
```

一個 C++ 程式是由一個或數個程式區塊（block）所構成。所謂程式區塊，就是由 {} 左右兩個大括弧所組成，包含了多行或單行的指令。程式區塊中的程式敘述的格式相當自由，可以將多個程式敘述置於一行，或是一行程式敘述區分成多行。如下就是一個程式區塊：

```
{
    cout<<" 我的第一個 C++ 程式 "<<endl;
    // 列印字串
    return 0;
}
```

1-3-7　識別字與保留字

我們先來看一個例子：

```
int a;
```

a其實是由我們自行命名，且屬於一種整數型態的變數，這是一個簡單的變數宣告方式，如下所示：

```
資料型態 變數名稱 ;
```

有關變數更詳細的資訊，將在第二章中說明，在此各位先有初步的認識即可。基本上，在 C/C++ 中各位所看到的英文代號，不是識別字（identifier）就是關鍵字（key word）。識別字包括了變數常數、函數、結構、聯合、函數、列舉等由程式設計者自行命名的英文代號。

識別字的命名必須遵守一定的規則，包括以英文大寫字母、小寫字母或底線開頭，但不可以是數字。除了開頭字母的限制外，其餘變數名稱所組成的字母包括：英文大寫字母、英文小寫字母、數字及下底線，例如 total_sum，但是不可以使用 -,*$@…等符號。此外，識別字名稱必須區分大小寫字母，例如 class、CLASS、Class 會視為不同的識別字。在識別字名稱的長度上，只有前 63 個字元是被視為有效的識別字名稱。

通常識別字的命名有其慣用的命名方式，當然這並不涉及到語法上的錯誤，主要是考慮到程式的可讀性。例如變數宣告的命名習慣是以小寫字母開頭，如 salary、bonus 等，而常數則是以大寫字母開頭與配合底線「_」，如 KG、MAX_MONEY。至於函數名稱則習慣以小寫字母開頭，如果是多個英文字組成，則其他英文字開頭字母為大寫，如 calSpeed、addSum 等。

識別字命名還有一個最重要的限制，就是不可使用與保留字相同的命名，因為每一個保留字對 C++ 的編譯器而言，有其所代表的意義，ANSI C++ 共定義有如下表所示的保留字，在 Dev C++ 會以粗黑體字來顯示關鍵字。下表列出完整的 C++ 保留字供您參考：

asm	false	sizeof
auto	float	static
bool	for	static_cast
break	friend	struct
case	goto	switch
catch	if	template
char	inline	this
class	int	throw
const	long	true
const_cast	mutable	try
continue	namespace	typedef
default	new	typeid
delete	operator	typename
do	private	union
double	protected	unsigned
dynamic_cast	public	using
else	register	virtual
enum	reinterpret_cast	void
explicit	return	volatile
export	short	wchar_t
extern	signed	while

下列則是一些錯誤的變數名稱範例：

變數名稱	錯誤原因
student age	不能有空格。
1_age_2	第一個字元不可為數字。
break	break 是 C++ 保留字。
@abc	第一個字元不可為特殊符號。

1-4 上機程式測驗

1. 請設計一 C++ 程式，使用基本輸出入運算子來輸入與輸出一個數字。

    Ans ex01_01.cpp

2. 請設計一 C++ 程式，如何使用 std:: 方式來改寫 CH01_01.cpp。

    Ans ex01_02.cpp

課後評量

1. 原始檔、目的檔的功用為何？

2. 試說明 main() 函數的功用。

3. 在 Dev C++ 中，可否宣告為 void main()？

4. 連結程式（連結器）的功能為何？

5. 試說明編譯器與直譯器的不同之處。

6. 當我們將程式撰寫完畢之後，應如何將程式編譯成執行檔，並且該執行檔案是放置在哪一個目錄中？

7. C++ 的寫作規則可分為哪四部分？

8. 何謂「整合性開發環境」（IDE）？

9. 編譯階段的主要工作為何？

10. 何謂結構化程式設計？

11. 請說明 C++ 的程式註解。

12. 請說明 C++ 指令的自由化格式（free format）精神。

13. 何謂名稱空間（namespace）？

14. 請問 C++、Visual C++ 以及 C++ Builder 三者間的關係？

15. 程式的錯誤依照性質可區分為哪兩種？

16. 物件導向的程式語言，應該要包含哪三種特性？

17. 請指出下列程式碼在編譯時會出現什麼錯誤為何？

```
#include <iostream>
using namespace std;
int main()
{
    int a;
    a=10
    cout >> "a 的值為：" >> a >> endl
}
```

18. 請敘述何謂「專案」。

19. 開放命名空間有何缺點？試簡述之。

20. 請問標頭檔的引進方式有哪兩種？

21. 在程式中使用函數的優點為何？

22. 如何在程式碼中使用標準程式庫所提供的功能？

23. 試簡述多型（polymorphism）的定義。

24. 請說出以下哪些是合法的識別字名稱？

```
@sum
15abc
dollar$
hieight,1
abc123
_APPLE
oRANGE
ttt
```

02

變數、常數與資料型態

電腦最主要的功能就是強大的運算能力,外界將資料輸入電腦,並透過程式來進行運算,最後輸出所要的結果。當程式執行時,對於這些外部資料進入電腦後,當然要有個棲身之處,這時電腦就會撥個記憶體給這份資料,而在程式碼中,我們所定義的變數(variable)與常數(constant)就是扮演這樣的一個角色。

變數與常數主要是用來儲存程式中的資料,以提供程式中各種運算之用。不論是變數或常數,在語法上必須事先宣告一個對應的資料型態(data type),並在記憶體中保留一塊區域供其使用。兩者之間最大的差別在於變數的值是可以改變,而常數的值則固定不變。如下圖所示:

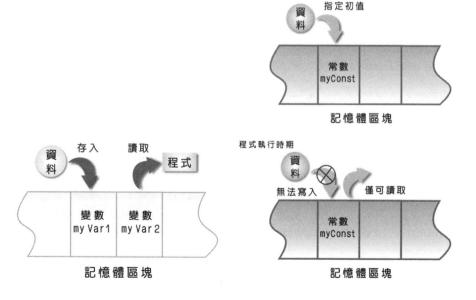

我們定義變數就像是跟電腦要個空房間，這個房間的房號就是在記憶體中的位址，房間的等級就看成是資料型態的類型，當然這個房間的客人是可以隨時變動的。而常數所代表的房間就像是被長期租用，不可以再更動住客，直到這個程式結束為止。各位有了這樣的基本概念，接下來我們就從 C++ 語言的變數開始談起。

2-1 變數簡介

變數（variable）是程式語言中不可或缺的部份，代表可變動資料的記憶儲存空間。變數宣告的作用在告知電腦，需要多少的記憶空間。當使用變數前，必須以資料型態來作為宣告變數的依據及設定變數名稱。基本上，變數具備了四個形成要素：

1. 名稱：變數本身在程式中的名字，必須符合識別字的命名規則及可讀性。
2. 值：程式中變數所賦予的值。
3. 參考位置：變數在記憶體中儲存的位置。
4. 屬性：變數在程式的資料型態，如所謂的整數、浮點數或字元。

2-1-1 變數配置與宣告

由於變數本身的內容值是可以被改變，因此不同資料型態的變數，所使用的記憶體空間大小以及可表示的資料範圍自然不同。至於在程式語言的領域中，有關變數儲存位址的方法則有兩種，分述如下：

儲存配置名稱	特色與說明
動態儲存配置法	變數儲存區配置的過程是在程式執行時（running time）處理，如 Basic、Visual Basic、LISP、Python 語言等。而執行時才決定變數的型態，稱為「動態檢驗」（dynamic checking），變數的型態與名稱可在執行時隨時改變。
靜態儲存配置法	變數儲存區配置的過程是在程式編譯時（compiling time）處理，如 C/C++、PASCAL 語言等。而編譯時才決定變數的型態，則稱為「靜態檢驗」（static checking），變數的型態與名稱在編譯時才決定。

　　由於 C++ 是屬於「靜態儲存配置」（static storage allocation）的程式語言，必須在編譯時期配置記憶體空間給變數，因此變數一定要事先宣告後才可以使用。基本上，完整 C++ 的變數宣告方式是由資料型態加上變數名稱與分號三部份所構成，可分為宣告後再設值與宣告時設值兩種方式。語法如下：

```
方式1：資料型態 變數名稱1, 變數名稱2, …… , 變數名稱n;
方式2：資料型態 變數名稱 = 初始值;
```

　　在 C++ 中的內建資料型態（build-in data type）種類，可分成整數型態、浮點數型態、字元型態、布林型態四種。在後續章節中，我們還會有更詳盡的介紹。至於變數宣告的範例如下：

```
int a;      // 宣告變數 a，暫時未設值
int b=12;   // 宣告變數 b 並直接設定初值為 12
```

　　當要一次宣告多個同為資料型態的變數，可以利用 "," 隔開變數名稱。例如下面的例子，就宣告了三個整數變數「total」、「department」與「age」，各個宣告變數間以「,」符號分隔，其中將 department 的初始值設定為 10：

```
int total,department=10,age;            // 一次宣告多個同為整數型態的變數
```

　　例如：

```
int a,b,c;
int total =5000;  /* int 為宣告整數的關鍵字 */
float x,y,z;
int month, year=2003, day=10;
char no='A';
```

　　通常為了養成良好的程式寫作習慣，變數宣告最好是放在程式區塊的開頭部份，也就是緊接在 "{" 符號後（如 main 函數或其他函數）之後的宣告位置。至於變數初始化的動作，最好是在變數一開始產生時就指定它的內容，否則會很容易出現一些不可預期的狀況。

◀ 隨堂範例 ▶ CH02_01.cpp

以下的程式範例中變數 a，並沒有事先設定初始值，可是當輸出時，卻列印出不知名的數字，這是因為系統並未清除原先在那塊位址上的內容，通常會出現先前所存放的數字。

```
01    #include <iostream>
02
03    using namespace std;
04
05    int main()
06    {
07        int a;
08        int b=12;
09
10        cout<<" 變數 a="<<a<<endl; // 列印出未初始化的變數 a
11        cout<<" 變數 b="<<b<<endl; // 列印出已初始化的變數 b 值
12
13
14        return 0;
15    }
```

【執行結果】

```
變數a=1
變數b=12

─────────────────────────────────
Process exited after 0.1468 seconds with return value 0
請按任意鍵繼續 . . .
```

【程式解說】

- 第 7 ～ 8 行：宣告一個沒有設初始值的變數 a 和設定初始值的變數 b。
- 第 10 ～ 11 行：分別印出變數 a 與 b。

2-2 常數

　　前面談過變數可以在程式執行過程中改變內容，但常數則在程式執行時會固定不變。C++ 的常數是一個固定的值，在程式執行的整個過程中，不能被改變的數值。例如整數常數 45、-36、10005、0，或者浮點數常數 0.56、-0.003、3.14159 等等，都算是一種字面常數（literal constant），如果是字元時，還必須以單引號（' '）括住，如 'a'、'c'，也是一種字面常數。當資料型態為字串時，必須以雙引號 " " 括住字串，例如：" 程式設計 "、"Happy Birthday"、" 榮欽科技 " 等。以下的 num 是一種變數，150 則是一種字面常數：

```
int  num;
num=num+150;
```

2-2-1　定義常數宣告

　　常數在程式中的應用也如同變數一般，也可以利用一個識別字來表示，唯一不同之處是這個識別字所代表的資料值，在整個程式執行時，是絕對無法改變其值，我們稱為「定義常數」（symbolic constant），定義常數可以放在程式內的任何地方，但是一定要先宣告定義後才能使用。例如對於一個計算圓面積的程式，其中的 PI 值就可以利用常數識別字來表示。

　　通常我們有兩種方式來定義，識別字的命名規則與變數相同，習慣上會以大寫英文字母來定義名稱，這樣的作法不但可以增加程式的可讀性，對於程式的除錯與維護都有相當幫助。請各位留意，由於 #define 為一巨集指令，並不是指定敘述，因此不用加上「＝」與「;」。以下兩種方式都可定義常數：

```
const  int radius=10;
#define  PI  3.14159
```

　　分別說明如下：

⭐ 方式 1：#define 常數名稱 常數值

　　利用巨集指令 #define 來宣告。所謂巨集（macro），又稱為「替代指令」，主要功能是以簡單的名稱取代某些特定常數、字串或函數，善用巨集可以節省不少程式開發的時間。由於 #define 為一巨集指令，並不是屬於指定敘述，因此不用加上「＝」與「;」。例如以下定義常數方式：

```
#define  PI  3.14159
```

　　當使用 #define 來定義常數時，程式會在編譯前先呼叫巨集程式（macro processor），以巨集的內容來取代巨集所定義的關鍵字，然後才進行編譯的動作。簡單來說，就是直接將程式中所有 PI 出現的部份都代換成 3.14159，這就是使用巨集指令的特點。

TIPS 所謂巨集（macro），又稱為「替代指令」，主要功能是以簡單的名稱取代某些特定常數、字串或函數，善用巨集可以節省不少程式開發的時間。由於 #define 為一巨集指令，並不是指定敘述，因此不用加上「＝」與「；」。

⭐ 方式 2：const 資料型態 常數名稱 = 常數值；

利用 const 保留字來宣告與設定之後的常數識別字名稱的資料值，其實這還是將所宣告的常數限制在執行時，都無法再度改變其資料值。如果宣告時，並未設定初值，之後也不可以再設值了。使用 const 保留字定義常數方式如下：

```
const  float  PI=3.14159;
```

2-3 基本資料型態

資料型態（data type）是用來描述 C++ 資料的類型，不同型態的資料有著不同的特性，例如在記憶體中所佔的空間大小、所允許儲存的資料類型、資料操控的方式等等。C++ 是屬於一種強制型態式（strongly typed）語言，當變數宣告時，一定要同時指定資料型態。有關 C++ 的基本資料型態，可以區分為四類，分別是整數、浮點數、字元和布林資料型態。

2-3-1 整數

整數（int）跟數學上的意義相同，如 -1、-2、-100、0、1、2、100 等，在 C++ 中的儲存方式會保留 4 個位元組（32 位元）的空間。宣告識別字資料型態時，可以同時設定初值或不設定初值兩種情況，如果是設定初值的整數表示方式則可以是 10 進位、8 進位或 16 進位的方式。

在 C++ 中對於八進位的表示方式，必須在數字前加上數值 0，例如 073，也就是表示 10 進位的 59。而在數字前加上「0x」（零 x）或「0X」表示 16 進位。例如 no 變數設定為整數 80，可以利用下列三種方式來表示：

```
int no=80        // 十進位
int no=0120      // 八進位
int no=0x50      // 十六進位
```

整數資料型態還可以依照 short、long、signed 和 unsigned 修飾詞來做不同程度的定義。對於一個好的程式設計師而言，應該學習控制程式所佔有的記憶體空間，原則就是「當省則省」，例如有些變數的資料值很小，宣告為 int 型態要花費 4 個位元組，但是加上 short 修飾詞就縮小到只要 2 個位元組：

```
short int no=58;
```

long 修飾詞的功用正好相反，但在此有一點要補充。我們知道不同的資料型態所佔空間大小不同，往往也會因為電腦硬體與編譯器的位元數不同而有差異。在 16 位元的系統下（例如 DOS、Windows 3.1），int 的長度為 2 Bytes，當一個整數宣告為 long int 時，它的資料長度為 4 byte，變大兩倍了。

不過如果所選的編譯器為 32 位元（如 Dev C++、Visual C++ 等），int 資料型態為 4 bytes，和 long int 資料型態的大小就沒有差別。簡單來說，在目前的 DevC++ 系統下，宣告 int 或 long int 的效果是相同。

至於所謂的有號整數（singed）就是有正負號之分的整數。在資料型態之前加上 signed 修飾詞，那麼該變數就可以儲存正負數的資料。如果省略 signed 修飾詞，編譯程式也會自動將該變數視為帶符號整數。這種修飾詞看來有些多餘，在程式中的唯一好處用是為了增加可讀性。宣告這型的變數資料值，只能在 -2147483648 和 2147483647 之間：

```
signed int no=58;
```

假如在資料型態前加上另一種無號整數（unsigned）修飾詞，那麼該變數只能儲存正整數的資料，那麼它的數值範圍中就能夠表示更多的正數。宣告這型的 int 變數資料值，範圍變成 0 和 4294967295 之間：

```
unsigned int no=58;
```

此外，英文字母「U」、「u」與「L」、「l」可直接放在整數字面常數後標示其為無號整數（unsigned）以及長整數（long）資料型態：

```
45U、45u          // 標示 45 為無號整數
45L、45l          // 標示 45 為長整數
45UL、45UL        // 標示 45 為無號長整數
```

下表為各種整數資料型態的宣告、資料長度及數值的大小範圍：

資料型態宣告	資料長度（位元組）	最小值	最大值
short int	2	-32768	32767
signed short int	2	-32768	32767
unsigned short int	2	0	65535
int	4	-2147483648	2147483647
signed int	4	-2147483648	2147483647
unsigned int	4	0	4294967295
long int	4	-2147483648	2147483647
signed long int	4	-2147483648	2147483647
unsigned long int	4	0	4294967295

由於在不同的編譯器上，會產生不同的整數資料長度。各位如果懶得記那麼多，可以使用 C++ 的 sizeof() 函數來瞧瞧各種資料型態或變數的長度。宣告方法如下：

```
sizeof(資料型態)
-- 或 --
sizeof(變數名稱)
```

◀ 隨堂範例 ▶ CH02_02.cpp

以下程式範例分別列出了整數修飾詞宣告與利用八進位、十進位、十六進位數值來設定值，再藉由 sizeof() 函數的回傳值來顯示變數儲存長度。

```
01   #include<iostream>
02
03   using namespace std;
04
05   int main()
06   {
07
08       short int number1=0200;// 宣告短整數變數，並以八進位數設定其值
09       int number2=0x33f;// 宣告整數變數，並以十六進位數設定其值
10       long int number3=1234567890;// 宣告長整數變數，並以十進位數設定其值
11       unsigned long int number4=978654321;// 宣告無號長整數變數，並以十進位數設
         定其值
12
13          // 輸出各種整數資料型態值與所佔位元數
```

```
14
15        cout<<" 短整數 ="<<number1<<" 所佔位元組 :"<<sizeof(number1)<<endl;
16        cout<<" 整數 ="<<number2<<" 所佔位元組 :"<<sizeof(number2)<<endl;
17        cout<<" 長整數 ="<<number3<<" 所佔位元組 :"<<sizeof(number3)<<endl;
18        cout<<" 無號長整數 ="<<number4<<" 所佔位元組 :"<<sizeof(number4)<<endl;
19
20
21
22        return 0;
23    }
```

【執行結果】

```
短整數=128所佔位元組:2
整數=831所佔位元組:4
長整數=1234567890所佔位元組:4
無號長整數=978654321所佔位元組:4

-----------------------------------
Process exited after 0.09802 seconds with return value 0
請按任意鍵繼續 . . . ▃
```

【程式解析】

- 第 8 ~ 11 行：宣告各種整數資料變數，並分別利用八進位、十六進位、十進位數值來設定值。

- 第 15 ~ 18 行：藉由 sizeof() 函數的回傳值來輸出各種整數資料值所佔的位元組。

2-3-2 浮點數

所謂浮點數（floating point）資料型態指的就是帶有小數點的數字，也就是數學上所稱的實數。由於 C/C++ 普遍應用在許多科學的精密運算，因此整數所能表現的範圍顯然不足，這時浮點數就可派上用場了。浮點數的表示方法有兩種，一種是小數點方式，另一種是科學記號方式，例如 3.14、-100.521、6e-2、3.2E-18 等。其中 e 或 E 是代表 C/C++ 中 10 為底數的科學符號表示法。例如 6e-2，其中 6 稱為假數，-2 稱為指數。下表為小數點表示法與科學符號表示法的互換表：

小數點表示法	科學符號表示法
0.06	6e-2
-543.236	-5.432360e+02
1234.555	1.234555e+03
3450000	3.45E6
0.000666	0.0006666.66E-4

科學記號表示法的各個數字與符號間不可有間隔，且其中「e」亦可為大寫「E」，其後所接的數字為 10 的乘方，例如 7.6458e3 所表示的浮點數為：

```
7.6458×10³= 7645.8
```

在 C++ 中的浮點數又可以區分為單精度浮點數（float）、倍精確度浮點數（double）與長倍精確浮點數（long double）三種，其實差別就在表示範圍大小不同。下表列出了三種浮點數資料型態所使用的位元數與表示範圍：

資料型態	位元組	表示範圍
float	4	1.17E-38 ～ 3.4E+38（精準至小數點後 7 位）。
double	8	2.25E-308 ～ 1.79E+308（精準至小數點後 15 位）。
long double	12	1.2E+/-4932（精準至小數點後 19 位）。

請注意！浮點數資料型態並無有號與無號之分，都可以表示正負小數的有號資料，因此如果在浮點數資料型態之前指定 signed 或者是 unsigned 型態，則編譯時將會出現警告訊息。

通常浮點數預設的資料型態為 double，因此在指定浮點常數值時，可以在數值後方加上「f」或「F」，直接將數值轉換成 float 型態。如果要將浮點常數值設定成 long double 型態，請於數值後方加上「l」或「L」字母。例如：

```
7645.8            //7645.8 預設為倍精浮點數
7645.8F、7645.8f   // 標示 7645.8 為單精浮點數
7645.8L、7645.8l   // 標示 7645.8 為長倍精度浮點數
```

TIPS 　一個好的程式習慣是要學會充份考量程式碼中變數或常數的儲存長度。當使用較多位元組儲存時，優點是有更多的有效位數，缺點則是會影響到程式的執行效能。另外要提醒大家一點，C++ 雖然有分辨大小寫字母的特性，但在此處區隔浮點數精度的字母，並無大小寫的區隔。

◀隨堂範例▶ CH02_03.cpp

以下程式範例中利用 sizeof() 函數來顯示各種浮點常數與不同精度浮點變數中所儲存長度的大小。請注意！當所設定的浮點常數值，如果未特意標示，則預設是以 double 資料型態儲存，所以佔有 8 bytes。

```cpp
01   #include <iostream>
02
03   using namespace std;
04
05   int main()
06   {
07       float Num1;                    // 宣告 float 變數
08       double Num2;                   // 宣告 double 變數
09       long double Num3=3.144E10;     // 宣告並設定 long double 變數的值
10
11       Num1=1.742f;
12       Num2=4.159;
13
14       cout<<"3.5678 的儲存位元組 ="<<sizeof(3.5678)<<endl;
15       // 印出 3.5678 的儲存位元組大小
16       cout<<"3.5678f 的儲存位元組 ="<<sizeof(3.5678f)<<endl;
17       // 印出 3.5678f 的儲存位元組大小
18       cout<<"3.5678L 的儲存位元組 ="<<sizeof(3.5678L)<<endl;
19       // 印出 3.5678L 的儲存位元組大小
20       cout<<"-----------------------------------------------"<<endl;
21       cout << "Num1 的值：" << Num1 << endl
22            << "長度大小：" << sizeof(Num1)
23            << " Byte" <<endl;
24            // 輸出 float 變數內容及儲存長度大小
25       cout << "Num2 的值：" << Num2 << endl
26            << "長度大小：" << sizeof(Num2)
27            << " Byte" <<endl;
28            // 輸出 double 變數內容及儲存長度大小
29       cout<< "Num3 的值：" << Num3 << endl
30            << "長度大小：" << sizeof(Num3)
31            << " Byte" << endl;
32            // 輸出 long double 變數內容及儲存長度大小
33
34
35       return 0;
36   }
```

【執行結果】

```
3.5678的儲存位元組=8
3.5678f的儲存位元組=4
3.5678L的儲存位元組=16
----------------------------------
Num1 的值：1.742
長度大小：4 Byte
Num2 的值：4.159
長度大小：8 Byte
Num3 的值：3.144e+010
長度大小：16 Byte

----------------------------------
Process exited after 0.1534 seconds with return value 0
請按任意鍵繼續 . . .
```

【程式解析】

- 第 7 ～ 12 行：分別宣告單精度、倍精度、長倍精度浮點數並設定初始值。
- 第 14 ～ 18 行：輸出三種浮點常數所佔位元組大小。
- 第 21 ～ 31 行：輸出不同浮點數資料的內容與儲存長度。

2-3-3 字元

字元型態（char）包含了字母、數字、標點符號及控制符號等，每一個字元佔用 1 位元組（8 位元）的資料長度，在記憶體中仍然是以整數數值的方式來儲存，就是存我們一般常說的 ASCII 碼，例如字元「A」的數值為 65、字元「0」則為 48。

ASCII 是一種目前最普遍的電腦編碼系統，採用 8 位元表示不同的字元，不過最左邊為核對位元，故實際上僅用到 7 個位元表示。也就是說 ASCII 碼最多可以表示 $2^7 = 128$ 個不同的字元，可以表示大小英文字母、數字、符號及各種控制字元。如下圖所示。

在 C++ 中宣告字元資料型態時,必須以兩個單引號「'」符號將字元括起來,代表一個字元。字元型態因為是以整數方式儲存,範圍是由 -128 ～ 127,跟整數一樣也有 signed 與 unsigned 修飾詞。數值範圍如下表所示:

資料型態	資料長度（位元）	最小值	最大值
char	8	-128	127
signed char	8	-128	127
unsigned char	8	0	255

順便一提的是 C++ 中字串常數則是利用一對雙引號「" "」將字串括起來,如 "student" 等。由於字串不是屬於基本資料型態,在此先不做說明,後續章節會再詳加介紹。至於字元變數宣告方式如下:

```
char 變數名稱 =ASCII 碼 ;
-- 或是 --
char 變數名稱 =' 字元 ';
```

例如:

```
char   ch=65;
或是
char   ch='A';
```

當然各位也可以使用「\x」開頭的十六進位 ASCII 碼或「\」開頭的八進位 ASCII 碼來表示字元,例如:

```
char  ch='\x41';      //16 進位 ASCII 碼表示 A 字元
char  ch=0x41;        //16 進位數值表示 A 字元
char my_ch='\101';   // 8 進位 ASCII 碼表示 A 字元
char my_ch=0101;      //8 進位數值表示 A 字元
```

2-3-4　跳脫字元

「跳脫字元」(escape character「\」)功能是一種用來執行某些特殊控制功能的字元方式,格式是以反斜線開頭,以表示反斜線之後的字元將跳脫原來字元的意義,並代表另一個新功能,稱為跳脫序列(escape sequence)。之前的範例程式中所使用的 '\n',就能將所輸出的資料換行,下面整理了 C++ 語言中的常用跳脫字元。如下表所示:

跳脫字元	說明	十進位 ASCII 碼	八進位 ASCII 碼	十六進位 ASCII 碼
\0	字串結束字元。（null character）	0	0	0x00
\a	警告字元，使電腦發出嗶一聲（alarm）	7	007	0x7
\b	倒退字元（backspace），倒退一格	8	010	0x8
\t	水平跳格字元（horizontal tab）	9	011	0x9
\n	換行字元（new line）	10	012	0xA
\v	垂直跳格字元（vertical tab）	11	013	0xB
\f	跳頁字元（form feed）	12	014	0xC
\r	返回字元（carriage return）	13	015	0xD
\"	顯示雙引號（double quote）	34	042	0x22
\'	顯示單引號（single quote）	39	047	0x27
\\	顯示反斜線（backslash）	92	0134	0x5C

此外，前面也提過可以利用「\ooo」模式來表示八進位的 ASCII 碼，而每個 o 則表示一個八進位數字。至於「\xhh」模式可表示十六進位的 ASCII 碼，其中每個 h 表示一個十六進位數字。

◀隨堂範例▶ CH02_04.cpp

以下程式範例將告訴各位一個私房小技巧，我們可以將跳脫字元「\"」的八進位 ASCII 碼設定給 ch，再將 ch 所代表的雙引號列印出來，最後於螢幕上會顯示帶有雙引號的 " 榮欽科技 " 字樣，並利用「\a」發出嗶聲！

```
01   include <iostream>
02
03   using namespace std;
04
05   int main()
06   {
07       char ch=042;// 雙引號的八進位 ASCII 碼
08       // 印出字元和它的 ASCII 碼
09
10       cout<<" 列印出八進位 042 所代表的字元符號 ="<<ch<<endl;
11       cout<<" 雙引號的應用 ->"<<ch<<" 榮欽科技 "<<ch<<endl; // 雙引號的應用
12       cout<<'\a';// 發出嗶一聲
13
14
15       return 0;
16   }
```

【執行結果】

```
列印出八進位042所代表的字元符號="
雙引號的應用->"榮欽科技"

-----------------------------------
Process exited after 0.1559 seconds with return value 0
請按任意鍵繼續 . . .
```

【程式解析】

- 第 7 行：以八進位 ASCII 碼宣告一個 / 雙引號的字元變數。
- 第 10 行：印出所代表的 / 雙引號字元 "。
- 第 11 行：雙引號的應用。
- 第 12 行：發出嗶一聲。

2-3-5　布林資料型態

布林資料型態（bool）是一種表示邏輯的資料型態，它只有兩種值：「true（真）」與「false（偽）」，而這兩個值若被轉換為整數則分別為「1」與「0」，每一個布林變數佔用 1 位元組。C++ 的布林變數宣告方式如下：

```
方式1：bool 變數名稱1, 變數名稱2, …… , 變數名稱N;  // 宣告布林變數
方式2：bool 變數名稱 = 資料值 ;// 宣告並初始化布林變數
```

方式 2 中的資料值可以是「0」、「1」，或是「true」、「false」其中一種。C++ 將零值視為偽值，而非零值則視為真值，通常是以 1 來表示。至於「true」及「false」則是預先定義好的常數值，分別代表 1 與 0。以下舉幾個例子來說明：

```
bool Num1 = 1;          // 宣告布林變數，設值為1
bool Num2 = 0;          // 宣告布林變數，設值為0
bool Num3 = true;       // 宣告布林變數，設值為true
bool Num4 = false;      // 宣告布林變數，設值為0
bool Num5 = 128;        // 128 為非零值，結果為真
bool Num6 = -43;        // -43 為非零值，結果也為真
```

◀隨堂範例▶ CH02_05.cpp

以下程式範例將說明各種布林變數的宣告方式及輸出其運算結果。當各位設值為 true 或 false 時，C++ 中會自動轉為整數 1 或 0。

```
01   #include <iostream>
02
03   using namespace std;
04
05   int main()
06   {
07
08       bool Num1= true;        // 宣告布林變數，設值為 true
09       bool Num2= 0;           // 宣告布林變數，設值為 0
10       bool Num3= -43;         // -43 為非零值，結果為真
11       bool Num4= Num1>Num2;   // 設值為布林判斷式，結果為真
12
13       cout<<"Num1="<<Num1<<" Num2="<<Num2<<endl;
14       cout<<"Num3="<<Num3<<" Num4="<<Num4<<endl;
15
16       return 0;
17   }
```

【執行結果】

```
Num1=1  Num2=0
Num3=1  Num4=1

----------------------------------
Process exited after 0.1498 seconds with return value 0
請按任意鍵繼續 . . .
```

【程式解析】

- 第 8 行：宣告布林變數，設值為 true。
- 第 9 行：宣告布林變數，設值為 0。
- 第 10 行：-43 為非零值，結果為真。
- 第 11 行：設值為布林判斷式，結果為真。

2-4 上機程式測驗

1. 請設計一 C++ 程式，使用了兩種常數宣告方式來宣告圓的半徑及 PI 值，並列印出圓的面積。

   Ans ex02_01.cpp。

2. 請設計一 C++ 程式，分別以字元、十進位、八進位與十六進位的數值與 ASCII 碼方式指定給字元變數 ch，並且得到相同輸出結果。

   Ans ex02_02.cpp。

3. 請設計一 C++ 程式，輸出以下運算式後 a 與 b 的結果：

```
a=b=c=100;
a=a+5;
b=a+b+c;
```

   Ans ex02_03.cpp。

4. 請設計一 C++ 程式，輸出兩數比較與邏輯運算子相互關係的真值表，請各位特別留意運算子間的交互運算規則及優先次序。

   Ans ex02_04.cpp。

5. 請設計一 C++ 程式，當 a=b=5 時，當經過以下運算式後，請輸出 a 與 b 的值。

```
a+=5;
b*=6;
cout<<"a="<<a<<" b="<<b<<endl;
a+=a+=b+=b%4;
cout<<"a="<<a<<" b="<<b<<endl;
```

   Ans ex02_05.cpp。

6. 在 C++ 中可以使用 sizeof() 函數，來顯示各種資料型態或變數的資料長度，請設計一程式，計算出以下 salary 與 sum 的資料長度：

```
int salary=100;      // 宣告為整數型態
float sum=100.99;    // 宣告為實數型態
```

   Ans ex02_06.cpp。

7. 所謂溢位,就是該類型整數的數值超出了可以表示的範圍。以上曾經提過短整數型態的數值範圍是「-32768 ～ +32767」,但是如果我們所指定的數值超過這個範圍,那麼系統又會如何處理呢?請設計一 C++ 程式,分別設定三個變數值 32767、32768、32769,並觀察其輸出結果。

Ans ex02_07.cpp。

8. 由於每一個字元資料都可以轉換為一整數值,因此字元間當然可以進行加法運算。請設計一 C++ 程式,示範字元的加法運算與當字元運算後的數值超過字元最大表示數值 255 時,會輸出什麼樣的結果,並說明之。

Ans ex02_08.cpp。

課後評量

1. 在 C++ 中，何謂變數，何謂常數？

2. 有支個人資料輸入程式，但是無法順利編譯，編譯器指出下面這段程式碼出了
    問題，請指出問題的所在：

    ```
    cout<<" 請輸入生日 "ex. 64/05/26"：";
    ```

3. 請將整數值 45 以 C++ 中的八進位與十六進位表示法表示。

4. 簡單的 "Hello! World!" 字串輸出程式，通常學習程式的第一個範例，然而有
    個初學者第一個程式就出了問題，請問問題出在哪？

    ```
    01 #include <iostream>
    02 using namespace std;
    03 int main()
    04 {
    05     cout<<"Hello! World!"
    06     return 0;
    07 }
    ```

5. 請說明以下的 Result 值為何？是否符合運算上的精確值？如果沒有，該如何
    修正？

    ```
    int i=100, j=3;
    float Result;
    Result=i/j;
    ```

6. 請問以下程式碼中，s+1 的列印結果為何？

    ```
    short int  s=32767;

    cout<<"s+1="<<s+1<<endl;
    ```

7. 何謂 ASCII 碼？試說明之。

8. 在宣告字元資料型態時必須以一對單引號「'」符號將字元括起來,請問 C++ 中字元變數的宣告有哪兩種?

9. C++ 中的浮點數的有哪三種,所使用的位元數與表示範圍為何?

10. 在 C++ 中如何處理整數溢位的情況,試說明之。

11. 請問程式設計習慣與變數或常數的儲存長度有何關係?

12. 宣告 unsigned 型態的變數有何特點?

13. 在 C++ 中除了可以直接以 10 進位數來設定整數資料型態的變數值外,也可以採用 8 進位(octal number system)或 16 進位(hexadecimal numbering system)來設定值,請簡單說明規則。

03

運算式與運算子

在程式中經常將變數或常數等「運算元」（operands），利用系統預先定義好的「運算子」（operators）來進行各種算術運算（如＋、－、×、÷ 等）、邏輯判斷（如 AND、OR、NOT 等）與關係運算（如＞、＜、＝等），以求取一個執行結果。對於程式中這些運算元及運算子的組合，我們就稱為「運算式」。其中 =、+、* 及 / 符號稱為運算子，而變數 A、x、y、c 及常數 10、3 都屬於運算元。例如以下為 C++ 的運算式：

```
x=100*2*y-a+0.7*3*c;
```

3-1 運算式表示法

在程式語言的領域中，如果依據運算子在運算式中的位置，運算式可區分以下三種表示法：

1. **中序法（infix）**：運算子在兩個運算元中間，例如 A+B、(A+B)*(C+D) 等都是中序表示法。
2. **前序法（prefix）**：運算子在運算元的前面，例如 +AB、*+AB+CD 等都是前序表示法。
3. **後序法（postfix）**：運算子在運算元的後面，例如 AB+、AB+CD+* 等都是後序表示法。

而對於 C++ 中的運算式，我們所要使用的是中序法，這包括了運算子的優先權與結合性的問題，在以下的章節中將會為各位逐一說明。

3-1-1 運算式分類

C++ 的運算式如果依照運算子處理運算元的個數不同，可以區分成「一元運算式」、「二元運算式」及「三元運算式」等三種。接下來我們簡單介紹這些運算式的特性與範例：

- **一元運算式**：由一元運算子所組成的運算式，在運算子左側或右側僅有一個運算元。例如 -100（負數）、tmp--（遞減）、sum++（遞增）等。

- **二元運算式**：由二元運算子所組成的運算式，在運算子兩側都有運算元。例如 A+B（加）、A=10（等於）、x+=y（遞增等於）等。

- **三元運算式**：由三元運算子所組成的運算式。由於此類型的運算子僅有「:?」（條件）運算子，因此三元運算式又稱為「條件運算式」。例如 a>b ? 'Y':'N'。

3-2 認識運算子

在 C++ 中，運算元包括了常數、變數、函數呼叫或其他運算式，而運算子的種類相當多，有指派運算子、算術運算子、比較運算子、邏輯運算子、遞增遞減運算子以及位元運算子等。大家可別小看了這些造型醜醜的運算子，對於程式的執行績效可有舉足輕重的影響！有了運算式的基本認識，趕快來看看各種運算子的功能吧！

在尚未正式介紹運算子之前，先來談談運算子的優先權（priority）。一個運算式中往往包含了許多運算子，如何來安排彼此間執行的先後順序，就需要依據優先權來建立運算規則了。

記得小時候我們在數學課時，最先背誦的口訣就是「先乘除，後加減」，這就是優先權的基本概念。事實上。當我們遇到有一個以上運算子的 C++ 運算式時，首先區分出運算子與運算元。

3-2-1 運算子優先順序

接下來就依照運算子的優先順序作整理動作，當然也可利用「()」括號來改變優先順序。最後由左至右考慮到運算子的結合性（associativity），也就是遇到相同優先等級的運算子會由最左邊的運算元開始處理。以下我們整理了 C++ 中各種運算子計算的優先順序列表：

運算子優先順序	說明
( )	括號，由左至右。
〔 〕	方括號，由左至右。
!	邏輯運算 NOT。
-	負號。
++	遞增運算。
--	遞減運算，由右至左。
~	位元邏輯運算子，由右至左。
++、--	遞增與遞減運算子，由右至左。
*	乘法運算。
/	除法運算。
%	餘數運算，由左至右。
+	加法運算。
-	減法運算，由左至右。
<<	位元左移運算。
>>	位元右移運算，由左至右。
>	比較運算大於。
>=	比較運算大於等於。
<	比較運算小於。
<=	比較運算小於等於
==	比較運算等於。
!=	比較運算不等於，由左至右。
&	位元運算 AND，由左至右。
^	位元運算 XOR。
|	位元運算 OR，由左至右。
&&	邏輯運算 AND。
||	邏輯運算 OR，由左至右。
?:	條件運算子，由右至左。
=	指定運算，由右至左。

3-2-2　指定運算子

記得早期初學電腦時，最不能理解的就是等號「=」在程式語言中的意義。例如我們常看到下面這樣的指令：

```
sum=5;
sum=sum+1;
```

以往我們都認為那是一種傳統數學上相等或等於的觀念，那 sum=5 還說的通，至於 sum=sum+1 這道指令，當時可就讓人一頭霧水了！其實「=」在電腦運算中主要是當做「指定」（assign）的功能，各位可以想像成當宣告變數時會先在記憶體上安排位址，等到利用指定運算子（=）設定數值時，才將數值指定給該位址來儲存。而 sum=sum+1 可以看成是將 sum 位址中的原資料值加 1 後，再重新指定給 sum 的位址。

簡單來說，「=」符號稱為指定運算子（assignment operator），由至少兩個運算元組成，主要作用是將等號右方的值指派給等號左方的變數。以下是指定運算子的使用方式：

```
變數名稱 = 指定值 或 運算式；
```

在指定運算子（=）右側可以是常數、變數或運算式，最終都將會值指定給左側的變數；而運算子左側也僅能是變數，不能是數值、函數或運算式等。

例如：

```
a=5;
b=a+3;
c=a*0.5+7*3;
x-y=z;  // 不合法的使用，運算子左側只能是變數
```

此外，C++ 的指定運算子除了一次指定一個數值給變數外，還能夠同時指定同一個數值給多個變數。

例如：

```
int a,b,c;
a=b=c=100;        // 同步指定值給不同變數
```

此時運算式的執行過程會由右至左，也就是變數 a、b 及 c 的內容值都是 100。

3-2-3 算術運算子

算術運算子（arithmetic operator）是最常用的運算子類型，主要包含了數學運算中的四則運算，以及遞增、遞減、正 / 負數等運算子。算術運算子的符號與名稱如下表所示：

運算子	說明	使用語法	執行結果（A=25，B=7）
+	加	A + B	25+7=32
-	減	A - B	25-7=18
*	乘	A * B	25*7=175
/	除	A / B	25/7=3
%	取餘數	A % B	25%7=4
+	正號	+A	+25
-	負號	-B	-7

+-*/ 運算子與我們常用的數學運算方法相同，優先順序為「先乘除後加減」。而正負號運算子主要表示運算元的正／負值，通常設定常數為正數時可以省略＋號，例如「a=5」與「a=+5」意義是相同的。而負號除了使常數為負數外，也可以使得原來為負數的數值變成正數。

餘數運算子「%」則是計算兩數相除後的餘數，而且這兩個運算元必須為整數、短整數或長整數型態。例如：

```
int a=10,b=7;
cout << a%b;    // 此行執行結果為 3
```

> **TIPS** 餘數運算子 % 是用來計算兩個整數相除後的餘數，那如果是兩個浮點數的餘數呢？這時就要使用 C++ 函數庫中的 fmod(a,b) 函數即可，其中 a、b 為浮點數。但別忘了還要將 cmath 檔含括進來！

◀ 隨堂範例 ▶ CH03_01.cpp

以下程式範例是列印出 A、B 兩個運算元與各種算術運算子間的運算式關係，各位可以仔細比較運算後的結果。

```
01    include<iostream>
02
03    using namespace std;
04
05    int main()
06    {
```

```
07        int A=21,B=6;
08        // 算術運算子的各種運算與結果
09        cout<<"A=21,B=6"<<" A+B="<<A+B<<endl;
10        cout<<"A=21,B=6"<<" A-B="<<A-B<<endl;
11        cout<<"A=21,B=6"<<" A*B="<<A*B<<endl;
12        cout<<"A=21,B=6"<<" A/B="<<A/B<<endl;
13        cout<<"A=21,B=6"<<" A%B="<<A%B<<endl;// 餘數運算子的使用
14
15
16        return 0;
17    }
```

【執行結果】

```
A=21,B=6 A+B=27
A=21,B=6 A-B=15
A=21,B=6 A*B=126
A=21,B=6 A/B=3
A=21,B=6 A%B=3

--------------------------------
Process exited after 0.1214 seconds with return value 0
請按任意鍵繼續 . . .
```

【程式解析】

- 第 7 行：宣告兩個變數作為運算元。
- 第 13 行：餘數運算子的使用。

3-2-4 關係運算子

　　關係運算子的作用是用來比較兩個數值之間的大小關係，通常用於流程控制語法。當使用關係運算子時，所運算的結果只有布林資料型態（bool）的「真（true）」與「假（false）」兩種數值。如下表說明：

關係運算子	功能說明	用法	A=5，B=2
>	大於	A>B	5>2，結果為 true(1)。
<	小於	A<B	5<2，結果為 false(0)。
>=	大於等於	A>=B	5>=2，結果為 true(1)。
<=	小於等於	A<=B	5<=2，結果為 false(0)。
==	等於	A==B	5==2，結果為 false(0)。
!=	不等於	A!=B	5!=2，結果為 true(1)。

在 C++ 中的等號關係是 "==" 運算子，至於 "=" 則是指定運算子，這種差距很容易造成程式碼撰寫時的疏忽，請多加留意，日後程式除錯時，這可是熱門的小 bug 喔！

◀隨堂範例▶ CH03_02.cpp

以下程式範例是列印兩個運算元間各種關係運算子的真值表，以 0 表示結果為假，1 表示結果為真。

```
01  #include<iostream>
02
03  using namespace std;
04
05  int main()
06  {
07
08      int a=11,b=15; // 宣告兩個運算元
09      // 關係運算子運算關係
10      cout<<"a=11 , b=15\n"<<endl;
11      cout<<"-----------------------------------------"<<endl;
12      cout<<" 比較結果為真，則為 1... 比較結果為假，則為 0\n"<<endl;
13      cout<<"a>b, 比較結果為 "<<(a>b)<<endl;
14      cout<<"a<b, 比較結果為 "<<(a<b)<<endl;
15      cout<<"a==b, 比較結果為 "<<(a==b)<<endl;
16      cout<<"a!=b, 比較結果為 "<<(a!=b)<<endl;
17      cout<<"a>=b, 比較結果為 "<<(a>=b)<<endl;
18      cout<<"a<=b, 比較結果為 "<<(a<=b)<<endl;
19
20
21      return 0;
22  }
```

【執行結果】

```
a=11 , b=15
-------------------------------------------
比較結果為真，則為1...比較結果為假，則為0

a>b, 比較結果為 0
a<b, 比較結果為 1
a==b, 比較結果為 0
a!=b, 比較結果為 1
a>=b, 比較結果為 0
a<=b, 比較結果為 1

-------------------------------------
Process exited after 0.0994 seconds with return value 0
請按任意鍵繼續 . . .
```

【程式解析】

- 第 8 行：宣告兩個運算元。
- 第 13 ～ 18 行：將 a 與 b 值的各種比較結果的布林值輸出。

3-2-5　邏輯運算子

邏輯運算子也是運用在邏輯判斷的時候，可控制程式的流程，通常是用在兩個表示式之間的關係判斷，經常與關係運算子合用，僅有「真（true）」與「假（false）」兩種值，並且分別可輸出數值「1」與「0」。C 中的邏輯運算子共有三種，如下表所示：

運算子	功能	用法
&&	AND	a>b && a<c
||	OR	a>b || a<c
!	NOT	!(a>b)

⭐ && 運算子

當 && 運算子（AND）兩邊的運算式皆為真 (1) 時，其執行結果才為真 (1)，任何一邊為假 (0) 時，執行結果都為假 (0)。真值表如下：

&& 邏輯運算子		A	
		1	0
B	1	1	0
	0	0	0

⭐ \|\| 運算子

當 \|\| 運算子（OR）兩邊的運算式，只要其中一邊為真 (1) 時，執行結果就為真 (1)。真值表如下：

|| 邏輯運算子		A	
		1	0
B	1	1	1
	0	1	0

✪ ! 運算子

! 運算子（NOT）是一元運算子，它會將比較運算式的結果做反相輸出，也就是傳回與運算元相反的值。真值表如下：

A	1	0
! 運算子	0	1

以下我們直接由例子來看看邏輯運算子的使用方式：

```
01   int result;
02   int a=5,b=10,c=6;
03   result = a>b && b>c;    //a>b 的傳回值與條件式 b>c 的傳回值做 AND 運算
04   result = a<b || c!=a;   //a<b 的傳回值與 c!=a 的傳回值做 OR 運算
05   result = !result;       // 將 result 的值做 NOT 運算
```

上述的例子中，第 03、04 行敘述分別以運算子 &&、|| 結合兩條件式，並將運算後的結果儲存到整數變數 result 中，在這裡由於 && 與 || 運算子的運算子優先權較關係運算子 >、<、!= 等來得低，因此運算時會先計算條件式的值，之後再進行 AND 或 OR 的邏輯運算。

第 05 行敘述則是以 ! 運算子進行 NOT 邏輯運算，取得變數 result 的反值（true 的反值為 false，false 的反值為 true），並將傳回值重新指派給變數 result，這行敘述執行後的結果會使得變數 result 的值與原來的相反。

3-2-6　位元運算子

C++ 的位元運算子能夠針對整數及字元資料的位元，進行邏輯與位移的運算，通常區分為「位元邏輯運算子」與「位元位移運算子」兩種。請看以下的說明：

◉ 位元邏輯運算子

位元邏輯運算子和我們上節所提的邏輯運算子並不相同，邏輯運算子是對整個數值做判斷，而位元邏輯運算子則是特別針對整數中的位元值做計算。C++ 中提供有四種位元邏輯運算子，分別是 &（AND）、|（OR）、^（XOR）與 ~（NOT）：

- **&（AND）**：執行 AND 運算時，對應的兩字元都為 1 時，運算結果才為 1，否則為 0。例如：a=12，則 a&38 得到的結果為 4，因為 12 的二進位表示法為

1100，38 的二進位表示法為 0110，兩者執行 AND 運算後，結果為十進位的 4。如下圖所示：

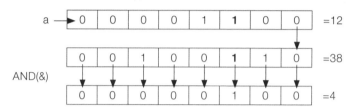

- |（OR）：執行 OR 運算時，對應的兩字元只要任一字元為 1 時，運算結果為 1，也就是只有兩字元都為 0 時，才為 0。例如 a=12，則 a|38 得到的結果為 46，如下圖所示：

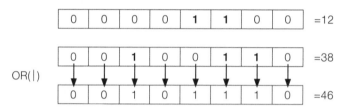

- ^（XOR）：執行 XOR 運算時，對應的兩字元只有任一字元為 1 時，運算結果為 1，但是如果同時為 1 或 0 時，結果為 0。例如 a=12，則 a^38 得到的結果為 42，如下圖所示：

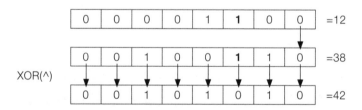

- ~（NOT）：NOT 作用是取 1 的補數（complement），也就是 0 與 1 互換。例如 a=12，二進位表示法為 1100，取 1 的補數後，由於所有位元都會進行 0 與 1 互換，因此運算後的結果得到 -13：

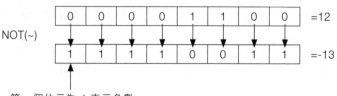

第一個位元為 1 表示負數

✪ 位元位移運算子

位元位移運算子可提供將整數值的位元向左或向右移動所指定的位元數，C++
中提供有兩種位元邏輯運算子，分別是左移運算子（<<）與右移運算子（>>）：

- **<<（左移）**：左移運算子（<<）可將運算元內容向左移動 n 個位元，左移後超
  出儲存範圍即捨去，右邊空出的位元則補 0。語法格式如下：

```
a<<n
```

例如運算式「12<<2」。數值 12 的二進位值為 1100，向左移動 2 個位元後成為
110000，也就是十進位的 48。如下圖所示。

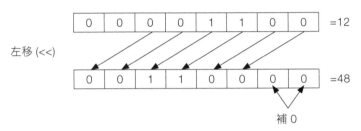

- **>>（右移）**：右移運算子（>>）與左移相反，可將運算元內容右移 n 個位元，
  右移後超出儲存範圍即捨去。在此請注意，這時右邊空出的位元，如果數值是
  正數則補 0，負數則填 1。語法格式如下：

```
a>>n
```

例如運算式「12>>2」。數值 12 的二進位值為 1100，向右移動 2 個位元後成為
0011，也就是十進位的 3。如下圖所示。

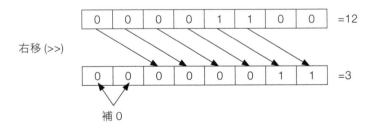

接下來我們還要討論負數與左移運算子（<<）與右移運算子（>>）的關係，如果是 -12<<2 與 -12>>2 的結果為何？首先我們要求 -12 的二進位表示法，方法如下：

1.　12 的二進位表示法如下：

0	0	0	0	1	1	0	0	=12

2.　取 1 的補數，這時將 1 位元改為 0，0 位元改為 1。所謂「1 的補數」是指如果兩數之和為 1，則此兩數互為 1 的補數，亦即 0 和 1 互為 1 的補數：

1	1	1	1	0	0	1	1

3.　取 2 的補數，只要將 1 的補數加上 1 即可，至於「2 的補數」的作法則是必須事先計算出該數的 1 補數，再加 1 即可：

1	1	1	1	0	1	0	0	=-12

接下來，進行 -12<<2 的運算，這時左移 2 個位元，如果超出儲存範圍即捨去，右邊空出的位元則補 0，可能如下 2 進位數：

1	1	0	1	0	0	0	0

這時將此數 -1，可得 1 的補數：

1	1	0	0	1	1	1	1

然後又還原回去，也就是將 1 位元改為 0，0 位元改為 1，我們知道是負數，所以所得結果還要 *-1：

-1*	0	0	1	1	0	0	0	0	=-48

如果是 -12>>2 的運算，這時右移 2 個位元：

1	1	1	1	0	1	0	0	=-12

右移後超出儲存範圍即捨去，而右邊空出的位元，如果數值是正數則補 0，負數則填 1：

1	1	1	1	1	1	0	1

這時將此數 -1，可得 1 的補數：

1	1	1	1	1	1	0	0

然後又還原回去，也就是將 1 位元改為 0，0 位元改為 1，我們知道是負數，
所以所得結果還要 *-1：

-1* | 0 | 0 | 0 | 0 | 0 | 0 | 1 | 1 | =-3

◀ 隨堂範例 ▶ CH03_03.cpp

以下程式範例是利用兩個整數運算元 13 與 57 來進行六種位元運算子的相關運
算。各位不妨嘗試變更兩個整數運算元的值，一面自行在紙上作業，一面跑程
式來驗證結果，看看是否充份了解位元運算子的各種運算關係。

```cpp
01   #include<iostream>
02
03   using namespace std;
04
05   int main()
06   {
07       int a=13,b=57;
08
09       // 標示 a 與 b 的二進位表示法
10       cout<<"a=13, 二進位為 00001101"<<endl;
11       cout<<"b=57, 二進位為 00111001"<<endl;
12       cout<<"----------------------------------------"<<endl;
13       cout<<" 位元運算子運算範例 "<<endl;
14       cout<<"----------------------------------------"<<endl;
15       // 位元運算子運算關係
16       cout<<"13 & 57 ="<<(a&b)<<endl;    //& 位元運算子
17       cout<<"13 | 57 ="<<(a|b)<<endl;    //| 位元運算子
18       cout<<"13 ^ 57 ="<<(a^b)<<endl;    //^ 位元運算子
19       cout<<"~57 ="<<(~b)<<endl;         //~ 位元運算子
20       cout<<"13>>2 ="<<(a>>2)<<endl;     //>> 位元運算子
21       cout<<"13<<2 ="<<(a<<2)<<endl;     //<< 位元運算子
22
23
24       return 0;
25   }
```

【執行結果】

```
a=13,二進位為00001101
b=57,二進位為00111001
-----------------------------------
位元運算子運算範例
-----------------------------------
13 & 57 =9
13 ¦ 57 =61
13 ^ 57 =52
~57 =-58
13>>2 =3
13<<2 =52


-----------------------------------
Process exited after 0.09212 seconds with return value 0
請按任意鍵繼續 . . .
```

【程式解析】

- 第 10 ～ 11 行：宣告 a,b 為整數，並將 a,b 以二進位表示。
- 第 16 ～ 21 行：示範位元運算子的各種運算結果。請注意，運算元只能是整數。

3-2-7 遞增與遞減運算子

接著要介紹的運算子相當有趣，也就是 C++ 中特有的遞增「++」及遞減運算子「--」。它們是針對變數運算元加減 1 的簡化寫法，屬於一元運算子的一種，可增加程式碼的簡潔性。如果依據運算子在運算元前後位置的不同，雖然都是對運算元做加減 1 的動作，遞增與遞減運算子還是可以細分成「前置型」及「後置型」兩種：

⭐ 前置型

++ 或 -- 運算子放在變數的前方，是將變數的值先作 +1 或 -1 的運算，再輸出變數的值。

例如：

```
++ 變數名稱；
-- 變數名稱；
```

⭐ 後置型

++ 或 -- 運算子放在變數的後方，是代表先將變數的值輸出，再做 +1 或 -1 的動作。

例如：

```
變數名稱 ++;
變數名稱 --;
```

在此要特別解說前置型式與後置型式的不同，請各位看仔細，例如以下前置型程式段：

```
int a,b;

a=5;
b=++a;
cout<<"a="<<a<<" b="<<b;
```

由於是前置型遞增運算子，所以必須先執行 a=a+1 的動作 (a=6)，再執行 b=a 的動作，因此會列印出 a=6,b=6。

那麼以下後置型程式段又有何不同呢：

```
int a,b;

a=5;
b=a++;
cout<<"a="<<a<<" b="<<b;
```

由於是後置型遞增運算子，所以必須先輸出 b=a(a=5)，再執行 a=a+1 的動作，因此會列印出 a=6,b=5。至於遞減運算子的情況也是相同，只不過是執行減一的動作，各位可自行研究。

◀ 隨堂範例 ▶ CH03_04.cpp

以下程式範例將實際示範前置型遞增運算子、前置型遞減運算子、後置型遞增運算子、後置型遞減運算子在運算前後的執行過程，請各位比較執行結果後，自然就能夠融匯貫通，知道兩者的差別所在。

```
01   #include<iostream>
02
03   using namespace std;
04
05   int main()
06   {
```

```
07      int a,b;
08
09      a=5;
10      cout<<"a="<<a;
11      b=++a;
12      cout<<" 前置型遞增運算子 :b=++a 後  a="<<a<<",b="<<b<<endl;
13      // 前置型遞增運算子
14      cout<<"---------------------------------------------"<<endl;
15      a=5;
16      cout<<"a="<<a;
17      b=a++;
18      cout<<" 後置型遞增運算子 :b=a++ 後  a="<<a<<",b="<<b<<endl;
19      // 後置型遞增運算子
20      cout<<"---------------------------------------------"<<endl;
21      a=5;
22      cout<<"a="<<a;
23      b=--a;
24      cout<<" 前置型遞減運算子 :b=--a 後  a="<<a<<",b="<<b<<endl;
25      // 前置型遞減運算子
26      cout<<"---------------------------------------------"<<endl;
27      a=5;
28      cout<<"a="<<a;
29      b=a--;
30      cout<<" 後置型遞減運算子 :b=a-- 後  a="<<a<<",b="<<b<<endl;
31      // 後置型遞減運算子
32      cout<<"---------------------------------------------"<<endl;
33
34
35      return 0;
36  }
```

【執行結果】

```
a=5前置型遞增運算子:b=++a 後 a=6,b=6
---------------------------------------------
a=5後置型遞增運算子:b=a++ 後 a=6,b=5
---------------------------------------------
a=5前置型遞減運算子:b=--a 後 a=4,b=4
---------------------------------------------
a=5後置型遞減運算子:b=a-- 後 a=4,b=5
---------------------------------------------

---------------------------------------------
Process exited after 0.1303 seconds with return value 0
請按任意鍵繼續 . . .
```

【程式解析】

■ 第 11 行：前置型遞增運算子。

- 第 17 行：後置型遞增運算子。
- 第 23 行：前置型遞減運算子。
- 第 29 行：後置型遞減運算子。

3-2-8　複合指定運算子

在 C++ 中還有一種複合指定運算子，是由指派運算子與其他運算子結合而成，並不屬於基本運算子。先決條件是「=」號右方的來源運算元必須有一個是和左方接收指定數值的運算元相同，如果一個運算式含有多個混合指定運算子，運算過程必須是由右方開始，逐步進行到左方。

例如以「A += B;」指令來說，它就是指令「A=A+B;」的精簡寫法，也就是先執行 A+B 的計算，接著將計算結果指定給變數 A。這類的運算子有以下幾種：

運算子	說明	使用語法
+=	加法指定運算	A += B
-=	減法指定運算	A -= B
*=	乘法指定運算	A *= B
/=	除法指定運算	A /= B
%=	餘數指定運算	A %= B
&=	AND 位元指定運算	A &= B
| =	OR 位元指定運算	A |= B
^=	NOT 位元指定運算	A ^= B
<<=	位元左移指定運算	A <<= B
>>=	位元右移指定運算	A >>= B

3-3　認識資料型態轉換

在 C++ 的資料型態中，如果不同資料型態作運算時，會造成資料型態的不一致，這時候 C++ 所提供的「資料型態轉換」（data type coercion）功能就派上用場了，資料型態轉換功能可以區分為「自動型態轉換」與「強制型態轉換」兩種。

3-3-1 自動型態轉換

自動型態轉換是由編譯器來判斷應轉換成何種資料型態，因此也稱為「隱含轉換」（implicit type conversion）。在 C++ 編譯器中，對於運算式型態轉換，會依照型態數值範圍大者作為優先轉換的對象，簡單的說，就是西瓜靠大邊（型態儲存位元組較多者）的原則，也稱為擴大轉換（augmented conversion）。轉換順序如下所示：

以下是資料型態大小的轉換的順位：

```
double  >  float  >  unsigned long  >  long  >  unsigned int  >  int
```

在此以下範例作說明：

```
double=int / float + int * long
```

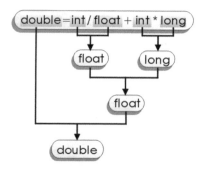

例如以下程式片段：

```
int i=3;
float f=5.2;
double d;

d=i+f;
```

其轉換方式如下所示：

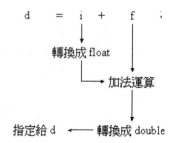

　　當指定運算子左右的資料型態不相同時，是以指定運算子左邊的資料型態為主。以上述範例來說，指定運算子左邊的資料型態大於右邊，所以轉換上不會有問題；相反的，如果指定運算子左邊的資料型態小於右邊時，會發生部分的資料被捨去的狀況，例如將 float 型態指定給 int 型態，可能會有遺失小數點後的精準度。

　　如果運算式使用到 char 資料型態時，在計算運算式的值時，編譯器會自動把 char 資料型態轉換為 int 資料型態，不過並不會影響變數的資料型態和長度。至於 bool 型態與字元及整數型態並不相容，因此不可以做型態轉換。

◀ 隨堂範例 ▶ CH03_05.cpp

以下程式範例是利用浮點數與整數的加法過程來示範自動型態轉換的結果，各位也可更清楚擴大轉換（augmented conversion）的作用。

```
01    #include<iostream>
02
03
04    using namespace std;
05
06    int main()
07    {
08
09
10        int i=26;
11        float f=1115.2;
12        double d;
13
14        // 印出各資料型態變數的初始值
15        cout<<"i="<<i<<" f="<<f<<endl;
16        d=i+f; // 資料型態轉換與浮點數與整數的加法
17        cout<<"------------------------------"<<endl;
18        cout<<"d="<<d<<endl;
19        cout<<"------------------------------"<<endl;
20
21
22        return 0;
23    }
```

【執行結果】

```
i=26 f=1115.2
-----------------------------------
d=1141.2
-----------------------------------

-----------------------------------
Process exited after 0.1083 seconds with return value 0
請按任意鍵繼續 . . .
```

【程式解析】

- 第 10 ～ 12 行：宣告各種資料型態的變數並設初始值。
- 第 16 行：將整數 i 與單精度浮點數 f 加法運算後，存入倍精度浮點數 d。
- 第 18 行：列印自動型態轉換的運算結果。

3-3-2 強制型態轉換

除了由編譯器自行轉換的自動型態轉換之外，C++ 也允許使用者強制轉換資料型態，或稱為「顯性轉換」（explicit type conversion）。例如想利用兩個整數資料相除時，可以用強制性型態轉換，暫時將整數資料轉換成浮點數型態。

如果要在運算式中強制轉換資料型態，語法如下：

```
( 強制轉換型態名稱 )   運算式或變數；
```

例如以下程式片段：

```
int a,b,avg;
avg=(float)(a+b)/2;// 將 a+b 的值轉換為浮點數型態
```

請注意喔！包含著轉換型態名稱的小括號是絕對不可以省略，當浮點數轉為整數時不會四捨五入，而是直接捨棄小數為部份。另外在指定運算子（＝）左邊的變數，也不能進行強制資料型態轉換！

例如：

```
(float)avg=(a+b)/2;   // 不合法的指令
```

◀隨堂範例▶ CH03_06.cpp

以下程式範例輸出了強制型態轉換前後的平均成績結果，除了求取整數相除的結果，再透過浮點數轉換求取新的結果。

```
01    #include<iostream>
02
03
04    using namespace std;
05
06    int main()
07    {
08        int score1=78,score2=69,score3=92;
09        int sum=0;
10
11        sum=score1+score2+score3;
12        cout<<" 總分為 :"<<sum<<endl;
13        cout<<" 原來的平均成績為 :"<<sum/3<<endl;// 不轉換資料型態
14        // 強制轉換資料型態
15        cout<<" 強制轉換後的平均成績為 :"<<(float)sum/3<<endl;
16
17
18        return 0;
19    }
```

【執行結果】

```
總分為:239
原來的平均成績為:79
強制轉換後的平均成績為:79.6667
------------------------------------
Process exited after 0.1185 seconds with return value 0
請按任意鍵繼續 . . .
```

【程式解析】

- 第 8 行：變數的宣告與設定初始值。
- 第 13 行：不轉換資料型態，以整數型態列印平均值。
- 第 15 行：將 (float)sum/3 強制型態轉換成浮點數，以便求平均成績。

3-3-3 轉型運算子簡介

以上兩種型態轉換的方式在 C/C++ 都可適用，而利用 C++ 的轉型運算子（cast operator）指定資料進行轉型則是 C++ 獨有的強制型態轉換方式。當程式以轉型運算子指示進行強制轉型的動作時，便會抑制原先所應該進行的運算式型態轉換。C++ 中定義了以下所列的 4 個轉型運算子：

運算子	說明
static_cast	轉換資料型態。
const_cast	轉換指標或參考的常數性。
dynamic_cast	轉換類別繼承體系中之物件指標或參考。
reinterpret_cast	轉換無關聯的資料型態。

以下我們僅就轉換資料型態的「static_cast」運算子示範說明如何使用 C++ 轉型運算子。以 static_cast 運算子對於資料的資料型態進行轉型的方式如下：

```
static_cast< 資料型態 >( 運算式或變數 )
```

◀ 隨堂範例 ▶ CH03_07.cpp

以下程式範例是說明如何以 static_cast 運算子將變數 two 的 double 型態轉換為 int 型態：

```
01   #include <iostream>
02
03
04   using namespace std;
05
06   int main()
07   {
08       int  one = 9;
09       double two = 7.6;
10       one = one + static_cast<int>(two);// 轉型運算子的應用
11
12       cout<<"one="<<one<<endl;
13
14
15       return 0;
16   }
```

【執行結果】

```
one=16

---------------------------------
Process exited after 0.1017 seconds with return value 0
請按任意鍵繼續 . . .
```

【程式解說】

- 第 8 ~ 9 行：分別宣告一個整數與一個倍精度浮點數。
- 第 10 行：則用轉型運算子將 two 取整數值，請注意！two 這時仍為倍精度浮點數。

3-4 上機程式測驗

1. 請設計一程式，經過以下宣告與運算後 A、B、C 的值。

```
int A,B,C;
A=5,B=8,C=10;
A=B++*(C-A)/(B-A);
```

Ans ex03_01.cpp。

2. 如何設計一程式，可以將資料之第一個位元組之位元全部反轉（提示：使用 ^ 運算子）。提示：任一位元與 1 進行 XOR 運算，由於 XOR 運算具有排它性，所以若原位元為 0，則 0^1 得 1，若原位元為 1，則 1^1 得 0，利用此運算即可進行位元反轉。

Ans ex03_02.cpp。

3. 請使用 C++ 語言陳述句撰寫滿足以下描述的程式：

```
(a) 宣告三個整數變數；
(b) 顯示 " 請輸入整個數字（ex. 10 20 30）";
(c) 擷取使用者的三個整數輸入；
(d) 輸出使用者的輸入值。
```

Ans ex03_03.cpp。

4.　假設某道路全長 765 公尺，現欲在橋的兩旁兩端每 17 公尺插上一支旗子，如果每支旗子需 210 元，請設計一個 C++ 程式計算共要花費多少元？

　　Ans ex03_04.cpp。

5.　請設計一 C++ 程式，可輸入學生的三科成績，並利用運算式來輸出每筆成績與計算三科成績的總分與平均成績，最後將此三科成績與總分及平均都輸出。

　　Ans ex03_05.cpp。

6.　請設計一 C++ 程式，能夠讓使用者輸入準備兌換的金額，並能輸出所能兌換的百元、50 元紙鈔與 10 元硬幣的數量。

　　Ans ex03_06.cpp。

7.　請設計一 C++ 程式，輸入任何一個三位數以上的整數，並利用餘數運算子（%）所寫成的運算式來輸出其百位數的數字。例如 4976 則輸出 9，254637 則輸出 6。

　　Ans ex03_07.cpp。

8.　請設計一 C++ 程式，利用左移運算子（<<）與右移運算子（>>）求取 8888 向右移 5 個位元後，再左移 5 個位元後的值。

　　Ans ex03_08.cpp。

課後評量

1. 基本上，C++ 的資料型態轉換功能可以區分為自動型態轉換與強制型態轉換。請問還有哪一種是 C++ 獨有的強制型態轉換方式。

2. 請排出下列運算子的優先順序：

(a) +   (b) <<   (c) *   (d) +=   (e) & 。

3. 請問下面的程式碼輸出結果為何？

```
01   #include <iostream>
02   int main(){
03       int a=23,b=20;
04       cout<<a & b<<endl;
05       cout<<a | b<<endl;
06       cout<<a ^ b<<endl;
07       cout<<a && b<<endl;
08       cout<<a || b<<endl;
09       return 0;
12   }
```

4. 請問下面的程式碼輸出結果為何？

```
01   #include <stdio.h>
02   int main(){
03       int A=23,B=0,C;
04       C=A&B&&B&C;
05       cout<<"C="<<C<<endl;
06       return 0;
07   }
```

5. 下面這個程式進行除法運算，如果想得到較精確的結果，請問當中有何錯誤？

```
01 #include <iostream>
02
03 int main(void)
04 {
05     int x = 10, y = 3;
06     cout<<"x /y = "<< x/y<<endl;
07     return 0;
08 }
```

6. 以下程式碼的列印結果為何？

```
nt a,b;

a=5;
b=a+++a--;
cout<<"b="<<b<<endl;
```

7. 如何取得兩個浮點數的餘數？

8. 已知 a=2,b=3,c=4,d=5,e=9,f=2，請問經過以下運算式後，a,b,c,d,e,f 的值為何？

```
a+=b+--c*(d+e)/f++;
```

9. 請說明以下跳脫字元的含意：

(a) '\t'　　(b) '\n'　　(c) '\"'　　(d) '\'　　(e) '\\'

10. 在 C++ 語言中可以使用哪一個函數，來顯示各種資料型態或變數的資料長度。試舉例說明之。

11. 求下列位元運算子的相關運算值。

(a)105&26　(b)10<<3　(c) 105^26　(d)~10。

12. 請說明下列混合指定運算子的含意：

(a) +=　(b) -=　(c)%=。

13. 請問 C 中的 =="" 運算子與 "=" 運算子有何不同？

14. 請問以下程式碼的輸出結果為何？

```
int a,b;
a=40;
b=30;
cout << " a && b = " << (a && b) << endl;
cout << " !a = " << (!a) << endl;
cout << "(a < 50) && (b > 40) = " << ((a < 50) && (b > 40)) << endl;
```

15. 請問以下程式碼的輸出結果為何？

```
int a,b;
a=100;
b=30;
cout << "a+b-90*4/2-(a+100) = " << a+b-90*4/2-(a+100) << endl;
cout << "(a*3/2+90)-(b+50*2)/2 = " << (a*3/2+90)-(b+50*2)/2 << endl;
```

16. 請簡述關係運算子。

17. 試述 C++ 的六項基本「關係運算子」。

04

流程控制結構

　　程式語言經過不斷發展，結構化程式設計的趨勢慢慢成為程式開發的主流概念，主要精神與模式就是將整個問題從上而下，由大到小逐步分解成較小的單元。C++ 是相當符合模組化（module）設計精神的語言，也就是說，C++ 程式本身就是由各種函數所組成。除了模組化設計精神外，所謂「結構化程式設計」（structured programming）的特色，還包括三種程式控制基本架構：「循序結構」（sequential structure）、「選擇結構」（selection structure）以及「重複結構」（repetition structure）。也就是說，對於一個結構化設計程式，不管其程式結構如何複雜，皆可利用這三種基本流程控制結構來加以表達與陳述。

4-1 循序結構

　　循序結構就是一個程式敘述由上而下接著一個程式敘述的執行指令，如下圖所示：

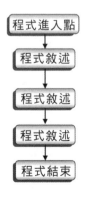

循序結構就像是一條筆直的高速高路

我們知道指令（statement）是 C++ 程式中最基本的執行單位，而每一行指令都必需加上分號（;），表示該行指令結束。而在 C++ 程式中可以藉由一組大括號 {、} 將多個指令包圍起來，形成「程式區塊」，或稱作「複合指令」（compound statement）。語法格式如下：

```
{
    指令 1;
    指令 2;
    指令 3;
    ..........
}
```

在 C++ 程式裡，「複合指令」也可以改寫如下格式：

```
{ 指令 1; 指令 2; 指令 3;....}
```

如果是在複合指令中，又包含了一層甚至多層的複合指令，這樣的形式即稱作巢狀（nesting）。在程式碼的撰寫中，可能如下形式來呈現：

```
{
    指令 1;
    {
        指令 2;
        指令 3;
        .....
    }
}
```

4-2　選擇結構

選擇結構是一種條件控制指令，包含有一個條件判斷式，如果條件為真，則執行某些指令，一旦條件為假，則執行另一些指令，就像各位走到了一個十字路口，不同的目的地有不同的方向，可以根據不同的狀況來選擇需要的路徑，以下是流程示意圖：

選擇結構就像馬路的十字路口

流程控制結構

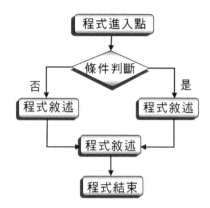

選擇結構的條件指令是讓程式根據條件的成立與否,來選擇應該執行的程式碼,就好比各位開車到十字路口,準備根據不同的狀況來選擇需要的路徑。C++ 中提供了五種相當實用的條件控制指令,分別為 if、if else、條件運算子、if else if 以及 switch 控制指令等五種。

4-2-1 if 條件指令

if 指令式是最簡單的一種條件判斷式,可先行判斷條件的結果是否成立,再依照結果來決定所要執行的指令內容。語法格式如下:

```
if ( 條件運算式 )
{

    程式指令區塊 ;

}
```

例如以下 C++ 程式片段:

```
if(score>=60)

{
    cout<< " 成績及格 :"<<endl;

}
```

如果 {} 區塊內的僅包含一個指令,則可省略括號 {},可改寫如下:

```
if(score>60)
    cout<<" 成績及格 !"<<endl;
```

if 條件指令的流程圖如右所示：

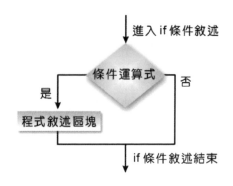

4-2-2　if else 條件指令

if else 指令提供了兩種不同的選擇，可以比單純只使用 if 條件指令，節省更多判斷的時間。if else 指令的作用是當 if 的判斷條件成立時，就執行程式區塊內的指令，如果不成立，就會執行 else 後的指令區塊。語法格式如下：

```
if(條件運算式)
{
     程式指令區塊；
}
else
{
     程式指令區塊；
}
```

如果 if else{} 區塊內的僅包含一個程式指令，則可直接省略括號 {}，語法格式如下：

```
if (條件運算式)
     程式指令；
else
     程式指令；
```

以下為 if else 條件指令的流程圖：

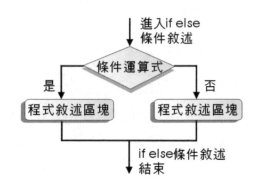

◀隨堂範例▶ CH04_01.cpp

以下程式範例是利用 if else 條件指令來判斷所輸入的國文成績是否及格，如果大於或等於 60 則列印 " 本科成績及格 ."，否則列印 " 本科成績不及格 ."。

```cpp
01   #include <iostream>
02
03
04   using namespace std;
05
06   int main()
07   {
08
09       int score=0;        // 宣告整數變數
10
11       cout<<" 請輸入國文成績 :";
12       cin>>score;         // 輸入國文成績
13
14       if(score>=60)       //if else 判斷式
15           cout<<" 本科成績及格 ."<<endl;
16       else
17           cout<<" 本科成績不及格 ."<<endl;
18
19
20       return 0;
21   }
```

【執行結果】

```
請輸入國文成績:85
本科成績及格.

------------------------------------
Process exited after 9.345 seconds with return value 0
請按任意鍵繼續 . . . ▮
```

【程式解析】

- 第 12 行：輸入國文成績。
- 第 15 行：當輸入成績大於或等於 60 時，就會執行此行的指令。
- 第 17 行：當輸入成績小於 60 時，則執行此行的指令。

4-2-3　if else if 條件指令

在某些判斷條件情況複雜的情形下，有時會出現 if 條件敘述所包含的複合敘述中，又有另外一層的 if 條件敘述。這樣多層的選擇結構，就稱作巢狀（nested）if 條件敘述。由於在 C++ 中並非每個 if 都會有對應的 else，但是千萬要記住 -else 一定對應最近的一個 if。

else if 條件指令是一種多選一的條件指令，讓使用者在 if 指令和 else if 中選擇符合條件運算式的程式指令區塊，如果以上條件運算式都不符合，就執行最後的 else 指令，或者這也可看成是一種巢狀 if else 結構。語法格式如下：

```
if( 條件運算式 )
{
    程式指令區塊 ;
}
else if( 條件運算式 )
{
    程式指令區塊 ;
}
......
else{
    程式指令區塊 ;
}
```

C++ 中並沒有 else if 這樣的語法，以上語法結構只是將 if else 指令接在 else 之後。通常為了增加程式可讀性與正確性，最好將對應的 if else 以括號 {} 包含在一起，並且利用縮排效果來增加可讀性。以下為 if else if 條件指令的流程圖：

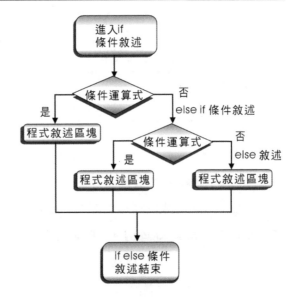

◀隨堂範例▶ CH04_02.cpp

以下這個成績判斷程式，使用巢狀 if 條件敘述的形式，對於輸入的分數超出 0 到 100 分的範圍時，顯示輸入不符的訊息。

```cpp
01   #include <iostream>
02
03   using namespace std;
04
05   int main()
06   {
07       int Score; // 定義整數變數 Score，儲存學生成績
08
09       cout << " 輸入學生的分數 :";
10       cin >> Score;
11
12       if ( Score > 100 )         // 判斷是否超過 100
13           cout << " 輸入的分數超過 100." << endl;
14       else if ( Score < 0 )      // 判斷是否低於 0
15           cout << " 怎麼會有負的分數 ??" << endl;
16       else if ( Score >= 60 )   // 輸入的分數介於 0-100
17           // 判斷是否及格
18           cout << " 得到 " << Score << " 分，還不錯唷 ...";
19       else
20           cout << " 不太理想喔 ...，只考了 " << Score << " 分 ";   // 分數不及格
         的情況
21       cout << endl;              // 換行
22
23
24       return 0;
25   }
```

【執行結果】

```
輸入學生的分數:54
不太理想喔...，只考了 54 分

--------------------------------
Process exited after 5.81 seconds with return value 0
請按任意鍵繼續 . . .
```

【程式解說】

- 第 7 行：定義整數變數 Score，用來儲存學生成績。

- 第 12 ～ 20 行：使用巢狀 if 條件敘述，輸入分數超過限定值範圍時（0 ～ 100），會顯示輸入錯誤訊息。

- 第 16 ～ 20 行：只有輸入分數在限定值之內時，程式才會執行，並依成績是否及格來顯示相關提示的訊息。

4-2-4 條件運算子

條件運算子（conditional operator）是 C++ 中唯一的一種三元運算子（ternary operator），它和 if else 條件敘述功能一樣，可以用來替代簡單的 if else 條件敘述，讓程式碼看起來更為簡潔，不過這裡的程式敘述只允許單行運算式。語法格式如下：

```
條件運算式？程式敘述一：程式敘述二；
```

條件運算式的結果如果為真，就執行？後方的程式敘述一，如果不成立，就執行：後方的程式敘述二。如果以 if else 來說明時，就等於是下面指令的形式：

```
if ( 條件運算式 )
    程式敘述一；
else
    程式敘述二；
```

例如以下是利 if else 敘述來判斷所輸入的數字為偶數與奇數：

```
01  if(num%2)      // 如果整數除以 2 的餘數等於 0
02      cout<<" 您輸入的數為奇數 ";       // 則顯示奇數
03  else
04      cout<<" 您輸入的數為偶數 ";       // 則輸出偶數
```

如果改為條件運算子則如下所示：

```
(number%2==0)?cout<<" 輸入數字為偶數 ":cout<<" 輸入數字為奇數 ";
```

◀隨堂範例▶ CH04_03.cpp

以下程式範例是利用條件運算子來判斷所輸入的數字為偶數與奇數，並列印其最後的判斷結果。

```
01  #include<iostream>
02
03  using namespace std;
04
05  int main()
06  {
07      int number;
```

```
08        // 判斷數字為偶數與奇數
09        cout<<" 請輸入數字 : ";
10        cin>>number;// 輸入數字
11
12        // 條件運算子的使用
13        (number%2==0)? cout<<" 輸入數字為偶數 "<<endl
14                      :cout<<" 輸入數字為奇數 "<<endl;
15
16        return 0;
17    }
```

【執行結果】

```
請輸入數字: 12
輸入數字為偶數

------------------------------------
Process exited after 5.298 seconds with return value 0
請按任意鍵繼續 . . .
```

【程式解析】

■ 第 13 行：將 ?: 運算子應用在程式指令中，可用來代替 if else 條件指令。當輸入的數字被 2 整除時，列印出所輸入數字為偶數，當輸入的數字不被 2 整除時，則列印出所輸入數字為奇數。

4-2-5　switch 條件指令

當我們編寫程式碼時，特別是進行更多重選擇的時候，過多的 else if 條件指令經常會造成程式維護上的困擾，讓人看得眼花撩亂。因此 C++ 提供了一種 switch 條件指令，讓程式碼能更加簡潔清楚。與 if eles if 條件指令最大不同之處在於 switch 指令必須依據同一個運算式的不同結果來選擇所要執行的 case 指令。語法格式如下：

```
switch( 條件運算式 )
{
    case 結果一 :
        程式指令區塊 ;
        break;
```

```
    case 結果二：
        程式指令區塊；
        break;
    .......
    default：
        程式指令區塊；
}
```

　　首先要注意的是 switch 條件運算式結果必須是整數型態或字元型態。在 switch 條件指令中，如果找到相同的結果值則執行該 case 內的程式指令。當執行完任何 case 區塊後，並不會直接離開 switch 區塊，還是會往下繼續執行其他 case 指令與 default 指令，這樣的情形稱為「失敗經過」(falling through) 現象。因此通常每道 case 指令最後，必須額外加上一道 break 指令來結束 switch 指令，才可以避免「失敗經過」的情況。

　　至於 default 指令可放在 switch 條件指令的任何位置，如果都找不到吻合的結果值，最後才會執行 default 指令，除非擺在最後時，才可以省略 default 指令內的 break 指令，否則還是必須加上 break 指令。另外在 switch（條件運算式）指令中的括號絕不可省略，這也是程式碼除錯的熱門景點之一！

　　switch 條件指令的流程圖如下所示：

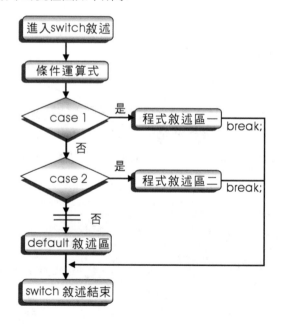

◀隨堂範例▶ CH04_04.cpp

以下程式範例是利用 switch 條件指令來輸入所要旅遊的地點，並分別顯示其套裝行程的價格。其中輸入字元時，大小寫字母都可代表同一地點，並利用 break 的特性，設定多重的 case 條件。

```cpp
01   #include <iostream>
02
03   using namespace std;
04
05   int main()
06   {
07       char select;
08
09       cout<<"(A) 義大利 "<<endl;
10       cout<<"(B) 巴黎 "<<endl;
11       cout<<"(C) 日本 "<<endl;
12       cout<<" 請輸入您要旅遊的地點："";
13       cin>>select;                           // 輸入字元並存入變數
14
15       switch(select)
16       {
17       case 'a':
18       case 'A':                              // 如果 select 等於 'A' 或 'a'
19           cout<<" ★義大利 5 日遊 $35000"<<endl;  // 則顯示文字
20           break;                             // 跳出 switch
21       case 'b':
22       case 'B':                              // 如果 select 等於 'B' 或 'b'
23           cout<<" ★巴黎 7 日遊 $40000"<<endl;    // 則顯示文字
24           break;                             // 跳出 switch
25       case 'c':
26       case 'C':                              // 如果 select 等於 'C' 或 'c'
27           cout<<" ★日本 5 日遊 $25000"<<endl;    // 則顯示文字
28           break;                             // 跳出 switch
29       default:                               // 如果 select 不等於 ABC 或 abc
                                                //   任何一個字母
30           cout<<" 選項錯誤 "<<endl;
31       }
32
33
34       return 0;
35   }
```

【執行結果】

```
〈A〉義大利
〈B〉巴黎
〈C〉日本
請輸入您要旅遊的地點：A
★義大利5日遊 $35000

--------------------------------
Process exited after 11.77 seconds with return value 0
請按任意鍵繼續 . . .
```

【程式解析】

- 第 15 行：依據輸入的 select 字元決定執行哪一行的 case。
- 第 17 ～ 31 行：例如當輸入字元為 'a' 或 'A' 時，會輸出 " ★義大利 5 日遊 $35000" 字串。break 代表的是跳出 switch 條件指令，不會執行下一個 case 指令。
- 第 30 行：若輸入的字元都不符合所有 case 條件，會執行 default 後的程式指令區塊。

4-3 重複結構

重複結構就是一種迴圈控制格式，根據所設立的條件，重複執行某一段程式指令，直到條件判斷不成立，才會跳出迴圈。對於程式中需要重複執行的程式敘述，都可以交由迴圈來完成。迴圈主要由底下的兩個基本元素組成：

1. 迴圈的執行主體，由程式敘述或複合敘述組成。
2. 迴圈的條件判斷，決定迴圈何時停止執行。

例如想要讓電腦在螢幕上印出 100 個字元 'A'，並不需要大費周章地撰寫 100 次 cout 指令，這時只需要利用重複結構就可以輕鬆達成。在 C++ 中，提供了 for、while 以及 do while 三種迴圈指令來達成重複結構的效果。在尚未開始正式介紹之前，我們先來快速簡介這三種迴圈指令的特性及使用時機：

迴圈種類	功能說明
for 指令	適用於計數式的條件控制，使用者已事先知道迴圈要執行的次數。
while 指令	迴圈次數為未知，必須滿足特定條件，才能進入迴圈，同樣的，只有不滿足條件測試後，迴圈才會結束。
do while 指令	會至少先執行一次迴圈內的指令，再進行條件測試。

4-3-1 for 迴圈指令

for 迴圈又稱為計數迴圈，是程式設計中較常使用的一種迴圈型式，可以重複執行固定次數的迴圈，不過必須事先設定迴圈控制變數的起始值、執行迴圈的條件運算式與控制變數更新的增減值。語法格式如下：

```
for ( 控制變數起始值 ; 條件運算式 ; 控制變數更新的增減值 )
{
    程式指令區塊 ;
}
```

執行步驟說明如下：

1. 設定控制變數起始值。
2. 如果條件運算式為真，則執行 for 迴圈內的指令。
3. 執行完成之後，增加或減少控制變數的值，可視使用者的需求來作控制，再重複步驟 2。
4. 如果條件運算式為假，則跳離 for 迴圈。

以下為 for 迴圈指令的流程圖：

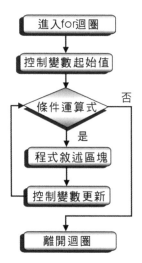

◀隨堂範例▶ CH04_05.cpp

以下程式範例是利用 for 迴圈來計算 1 加到 10 的累加值，是相當經典的 for 迴圈教學範例。

```
01  #include <iostream>
02
03  using namespace std;
04
```

```
05   int main()
06   {
07       int i,sum=0;
08
09       for (i=1;i<=10;i++)   // 定義 for 迴圈
10           sum+=i;                    //sum=sum+i
11
12       cout<<"1+2...10="<<sum<<endl;   // 印出 sum 的值
13
14
15       return 0;
16   }
```

【執行結果】

```
1+2...10=55

--------------------------------
Process exited after 0.1481 seconds with return value 0
請按任意鍵繼續 . . .
```

【程式解析】

- 第 7 行：宣告迴圈控制變數 i，也可以直接在第 10 行 for 迴圈中直接作宣告和設定初始值。但請注意！如果直接在迴圈中宣告 i，則 i 則為一種區域變數，也就是只能在 for 迴圈的程式區塊內使用。

- 第 9 行：迴圈重複條件為 i 小於等於 10，i 的遞增值為 1，所以當 i 大於 10 時，就會離開 for 迴圈。

- 第 10 行：將 i 的值累加到 sum 變數。

此外，我們還是要強調一點，在 for 迴圈中的三個控制項必須以分號（;）分開，而且一定要設定跳離迴圈的條件以及控制變數的遞增或遞減值，否則會造成無窮迴路。事實上，for 迴圈指令的格式還可以有許多花式變化！例如以上範例的 for 迴圈指令，還可以改成以下不同的格式：

(1) 在宣告變數時，可直接給予起始值而省略 for 迴圈指令的變數起始值控制項，不過分號絕對不可省略。如下所示：

```
int i=1,sum=0;                  // 宣告 i 初值
for (; i<=10 ; i++)             // 省略變數起始值的設定，分號不可省略
{
    sum+=i;                     // 累加指令
}
```

(2) for 迴圈的指令可以簡化為單行，例如上述程式中的累加指令可以合併到控制變數更新的增減值控制項。如下所示：

```
int i=1, sum=0;
for (i=1 ; i<=10 ; sum+=i++);   // 將累加指令合併到 for 迴圈
```

(3) for 運算式中可以合併放入多個運算子句，不過之間必須以逗號（,）做為區隔。如下所示：

```
int i, sum;
for (i=1, sum=1 ; i<=10 ; i++, sum+=i);      // 合併運算子句到 for 迴圈
```

接下來我們還要介紹所謂巢狀 for 迴圈，就是多層式的 for 迴圈架構。在巢狀 for 迴圈結構中，執行流程必須先將內層迴圈執行完畢，才會繼續執行外層迴圈，通常容易犯錯的地方是迴圈間不可交錯。以下為兩層式的巢狀 for 迴圈語法格式：

```
for ( 控制變數起始值 1；條件運算式；控制變數更新的增減值 )
{
    程式指令區塊；
    for ( 控制變數起始值 2；條件運算式；控制變數更新的增減值 )
    {
        程式指令區塊；
    }
}
```

◀ 隨堂範例 ▶ CH04_06.cpp

以下程式範例是利用巢狀 for 迴圈來設計的九九乘法表列印實作，其中兩個 for 迴圈的執行次數都是 9 次。

```
01   #include <iostream>
02
03   using namespace std;
04
05   int main()
```

```
06  {
07      int Mul_1, Mul_2;    // 定義整數變數 Mul_1、Mul_2
08
09      for (Mul_1=1; Mul_1 <= 9; Mul_1++)          // 第一層 for 迴圈
10      {                                           // 整數變數 Mul_1 作為乘數
11          for (Mul_2=2; Mul_2 <= 9; Mul_2++)      // 第二層 for 迴圈
12          {   // 整數變數 Mul_2 作為被乘數
13              // 顯示訊息與運算結果。
14              cout << Mul_2 << '*' << Mul_1 << '=' << Mul_2*Mul_1 << ' ';
15
16              // 相乘後的數值若只有個位數，則輸出空白字元，調整輸出。
17              if ( Mul_1*Mul_2 < 10 ) cout << ' ';
18          }
19
20          cout << endl; // 換行
21      }
22
23      return 0;
24  }
```

【執行結果】

```
2*1=2   3*1=3   4*1=4   5*1=5   6*1=6   7*1=7   8*1=8   9*1=9
2*2=4   3*2=6   4*2=8   5*2=10  6*2=12  7*2=14  8*2=16  9*2=18
2*3=6   3*3=9   4*3=12  5*3=15  6*3=18  7*3=21  8*3=24  9*3=27
2*4=8   3*4=12  4*4=16  5*4=20  6*4=24  7*4=28  8*4=32  9*4=36
2*5=10  3*5=15  4*5=20  5*5=25  6*5=30  7*5=35  8*5=40  9*5=45
2*6=12  3*6=18  4*6=24  5*6=30  6*6=36  7*6=42  8*6=48  9*6=54
2*7=14  3*7=21  4*7=28  5*7=35  6*7=42  7*7=49  8*7=56  9*7=63
2*8=16  3*8=24  4*8=32  5*8=40  6*8=48  7*8=56  8*8=64  9*8=72
2*9=18  3*9=27  4*9=36  5*9=45  6*9=54  7*9=63  8*9=72  9*9=81

------------------------------------
Process exited after 0.2174 seconds with return value 0
請按任意鍵繼續 . . .
```

【程式解析】

- 第 9 ～ 21 行：使用 2 層的 for 迴圈，第一層 for 迴圈負責乘數（整數變數 Mul_1）遞增運算，第二層 for 迴圈負責被乘數（整數變數 Mul_2）遞增與執行結果的顯示。

- 第 14 行：顯示訊息與運算結果。

- 第 17 行：相乘後的數值若只有個位數，則輸出空白字元，調整輸出。

4-3-2 while 迴圈指令

如果我們知道迴圈執行的確定次數，那麼 for 迴圈指令也許就是最佳選擇。但對於某些不確定次數的迴圈，那就得另請高明，這時 while 迴圈指令就可派上用場，while 迴圈指令與 for 迴圈指令類似，都是屬於前測試型迴圈。運作方式則是在程式指令區塊中的開頭必須先行檢查條件運算式，當運算式結果為 true 時，才會執行區塊內的程式。如果為 false，則直接跳過 while 指令區塊來執行另一段程式碼。語法格式如下：

```
while(條件運算式)
{
        程式指令區塊;
} // 此處不用加上分號「;」
```

while 迴圈內的指令可以是一道指令或是多到指令句的程式區塊，同樣地，如果有多個指令句在迴圈中執行，必須使用大括號括住。另外 while 迴圈還必須自行加入起始值與設定一個變數作為計數器，當每執行一次迴圈，在程式區塊指令中計數器的值必須要改變，否則如果條件式永遠成立時，也將造成所謂無窮迴圈。以下為 while 迴圈指令的流程圖：

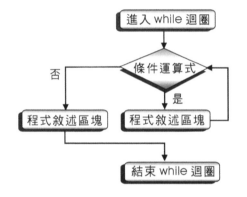

◀ 隨堂範例 ▶ CH04_07.cpp

以下程式範例是利用 while 迴圈讓使用者輸入 n 值，並分別計算 1! 到 n! 的值。程式碼中的 i 就是 while 迴圈中控制迴圈執行次數的計數器。

```
01   #include<iostream>
02
03   using namespace std;
04
05   int main()
06   {
```

```
07        int n,sum=1,i=1; // 宣告變數與設定起始值
08        cout<<" 請輸入到第幾階層 :";
09        cin>>n; // 輸入 n 值
10
11        while(i<=n)
12        {
13            sum=i*sum;// 控制迴圈的條件式
14            cout<<endl<<i<<"!="<<sum;
15            i++; // 執行迴圈一次則加一
16        }
17
18        cout<<endl;
19
20
21        return 0;
22    }
```

【執行結果】

```
請輸入到第幾階層:8

1!=1
2!=2
3!=6
4!=24
5!=120
6!=720
7!=5040
8!=40320

--------------------------------
Process exited after 1.874 seconds with return value 0
請按任意鍵繼續 . . .
```

【程式解析】

- 第 11 行：設定 while 迴圈的條件運算式，其中 i 為計數器。

- 第 13 行：設定 i 與 sum 的乘積。

- 第 14 行：印出 i! 的連乘積。

4-3-3　do while 迴圈指令

　　do while 迴圈指令與 while 迴圈指令稱得上是同父異母的兄弟，兩者間最大的不同在於 do while 迴圈指令是屬於後測試型迴圈。也就是說，do while 迴圈指令無論如何一定會先執行一次迴圈內的指令，然後才會測試條件式是否成立，如果成立

的話，再返回迴圈起點重複執行指令。也就是說，do while 迴圈內的程式指令，無論如何至少會被執行一次。

```
do
{
        程式指令區塊 ;
}while( 條件運算式 );    // 和 while 迴圈不同 , 此處必須加上 ;
```

以下為 do while 迴圈指令的流程圖：

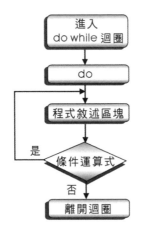

◀ 隨堂範例 ▶ CH04_08.cpp

以下程式範例是利用 do while 迴圈指令來由使用者輸入 n 值，當 n 小於或等於 10 時才進行 1 到 n 的累加計算。不過當 n 大於 10 時，do while 指令還是會執行一次迴圈內的指令。

```
01   #include <iostream>
02
03   using namespace std;
04
05   int main()
06   {
07       int sum=0,n,i=0;
08       cout<<" 請輸入 n 值 : ";
09       cin>>n;
10
11       //do while 條件式
12
```

```
13      do {
14          sum+=i;
15          cout<<"i="<<i<<" sum="<<sum<<endl;        // 印出 i 和 sum 的值
16          i++;
17      }while(n<=10 && i<=n) ; // 判斷迴圈結束條件
18
19
20      return 0;
21  }
```

【執行結果】

```
請輸入n值：8
i=0 sum=0
i=1 sum=1
i=2 sum=3
i=3 sum=6
i=4 sum=10
i=5 sum=15
i=6 sum=21
i=7 sum=28
i=8 sum=36

------------------------------------
Process exited after 9.6 seconds with return value 0
請按任意鍵繼續 . . .
```

【程式解析】

- 第 9 行：輸入所求的整數。

- 第 13 行：do while 指令是先執行後判斷，因此一定會先執行一次迴圈內的指令。

- 第 17 行：判斷迴圈結束條件，結尾記得要加上分號。

4-4 迴圈控制指令

事實上，迴圈並非一成不變的重複執行。我們可藉由迴圈控制指令，更有效的運用迴圈功能，例如必須中斷，讓迴圈提前結束。C/C++ 語言中可以使用 break 或 continue 敘述，或是使用 goto 敘述直接將程式流程改變至任何想要的位置。以下就來介紹這三種流程控制的指令。

4-4-1　break 指令

　　break 指令在之前多重選擇 switch 指令中已經使用過，相信各位應該有點眼熟。不過 break 並不只限於和 switch 搭配使用，任何一種迴圈類型，都能使用 break 指令來強制跳出所在的迴圈指令區塊。

　　也就是說，當 break 指令在巢狀迴圈中的內層迴圈，一旦執行 break 指令時，break 就會立刻跳出最近的一層迴圈區塊，並將控制權交給區塊外的下一行程式。break 指令通常會與 if 條件敘述連用，設定在某些條件一旦成立時，即跳離迴圈的執行。如果遇到巢狀迴圈的情形，則必須逐層使用 break 指令跳離巢狀迴圈。語法格式如下：

```
break;
```

◀ **隨堂範例** ▶ CH04_09.cpp

以下程式範例是利用 break 指令來控制九九乘法表的列印程式，由使用者輸入數字，並列印此數字之前的九九乘法表項目。

```
01   #include<iostream>
02
03   using namespace std;
04
05   int main()
06   {
07       int number;
08       int i,j;
09
10       cout<<" 輸入數字 , 列印此數字之前的九九乘法表項目 :";
11       cin>>number;
12       // 九九乘法表的雙重迴圈
13
14       for(i=1; i<=9; i++)
15       {
16           for(j=1; j<=9; j++)
17           {
18               if(j>=number)
19                   break;// 設定跳出的條件
20               cout<<j<<"*"<<i<<"="<<i*j<<'\t';// 加入跳格字元
21           }
22           cout<<endl;
23       }
```

```
24
25
26      return 0;
27  }
```

【執行結果】

```
輸入數字,列印此數字之前的九九乘法表項目:6
1*1=1    2*1=2    3*1=3    4*1=4    5*1=5
1*2=2    2*2=4    3*2=6    4*2=8    5*2=10
1*3=3    2*3=6    3*3=9    4*3=12   5*3=15
1*4=4    2*4=8    3*4=12   4*4=16   5*4=20
1*5=5    2*5=10   3*5=15   4*5=20   5*5=25
1*6=6    2*6=12   3*6=18   4*6=24   5*6=30
1*7=7    2*7=14   3*7=21   4*7=28   5*7=35
1*8=8    2*8=16   3*8=24   4*8=32   5*8=40
1*9=9    2*9=18   3*9=27   4*9=36   5*9=45


------------------------------------------
Process exited after 4.449 seconds with return value 0
請按任意鍵繼續 . . .
```

【程式解析】

- 第 11 行：輸入數字。
- 第 18 行：設定當 j 大於或等於所輸入數字時，就跳出內層迴圈，再從外層的 for 迴圈執行。
- 第 20 行：加入跳格字元。

4-4-2　continue 指令

continue 指令的功能是強迫 for、while、do while 等迴圈指令，結束正在迴圈本體區塊內進行的程序，而將控制權轉移到下一個迴圈開始處。也就是跳過該迴圈剩下的指令，重新執行下一次的迴圈。continue 與 break 指令的最大差別在於 continue 只是忽略之後未執行的指令，但並未跳離迴圈。語法格式如下：

```
continue;
```

◀隨堂範例▶ CH04_10.cpp

以下程式範例是利用 continue 指令來控制九九乘法表的列印程式，由使用者輸入數字，並列印所指定數字之外的所有九九乘法表其他項目。請大家用心比較和 CH04_09 範例的不同，就可以心領神會 continue 和 break 指令間到底有什麼不同。

```
01    #include<iostream>
02
03    using namespace std;
04
05    int main()
06    {
07        int number;
08        int i,j;
09
10        cout<<" 請輸入九九乘法表中所不要列印的數字項目： ";
11        cin>>number;
12
13        // 九九乘法表的雙重迴圈
14        for(i=1; i<=9; i++)
15        {
16            for(j=1; j<=9; j++)
17            {
18                if(j==number)
19                    continue;// 設定繼續的的條件
20                cout<<j<<'*'<<i<<'='<<i*j<<'\t';
21            }
22            cout<<endl;
23        }
24
25        return 0;
26    }
```

【執行結果】

```
請輸入九九乘法表中所不要列印的數字項目: 5
1*1=1    2*1=2    3*1=3    4*1=4    6*1=6    7*1=7    8*1=8    9*1=9
1*2=2    2*2=4    3*2=6    4*2=8    6*2=12   7*2=14   8*2=16   9*2=18
1*3=3    2*3=6    3*3=9    4*3=12   6*3=18   7*3=21   8*3=24   9*3=27
1*4=4    2*4=8    3*4=12   4*4=16   6*4=24   7*4=28   8*4=32   9*4=36
1*5=5    2*5=10   3*5=15   4*5=20   6*5=30   7*5=35   8*5=40   9*5=45
1*6=6    2*6=12   3*6=18   4*6=24   6*6=36   7*6=42   8*6=48   9*6=54
1*7=7    2*7=14   3*7=21   4*7=28   6*7=42   7*7=49   8*7=56   9*7=63
1*8=8    2*8=16   3*8=24   4*8=32   6*8=48   7*8=56   8*8=64   9*8=72
1*9=9    2*9=18   3*9=27   4*9=36   6*9=54   7*9=63   8*9=72   9*9=81


-----------------------------------
Process exited after 3.184 seconds with return value 0
請按任意鍵繼續 . . .
```

【程式解析】

- 第 11 行：輸入不打算輸出的數字。

- 第 18 行：當 j 等於所輸入數字時，就跳出此一內層現在的迴圈，並忽略 20 行
  的指令，再從此內層的下一迴圈執行。

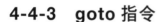

4-4-3　goto 指令

goto 指令是一種允許強制跳脫的流程控制指令，goto 指令必須搭配設定的標籤來使用，而標籤名稱則是一個識別字加上冒號（:）所組成。只要在 goto 指令所要前往的程式指令所在設立標籤，就可以直接從 goto 所在位置跳到標籤處。語法格式如下：

```
goto 標籤名稱；
   ·
   ·
   ·
標籤名稱：
```

標籤名稱不一定要在 goto 的下方，它可以出現在程式中的任何位置。當程式執行到 goto 指令時，便會跳躍至標籤名稱所在指令，而繼續往下執行。

不過從結構化程式設計角度來說，goto 指令很容易造成程式不易閱讀和維護上的困難，而且 goto 指令通常可以使用別的寫法來取代，從專業程式設計的角度來說，強烈建議各位寫程式時最好不要使用 goto 指令。

◀ **隨堂範例** ▶ **CH04_11.cpp**

以下程式範例用來說明 goto 指令的使用方式，其中分別設定了三個標籤，透過 if 指令判斷，只要程式執行到所搭配的 goto 指令，則會跳至該標籤指令，繼續往下執行。

```cpp
01   #include <iostream>
02
03   using namespace std;
04
05   int main()
06   {
07       int score;
08
09       cout<<" 請輸入數學成績 ?";
10       cin>>score;
11
12       if ( score>60 )
13           goto pass;          // 找到標籤名稱為 "pass" 的程式敘述繼續執行程式．
14       else
15           goto nopass;        // 找到標籤名稱為 "nopass" 的程式敘述繼續執行程式．
16
17       pass:                   //pass 標籤
```

```
18      cout<<" 數學及格 !"<<endl;
19      goto TheEnd;            // 找到標籤名稱為 "TheEnd" 的程式敘述繼續執行程式 .
20
21      nopass:                //nopass 標籤
22      cout<<" 數學成績不及格 !"<<endl;
23
24      TheEnd:
25      cout<<"------------------------------"<<endl;
26      cout<<" 統計完成 !"<<endl;   //TheEnd 標籤
27
28
29      return 0;
30  }
```

【執行結果】

```
請輸入數學成績?86
數學及格!
------------------------------
統計完成!

------------------------------
Process exited after 10.13 seconds with return value 0
請按任意鍵繼續 . . . ■
```

【程式解析】

- 第 10 行：輸入成績。
- 第 17、21、24 行：設定了三個標籤，來搭配 goto 指令。

4-5 上機程式測驗

1. 請設計一 C++ 程式，輸入學生的三科成績，接著計算成績的總分與平均，最後輸出結果。

   Ans ex04_01.cpp。

2. 請設計一 C++ 程式，讓各位輸入停車時數，以一小時 50 元收費，當大於一小時才開始收費，一小時內可免收停車費。並列印出停車費用。

   Ans ex04_02.cpp。

3. 請設計一 C++ 程式，使用 if else if 指令的應用，可依照個人年所得輸入的不同，分別計算所須繳交的稅金。

Ans ex04_03.cpp。

4. 請設計一 C++ 程式，利用多個 case 指令共用一段指令區塊的寫法，來判斷所輸入的字元是否為母音字元。

Ans ex04_04.cpp。

5. 請設計一程式，來說明循序結構應用，由使用者輸入梯形的上底、下底和高，並計算出梯形的面積。

> 梯形面積公式：(上底 + 下底) * 高 /2

Ans ex04_05.cpp。

6. 請設計一程式，由使用者輸入攝氏溫度之後再轉換為華氏溫度。

> 公式：華氏＝ (9* 攝氏)/5+32

Ans ex04_06.cpp。

7. 請設計一程式，利用 if else if 條件指令來執行閏年計算規則，以讓使用者輸入西元年來判斷是否為閏年。閏年計算的基本規則是「四年一閏，百年不閏，四百年一閏」。

Ans ex04_07.cpp。

8. 請設計一程式，利用 switch 敘述來完成簡單的計算機功能，只要由使用者輸入兩個數字，再鍵入 +,-,*,/ 任一鍵就可以進行運算。

Ans ex04_08.cpp。

9. 階乘函數是數學上很有名的函數，所謂 n!（n factorial）就是 n 與 1 之間所有正整數的乘積。其中 5!=5×4×3×2×1，3!=3×2×1，0! 則定義為 1。其中：

> n!=n×(n-1)×(n-2)……×1

請設計一程式，並使用 for 迴圈來計算 10! 的值。

Ans ex04_09.cpp。

10. 請設計一程式,利用 while 迴圈來求出使用者所輸入整數的所有正因數。在 while 迴圈中,藉由「a<=n」的條件式以及「a++;」指令來控制程式重複的次數。

   Ans ex04_10.cpp。

11. 請設計一程式,以 while 迴圈來計算當某數 1000 依次減去 1,2,3…直到哪一數時,相減的結果為負。

   Ans ex04_11.cpp。

12. 假如有一隻蝸牛爬一棵 10 公尺的大樹,白天往上爬 2 公尺,但晚上會掉下 1 公尺,請問要幾天才可爬到樹頂?請設計一程式,利用 do while 迴圈指令來解決蝸牛爬樹問題。

   Ans ex04_12.cpp。

13. 請設計一程式,利用 do while 迴圈來決定是否繼續執行,並判斷輸入值除以 2 的結果,如果有餘數者就是奇數,反之則為偶數。

   Ans ex04_13.cpp。

14. 請設計一程式,組合 for 指令與 break 指令的設計,並且提供使用者輸入 3 次密碼的機會,並檢查密碼是否正確 1。當輸入密碼正確,則顯示歡迎的訊息,正確密碼為 4321,若密碼錯誤達 3 次,則顯示無法登入訊息。

   Ans ex04_14.cpp。

15. 請設計一程式,先設定要存放累加的總數 sum 為 0,再將每執行完一次迴圈後將 i 變數(i 的初值為 1)累加 2,執行 1+3+5+7+…99 的和。直到 i 等於 101 後,就利用 break 的特性來強制中斷 while 迴圈。

   Ans ex04_15.cpp。

16. 請設計一程式,利用 continue 指令來求數值 1 ~ 70 之間,5 的倍數與 7 的倍數值,但不包含兩者的公倍數。

   Ans ex04_16.cpp。

17. 請設計一程式,顯示如下的圖形:

```
*           *
 *         *
  *       *
   *     *
    *   *
   *   *
  *   *
 *     *
*       *
*           *
```

Ans ex04_17.cpp。

18. 請設計一程式,允許使用者輸入一個數值 n,再從 1 到該數值 n 的整數立方和計算出來。

Ans ex04_18.cpp。

19. 請利用輾轉相除法與 while 迴圈來設計一程式,求取輸入兩數的最大公因數 (g.c.d)。

Ans ex04_19.cpp。

20. 請設計一個可以計算某個數乘方的程式,輸入底數 a,乘冪 n,求出 a^n 的值。

Ans ex04_20.cpp。

21. 已知有一公式如下,請利用迴圈結構來設計一程式可輸入 k 值,求 π 的近似值。

$$\frac{\pi}{4} = \sum_{n=0}^{k} \frac{(-1)^n}{2n+1}$$

Ans ex04_21.cpp。

課後評量

1. 請問下面的程式碼片段有何錯誤？

```
01  for(y = 0, y < 10, y++)
02  cout<< y;
```

2. if 判斷結構有個老手新手都可能犯的錯誤：else 懸掛問題（dangling-else problem）。這問題特別容易發生在像 C++ 這類自由格式語言上，請看以下程式碼片段，它哪邊出了問題？試說明之。

```
01  if(a < 60)
02      if( a < 58)
03          cout<<" 成績低於 58 分，不合格 "<<endl;
04      else
05          cout<<" 成績高於 60，合格！";
```

3. 下面的程式碼片段有何錯誤？

```
01  do
02  {
03      cout<<"(1) 繼續輸入 "<<endl;
04      cout<<"(2) 離開 "<<endl;
05      cout<<"=>";
06      cin>>select;
07      sum++;
08  }while(select != '2')
```

4. 請問以下程式碼何處有錯？試說明之。

```
for (int i = 2; j = 1;  j < 10;   (i==9)?(i=(++j/j)+1):(i++))
```

5. 何謂「無窮迴圈」？試舉例說明。

6. 試敘述 while 迴圈與 do while 迴圈的差異。

7. 下面這個程式碼片段有何錯誤？

```
01  if(y == 0)
02      cout<<" 除數不得為 0"<<endl;
03      exit(1);
04  else
05      cout<< x / y;
```

8. 請問下列程式碼中，每次所輸入的密碼都不等於 999，當迴圈結束後，count 的值為何？

```
for (count=0; count < 10; count++)
{
    cout<<" 輸入使用者密碼 :";
    cin>>check;
    if ( check == 999 )
        break;
    else
        cout<<" 輸入的密碼有誤，請重新輸入 ..."<<endl;
}
```

9. 下面這個程式碼片段有何錯誤？

```
01  switch ch
02  {
03      case '+':
04          cout<<"a + b = "<< a + b)<<endl;
05      case '-':
06          cout<<"a - b = "<<a - b<<endl;
07      case '*':
08          cout<<"a * b = "<<a * b<<endl;
09      case '/':
10          cout<<"a / b = "<<a / b<<endl;
11  }
```

10. 試比較底下兩段迴圈程式碼的執行結果：

(a)

```
for(int i=0;i<10;i++)
{
    cout<< i;

    if(i==5)
        break;
}
```

(b)

```
for(int i=0;i<10;i++)
{
    cout<< i;

    if(i==5)
        continue;
}
```

11. 試問下列程式碼中，最後 k 值會為多少？試說明之。

```
int k=10;
while(k<=25)
{
    k++;
}
cout<<k;
```

12. 同上題，請問下列程式碼中，最後 k 值為多少？

```
int k=0xf;
do
{
    k++;
}while(k<0xf0);
cout<<k;
```

13. 試利用條件運算子來計算 1 ~ 200 間的數字，同時為 2 和 3 倍數的個數，試寫
    出程式片段。

14. 下面的程式無法正確判斷考生是否合格，請問它出了什麼問題？

```
01  #include <iostream>
02  int main(void){
03      int int_math,int_physical;
04      cout<<" 請輸入數學與物理分數 "<<endl;
05      cin>>int_math,;cin>>int_physical;
06      if(int_math >= 60 & int_physical >= 60)
07          cout<<" 該名考生合格 !";
08      else
09          cout<<" 該名考生不合格 !";
10      return 0;
11  }
```

15. 請問下列程式碼中，每次所輸入的密碼都不等於 101101，且使用前置性遞增
    運算子 ++count，當迴圈結束後，count 的值為何？

```
int count,check;
for (count=0; count < 5; ++count)
{
    cout << " 請輸入密碼 :";
    cin >> check;

    if ( check == 101101 )
        break;
    else
        cout << " 請重新輸入 ..." << endl;
}
```

16. 學過數學的讀者都知道，三角形的兩邊長之和必大於第三邊。請設計一程式碼
    片段，並利用 if else 指令來輸入三個數看判斷能否成為一個三角形的三邊長。

MEMO

05

陣列與字串

　　「線性串列」（linear list）是數學應用在電腦科學中一種相當簡單與基本的資料結構，例如 C/C++ 中的陣列（array）結構，就是一種典型線性串列的應用，在電腦中是屬於記憶體中的靜態資料結構（static data structure），特性就是使用連續記憶空間（contiguous allocation）來儲存。

　　陣列結構就是一排緊密相鄰的可數記憶體，並提供一個能夠直接存取單一資料內容的計算方法。各位其實可以想像成住家前面的信箱，每個信箱都有住址，其中路名就是名稱，而信箱號碼就是索引。郵差可以依照傳遞信件上的住址，把信件直接投遞到指定的信箱中，這就好比程式語言中陣列的名稱是表示一塊緊密相鄰記憶體的起始位置，而陣列的索引功能則是用來表示從此記憶體起始位置的第幾個區塊，要存取陣列中的資料時，則配合索引值（index）就可尋找出資料在陣列中的位置。

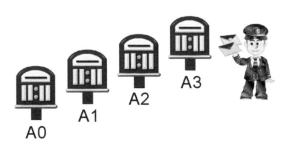

A0　　A1　　A2　　A3

5-1 陣列簡介

在不同的程式語言中，陣列結構型態的宣告也有所差異，但通常必須包含下列五種屬性：

1. 起始位址：表示陣列名稱（或陣列第一個元素）所在記憶體中的起始位址。
2. 維度（dimension）：代表此陣列為幾維陣列，如一維陣列、二維陣列、三維陣列等等。
3. 索引上下限：指元素在此陣列中，記憶體所儲存位置的上標與下標。
4. 陣列元素個數：是索引上限與索引下限的差 +1。

5-1-1 陣列表示法

任何程式語言中的陣列表示法（representation of arrays），只要符合具備有陣列五種屬性與電腦記憶體足夠的理想情況下，都可能容許 n 維陣列的存在，通常陣列的使用可以分為一維陣列、二維陣列與多維陣列等等，其基本的運作原理都相同。

其實多維陣列也必須在一維的實體記憶體中表示，因為記憶體位置是依線性順序遞增。通常依照不同的語言，又可區分為兩種方式：

1. 以列為主（row-major）：一列一列來依序儲存，例如 Java、C/C++、PASCAL 語言的陣列存放方式。
2. 以行為主（column-major）：一行一行來依序儲存，例如 Fortran 語言的陣列存放方式。

接下來我們將更深入為各位逐步介紹。

5-1-2 陣列與變數

在說明 C++ 陣列之前，首先來幫各位溫習一下普通變數在記憶體中的配置方式。例如各位要計算班上 3 位學生的總成績，通常會將程式碼撰寫成以下格式：

```
int a,b,c,sum;
sum=0;
a=50,b=70,c=83;
sum=a+b+c;          //  計算全班總成績
```

此時的變數 a、b、c 及 sum 都是各自獨立，且存放在不連續的記憶體位置，如下圖所示：

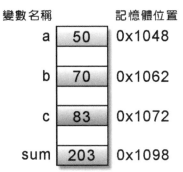

以上的方法看似簡單，不過如果班上有 50 位學生，那麼是不是就要宣告 50 個變數來記錄學生成績，再進行加總計算。此時光是變數名稱的宣告就夠各位頭痛了，更遑論要操作這些變數來進行運算。

此時若使用陣列來儲存資料，就可以有效改善上述問題。假設用陣列來儲存上例中的學生成績，並將陣列命名為 score，而 score[0] 存放 50，score[1] 存放 70，score[2] 存放 83 等等。此時記憶體內容將如下圖所示：

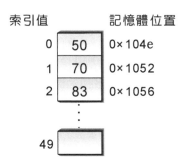

5-1-3　一維陣列

一維陣列（one-dimensional array）是最基本的陣列結構，只利用到一個索引值，就可存放多個相同型態的資料。陣列也和一般變數一樣，必須事先宣告，編譯時才能分配到連續的記憶區塊。宣告語法可區分為單純宣告與宣告並設定值兩種方式：

```
資料型態 陣列名稱 [ 陣列大小 ];
資料型態 陣列名稱 [ 陣列大小 ]={ 初始值 1, 初始值 2,…};
```

- 資料型態：陣列中所有的資料都是此資料型態。
- 陣列名稱：是陣列中所有資料的共同名稱。
- 陣列大小：代表陣列中有多少的元素。
- 初始值：陣列中設定初始值時，需要用大括號和逗號來分隔。

在此宣告格式中，資料型態是表示該陣列存放元素的共同資料型態，例如 C++ 的基本的資料型態（如 int、float、char、double…等）。陣列名稱則是陣列中所有資料的共同名稱，其命名規則與變數相同。例如宣告一個整數的一維陣列 score：

```
int score[6]={ 69,71,88,74,60,83 };
```

這表示宣告了一個 C++ 的整數陣列，名稱是 score，陣列中可以放入 6 個整數元素設定值，而陣列元素分別是 score[0]、score[1]、score[2]、…score[5]。如下圖所示：

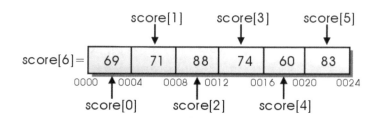

請注意！C++ 陣列的第一個元素索引值為 0，而不是 1，依照順序排列下去。因為這樣的特性，除了在宣告時直接設定初始值外，也可以利用索引值，設定各別陣列元素數值。兩個陣列間可不能直接用「=」運算子來互相指定，而只能利用陣列元素才能互相指定。例如：

```
int arr1[5],arr2[5];
arr1=arr2;                    // 錯誤的語法
arr1[0]=arr2[0];              // 正確
score[1]=57;                  // 將陣列索引值 1 的元素值設為 57
score[2]=78;                  // 將陣列索引值 2 的元素值設為 78
sum=score[1]+score[2];        // 將陣列索引值 1 及 2 的元素值加總，並指派給 sum
float temp[8];                // 宣告一個浮點數陣列，元素個數為 8
```

當設定陣列初始值時，如果設定初始值個數少於陣列定義元素個數，則其餘元素的值會直接填入 0，或者各位在定義一維陣列時，如果沒有指定陣列元素個數，則編譯器會將陣列長度由初始值的個數自動決定。例如以下定義的陣列 Temp，其元素個數可透過 sizeof(Temp)/size(int) 值求得：

```
int Temp[]={1, 2, 3, 4, 5};
```

◀ 隨堂範例 ▶ CH05_01.cpp

以下程式範例將列印出設定初始值個數少於陣列定義元素個數的所有元素值，及計算出另外一個沒有指定陣列個數的陣列長度。

```
01   #include <iostream>
02
03   using namespace std;
04
05   int main()
06   {
07       int score[8]={ 7,22,36 }; // 宣告長度為 8 的整數陣列
08       int Temp[]={1, 2, 3, 4, 5};
09       int i;
10
11       // 利用迴圈列印陣列的元素值
12       for (i=0;i<8;i++)
13       {
14           cout <<"score["<<i<<"]="<<score[i]<<endl;
15       }
16
17       cout<<"Temp 陣列大小 ="<<sizeof(Temp)/sizeof(Temp[0])<<endl;
         // 計算元素陣列個數
18
19
20       return 0;
21
22   }
```

【執行結果】

```
score[0]=7
score[1]=22
score[2]=36
score[3]=0
score[4]=0
score[5]=0
score[6]=0
score[7]=0
Temp陣列大小=5

---------------------------------
Process exited after 0.09838 seconds with return value 0
請按任意鍵繼續 . . .
```

【程式解析】

- 第 7 行：宣告長度為 8 的整數陣列。
- 第 12 ～ 15 行：利用迴圈列印陣列的元素值。
- 第 17 行：計算元素陣列個數。

C++ 語言中各種不同維數陣列的詳細定義與陣列相關的宣告與記憶體配置方式。

5-1-4　二維陣列

一維陣列當然也可以擴充到二維或多維陣列，在宣告和使用上和一維陣列相似，都是處理相同資料型態，差別只在於維度宣告。二維陣列可以視為一維陣列的線性方式延伸處理，也可視為是平面上列與行的組合，宣告方式如下：

```
資料型態  二維陣列名稱 [ 列大小 ] [ 行大小 ]；
```

以 arr[3][5] 說明，arr 為一個 3 列 5 行的二維陣列，也可以視為 3*5 的矩陣。在存取二維陣列中的資料時，使用的索引值仍然是由 0 開始計算。下圖以矩陣圖形來說明二維陣列中每個元素的索引值與儲存關係：

	行[0]	行[1]	行[2]	行[3]	行[4]
列[0]→	[0][0]	[0][1]	[0][2]	[0][3]	[0][4]
列[1]→	[1][0]	[1][1]	[1][2]	[1][3]	[1][4]
列[2]→	[2][0]	[2][1]	[2][2]	[2][3]	[2][4]

至於在二維陣列設定初始值時，為了方便區隔行與列。所以除了最外層的 {} 外，最好以 {} 括住每一列的元素初始值，並以「,」區隔每個陣列元素，語法如下：

例如：

```
int arr[2][3]={{1,2,3},{2,3,4}};
```

此外，在二維陣列中，以大括號所包圍的部份表示為同一列的初值設定。因此與一維陣列相同，若是指定初始值的個數少於陣列元素，則其餘未指定的元素將自動設定為 0。例如底下的情形：

```
int A[2][5]={ {77, 85, 73}, {68, 89, 79, 94} };
```

由於陣列中的 A[0][3]、A[0][4]、A[1][5] 都未指定初始值，所以初始值都會指定為 0。至於以下的方式，則會將二維陣列所有的值指定為 0（常用在整數陣列的初值化）：

```
int A[2][5]={ 0 };
```

還有一點要特別說明，C++ 對於多維陣列註標的設定，只允許第一維可以省略不用定義，至於其他維數的註標可都必須清楚定義長度。例如：

```
int arr[ ][3]={{1,2,3},{2,3,4}}; // 合法的宣告
int arr[2][ ]={{1,2,3},{2,3,4}}; // 不合法的宣告
int array3[2][4]={ {14,58,29}, {21} }; // 宣告 2*4 的二維陣列，並初始化部份陣列元
                                       // 素，未初始化的元素值為 0
int Num1=array2[1][1]; // 取出 array2[1][1] 的元素值，並指派給 Num1 變數
```

◀ 隨堂範例 ▶ CH05_02.cpp

以下程式範例會要求您輸入 5 個學生的國、英、數、自然成績，並計算全班總分與平均分數，最後再列出有不及格科目的學生座號及科目。

```
01    #include <iostream>
02
03    using namespace std;
04
05    int main()
06    {
07        int score[5][4];          // 宣告 5*4 的二維陣列，用來存放成績
08        int fail[5]={0};          // 宣告並初始化二維陣列，用來記錄不及的科目
09        int i,j,sum=0,count=0;
10        bool flag;                       // 用來判斷是否遞增人數
11        for(i=0; i < 5; i++)
12        {
13            flag=false;                  // 初始化遞增人數的判斷開關
14            cout << "請輸入 No." << i+1 << " 的國、英、數、自然成績：";
15            for (j=0; j < 4; j++)
16                {
```

```
17                      cin >> score[i][j];         // 輸入各科成績
18                      sum += score[i][j];         // 計算總分
19                      if (score[i][j] < 60)
20                      {
21                          fail[i] += 1;           // 遞增不及格的科目數
22                          if (flag == false)
23                          {
24                              count++;            // 遞增不及格人數
25                              flag=true;          // 變更判斷開關
26                          }
27                      }
28                  }
29          }
30          cout << endl;
31          cout << " 全班總成績：" << sum
32              << "，全班平均分數：" << (float)sum/(5*4) << endl;
33          cout << " 共有 " << count << " 人有不及格的科目 " << endl;
34          // 輸出有不及格科目的學生座號及不及格科數
35          for (i=0; i < 5; i++)
36              if (fail[i] != 0)
37                  cout << "No." << i+1 << " 有 " << fail[i] << " 科不及格 " << endl;
38
39
40          return 0;
41      }
```

【執行結果】

```
請輸入No.1的國、英、數、自然成績：56 58 60 69
請輸入No.2的國、英、數、自然成績：58 69 98 87
請輸入No.3的國、英、數、自然成績：58 54 56 85
請輸入No.4的國、英、數、自然成績：98 54 85 65
請輸入No.5的國、英、數、自然成績：58 68 87 54

全班總成績：1377，全班平均分數：68.85
共有 5 人有不及格的科目
No.1有 2 科不及格
No.2有 1 科不及格
No.3有 3 科不及格
No.4有 1 科不及格
No.5有 2 科不及格

-------------------------------------
Process exited after 32.57 seconds with return value 0
請按任意鍵繼續 . . .
```

【程式解析】

■ 第 7 行：宣告 5*4 的二維陣列，用來儲存成績。

■ 第 8 行：宣告並初始化二維陣列，用來記錄不及格的科目數。

- 第 10 行：用來判斷是否遞增人數。
- 第 17 行：輸入各科成績。
- 第 22 行：假若輸入的分數小於 60，則執行第 21 行敘述，遞增該學生的不及格科目數，如果 flag 判斷開關為 false，就遞增不格的人數，並將 flag 設定為 true。

5-1-5 多維陣列

由於在 C++ 中所宣告的資料都存取在記憶體上，只要記憶體大小許可時，當然可以宣告更多維陣列存取資料。多維陣列表示法同樣可視為一維陣列的延伸，在標準 C++ 中，凡是二維以上的陣列都可以稱作多維陣列。當陣列擴展到 n 維時，宣告程式如下：

```
資料型態 陣列名稱 [ 元素個數 ] [ 元素個數 ] [ 元素個數 ]……. [ 元素個數 ];
```

以下舉出 C++ 中兩個多維陣列的宣告實例：

```
int Three_dim[2][3][4];    // 三維陣列
int Four_dim[2][3][4][5];  // 四維陣列
```

現在讓我們來針對三維陣列（three-dimension array）較為詳細多說明，基本上三維陣列的表示法和二維陣列一樣都可視為是一維陣列的延伸。例如下面程式片段中宣告了一個 2*2*2 的三維陣列，可將其簡化為 2 個 2*2 的二維陣列，並同時設定初始值，並將陣列中的所有元素利用迴圈輸出：

```
int A[2][2][2]={{{1,2},{5,6}},{{3,4},{7,8}}};

int i,j,k;
    for(i=0;i<2;i++)        /* 外層迴圈 */
        for(j=0;j<2;j++)        /* 中層迴圈 */
            for(k=0;k<2;k++) /* 內層迴圈 */
                cout<<"A["<<i<<"]["<<j<<"]["<<k<<"]="<< A[i][j][k]<<endl;
```

例如宣告一個單精度浮點數的三維陣列：

```
float arr[2][3][4];
```

以下是將 arr[2][3][4] 三維陣列想像成空間上的立方體圖形：

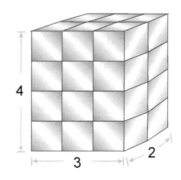

在設定初始值時，各位也可以想像成要初始化 2 個 3*4 的二維陣列：

```
int a[2][3][4]={ { {1,3,5,6},        // 第一個 3*4 的二維陣列
                   {2,3,4,5},
                   {3,3,3,3}
                 },
                 { {2,3,3,54},        // 第二個 3*4 的二維陣列
                   {3,5,3,1},
                   {5,6,3,6}
                 } };
```

5-2 字串簡介

　　在 C++ 中，並沒有字串的基本資料型態，如果要儲存字串，基本上還是必需使用字元陣列來表示。因此利用字元陣列來表示字串的方式可稱為 C-Style 字串。而 C++ 除了在標準函數庫中使用 cstring 來支援 C-Style 字串外，還使用一種新的字串類別 string 來表示字串，甚至於不需要引用函數，即可直接使用運算子來進行字串處理。如果與 C 相比，C++ 在字串處理方面就顯得實用許多。

5-2-1 字串宣告

　　字串宣告的最重要特點是必須使用空字元（'\0'）來代表每一個字串的結束，例如 'a' 與 "a" 分別代表字元常數及字串常數，其中 'a' 的長度為 1，"a" 的長度為 2。字串宣告方式如下：

```
方式 1：char 字串變數 [ 字串長度 ]=" 初始字串 ";
方式 2：char 字串變數 [ 字串長度 ]={ ' 字元 1 ', ' 字元 2 ', ...... ,' 字元 n ', '\0' };
```

「方式 1」的宣告方式會自動在字串結尾附加「'\0'」結束字元，至於「方式 2」則是以字元陣列來進行初始化，不過需在結尾加上「'\0'」結束字元。當各位宣告字串時，如果已經設定初始值，那麼字串長度可以不用設定。不過當沒有設定初始值時，就必須設定字串長度，以便讓編譯器知道需要保留多少記憶體位址給字串使用。例如以下宣告字串：

```
char str[]="STRING";
或
char str[7]={ 'S','T','R','I','N','G','\0' };
```

在記憶體上是利用以下方式來儲存：

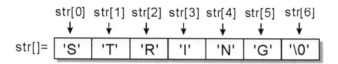

在此要補充一點，字串也可以經由指標方式來宣告與操作，不過這一部份在第六章指標內文中會再詳細說明，這裡只讓各位先有概念即可。宣告格式如下：

```
char * 指標變數 =" 字串內容 ";
```

例如：

```
char * str1="John";
```

◀ 隨堂範例 ▶ CH05_03.cpp

以下程式範例是示範字串宣告的兩種方式，不過在第 6 行定義 Str_1 的字元陣列中，並沒有加入 '\0'(NULL 字元)。所以當 cout 函數輸出 Str_1 字元陣列後，並未結束執行，程式有些時候會輸出亂碼。

```
01  #include <iostream>
02
03  using namespace std;
04
05  int main()
```

```
06   {
07       char Str_1[]={ 'W', 'o', 'r', 'l', 'd','!' }; // 定義字元陣列 Str_1[]
08       char Str_2[]="World!";                        // 定義字元陣列 Str_2[]
09
10       cout<<"Str_1 佔用的記憶體空間:"<<sizeof(Str_1)<<endl;
                                      // 顯示 Str_1 佔用的記憶體空間
11       cout<<" 字元陣列 Str_1 的內容:"<<Str_1<<endl;    // 顯示 Str_1 的內容
12       cout<<"Str_2 佔用的記憶體空間:"<<sizeof(Str_2)<<endl;
                                      // 顯示 Str_2 佔用的記憶體空間
13       cout<<" 字元陣列 Str_2 的內容:"<<Str_2<<endl;    // 顯示 Str_2 的內容
14
15
16       return 0;
17   }
```

【執行結果】

```
Str_1 佔用的記憶體空間:6
字元陣列 Str_1 的內容:World!
Str_2 佔用的記憶體空間:7
字元陣列 Str_2 的內容:World!
------------------------------------
Process exited after 0.1496 seconds with return value 0
請按任意鍵繼續 . . .
```

【程式解析】

- 第 7 ～ 8 行：兩種字串的宣告方式。

- 第 10、12 行：利用 sizeof 函數來顯示 Str_1 與 Str_2 所佔用的記憶體空間。

我們知道 cout 與 cin 函數也能夠對字串做輸出 / 輸入的動作，而且只需直接將字串變數傳遞給這兩個輸出入函數即可，不過如果各位所輸入的資料中含有空白，那麼空白後的資料會被刪除，或是依序指派給 cin 函數中所指定的變數。

所以當各位輸入的字串中必須包含空白字元時，也不是沒有辦法解決輸出的問題。這時就可以利用 C++ 中的 getline() 函數來進行輸入，它會讀取使用者所輸入的每個字元（包含空白字元），直到按下「enter」鍵為止。底下是這個函數的使用方式：

```
cin.getline( 字串變數 , 輸入長度 , 字串結束字元 );
```

其中的「輸入長度」是指您輸入字串時，所能接受的最大字元長度（包括結束字元），而非指字串變數的長度。如果輸入的字元數大於輸入長度時，超過的部份會被刪除掉。而字串結束字元的預設值為 '\n'，當使用者輸入完後，會自動將 '\n' 加到字串變數的後方。

◀ 隨堂範例 ▶ CH05_04.cpp

以下程式範例是使用 getline() 函數來輸入帶有空白字元字串，並且最多接受 10 個字元。

```
01    #include <iostream>
02
03    using namespace std;
04
05    int main()
06    {
07        char str[30];                  // 宣告長度為 30 的字串變數
08        cout << "陣列長度：30，可接受輸入長度：10" << endl;
09        cout << "請輸入任意字串:";
10        cin.getline(str, 10, '\n');    // 使用 getline() 函數輸入字串，最多接受 10
                                         個字元
11        cout << "str字串變數為:" << str << endl;
12
13
14        return 0;
15    }
```

【執行結果】

```
陣列長度：30，可接受輸入長度：10
請輸入任意字串:great
str字串變數為:great

------------------------------------
Process exited after 4.063 seconds with return value 0
請按任意鍵繼續 . . . ■
```

【程式解析】

■ 第 7 行：宣告長度為 30 的字串變數。

■ 第 10 行：getline() 函數中設定只能接受 10 個輸入字元（包含結束字元）。

5-2-2　字串陣列

　　由於字串是以一維的字元陣列來儲存，如果是有許多關係相近的字串集合時，就稱為字串陣列，這時就可以使用二維字元陣列來表達。例如一個班級中所有學生的姓名，每個姓名都有許多字元所組成的字串，這時就可使用字串陣列來加以儲存。字串陣列宣告方式如下：

```
char 字串陣列名稱 [ 字串數 ] [ 字元數 ];
```

　　其中字串數是表示此字串陣列容納最多的字串數目，而字元數是表示每個字串大小最多可容納多少字元，並且必須包含了 \0 結尾字元。當然也可以在宣告時就設定初值，不過要記得每個字串元素都必須包含於雙引號之內，而且每個字串間要以逗號「,」分開。語法格式如下：

```
char 字串陣列名稱 [ 字串數 ] [ 字元數 ]={ "字串常數 1", "字串常數 2", "字串常數 3"…};
```

　　例如以下宣告 Name 的字串陣列，且包含 5 個字串，每個字串包括 '\0' 字元，長度限定為 10 個位元組：

```
char Name[5][10]={   "John",
                     "Mary",
                     "Wilson",
                     "Candy",
                     "Allen"
                  };
```

　　字串陣列雖說是二維字元陣列，對於字串陣列的存取則須要使用到每個陣列中元素的記憶體位址，以上述 char Name[5][10] 的字串陣列來說，假設要輸出第 2 個字串時，可以直接利用以下的指令即可：

```
cout<<Name[1];
```

　　事實上，使用字串陣列來儲存的最大壞處就是由於每個字串長度不會完全相同，而陣列又是屬於靜態記憶體，必須事先宣告字串中的最大長度，這樣往往就會造成記憶體的浪費。

◀隨堂範例▶ CH05_05.cpp

以下程式範例示範字串陣列的初始化方式，並省略了每個元素之間的大括號，
其中相當程度說明了字元與字串間的關連。

```
01   #include <iostream>
02
03   using namespace std;
04
05   int main()
06   {
07       char Str[6][30]={    " 張繼      楓橋夜泊 ",    // 宣告並初始化二維字串陣列
08                            "================",    // 省略了每個元素之間的大括號
09                            " 月落烏啼霜滿天 ",
10                            " 江楓漁火對愁眠 ",
11                            " 姑蘇城外寒山寺 ",
12                            " 夜半鐘聲到客船 "    };
13       int i;
14       for (i=0; i<6; i++)
15           cout << Str[i] << endl;                // 輸出字串陣列內容
16
17
18       return 0;
19   }
```

【執行結果】

```
張繼      楓橋夜泊
================
月落烏啼霜滿天
江楓漁火對愁眠
姑蘇城外寒山寺
夜半鐘聲到客船

--------------------------------
Process exited after 0.1127 seconds with return value 0
請按任意鍵繼續 . . .
```

【程式解析】

- 第 7 行：宣告並初始化二維字串陣列。
- 第 14 ～ 15 行：輸出字串陣列內容。

由於 C++ 中並不會主動為字串計算大小，所以在宣告或使用上都必須注意字串長度是否超出宣告範圍。由於字串不是 C++ 的基本資料型態，也就是無法直接利用陣列名稱指定給另一個字串，如果需要指定字串，還是從字元陣列中一個一個取出元素內容作複製。例如以下為不合法的指定方式：

```
char Str_1[]="Hello";
char Str_2[20];
......
Str_2=Str_1; // 不合法的語法
```

例如我們想將 A 與 B 兩字串連接起來，也就是將 B 字串接到 A 字串後方，就是利用陣列位址將 B 字串的第一個字元的記憶體位址安排到 A 字串最後一個字元的記憶體位址。

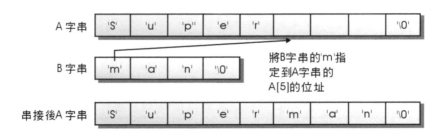

各位在進行字串連接時，首先要注意本身宣告字串大小，如果串接後超過字串大小時，編譯器可是會自動清除後方連接的字串。

至於兩個字串間的比較就是比對兩個字串內容是否完全相同，比較的方法也是使用迴圈從頭開始逐一比較字串中的每個字元在 ASCII 碼中的數字大小來排列，直到出現字元不相同或結束字元（'\0'）為止。

5-3 String 類別

我們曾經說明過各位要建立字串，就是要建立一個資料型態為字元的陣列，如下列所示：

```
char st1[]="This is a Test!";
```

不過如果是先建立資料型態為 char 的字元陣列，然後再指定它的初值，當開始編譯此程式時，會發生錯誤訊息。如下所示：

```
char st1[26];
st1="1234567"; // 錯誤的語法，因為無法直接指定字串常數值給陣列
```

正確的方法是可以利用 strcpy() 函數來指定它的初值：

```
strcpy(st1,"1234567");
```

不過如果各位還是希望要使用這種指定方式將字串常數值指定給字串時，這時不妨試著使用 C++ 所提供的 Sring 類別。

5-3-1 宣告 String 類別

在 <string> 標頭檔中，新定義的字串類別雖然不屬於 C++ 的基本資料型態（如 int、char），但確實也是一個被定義過的抽象資料型態。在第 11 章時，我們會再詳細說明類別（class）的定義，在此各位可暫時將它當成一種資料型態即可。

至於 C++ 的字串類別中，不需要額外引用函數，可以直接使用運算子來作字串的處理，像是比較字串、串接字串等。至於當 C 版本字串和 C++ 字串類別混用時，C 版本的字串會被自動轉化成 C++ 的字串，不過並不允許 C++ 字串被指定成 C 字串：

```
char str1[]="this is charstring";
string str2="this is string";
string str3=str1;    // 可以
char str4[]=str2;    // 錯誤
```

字串類別中的字串歸納起來還是較原先的 C 版本字串使用方便，因為可以直接利用運算子作字串運算；也較為安全，因為字串類別中不使用陣列，所以也不會有超過陣列的大小而引發錯誤的問題。

在介紹 String 類別的字串宣告前，我們還是先來回顧一下 C 版本的字串宣告方法：

```
char 字串名稱 [ 長度 ];
```

在上述的程式，可以很清楚知道字串到底有幾個字元，而 C++ 的 String 類別的字串，則會自行去計算字串的字元數，以下是 C++ 字串的宣告方式：

```
#include <string>              // 請注意！一定要引入此標頭檔
string 字串名稱 ;              // 宣告一個空的字串
string 字串名稱 =" 字串 ";     // 宣告設有初始值的字串方式一
string 字串名稱 (" 字串 ");    // 宣告設有初始值的字串方式二
```

◀隨堂範例▶ CH05_06.cpp

以下程式範例是簡單示範 String 類別的字串宣告與輸出，請記得務必加入 <string> 標頭檔。

```
01    #include<iostream>
02    #include<string>// 引入字串標頭檔
03
04    using namespace std;
05
06    int main()
07    {
08        char ch[]=", ";
09        string firstname;// 宣告字串類別
10        string lastname;// 宣告字串類別
11        string input1(" 請輸入姓氏 :");
12        string input2=" 請輸入名字 :";
13
14        cout<<input1;
15        cin>>lastname;// 輸入字串
16        cout<<input2;
17        cin>>firstname;// 輸入字串
18
19        string fullname=firstname+ch+lastname;// 以運算子作字串的串接
20            cout<<" 您的全名為 :"<<fullname<<endl;
21
22
23        return 0;
24
25    }
```

【執行結果】

```
請輸入姓氏:Anderson
請輸入名字:Peter
您的全名為:Peter, Anderson
------------------------------------
Process exited after 12.77 seconds with return value 0
請按任意鍵繼續 . . .
```

【程式解析】

- 第 2 行：必須引用 <string> 標頭檔。
- 第 8 行：C 版本的字串格式。
- 第 9 ～ 10 行：C++ 版本的空字串物件。
- 第 11 ～ 12 行：C++ 版本的設定字串初始值的兩種形式。
- 第 19 行：C++ 版本利用 + 運算子作字串的串接。其中的 ch 字串在此行中會被轉換成 C++ 版本的字串。

此外，C++ 中尚有一些進階的字串宣告方式，是利用原有的字元或字串作新宣告字串的初始值，以下是宣告方式範例：

```
string 字串名稱 ( 個數 , 字元 ) ; // 宣告有重複個數字元的字串
string 字串名稱 1( 字串名稱 ); // 宣告以字串名稱的字串作為字串名稱 1 的初始值
string 字串名稱 1( 字串名稱 , 起始位置 , 長度 ) ; // 宣告字串名稱的部分字串作為字串名稱 1 的
// 初始值，但此宣告方式的起始位置和長度，是從 0 開始起算
```

5-3-2　字串運算子

之前提過了 C++ 的字串可以結合運算子作一些運算，例如在前一小節中的字串宣告方式中，就利用了指定（=）運算子來宣告字串，並利用加號（+）運算子作字串的串接，此節中，將繼續為讀者介紹使用運算子作字串的處理。首先列出可和字串結合的運算子：

運算子	功能	用法
=	字串指定	str=" 字串 "。
+	字串串接	str1+str2。
+=	字串串接並指定	str1+=str2。
==	等於	str1==str2；比較兩個字串是否相等。
!=	不等於	str1!=str2；比較兩個字串是否不等。
<	小於	依照 ASCII 碼的代碼數字比較。
<=	小於等於	依照 ASCII 碼的代碼數字比較。
>	大於	依照 ASCII 碼的代碼數字比較。
>=	大於等於	依照 ASCII 碼的代碼數字比較。
[]	註標	用於字串的陣列。
<<	輸出	用於字串的輸出。
>>	輸入	用於字串的輸入。

◀ 隨堂範例 ▶ CH05_07.cpp

以下程式範例將實作 C++ 字串與 + 與 > 兩個運算子的運算結果，各位可觀察是否比 C 的字串模式方便許多。

```cpp
01   #include<iostream>
02   #include<string>// 引用字串類別
03
04   using namespace std;
05
06   int main()
07   {
08       // 宣告 String 字串
09       string st1,st2,st3,st4,st5;
10       st1="abcdef";
11       st2="ABCDEF";
12       st3="Happy ";
13       st4="Birthday";
14
15       // 進行字串連接運算
16       st5=st3+st4;
17
18       cout<<"st3="<<st3<<endl;
19       cout<<"st4="<<st4<<endl;
20       cout << "s3 與 s4 串接後字串變數 st5 的值為：" << st5 << endl;
21       cout<<"-----------------------------------"<<endl;
22       // 進行字串之間的比較
23       cout<<"st1="<<st1<<endl;
24       cout<<"st2="<<st2<<endl;
25
26       if (st1 > st2)
27           cout << "st1 與 st2 之間的關係為：st1 > st2 " << endl;
28       else
29           cout << "st1 與 st2 之間的關係為：st1 > st2 " << endl;
30
31
32       return 0;
33   }
```

【執行結果】

```
st3=Happy
st4=Birthday
s3與s4串接後字串變數st5的值為：Happy Birthday
-----------------------------------
st1=abcdef
st2=ABCDEF
st1 與 st2之間的關係為：st1 > st2

-----------------------------------
Process exited after 0.09682 seconds with return value 0
請按任意鍵繼續 . . .
```

【程式解析】

- 第 16 行：使用「+」運算子將字串變數 st3 及 st4 進行連接，並將連接後的內容再指定給字串變數 st5。
- 第 26 ～ 29 行：使用「>」運算子與「if」敘述句來判斷字串變數 st1 及 st2 之間的大小。

5-3-3　String 類別成員函數

在標準 C++ 中，String 類別中除了可以利用運算子作些基本的字串運算或是比較之外，還定義了一些成員函數，可以將字串作一些進階的處理。有關標頭檔 <string> 內所提供的成員函數如下表所示：

成員函數	功能	用法
append()	串接字串。	str1.append(str2)。
assign()	指定字串。	str1.assign(str2)。
compare()	比較兩個字串。	str1.compare(str2)。
replace()	取代字串。	str1.replace(開始位置 , 長度 ,str2)。
insert()	插入字串。	str1.insert(開始位置 ,str2)。
erase()	清除字串部分內容。	str1.erase(開始位置 , 清除字元數)。
length()	取得字串的長度。	str1.length()。
max_size()	取得字串可以容納的最大長度。	str1.max_size()。
size()	取得字串的大小。	str1.size()。
capacity()	取得字串的容量。	str1.capacity()。
find()	尋找字串。	str1.find(s2)。
swap()	對調字串。	str1.swap(str2)。
substr()	取得部分字串。	str1.substr(開始位置 , 長度)。
empty()	判斷是否為空字串，是則傳回 true。	str1.empty()。
at()	取得指定位置的字元。	s1.at(n)；n 為第 n 個字元。

◀隨堂範例▶ CH05_08.cpp

以下程式範例是實作字串的尋找功能。其中在 string 類別中可以利用 find() 函數尋找字串，如果找到符合的字串會傳回起始位置，如果找不到則傳回 -1。

```
01   #include<iostream>
02   #include<string>
03
04   using namespace std;
05
06   int main()
07   {
08       string str1="Years go by will I still be waiting";// 字串宣告
09       string str2="For somebody else to understand";// 字串宣告
10
11       cout<<"str1="<<str1<<endl;
12       cout<<"str2="<<str2<<endl;// 尋找字串
13
14       cout<<"------------------------------------"<<endl;
15       cout<<" 在 str1 中的第 "<<str1.find("will")<<" 個位置找到 will 字串 "<<endl;
16       cout<<" 在 str2 中的第 "<<str2.find("else")<<" 個位置找到 else 字串 "<<endl;
17       cout<<"------------------------------------"<<endl;
18
19
20       return 0;
21
22   }
```

【執行結果】

```
str1=Years go by will I still be waiting
str2=For somebody else to understand
------------------------------------
在str1中的第12個位置找到will字串
在str2中的第13個位置找到else字串
------------------------------------

------------------------------------
Process exited after 0.1081 seconds with return value 0
請按任意鍵繼續 . . .
```

【程式解析】

■ 第 8 ～ 9 行：字串宣告。

■ 第 15、16 行：透過 find() 成員函數尋找字串。

5-4 上機程式測驗

1. 請設計一 C++ 程式，使用一個長度為 10 的一維陣列來儲存位於該分數級距的學生人數，及加入學生成績的分佈圖，並以星號代表該級距的人數。這 10 個元素的作用如下表所示：

元素	作用	元素	作用
degree[0]	儲存分數 0 ～ 9 的人數	degree[5]	儲存分數 50 ～ 59 的人數
degree[1]	儲存分數 10 ～ 19 的人數	degree[6]	儲存分數 60 ～ 69 的人數
degree[2]	儲存分數 20 ～ 29 的人數	degree[7]	儲存分數 70 ～ 79 的人數
degree[3]	儲存分數 30 ～ 39 的人數	degree[8]	儲存分數 80 ～ 89 的人數
degree[4]	儲存分數 40 ～ 49 的人數	degree[9]	儲存分數 90 ～ 100 的人數

```
int score[10]={64,84,91,100,58,71,66,43,67,84};
```

Ans ex05_01.cpp。

2. 請設計一 C++ 程式，利用三層巢狀迴圈來找出 2*3*3 三維陣列中所儲存數值中的最小值：

```
int num[2][3][3]={{{33,45,67},{23,71,56},{55,38,66}},{{21,9,15
},{38,69,18}, {90,101,89}}};
```

Ans ex05_02.cpp。

3. 請設計一 C++ 程式，利用 for 迴圈來計算字串長度，並且從字串中一個一個取出元素內容來複製到另一個字串。

Ans ex05_03.cpp。

4. 請設計一 C++ 程式，進行兩個字串的宣告與連結。

Ans ex05_04.cpp。

5. 請設計一 C++ 程式，用來比較兩個字串，還是利用迴圈從頭開始逐一比較每一個字元，只要有一個不相等即跳出迴圈執行，相等則繼續比較下一個字元，直到比較到結尾字元為止。

Ans ex05_05.cpp。

6. 請設計一 C++ 程式，進行字串進階宣告方式，各位可以仔細比較各種方式間的差異。

   Ans ex05_06.cpp。

7. 請設計一程式，使用陣列來儲存 10 個學生的成績，並計算總分、平均分數，以及低於平均分數的學生人數。

   Ans ex05_07.cpp。

8. 請設計一程式，利用二維陣列方式來撰寫一個求二階行列式的範例。二階行列式的計算公式為：

   $$\triangle = \begin{vmatrix} a1 & b1 \\ a2 & b2 \end{vmatrix} = a1*b2-a2*b1$$

   Ans ex05_08.cpp。

9. 請設計一程式，讓使用者輸入字串，並計算此字串長度的範例。

   Ans ex05_09.cpp。

10. 請設計一程式，將使用者輸入的原始字串中所有字元資料反向排列的實作。

    Ans ex05_10.cpp。

11. 試寫一個程式，來計算在字串內容中小寫字元的個數。

    Ans ex05_11.cpp。

12. 試寫一個程式，在事先準備的一段文章中，搜尋某一個字串，並找到出現這些字串的所有位置與次數。

```
char str[]="At the first God made the heaven and the earth."
           "And the earth was waste and without form; "
           "and it was dark on the face of the deep: "
           "and the Spirit of God was moving on the face of the waters.";
```

    Ans ex05_12.cpp。

13. 請設計一個程式，求出一維陣列中的最大值。

```
int number[5] = {5, 9, 3, 4, 7};
```

    Ans ex05_13.cpp。

14. 試利用陣列來寫一個簡單的當月日曆程式，可讓使用者輸入當月天數及第一天是星期幾。

    Ans ex05_14.cpp。

15. 氣泡排序法的比較方式是由第一個元素開始，比較相鄰元素大小，若大小順序有誤，則對調後再進行下一個元素的比較。如此掃瞄過一次之後就可確保最後一個元素是位於正確的順序。接著再逐步進行第二次掃瞄，直到完成所有元素的排序關係為止。請設計一個程式，來對以下一維陣列中的元素排序。

```
int data[6]={6,5,9,7,2,8};
```

Ans ex05_15.cpp。

16. 請以亂數取有 80 個元素的一維陣列，數值在 1~150 之間，請任意輸入一數，利用循序搜尋法判斷此數是否在此陣列中。

Ans ex05_16.cpp

課後評量

1. 試簡述字元與字串間的主要差異。

2. 下面這個程式碼片段設定並顯示陣列初值，但隱含了並不易發現的錯誤，請找出這個程式碼片段的錯誤所在：

```
01   int a[2, 3] = {{1, 2, 3},{4, 5, 6}};
02   int i, j;
03   for(i = 0; i < 2; i++)
04       for(j = 0; j < 3; j++)
05           cout<< a[i, j];
```

3. 宣告陣列後，請舉例說明有哪兩種方法來設定元素的數值？

4. 以下程式碼在編譯時出現錯誤，請指出程式碼錯誤的地方並改正，使其能編譯成功。

```
01   #include<siostream>
02   int main(void)
03   {
04       int i;
05
06       char str[30]="this is my first program.";
07       char str1[20]="my company is ZCT.";
08       cout<<" 原始字串 str = "<<str<<endl;
09       cout<<" 字串 str1 = "<<str1;
10       str1=str;
11       cout<<" 複製後字串 str1 = "<< str;
12       return 0;
13   }
```

5. 舉出至少三種在 C++ 所提供的標頭檔 <string> 中用來指定字串值的格式。

6. 下面這個程式片段哪邊出了錯誤？

```
01   char str[80];
02   cout<<" 請輸入字串：";
03   cin>>&str;
04   cout<<" 您輸入的字串為："<<str;
```

7. 下列程式碼的其輸出結果為何？

```
int n1[5],i;
for(i=0;i<5;i++)
    n1[i]=i+6;
cout<< n1[3] ;
```

8. 何謂二維陣列？試簡述之。

9. 試列舉五種 C++ 字串與運算子間的關係。

10. 為了要顯示陣列中所有元素的值，我們使用 for 迴圈，但結果並不正確，請問下面這個程式碼哪邊出了問題？

```
01   #include <iostream>
02   using namespace std;
03   int main()
04   {
05       int arr[5] = {1, 2, 3, 4, 5};
06       int i;
07       for(i = 1; i <= 5; i++)
08           cout<<"a["<<i<<"] = "<<arr[i]<<endl;
09       return 0;
10   }
```

11. 陣列結構型態通常包含哪幾種屬性？試說明之。

12. 請問以下 str1 與 str2 字串，分別佔了多少位元組（bytes）？

```
char str1[ ]= "You are a good boy";
char str2[ ]= "This is a bad book  ";
```

13. 假設宣告了陣列一整數陣列 a[30]，而 a 的記憶體位置為 240ff40，請問 a[10] 與 a[15] 的記憶體位置為何？

14. 如果我們宣告一個 50 個元素的字元陣列，如下所示：

```
char address[50];
```

假設這個陣列的起始位置指向 1200，試求出 address[23] 的記憶體開始位置。

MEMO

06

指標與位址

電腦最主要的兩項硬體構造，就是中央處理器（CPU）與記憶體。一般若要執行程式的時候，首先必須將程式及其所需的資料載入至記憶體中，中央處理器才能執行該程式。早期在做程式的開發時，還得要釐清程式在記憶體中的位址（address）。位址就好像是記憶體中的地址一樣。在記憶體中，每一個位元組（byte）都有一個記憶體編號，正如同是現實生活中的地址一樣。

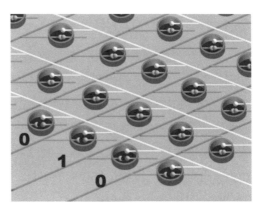

記憶體的內部結構示意圖

指標（pointer）在 C++ 的語法中，是初學者較難掌握的一個課題，我們都知道資料在電腦中會先載入至記憶體中再進行運算，而電腦為了要能正確地存取記憶體中的資料，於是賦予記憶體中每個空間擁有各自的位址。所謂指標就是記錄變數位址的工具，可以直接依據其指定之位址來存取變數。指標也可以用於動態配置一維陣列、二維陣列等等，使得記憶體空間的運用更加有效。不過使用指標時也要相當小心，否則容易造成記憶體存取的問題，而造成不可預期的後

指標就好比一個變數房間門口的指示牌

果，不過也別擔心，本章中我們將以相當淺顯易懂的說明方式，帶領各位進入指標的世界。

6-1 認識位址

每一個位元組在記憶體中的位址，會採用十六進位的表示方法，對於人類而言，並不是那麼淺顯易懂，也不容易識別，如果直接指明位址的存取方式，在使用上難免費時費力。因此大部分高階程式語言都提供宣告變數與使用變數的功能來解決這樣的問題。至於較底層的問題，如向系統索取記憶體的工作，就交給系統本身來解決。所以在撰寫程式時，使用者可以先針對變數命名，並在稍後的程式碼中以變數名稱直接存取該變數的資料即可。

6-1-1 指標的功用

如果今天在現實生活中，您要到某一家商店，或是要到一位以前從未登門拜訪的朋友家中，如何能夠找到呢？當然需要地址，或者是明顯的地標才能夠找到。也許各位認為在電腦中需要用到變數的時候，只要直接宣告一個變數來使用就好，何必要知道記憶體的位置呢？不過從另一個角度來說，直接以記憶體位址存取資料的方式，當然也有不少好處。C++ 中除了指定變數名稱來存取資料之外，在電腦的運作中，也有針對記憶體位址存取的工具，就是指標。

指標，本身是一種變數型態，內容就是用來儲存記憶體的地址。各位可以想像把身份證號碼當成變數的位址，有了身份證號碼，自然就可以知道該位人士的個人資料（變數內容）了，透過指標變數，程式就可以更靈活存取該指標變數所指定的位址之內容。

6-1-2 變數位址的存取

在 C++ 中，通常當變數定義後，系統即會開始幫這個變數配置記憶體空間，以供日後程式中使用，一旦需要使用某個資料時，就存取那一個位址的記憶體空間即可。如果各位要更清楚了解變數所在記憶體位址，可以透過 &（取址運算子）來求出變數所在的位址，語法格式如下：

```
& 變數名稱；
```

◀隨堂範例▶ CH06_01.cpp

以下程式範例是學習指標觀念的入門磚，也就是透過 & 取址運算子來說明變數名稱、變數值與記憶體位址三者間的相互關係。

```
01    #include <iostream>
02
03    using namespace std;
04
05    int main()
06    {
07        int num1 = 10;
08        char ch1[2] = "A";// 宣告變數 num1、ch1
09
10        cout<<" 變數名稱 變數值 記憶體位址 "<<endl;
11        cout<< "---------------------------"<<endl;
12        cout<<"num1 "<<"\t "<<num1<<'\t'<<&num1<<endl;
13        cout<<"ch1   "<<"\t "<<ch1<<'\t'<<&ch1<<endl;
14        // 利用 & 運算子列印變數 num1、ch1 的數值與位址
15
16
17        return 0;
18    }
```

【執行結果】

```
變數名稱 變數值 記憶體位址
---------------------------
num1     10      0x6ffe3c
ch1      A       0x6ffe30


---------------------------
Process exited after 0.2054 seconds with return value 0
請按任意鍵繼續 . . . ■
```

【程式解析】

- 第 7 ～ 8 行：宣告變數 num1、ch1。
- 第 12 ～ 13 行：利用 & 運算子列印變數 num1、ch1 的數值與位址。

6-1-3　指標變數的宣告

所謂指標變數（pointer variable），就是一種用來儲存記憶體位址的變數，當指標變數指到目標位址後，可以透過程式來移動指標（包括將指標變數值做數值運算），即可取得該位址所代表記憶區塊的資料值。

由於指標也是一種變數，命名規則也與一般變數相同。宣告指標時，首先必須定義指標的資料型態，並於資料型態後加上「*」字號，再賦予指標名稱，即可宣告一個指標變數。特別補充一點，一旦確定指標所指向的資料型態，就不能再更改了。另外指標變數也不能指向不同資料型態的指標變數。

指標變數宣告方式如下：

```
資料型態 *  指標名稱；  // 第一種宣告方式
```

也可以如下方式宣告：

```
資料型態  *指標名稱；  // 第二種宣告方式，* 字號位置不同
```

例如：

```
int* piVal;
```

以上宣告意義為一個指向 int 的指標型態變數，其名稱為 piVal。通常好的指標命名習慣會在變數名稱前加上小寫 p。若是整數型態指標時，則可於變數名稱前加上「pi」兩個小寫字母，「i」代表整數型別（int）。在此要再提醒各位，良好的命名規則，對於程式日後的判讀與維護，會有莫大幫助。

由於指標屬於系統低階性的存取功能，透過指標可以存取記憶體中所指到的記憶區塊內容。假如賦予指標錯誤的位址，而該位址又剛好為系統資料儲存的記憶區塊，此時若覆寫（override）該區塊內容，很可能造成系統不穩定或是當機情形。另外如果指標宣告時，未指定初值，則經常會讓指標指向未知的記憶體位址。

因此撰寫程式時，指標變數務必確實指向合法位址，才不會造成非預期的執行結果，切記！切記！所謂合法位址，通常是指系統分配給程式的位址，如程式已宣告或定義的變數（或陣列），然後再將指標變數指向該變數的位址，這也就是將指標設定初值。宣告方式如下：

```
資料型態 *  指標變數；
指標變數 =& 變數名稱； // 變數名稱已定義或宣告
或
資料型態  *指標變數 =& 變數名稱；
```

或者也可以於指標變數宣告時，先設定初值為 0（或是 NULL）。宣告方式如下：

```
資料型態 * 指標變數 =0;
（或 資料型態 * 指標變數 =NULL;）
資料型態 * 指標變數 =& 變數名稱;
```

例如以下第一種方式：

```
int Value=10;
int* piVal=&Value;
```

與第二種方式：

```
int Value=10;
int* piVal=0;   // 多了這行指令
piVal=&Value;
```

以上兩種宣告的差別之處在於第一種方式於宣告時即指派初值。第二種方式則於宣告時先設定初值為 0，日後需要使用指標時，再指派變數位址給指標變數。在此要特別說明此處的初值 0 是代表 NULL，而不是數值 0。因此在指標變數宣告時，萬萬不能直接將指標變數的初始值設定數值，這樣會造成指標變數指向不合法位址，因而造成不可預期的錯誤。例如：

```
int* piVal=10;   // 不合法指令
```

以下的宣告也會造成指標變數指向不合法位址，請各位小心，例如：

```
int* piVal;
*piVal=10;   // 不合法指令
```

不過話又說回來了，如果指標變數已經事先指向了一個定義或宣告過的變數位址時，這時程式即可透過 *（反參考運算子）來存取重新指定此指標變數的資料內容，使用格式如下：

```
* 指標變數 = 數值;   // 此指標變數已指向合法位址
```

對指標既期待又怕受傷害的讀者不用擔心，接著我們再舉出一個例子來為大家簡單說明。假設程式碼中宣告了三個變數 a1、a2 與 a3，其值分別為 40、58，以及 71。程式碼敘述如下：

```
int a1=40, a2=58, a3=71; /* 宣告三個整數變數 */
```

首先我們假設這三個變數在記憶體中分別佔用第 102、200 與 208 號的位址。接下來,以 * 運算子來宣告三個指標變數 p1、p2,以及 p3,如以下程式碼所示:

```
int *p1,*p2,*p3;              /* 使用 * 符號宣告指標變數 */
```

其中,*p1、*p2 與 *p3 前方的 int 表示這三個變數是指向整數型態。接下來,我們以 & 運算子取出 a1、a2 與 a3 這三個變數的位址,並儲存至 p1、p2 與 p3 三個變數,如以下程式碼:

```
p1 = &a1;
p2 = &a2;
p3 = &a3;
```

◀隨堂範例▶ CH06_02.cpp

以下程式範例是說明整數與倍精度實數指標變數的位址、資料內容及指標變數所佔用的記憶空間等相關內容,對指標不太清楚的朋友,可要好好研究這個標準範例!

```
01   #include <iostream>
02
03   using namespace std;
04
05   int main()
06   {
07       int iVal=10;          // 整數變數
08       double dVal=123.45;  // 倍精度實數變數
09
10       int* piVal=NULL;     // 宣告為空指標
11       piVal= &iVal;         // 整數型態的指標變數,指向 iVal 變數位址
12
13       double* pdVal=&dVal; // 實數型態的指標變數,指向 fVal 變數位址
14
15       cout<<"piVal 變數位址為 "<<piVal<<endl;
16       cout<<"piVal 變數所指向位址的資料內容為 "<<*piVal<<endl;
17
18       *piVal=20;            // 重新指定 piVal 指標變數的資料內容為 20
19       cout<<"piVal 指標變數重新設定後 ,iVal 的資料內容同步更改為 "<<iVal<<endl;
20       cout<<" 整數 iVal 所佔用的記憶空間為 :"<<sizeof(iVal)<<" 位元 "<<endl;
21       cout<<" 整數指標變數 piVal 所佔用的記憶空間為 :"<<sizeof(piVal)<<" 位元
             "<<endl<<endl;
22
23       cout<<"pdVal 變數位址為 "<<pdVal<<endl;
```

```
24        cout<<"pdVal 變數所指向位址的資料內容為 "<<*pdVal<<endl;
25
26        *pdVal=67.1234;        // 重新指定 pdVal 指標變數的資料內容為 67.1234
27        cout<<"pdVal 指標變數重新設定後 ,dVal 的資料內容同步更改為 "<<dVal<<endl;
28        cout<<" 倍精度實數 dVal 所佔用的記憶空間為 :"<<sizeof(dVal)
          <<" 位元 "<<endl;
29        cout<<" 倍精度實數指標變數 pdVal 所佔用的記憶空間為 :"<<sizeof(pdVal)<<endl;
30
31
32        return 0;
33   }
```

【執行結果】

```
piVal 變數位址為:0x6ffe2c
piVal 變數所指向位址的資料內容為:10
piVal 指標變數重新設定後,iVal的資料內容同步更改為:20
整數iVal所佔用的記憶空間為:4位元
整數指標變數piVal所佔用的記憶空間為:8位元

pdVal 變數位址為:0x6ffe20
pdVal 變數所指向位址的資料內容為:123.45
pdVal 指標變數重新設定後,dVal的資料內容同步更改為:67.1234
倍精度實數dVal所佔用的記憶空間為:8位元
倍精度實數指標變數pdVal所佔用的記憶空間為:8
-----------------------------------
Process exited after 0.09833 seconds with return value 0
請按任意鍵繼續 . . .
```

【程式解析】

- 第 7 ～ 8 行：分別宣告 iVal 整數變數與 dVal 倍精度實數變數。

- 第 10 ～ 11 行：宣告時先設定初值為 0，日後需要使用指標時，再指派變數位址給指標變數。

- 第 13 行：實數型態的指標變數，宣告時即指派初值。

- 第 18 行：重新指定 piVal 指標變數的資料內容為 20，此時 iVal 變數的資料內容同步更改為 20。

- 第 20 ～ 21 行：利用 sizeof() 函數求 iVal 與 piVal 的記憶空間大小。

- 第 26 行：重新指定 pdVal 指標變數的資料內容為 67.1234，此時 dVal 的資料內容同步更改為 67.1234。

- 第 28 ～ 29 行：利用 sizeof() 函數求 dVal 與 pdVal 的記憶空間大小。

6-1-4 指標運算

對於一般變數而言,當使用 + 運算子或 - 運算子來進行運算時,只會做變數本身數值的增減變化。例如以下程式碼表示一個整數變數,名稱為 iVal,變數值為 10,當經過遞增運算(++)後,iVal 的值改變為 11:

```
int iVal=10;
iVal++; // iVal=11
```

指標變數雖然是一種用來儲存位址值的變數,也可以針對指標使用 + 運算子或 - 運算子來進行運算,不過運算結果與一般變數的意義就大不相同了。

事實上,當各位對指標變數使用這兩個運算子時,並不是進行一般變數的加法或減法運算,而是用來增減記憶體位址的位移量,而移動的基本單位則視所宣告指標變數的資料型態所佔位元組而定。

例如以下程式碼表示一個整數指標變數,名稱為 piVal,當指標宣告時所取得 iVal 的位址值為 0x2004,之後 piVal 作遞增運算,其值將改變為 0x2008:

```
int iVal=10;
int* piVal=&iVal; // piVal=0x2004
piVal++; // piVal=0x2008
```

由於不同的變數型態,在記憶體中所佔空間也不同,所以當指標變數加 1 時,是以指標變數的宣告型態其所佔記憶體大小為單位,來決定移動多少單位。例如 int 資料型態為 4 位元組,則對 int 指標變數進行加 1 或減 1 的動作時,即表示在記憶體中向右或向左移動 4 位元組的位址。如下圖所示:

而 double 資料型態為 8 位元組,則對 double 指標變數進行加 1 或減 1 動作時,即表示在記憶體中向右或向左移動 8 位元組的位址。如下圖所示:

> **TIPS** 對於指標的加法或減法運算，只能針對常數值（如 +1 或 -1）來進行，不可以做指標變數彼此間的相互運算。因為指標變數內容只是存放位址，而位址間的運算並沒有任何意義，而且會讓指標變數指向不合法位址。不過對於相同型態的指標變數則可以利用比較運算子來比較位址間的先後次序。

◀ 隨堂範例 ▶ CH06_03.cpp

以下程式範例是整數與倍精度實數指標變數加法與減法運算的示範與說明，並請仔細觀察各種運算後的位址變化，相信各位對指標運算的概念就容易心領神會了！

```cpp
01   #include <iostream>
02
03   using namespace std;
04
05   int main()
06   {
07       int *int_ptr;    // 宣告整數型態指標
08       int iValue=12345;
09       double *double_ptr,dValue=1234.56;// 宣告倍精度實數型態指標
10
11       int_ptr=&iValue;
12       double_ptr=&dValue;
13
14       // 整數指標加法與減法運算
15
16          cout<<"int_ptr = "<<int_ptr<<endl;
17          int_ptr++;// 向右移 1 個整數基本記憶單位移動量
18
19          cout<<"int_ptr++ = "<<int_ptr<<endl;
20          int_ptr--; // 向左移 1 個整數基本記憶單位移動量
21
22          cout<<"int_ptr -- = "<<int_ptr<<endl;
23          int_ptr=int_ptr+3; // 向右移 3 個整數基本記憶單位移動量
24          cout<<"int_ptr+3 = "<<int_ptr<<endl<<endl<<endl;
25
26          cout<<"double_ptr = "<<double_ptr<<endl;
27          double_ptr++;// 向右移 1 個倍精度實數基本記憶單位移動量
28
29          cout<<"double_ptr++ = "<<double_ptr<<endl;
30          double_ptr--;// 向左移 1 個雙精度實數基本記憶單位移動量
31
32          cout<<"double_ptr-- = "<<double_ptr<<endl;
```

```
33              double_ptr=double_ptr+3;// 向右移 3 個雙精度實數基本記憶單位移動量
34              cout<<"double_ptr+3 = "<<double_ptr<<endl;
35
36
37              return 0;
38      }
```

【執行結果】

```
int_ptr = 0x6ffe3c
int_ptr++ = 0x6ffe40
int_ptr -- = 0x6ffe3c
int_ptr+3 = 0x6ffe48


double_ptr = 0x6ffe30
double_ptr++ = 0x6ffe38
double_ptr-- = 0x6ffe30
double_ptr+3 = 0x6ffe48


------------------------------------
Process exited after 0.137 seconds with return value 0
請按任意鍵繼續 . . .
```

【程式解析】

■ 第 7 ~ 8 行：宣告 int 指標變數與 int 變數。

■ 第 9 行：宣告 double 指標變數與 double 變數。

■ 第 17 行：向右移 1 個整數基本記憶單位移動量。

■ 第 20 行：向左移 1 個整數基本記憶單位移動量。

■ 第 23 行：向右移 3 個整數基本記憶單位移動量。

■ 第 27 行：向右移 1 個倍精度實數基本記憶單位移動量。

■ 第 30 行：向左移 1 個倍精度實數基本記憶單位移動量。

■ 第 33 行：向右移 3 個倍精度實數基本記憶單位移動量。

6-1-5 多重指標

由於指標變數所儲存的是所指向的記憶體位址，當然其所佔有的記憶體空間也擁有一個位址，因此可以宣告「指標的指標」（pointer of pointer），就是「指向指標變數的指標變數」來儲存指標所使用到的記憶體位址與存取變數的值，或者可稱為「多重指標」的應用。例如以下程式碼：

```
int num = 10;        // 定義整數變數 num，初始值 =10
int *ptr1 = &num;    // 定義指標變數 *ptr1，並指向整數變數 num 的位址
int **ptr2 = &ptr1;  // 定義指標變數 ptr2，並指向指標變數 ptr1 的位址
```

對於以上的宣告範例，是表示變數 num 儲存值為 10，而指標 ptr1 會儲存變數 num 所指向的記憶體位址，指標 ptr2 則儲存指標 ptr1 所指向的記憶體位址。如下圖所示：

◀ 隨堂範例 ▶ CH06_04.cpp

以下程式範例主要是說明雙重指標的宣告與使用，觀念就在表示除了 ptr1 是指向 num 的位址，則 *ptr1=10。另外 ptr2 是指向 ptr1 的位址，因此 *ptr2=ptr1，而經過兩次「反參考運算子」的運算後，得到 **ptr2=10。

```
01   #include <iostream>
02
03   using namespace std;
04
05   int main()
06   {
07       int num = 10;
08       int *ptr1 = &num;//ptr 指向 num 變數位址
09       int **ptr2 = &ptr1;//ptr2 是指向 ptr1 的指標
10
11
12       cout<<"---------------------------------------------------"
             <<endl;
13       cout<<"num="<<num<<" &num="<<&num<<endl;
14       cout<<"---------------------------------------------------"
             <<endl;
15       cout<<"&ptr1="<<&ptr1<<" ptr1="<<ptr1<<" *ptr1= "<<*ptr1<<endl;
16       cout<<"---------------------------------------------------"
             <<endl;
17       cout<<"&ptr2="<<&ptr2<<" ptr2="<<ptr2<<" *ptr2="<<*ptr2
             <<" **ptr2="<<**ptr2<<endl;
18       cout<<"---------------------------------------------------"
             <<endl;
```

```
19
20
21      return 0;
22  }
```

【執行結果】

```
-------------------------------------------------
num=10 &num=0x6ffe2c
-------------------------------------------------
&ptr1=0x6ffe20 ptr1=0x6ffe2c *ptr1= 10
-------------------------------------------------
&ptr2=0x6ffe18 ptr2=0x6ffe20 *ptr2=0x6ffe2c **ptr2=10
-------------------------------------------------

-----------------------------------------
Process exited after 0.1061 seconds with return value 0
請按任意鍵繼續 . . .
```

【程式解析】

- 第 8 行：ptr1 是指向 num 的指標。
- 第 9 行：ptr2 是指向 ptr1 的整數型態雙重指標。
- 第 15 ～ 17 行：ptr2 所存放的內容為 ptr1 的位址 (&ptr1)，而 *ptr2 即為 ptr1 所存放的內容。各位可將 **ptr2 看成 *(*ptr2)，也就是 *(ptr1)，因此 **ptr2=*ptr1=10。

從以上程式範例 CH06_04 中，各位應該可以更明瞭雙重指標的作用與原理。依此類推，當然還可以更進一步宣告兩重以上的多重指標，例如：

```
int num = 10;
int *ptr1 = &num;
int **ptr2 = &ptr1;
int ***ptr3 = &ptr2;
int ****ptr4 = &ptr3;
```

6-2 指標與陣列

在 C++ 中，我們知道當宣告陣列時，會由系統配置一段連續的記憶體空間。事實上，「陣列名稱」就是指向陣列中第一個元素的記憶體位址，也可以代表該陣列在記憶體中的起始位址,而「索引值」其實就是其他元素相對於第一個元素的記憶體位址之「位移量」(offset)。

因此對於已定義好的陣列,也可以直接使用陣列名稱來進行指標加法運算,也就是陣列名稱可以直接當成一種指標常數來運作,並且也能使用指標的各種運算。例如只要在陣列名稱上加 1,表示移動一個陣列元素記憶體的位移量。或者透過取址運算子「&」取得該陣列元素的位址,並以指標方式直接存取陣列內的元素值。兩種語法如下:

```
陣列名稱 [ 索引值 ]= ＊陣列名稱 (+ 索引值 )
或
陣列名稱 [ 索引值 ]= *(& 陣列名稱 [ 索引值 ])
```

TIPS 陣列可以直接當成指標常數來運作,而陣列名稱位址則是陣列第一個元素的位址。不過由於陣列的位址是唯讀的,因此不能改變其值,這點是和指標變數最大不同。例如:

```
int arr[2][3],value=100;
int *ptr=&value;
arr=ptr;                    // 此行不合法,因為 arr 是唯讀的,不能重新設定其值
```

◀ 隨堂範例 ▶ CH06_05.cpp

以下程式範例是說明陣列與指標常數間的替代運算,並示範以兩種指標方式來存取陣列內的元素值。其中在使用指標常數表示法時,陣列名稱上加 1 表示位移一個記憶體單位,而這個位移量與所宣告的資料型態所佔位元組數有關。

```
01   #include <iostream>
02
03   using namespace std;
04
05   int main()
06   {
07       int arr[] = { 10, 20, 30, 40, 50};// 宣告陣列 arr 及其元素
08       int i;
09
10       for ( i = 0; i < 5; i++ )
11           cout<<"arr["<<i<<"] = "<<arr[i]<<"   *(arr+"<< i<<")="<<*(arr+i)
                 <<"  *(&arr["<<i<<"])="<<*(&arr[i])<<endl;
12       // 列印陣列與指標常數的替代運算
13
14       return 0;
15   }
```

【執行結果】

```
arr[0] = 10  *(arr+0)=10 *(&arr[0])=10
arr[1] = 20  *(arr+1)=20 *(&arr[1])=20
arr[2] = 30  *(arr+2)=30 *(&arr[2])=30
arr[3] = 40  *(arr+3)=40 *(&arr[3])=40
arr[4] = 50  *(arr+4)=50 *(&arr[4])=50

------------------------------------
Process exited after 0.1147 seconds with return value 0
請按任意鍵繼續 . . .
```

【程式解析】

- 第 7 行：宣告陣列 arr 及其元素。
- 第 11 行：列印陣列與指標常數的替代運算。

　　從以上程式範例中，可以了解在每個整數陣列名稱上加 1，表示記憶體位址將右移 4 個位元組。至於陣列長度大小，也可以由 sizeof() 函數求得：

```
陣列長度 =sizeof( 陣列名稱 )/sizeof( 陣列名稱 [0])
```

6-2-1　指標與一維陣列

　　由於指標變數可以藉由儲存變數位址，間接存取該變數的值。因此在撰寫程式碼時，當然也可以將指標變數指向陣列的起始位址，並藉由反參考運算子「*」來存取陣列中的元素值。有關指標變數取得一維陣列位址方式有以下兩種：

```
資料型態 * 指標變數 = 陣列名稱 ;
或
資料型態 * 指標變數 =& 陣列名稱 [0];
```

◀隨堂範例▶ CH06_06.cpp

以下程式範例中已經定義好 iArrVal 陣列，並宣告一個指標變數來指向該陣列第一個元素的位址，另外透過反參考運算子「*」來間接存取陣列內的元素值。

```
01   #include <iostream>
02
03   using namespace std;
04
05   int main()
06   {
07       int iArrVal[3]={10,20,30};// 宣告陣列並指定初值
```

```
08        int* piVal=iArrVal;   // 宣告指標變數，並將指標指向陣列起始
09        int i;
10        for(i=0;i<sizeof(iArrVal)/sizeof(iArrVal[0]);i++)
11        {
12            cout<<" 陣列資料的列印   iArrVal["<<i<<"] 值為 "<<iArrVal[i]<<endl;
13            cout<<" 利用指標列印陣列資料 *(piVal+"<<i<<") 值為 "<<*(piVal+i)
                  <<endl;
14            cout<<"-----------------------------------------------------"
                  <<endl;
15        }
16        cout<<endl;
17
18        return 0;
19  }
```

【執行結果】

```
陣列資料的列印   iArrVal[0] 值為 10
利用指標列印陣列資料 *(piVal+0) 值為 10
-----------------------------------------------------
陣列資料的列印   iArrVal[1] 值為 20
利用指標列印陣列資料 *(piVal+1) 值為 20
-----------------------------------------------------
陣列資料的列印   iArrVal[2] 值為 30
利用指標列印陣列資料 *(piVal+2) 值為 30
-----------------------------------------------------

-----------------------------------
Process exited after 0.122 seconds with return value 0
請按任意鍵繼續 . . .
```

【程式解析】

- 第 10 ～ 15 行：執行 for 迴圈，以 sizeof() 函數取得陣列長度（利用陣列總資料長度除以陣列第一個資料長度即可得到陣列長度）。
- 第 12 行：輸出陣列資料。
- 第 13 行：以指標方式輸出陣列元素資料。

6-2-2　指標與多維陣列

我們前面章節已經提過，無論一維或是多維陣列，都是在記憶體中佔據了一段連續的記憶空間。由於記憶體是線性構造，因此例如二維陣列，其於記憶體中也是以線性方式配置陣列的可用空間，當然二維陣列的名稱同樣也可以代表第一個元素的記憶體位址。

由於二維陣列具有兩個索引值，表示二維陣列利用兩個值來控制指定元素相對於第一個元素位移量，為了方便說明，請看以下這個宣告：

```
int arr[3][5];
```

其中在這個例子中，arr 陣列是一個 3*5 的二維陣列，可以看成是由 3 個一維陣列所組成，每個一維陣列各有 5 個元素。因為陣列名稱可以直接當成指標常數來運作，而二維陣列就看成是一種雙重指標的應用。例如 *(arr+0) 是表示陣列中第一維維度 0 的第一個元素的記憶體位址，也就是 arr[0][0]，依此類推。

而 *(arr+1) 表示陣列中第一維維度 1 的第一個元素的記憶體位址，也就是 arr[1][0]，而 *(arr+i) 表示陣列中第一維維度 i 的第一個元素的記憶體位址。如下圖所示：

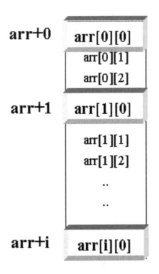

如果想取得元素 arr[1][1] 的記憶體位址，應該是使用 *(arr+1)+1 來取得，請注意，* 運算子的優先順序是高於 + 運算子。例如要取得 arr[2][3] 的記憶體位址，則要使用 *(arr+2)+3 來取得，依此類推。也就是要取得元素 arr[i][j] 的記憶體位址，則要使用 *(arr+i)+j 來取得，如下圖所示：

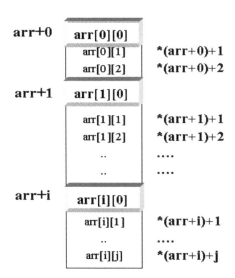

至於再加上一個 * 取值運算子，也就是 *(*(arr+i)+j)，就可以使用雙重指標表示法來取出二維陣列 arr[i][j] 的元素值。

◀ 隨堂範例 ▶ CH06_07.cpp

以下程式範例是直接示範二維陣列與雙重指標間的應用，並實作雙重指標來列印二維陣列中的元素值。

```
01   #include <iostream>
02
03   using namespace std;
04
05   int main()
06   {
07       int arr[4][3] = { {1, 2, 3},
08                         {4, 5, 6},
09                         {7, 8, 9},
10                         {10, 11, 12} };   // 宣告二維陣列 arr
11       int i, j;
12
13       for (i = 0; i < 4; i++ )
14           for ( j = 0; j < 3; j++ )
15           {
16               cout<<"arr["<<i<<"]["<<j<<"] ="<<arr[i][j]<<'\t';
                                         // 列印 arr[i][j] 內容
17               cout<<"*(arr+"<<i<<"+"<<j<<")= "<<*(arr+i)+j<<'\t';
                                         // 列印 arr[i][j] 的位址
```

```
18              cout<<"*(*(arr+"<<i<<")+"<<j<<")  ="<<*(*(arr+i)+j)<<endl;
                                          // 列印 arr[i][j] 的每個元素值
19          }
20
21
22      return 0;
23  }
```

【執行結果】

```
arr[0][0] =1    *(arr+0+0)= 0x6ffe00    *(*(arr+0)+0) =1
arr[0][1] =2    *(arr+0+1)= 0x6ffe04    *(*(arr+0)+1) =2
arr[0][2] =3    *(arr+0+2)= 0x6ffe08    *(*(arr+0)+2) =3
arr[1][0] =4    *(arr+1+0)= 0x6ffe0c    *(*(arr+1)+0) =4
arr[1][1] =5    *(arr+1+1)= 0x6ffe10    *(*(arr+1)+1) =5
arr[1][2] =6    *(arr+1+2)= 0x6ffe14    *(*(arr+1)+2) =6
arr[2][0] =7    *(arr+2+0)= 0x6ffe18    *(*(arr+2)+0) =7
arr[2][1] =8    *(arr+2+1)= 0x6ffe1c    *(*(arr+2)+1) =8
arr[2][2] =9    *(arr+2+2)= 0x6ffe20    *(*(arr+2)+2) =9
arr[3][0] =10   *(arr+3+0)= 0x6ffe24    *(*(arr+3)+0) =10
arr[3][1] =11   *(arr+3+1)= 0x6ffe28    *(*(arr+3)+1) =11
arr[3][2] =12   *(arr+3+2)= 0x6ffe2c    *(*(arr+3)+2) =12


--------------------------------
Process exited after 0.1661 seconds with return value 0
請按任意鍵繼續 . . . _
```

【程式解析】

- 第 16 行:列印二維陣列 arr[i][j] 內容。

- 第 17 行:利用指標方式來列印 arr[i][j] 的位址。

- 第 18 行:利用雙重指標方式來列印 arr[i][j] 元素值。

看了以上的介紹,各位應該清楚二維陣列也可以使用指標常數的方式來表示。由於二維陣列是佔用連續記憶體空間,當然也可藉由指標變數指向二維陣列的起始位址來取得陣列的所有元素值。宣告方式如下:

```
資料型態  指標變數 =& 二維陣列名稱 [0][0];
                // 二維陣列名稱須為已定義且資料型態與宣告指標變數相同的陣列。
```

以下就宣告一個 int 資料型態的二維陣列 a_Num[2][3],並將其起始位址指定給指標變數 *ptr:

```
int a_Num[2][3];
int *ptr=&a_Num[0][0];
```

則其在記憶體中的排列方式將如下圖所示：

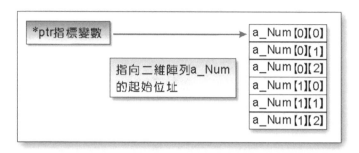

如果要使用指標變數 *ptr 來存取二維陣列中第 i 列的第 j 行元素，也就是 a_Num[i][j]。這時可以利用如下公式來取出該元素值：

```
*(ptr+i*3+j);
```

6-2-3　指標與字串

我們在此還是要不厭其煩地再嘮叨一次。基本上，在 C++ 中，字串其實是由字元陣列組成，而且一定要在字元陣列的後面加上空字元 '\0'。在尚未介紹字串的指標表示法時，我們先來複習之前所介紹的的字元陣列宣告字串的兩種方式：

```
char name[] = { 'J', 'o', 'h', 'n', '\0'};
或
char name[] = "John";
```

正如同指標處理陣列的方式，C/C++ 中的字串也可以經由指標來宣告與操作。例如在 C/C++ 程式中可以利用字串指標變數來指向字串常數，宣告格式如下：

```
char * 指標變數 =" 字串內容 ";
```

例如：

```
char *p_N="John";
```

當宣告完成時，系統將配置記憶體來儲存字串 "John"，並設置指標變數 *p_N 來指向此變數的起始位置，如下圖所示：

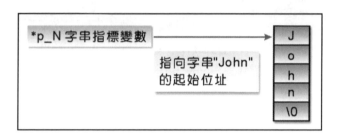

無論是使用字元陣列或指標來建立字串都無太大差異。如果是使用字元陣列方式，這個字元陣列的值是指向此字串第一個字元的起始位址，而且為常數，無法修改也不能做任何運算。至於使用指標來建立字串，則此指標的值也是指向此字串第一個字元的起始位址，不過是變數形式，因此可以做任何運算。

◀ 隨堂範例 ▶ CH06_08.cpp

以下程式範例分別示範字元陣列或指標宣告字串的方式，並進行字串指標的加法運算。其中最大的重點是 Name 為指標常數，不可改變其值或運算，而 p_N 指標變數可改變其值。另外由於傳遞字元指標給 cout，會直接顯示出字串內容，因此在第 15 行中使用強制型態轉換 (int*)，來顯示指標變數 *p_N 所指向的位址。

```
01    #include <iostream>
02    #include <cstdlib>
03
04    using namespace std;
05
06    int main()
07    {
08        char Name[]="John"; // 定義字元陣列 Name[]，並指定其初始值
09        char *p_N=Name;      // 定義字串指標 *p_N，並指定其初始值
10        cout<<"Name[] 的位址 :"<<&Name<<" 字串的內容 :"<<Name<<endl;
11        // 顯示字元陣列的內容
12        //Name++; Name 為指標常數，不可運算
13        //Name=p_N Name 為指標常數，不可改變其值
14
15        cout<<"p_N 的位址 :"<<(int *)p_N<<" 字串的內容 :"<<p_N<<endl;
16        // 顯示字串指標的內容
17
18        p_N++; //p_N 指標變數，可進行運算
```

```
19        cout<<"p_N 字串經過運算的新內容 : "<<p_N<<endl;
20
21
22        return   0;
23   }
```

【執行結果】

```
Name[] 的位址:0x6ffe40 字串的內容:John
p_N的位址:0x6ffe40 字串的內容:John
p_N 字串經過運算的新內容:ohn

----------------------------------
Process exited after 0.1867 seconds with return value 0
請按任意鍵繼續 . . .
```

【程式解析】

- 第 8 ～ 9 行：定義字元陣列 Name[] 與字串指標 *p_N，並指定其初始值。
- 第 12 ～ 13 行：Name 為指標常數，不可運算與改變其值，這兩行都為不合法指令，如果拿掉註解指令，則編譯時會出現問題。
- 第 15 行：從執行結果可以得知，系統另外再配置指標變數來儲存字串的位址。
- 第 18 行：p_N 為指標變數，可改變其值與進行運算。

6-2-4 指標陣列

談到此處，各位應該發現指標操作其實也沒那麼難，對程式設計師而言，反而是相當簡單實用的工具。例如指標也可以像其他變數一樣，宣告為陣列方式，稱為「指標陣列」。每個指標陣列中的元素都是一個指標變數，而元素值則為指向其他變數的位址值。以下是一維指標陣列的宣告格式：

```
資料型態 *陣列名稱 [ 元素名稱 ];
```

例如過去是以二維的字元陣列來儲存字串陣列：

```
char name[4][10]= { "Justinian", "Momo", "Becky", "Bush" };
```

現在則可以改為宣告一維字串指標陣列：

```
char *name[4]={ "Justinian", "Momo", "Becky", "Bush" };
```

一維字串指標陣列方式是將指標指向各字串的起始位址，藉此來建立字串的陣列。這時 name[0] 指向字串 "Justinian"，name[1] 指向字串 "Momo"，name[2] 指向字串 "Becky"，name[3] 指向字串 "Bush"。

在此，可以來討論一個有趣的例子。例如各位想使用一般陣列型態來儲存數個字串，依照之前所學，通常必須使用上述二維字元陣列，宣告方式如下：

```
char name[4][10] = { "Justinian", "Momo", "Becky", "Bush" };
```

如果使用以上這個方式來宣告字串陣列，最大缺點就是每個維度一定會使用 10 個字元型態的記憶體空間，如下圖所示：

J	u	s	t	i	n	i	a	n	\0
M	o	m	o	\0	\0	\0	\0	\0	\0
B	e	c	k	y	\0	\0	\0	\0	\0
B	u	s	h	\0	\0	\0	\0	\0	\0

◀ 隨堂範例 ▶ CH06_09.cpp

以下程式範例就是二維字元陣列宣告與使用，各位可以利用此程式來觀察與對照上圖的詳細資料配置方式，其中如果陣列元素是空字元則列印出 0。

```
01    #include <iostream>
02
03    using namespace std;
04
05    int main()
06    {
07        char name[4][10] = { "Justinian", "Momo", "Becky", "Bush" };
08        int i, j;
09        for ( i = 0; i < 4; i++ )
10        {
11            for ( j = 0; j < 10; j++ )
12            {
13                if( name[i][j] == '\0')
14                    cout<<"0";// 是空字元則印出 0
15                else
16                    cout<<name[i][j];
17            }
18            cout<<endl;// 換行
19        }
```

```
20
21      return 0;
22  }
```

【執行結果】

```
Justinian0
Momo000000
Becky00000
Bush000000

----------------------------------
Process exited after 0.1264 seconds with return value 0
請按任意鍵繼續 . . .
```

【程式解析】

- 第 7 行：宣告一個二維字元陣列。
- 第 13 行：是空字元（'\0'）則印出 0。
- 第 18 行：換行效果。

很明顯地，使用上述這種方式來儲存字串的缺點，就是浪費了許多記憶空間來儲存空字元 '\0'。為了避免空間的浪費，我們正好可以利用一維指標陣列來儲存字串，如下所示：

```
char *name[4] = { "Justinian", "Momo", "Becky", "Bush" };
```

在此宣告中，每個陣列元素 name[i] 都是用來儲存所指定字串的記憶體位址，因此不會浪費記憶空間來儲存無用的空字元。如下圖所示：

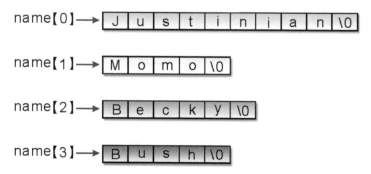

◀隨堂範例▶ CH06_10.cpp

以下程式範例是示範使用一維指標陣列與二維字串陣列來儲存字串的不同之處，這是個很經典的程式，特別是兩者間每一個字串所佔位址的不同，希望各位仔細研究。

```cpp
01   #include <iostream>
02   #include <cstdlib>
03
04   using namespace std;
05
06   int main()
07   {
08       const char *name[4] = { "Justinian", "Momo", "Becky", "Bush" };
         // 一維指標陣列
09       char name1[4][10] = { "Justinian", "Momo", "Becky", "Bush" };
         // 二維字串陣列
10
11       int i;
12       cout<<"---------- 一維指標陣列儲存方式 --------------"<<endl;
13       for ( i = 0; i < 4; i++ )
14       {
15
16           cout<<"name["<<i<<"] = \""<<name[i]<<"\"\t"<<endl;
17           cout<<" 所佔位址："<<(int *)name[i]<<endl; // 印 name[i] 出所佔位址
18       }
19       cout<<"------------ 二維字串陣列儲存方式 --------------"<<endl;
20       for ( i = 0; i < 4; i++ )
21       {
22           cout<<"name1["<<i<<"] = \""<<name1[i]<<"\"\t"<<endl;
23           cout<<" 所佔位址："<<(int *)name1[i]<<endl; // 印 name1[i] 出所佔位址
24       }
25
26       return 0;
27   }
```

【執行結果】

```
---------- 一維指標陣列儲存方式 --------------
name[0] = "Justinian"
所佔位址：0x488000
name[1] = "Momo"
所佔位址：0x48800a
name[2] = "Becky"
所佔位址：0x48800f
name[3] = "Bush"
所佔位址：0x488015
------------ 二維字串陣列儲存方式--------------
name1[0] = "Justinian"
所佔位址：0x6ffe10
name1[1] = "Momo"
所佔位址：0x6ffe1a
name1[2] = "Becky"
所佔位址：0x6ffe24
name1[3] = "Bush"
所佔位址：0x6ffe2e


--------------------------------
Process exited after 0.09772 seconds with return value 0
請按任意鍵繼續 . . . ▬
```

【程式解析】

- 第 8 ～ 9 行：一維指標陣列與二維字元陣列的宣告。
- 第 13 ～ 18 行：列印指標陣列的 name[i] 儲存結果與位址。
- 第 17 行：由於傳遞字串指標給 cout，會直接顯示出字串內容，因此在第 17 行中使用強制型態轉換 (int *)，來顯示指標陣列 name[i] 所指向的位址。
- 第 20 ～ 24 行：列印二維字元陣列 name1[i] 儲存結果與位址。

6-3 動態配置記憶體

　　動態配置記憶體（dynamic allocation）的功用是指當程式在執行過程時，才提出配置記憶體的要求，主要的目的是讓記憶體運用更為彈性。從程式本身的角度來看，動態配置機制可以使資料宣告的動作，於程式執行時期再做決定。對於撰寫程式而言，通常宣告變數都採用「靜態配置」（static allocation）的方式，也就是所有變數宣告必須於編譯階段時完成宣告動作，這也往往會造成某些不方便之處。例如許多程式設計人員往往會苦惱該如何事先宣告適當的陣列大小，如果事先宣告長度過大，則記憶體使用效率不佳，宣告長度過小，則容易面臨儲存空間不足的問題。

6-3-1　動態配置 vs. 靜態配置

　　這時如果透過動態配置方式，程式中不確定的使用空間（如陣列長度），即可於程式執行時期，再依照使用者的設定與需求，適當配置所需要的記憶空間。特別對於記憶體容量不充足時，如果程式執行皆以靜態宣告方式配置記憶體，很容易造成程式無法執行的窘境。雖然動態配置記憶體的方式比起一般靜態配置來得彈性許多，不過還是有些意想不到的缺點，例如動態配置記憶體後，必須於程式結束前，完成釋放動作。

　　如果程式執行期間配置的記憶體未釋放，將會造成記憶體空間的浪費，形成所謂的記憶體缺口（memory leak），這種情況對於有些需要一次使用大量記憶體的程式，將有可能無法執行或導致系統運作越來越緩慢等情形發生。以下列出靜態及動態配置兩種方式比較：

方式與比較項目	動態配置	靜態配置
記憶體配置	執行階段。	編譯階段。
記憶體釋放	程式結束前必需釋放配置的空間，否則造成記憶體缺口。	不需釋放，程式結束時自動歸還系統。
程式執行效能	較慢。(因為所需記憶體必需於程式執行時才能配置)	較快。(程式編譯階段即已決定記憶體所需容量)
指標遺失配置位址	若指向動態配置空間的指標，在未釋放該位址空間前，又指向別的記憶空間時，則原本所指向的空間將無法被釋放，而造成記憶體缺口。	沒有此問題。

6-3-2　動態配置變數

在 C++ 中，可以分別使用 new 與 delete 運算子於程式執行期間動態配置與釋放記憶體空間。其中 new 運算子會依據所要求的記憶體大小，在記憶體中配置足夠空間，並傳回所配置記憶體的指標值，也就是記憶體位址。由於使用 new 運算子所配置的記憶體空間，在程式執行期間將會一直佔據記憶體，當不再使用時，必須使用 delete 運算子來釋放記憶體空間。

接著就來介紹 C++ 動態配置變數的方式，也就是在執行階段時，依照資料型態來動態配置一個記憶體空間，並將配置空間位址傳回指派的指標變數。這個資料型態範圍除了 C++ 的基本資料型態外，也可以包括如結構（structure）等自訂資料型態，宣告格式如下：

```
資料型態　* 指標變數 =new 資料型態 ( 初始值 );
```

宣告完畢時，new 運算子會向系統要求配置記憶體，如果配置成功則傳回該記憶體位址，如配置失敗則傳回 NULL 值。使用 new 運算子動態配置記憶體時，可同時指定其初始值。若不指定初始值，可將小括號省略。如下所示：

```
int *p_I=new int(77);    // 動態配置 int 資料型態，且 *p_I=77
float *p_F=new float;     // 動態配置 float 資料型態，且未設定初始值
```

另外因為使用 new 運算子配置的記憶體空間，將會保留到程式結束執行，才會歸還給系統。因此當配置的記憶體已不再使用時，就要使用 delete 運算子來釋放

該記憶體空間。否則當配置記憶體越多時，將影響到程式可用空間，而降低程式執行效能。宣告方法如下：

```
delete 指標名稱；
```

使用 delete 運算子釋放動態記憶體時，該指標變數所指的記憶體位址，必須是原來 new 運算子所配置的位址，否則將會造成無法預期的執行結果。如下所示：

```
int *ptr=new int;  // 配置動態記憶體，並指定到 *ptr 指標變數
ptr++;       // 指標變數所指位址遞增 1，即往後位移 4byte(int 型態)
delete ptr;
```

在上述的指令中，指標變數 ptr 經過遞增後，所指的位址已經不是原先 new 運算子所配置的記憶體空間，因此 delete 運算子所釋放的將會是其他位址。使用 new 運算子配置的記憶體空間，將會保留到程式結束執行，才會歸還給系統。

因此，當配置的記憶體已不再使用時，就要使用 delete 運算子來釋放該記憶體空間。否則當配置的記憶體越多時，將影響到程式的可用記憶體空間，而降低程式執行的效能。

◀ 隨堂範例 ▶ CH06_11.cpp

以下程式範例是使用 new 運算子配置動態記憶體空間來儲存輸入的數值，執行加法運算後顯示其和，並使用 delete 運算子來釋放該記憶體空間。

```
01   #include <iostream>
02
03   using namespace std;
04
05   int main()
06   {
07       int *ptr_1=new int;      // 定義 *ptr_1 指標，並由 new 配置記憶體
08       int *ptr_2=new int;      // 定義 *ptr_2 指標，並由 new 配置記憶體
09
10       cout << " 輸入被加數 :";
11       cin >> *ptr_1;           // *ptr_1 儲存被加數
12       cout << " 輸入加數   :";
13       cin >> *ptr_2;           // *ptr_2 儲存加數
14
15       cout<<"-------------------------------------"<<endl;
16       cout << *ptr_1 << " + " << *ptr_2 << " = ";
17       cout << *ptr_1+*ptr_2;   // 計算總和
```

```
18
19      cout << endl;                    // 換行
20
21      delete ptr_1;                    // 釋放配置給 ptr_1 的記憶體空間
22      delete ptr_2;                    // 釋放配置給 ptr_2 的記憶體空間
23
24
25      return 0;
26  }
```

【執行結果】

```
輸入被加數:86
輸入加數  :65
---------------------------------------
86 + 65 = 151

---------------------------------------
Process exited after 16.81 seconds with return value 0
請按任意鍵繼續 . . .
```

【程式解析】

- 第 7 ～ 8 行：定義 *ptr_1、*ptr_2 指標，並由 new 運算子配置記憶體。

- 第 11 行：*ptr_1 儲存被加數。

- 第 13 行：*ptr_2 儲存加數。

- 第 21 行：釋放配置給 ptr_1 的記憶體空間。

- 第 22 行：釋放配置給 ptr_2 的記憶體空間。

6-3-3 動態配置陣列

通常各位將資料宣告為陣列時，必須於編譯階段即確定陣列長度，但這樣的方式很容易產生記憶體的浪費或無法滿足程式所需的問題。別擔心！以上問題可以透過動態配置陣列方式來輕鬆解決。

也就是說，利用動態配置陣列，就可於程式執行時，再臨時決定陣列大小。動態配置陣列方式與動態配置變數相當類似，宣告後會在記憶體中自動尋找適合的連續記憶空間，其長度須與指定資料型態再乘以陣列長度相符。配置完成後，再將該記憶體區段的起始位址，傳回等號左邊所宣告的指標變數。接著就來認識動態配置一維陣列的方式，語法如下：

```
資料型態 * 指標陣列變數 =new 資料型態 [ 元素個數 ];
```

配置動態陣列時，須在中括號內指定預配置陣列的元素個數。當配置成功時，系統會傳回該陣列的起始位址，否則傳回 NULL 值。當配置的動態陣列在程式中已不再使用時，也必須使用 delete 運算子來釋放該動態陣列。delete 運算子釋放動態陣列的使用格式如下：

```
delete [] 指標陣列變數 ;
```

◀ 隨堂範例 ▶ CH06_12.cpp

以下程式範例是說明指標變數取得動態配置陣列的起始位址後，在程式中可以使用指標運算的方式來存取陣列內各元素的值，或者以陣列索引的方式來存取元素值，如何選擇當然可以依照各位的習慣來選擇。另外當使用 delete 運算子釋放動態陣列後，最好將此指標陣列變數指向 NULL。

```cpp
01   #include <iostream>
02
03   using namespace std;
04
05   int main()
06   {
07       int no,count=0, Total=0; // 定義整數變數 count 與 Total
08
09       cout<<" 要輸入計算的個數為 :";
10       cin>>no;
11
12       int *ptr=new int[no];      // 動態配置陣列為 n 個元素
13
14       cout<<endl;
15       for (count=0; count < no; count++)
16       {
17           cout << " 輸入 ptr[" << count << "]:";
18           cin >> ptr[count];    // 採用陣列索引來輸入陣列元素
19       }
20       for (count=0; count < no; count++)
21           Total+=*(ptr+count); // 採用指標變數運算來存取陣列元素值
22       cout<<"-------------------------------------"<<endl;
23       cout << no<<" 個數的總和 =" << Total; // 顯示結果
```

```
24      cout << endl;
25      delete [] ptr;                  // 釋放配置給 ptr 的記憶體空間
26      ptr=NULL;
27
28      return 0;
29  }
```

【執行結果】

```
要輸入計算的個數為:5

輸入ptr[0]:45
輸入ptr[1]:65
輸入ptr[2]:85
輸入ptr[3]:97
輸入ptr[4]:64
---------------------------------------
5個數的總和=356

---------------------------------
Process exited after 20.41 seconds with return value 0
請按任意鍵繼續 . . .
```

【程式解析】

- 第 10 行：輸入所要配置的元素個數。

- 第 12 行：使用 new 運算子配置動態陣列為 n 個元素，並指定給指標變數 *ptr。

- 第 18 行：使用陣列索引值的方式，將輸入的整數值儲存到動態陣列中。

- 第 21 行：則採用指標運算的方式來讀取陣列內元素值，並進行加法計算求出總和。

6-4 參考型態簡介

參考型態（reference）在 C++ 中是一種很特別的型態，跟指標有點相似，可以用來替變數、常數或物件取「別名」（alias）。一旦利用某個識別字替變數、常數或物件取了別名後，就可以使用該識別字來參考到同一個變數、常數或物件。

參考型態的重要特徵就是一旦對變數或物件（假設是 B）取了別名（假設是 A）後，那麼所有作用於 A 的運算處理所產生的效果，都會累積到 B 身上，就如同直接對 B 做運算處理一樣。

6-4-1 參考型態宣告

在一般情形下，參考很少個別宣告與使用，通常是應用於函數的參數或傳回值。基本上，參考在宣告時必須使用取址符號「&」，並且一定要同時指定初值，宣告格式如下：

```
資料型態 & 參考名稱 = 初始值 ;     // 一次宣告一個參考
資料型態 & 參考名稱1 = 初值1 ,…, & 參考名稱n = 初值n; // 一次宣告多個參考
```

例如以下程式碼中先宣告一個 int 型態的變數 j，然後再宣告一個參考 refj 來代表 j 的別名：

```
int j = 20;
int &refj = j;   // 宣告參考須使用 & 符號，並且同時指定初值
```

請注意！當 refj 成為 j 的別名後，就不能再將 refj 這個識別字重複宣告為其他變數或物件的別名，並且所有作用於 refj 身上的運算處理都會同時作用到 j 身上。例如以下程式碼：

```
refj++;
cout<<j<<endl;    // 輸出 21，因為 j 也會同時加 1
int temp = refj;
cout<<temp<<endl;   // 也是輸出 21
```

◀ 隨堂範例 ▶ CH06_13.cpp

以下程式範例是宣告參考與指標變數的示範，並同時指定相同的初始值，請注意！當參考或指標運算後，初始值也會同步改變。

```
01   #include <iostream>
02
03   using namespace std;
04
05   int main()
06   {
07       int j = 20;
08       int &refj = j; // 宣告參考須使用 & 符號，並且同時指定初值 j
09       int *ptr=&j;    // 宣告指標，並且同時指向初值 j
10
11       cout<<"refj="<<refj<<" *ptr="<<*ptr<<endl;// 印出 refj 與 *ptr 的內容
12       *ptr=*ptr+5;    // 指標運算
13
```

```
14        cout<<"refj="<<refj<<" *ptr="<<*ptr<<endl;
15        refj=refj+5;    // 參考運算
16        cout<<"refj="<<refj<<" *ptr="<<*ptr<<endl;
17
18
19        return 0;
20    }
```

【執行結果】

```
refj=20 *ptr=20
refj=25 *ptr=25
refj=30 *ptr=30

--------------------------------
Process exited after 0.1566 seconds with return value 0
請按任意鍵繼續 . . .
```

【程式解析】

- 第 8 行：宣告參考須使用 & 符號，並且同時指定初值 j。

- 第 9 行：宣告指標，並且同時指向初值 j。

- 第 12 行：指標運算。

- 第 15 行：參考運算。

6-4-2　指標參考簡介

　　指標與參考之間也可以結合使用，也就是將參考的初始值指向某個指標變數的位址，稱為指標參考。例如以下程式碼中指標參考 refArr 代表 PtrArr 的別名，而指標 PtrArr 又指向陣列 Arr 的起始位址，所以 *(refArr + i) 就等同於 Arr[i]，因此程式的輸出是「1 2 3」。

```
int Arr[3] = {1,2,3};
int* PtrArr = Arr;              // 宣告指標 PtrArr，並且指向陣列 Arr 的起始位址
int* &refArr = PtrArr;          // 宣告指標參考 refArr 來指向 PtrArr

for(int i=0;i<3;i++)
    cout<<*(refArr + i)<<" ";   // 依序輸出 1 2 3
cout<<endl
```

◀ 隨堂範例 ▶ **CH06_14.cpp**

以下程式範例是說明指標參考的宣告與應用，並利用指標變數指向陣列的起始位址，再宣告指標參考到指標變數，最後再以指標參考列印陣列 Arr1 與 Arr2 的元素。

```cpp
01  #include <iostream>
02
03   using namespace std;
04
05   int main()
06   {
07      int Arr1[5] = {9,8,7,6,5};
08      int Arr2[5] = {0,1,2,3,4};
09
10      int* Ptr1 = Arr1;            //Ptr1 指向陣列 Arr1 的起始位址
11      int* Ptr2 = Arr2;            //Ptr2 指向陣列 Arr2 的起始位址
12
13      int i = 0;
14      int* &refArr1 = Ptr1;        // 宣告指標參考 refArr1 指向 Ptr1
15      int* &refArr2 = Ptr2;        // 宣告指標參考 refArr2 指向 Ptr2
16
17      for(i=0;i<5;i++)
18          cout<<"Arr1["<<i<<"]="<<*(refArr1 + i)<<'\t'<<"Arr2["<<i<<"]="
                  <<*(refArr2+i)<<endl;
19      // 以指標參考列印陣列 Arr1 與 Arr2 的元素
20
21      refArr1=refArr2;             // 利用指標參考 refArr1 指向另一指標參考 refArr2
22
23      cout<<"refArr1=refArr2 運算後 ....................."<<endl;
24      for(i=0;i<5;i++)
25          cout<<"*(refArr1+"<<i<<")="<<*(refArr1 + i)<<endl;
26
27
28      return 0;
29  }
```

【執行結果】

```
Arr1[0]=9      Arr2[0]=0
Arr1[1]=8      Arr2[1]=1
Arr1[2]=7      Arr2[2]=2
Arr1[3]=6      Arr2[3]=3
Arr1[4]=5      Arr2[4]=4
refArr1=refArr2運算後.....................
*(refArr1+0)=0
*(refArr1+1)=1
*(refArr1+2)=2
*(refArr1+3)=3
*(refArr1+4)=4

----------------------------------
Process exited after 0.1306 seconds with return value 0
請按任意鍵繼續 . . .
```

【程式解析】

- 第 10 行：Ptr1 指向陣列 Arr1 的起始位址。
- 第 11 行：Ptr2 指向陣列 Arr2 的起始位址。
- 第 14 行：宣告指標參考 refArr1 指向 Ptr1。
- 第 15 行：宣告指標參考 refArr2 指向 Ptr2。
- 第 18 行：以指標參考列印陣列 Arr1 與 Arr2 的元素。
- 第 21 行：利用指標參考 refArr1 指向另一指標參考 refArr2。

6-5 上機程式測驗

1. 請設計一 C++ 程式，用來說明兩個指標變數指向同一位址的指定運算 (=) 與相關資料內容間的變化。

   Ans ex06_01.cpp。

2. 請設計一 C++ 程式，宣告了三重指標的應用與實作方式。

   Ans ex06_02.cpp。

3. 請設計一 C++ 程式，顯示宣告不同資料型態的陣列，與在陣列指標常數上進行加法運算後的位址位移量變化：

```
int arr1[] = { 10, 20, 30, 40, 50};
double arr2[] = { 10.0, 20.0, 30.0, 40.0, 50.0 };
```

   Ans ex06_03.cpp。

4. 請設計一程式，要使用一個迴圈列出二維陣列中所有的元素值。

   Ans ex06_04.cpp。

5. 請設計一程式，使用二維陣列方式來完成的矩陣相加計算，並且對於 A、B、C 二維陣列中的各元素，都將以指標變數的方式來存取。

$$\begin{bmatrix} A_{11} & A_{12} & A_{13} \\ A_{21} & A_{22} & A_{23} \\ A_{31} & A_{32} & A_{33} \end{bmatrix} + \begin{bmatrix} B_{11} & B_{12} & B_{13} \\ B_{21} & B_{22} & B_{23} \\ B_{31} & B_{32} & B_{33} \end{bmatrix} = \begin{bmatrix} C_{11} & C_{12} & C_{13} \\ C_{21} & C_{22} & C_{23} \\ C_{31} & C_{32} & C_{33} \end{bmatrix}$$

A矩陣　　　　　B矩陣　　　　　C矩陣

其中 $C_{ij} = A_{ij} + B_{ij}$ ，在上圖中，各矩陣可以將其視為 3*3 的二維陣列，並透過陣列索引或指標運算來取得各個元素值。

Ans ex06_05.cpp。

6. 請設計一程式，利用指標常數方式來表示三維陣列元素位址的方法與直接使用「&」取址運算子取得三維陣列元素位址的比較。陣列元素內容如下：

```
A[4][3][3]={{{1,-2,3},{4,5,-6},{8,9,2}},
            {{7,-8,9},{10,11,12},{8,3,2}},
            {{-13,14,15},{16,17,18},{3,6,7}},
            {{19,20,21},{-22,23,24},(-6,9,12)}};
```

Ans ex06_06.cpp。

7. 請設計一程式，將指標陣列指向字串陣列，並在氣泡排序過程時，是使用指標陣列來作為排序後的陣列。

```
char name[10][10]={"Mary","John","Michael","Helen","Stephen",
                   "Kelly","Deep","Bush","Cherry","Andy"};
```

Ans ex06_07.cpp。

8. 請設計一程式，將使用者輸入的 5 個數字存入動態配置的 int 陣列中，並且依照由大而小的順序進行排列，最後輸出結果。

Ans ex06_08.cpp

9. 陣列元素內容如下：

```
A[4][3][3]={{{1,-2,3},{4,5,-6},{8,9,2}},
            {{7,-8,9},{10,11,12},{0.8,3,2}},
            {{-13,14,15},{16,17,18},{3,6,7}},
            {{19,20,21},{-22,23,24},(6,-,9,12)}};
```

請設計一程式，利用指標常數方式來取得以下三維陣列的元素值，並計算每個陣列元素值總和。

Ans ex06_09.cpp。

10. 現在有三個整數陣列 num1、num2、num3，其中分別存放二位數整數、三位
    數整數與四位數整數，如下所示：

```
int num1[]={ 15,23,31 };
int num2[]={ 114,225,336 };
int num3[]={ 1237,3358,9271 };
```

請設計一程式，利用指標陣列的三個元素值指向這三個陣列，並透過這個指標
陣列來輸出此三個整數陣列的所有元素值。

Ans ex06_10.cpp。

課後評量

1. 以下是三重指標的程式片段：

    ```
    int num = 100;
    int *ptr1 = &num;
    int **ptr2 = &ptr1;
    int ***ptr3 = &ptr2;
    ```

    請回答以下問題：

    (a) **ptr2 與 ***ptr3 的值為何？

    (b) 試說明 ptr2 與 *ptr3 是否相等？為什麼？

2. *c=b 與 c=&b 意義有何相同與不同之處？請加以討論。

3. 請利用簡單的文字來解釋，下列的變數所代表的意思：

    ```
    int *prt0;
    int *prt1 = 2000;
    int *prt2 = NULL;
    ```

4. 有一個變數 val，我們想把它的值存在記憶體位址 0*1000 中，請問程式碼應該要如何撰寫？並說明程式流程。

5. 請說明下列程式碼所代表的意義。

    ```
    int *prt = new int ;
    ```

6. 請參考下列程式碼，其寫法正確嗎？

    ```
    int a1,*p1=0;   // 宣告變數 a1 及指標變數 p1，並且將指標變數 p1 的初值設定為 0
    ```

7. 指標的操作需透過哪兩種運算子？

8. 請使用指標模式來表示 arr[i][j] 的記憶體位址。

9. 指標變數在目前的作業系統下佔用記憶體的情況，試說明之。

10. 下面這個程式有何錯誤？

```
01   #include <iostream>
02
03   int main(void)
04   {
05       char *str;
06
07       cout<<" 請輸入字串：";
08       cin>>str;
09       cout<<" 輸入的字串："<< str<<endl;
10
11       return 0;
12   }
```

11. 以下這個程式是個初學指標的學生所寫的程式，他希望藉由操作指標 q 來改變
    變數 p 的值，原先想要 p 的值為 2，但卻印出了奇怪的結果。請問錯誤出在哪
    邊？

```
01   #include <iostream >
02
03   int main(void)
04   {
05       int p = 1, *q;
06
07       q = &p;
08       *q++;
09       cout<<"p ="<<p<<endl;
10       cout<<»*q =»<<*q<<endl;
11
12       return 0;
13   }
```

12. 當宣告陣列與指標取得記憶體內變數資料時，兩者有何差異性？

13. 下列程式碼為圓半徑的設定，請寫出第 7 行的列印結果？

```
01   #include <iostream>
02   int main()
03   {
04       int iRadius=10;
05       int* piRadius=&iRadius;
06
07       cout<<"*piRadius 值為 "<<*piRadius<<endl;
08       return 0;
09   }
```

14. 指標的加法運算和一般變數加法運算有何不同？

15. 在下列程式碼中，宣告一個陣列指標以及指定初值的方式是否正確？

```
int *p1;
int array1[5];
p1=array1;
```

16. 下列的說明是否正確？

```
char* s1= "This is a Key " ;   // 宣告字串指標
char *p1;   // 宣告指標變數
```

17. 請說明下列程式碼的最後記憶體位址為何？並敘述理由。

```
int *prt = (int *) 1000 ;
prt+=3;
prt--;
```

18. 請簡單說明指標運算的意義與作用。

19. 請問以下程式碼哪一行有錯誤？試說明原因。

```
01   int value=255;
02   int *piVal,*piVal1;
03   float *ppp;
04   piVal= &value;
05   piVal1=piVal;
06   ppp=piVal1;
```

20. 以下程式碼是四重指標的應用，請問 ***ptr 與 ****ptr 的值為何？並加以說明：

```
01   int num = 1000;
02   int *ptr1 = &num;
03   int **ptr2 = &ptr1;
04   int ***ptr3 = &ptr2;
05   int ****ptr4 = &ptr3;
```

21. 請問以下程式瑪是否有錯？請加以說明。

```
01   int arr[10],value=100;
02   int *ptr=&value;
03   arr=ptr;
```

22. 請問如何求得一維陣列的長度大小？

23. 陣列名稱本身儲存記憶體位址，假設有個二維陣列名稱為 arr，如何使用指標變數 ptr 取代 arr 來取出所有的元素值？

24. 何謂指標參考？

25. 動態配置陣列的優點為何？

26. 何謂指標陣列？

27. 請說明記憶體缺口（memory leak）的意義。

28. 當宣告陣列與指標取得記憶體內變數資料時，兩者間有何差異性？

29. 請簡述為何要使用動態配置記憶體，以及動態配置記憶體的優點為何？

30. 如何使用一個迴圈列出二維陣列中所有的元素值？

31. 下面這個程式有無錯誤？如果有錯，如何修正？

```
01   #include <iostream>
02
03   int main(void)
04   {
05       char p[80];
06
07       p = "123456789";
08
09       cout<< p;
10       return 0;
11   }
```

32. 在程式中如何宣告指標，指標必須定義哪些內容或賦予哪些意義？

33. *c = b 與 c = &b 意義有何相同與不同之處？請加以討論。

34. 下面的程式有何錯誤？

```
01   #include <iostream>
02
03   int main(void)
04   {
05       int* x, y;
06        int input;
07
08       x = &input;
```

```
09      y = &input;
10      cout<<"x = "<<x<<endl;
11      cout<<"y = ",<<y<<endl;
12
13      return 0;
14  }
```

35. 請說明取址運算子「&」與反參考運算子「*」有何功用？

MEMO

CHAPTER

07

函數入門

軟體開發的工作是相當龐大且複雜，當需求及功能愈來愈多，程式碼就會愈來愈龐大。此時，多人分工合作來完成軟體開發是勢在必行的。而且，如果每次修改一點點程式碼，就要將全部成千上萬行的程式碼重新編譯，這樣的作法顯得相當沒有效率。再者，如果程式中有許多類似的部分，一旦日後要更新，必定會增添其難度。在 C++ 程式中，函數即可視為一種獨立的模組，當需要某項功能程式時，只須呼叫撰寫完成的函數來執行即可。這樣的好處不但能大幅提高程式碼的重用性（reusability），還可減少除錯的範圍，讓程式的維護工作也更加輕鬆。

函數的功用就像建築工地的
分工合作

7-1 函數功能簡介

函數（function）就是一段程式敘述的集合，並且給予一個名稱來代表此程式碼集合。例如 C++ 的程式結構中就包含了最基本的函數，就是大家耳熟能詳的 main() 函數！不過如果 C++ 程式從頭到尾只能使用一個 main() 函數，當然會降低程式的可讀性和增加結構規劃上的困難。所以一般中大型的程式都會經常利用函數，根據程式功能將程式分割成小單位來進行。

C++ 的函數可區分為系統本身提供的標準函數及使用者自行定義的自訂函數兩種。使用標準函數只要將所使用的相關函數標頭檔（header file）含括（include）進來即可。例如想使用 C++ 的數學函數，則可以將數學函數的標頭檔（cmath）含括進來：

```
#include <cmath>
```

至於自訂函數則是使用者依照需求來設計的函數，也是本章所要介紹的重點，包括了函數宣告的語法格式、參數傳遞、函數原型宣告、變數的有效範圍等內容。首先我們就從函數的語法格式談起。

7-1-1 自訂函數

自訂函數是由函數名稱、參數、回傳值與回傳資料型態組成，基本語法格式與說明如下：

```
回傳資料型態 函數名稱 ( 參數列 )
{
    程式敘述區塊 ;
    return 回傳值 ;
}
```

⭐ 回傳資料型態

表示函數回傳值的資料型態，如果傳回整數則使用 int、浮點數則使用 float 等。沒有傳回值則可加上 void。如果未指定任何傳回值，編譯器將預設函數會傳回整數。

⭐ 函數名稱

函數名稱是由設計者自行命名，命名規則必須依照標準變數命名規則，命名要有意義，而且最好能從函數名稱就可以判斷函數功能。

⭐ 參數列

參數列是呼叫函數時，所需要傳遞的值。可以是 0 個或多個參數組成，不過在宣告時，必須包含資料型態和參數名稱。如果函數不須傳入參數，則可在括號內指定 void 資料型態（或可以省略成空白）。

✪ 回傳值

回傳值的資料型態要與回傳資料型態對應。而 return 指令會將其後的傳回值，傳回給呼叫此函數的主程式，並結束函數的執行。若函數沒有傳回值，可以省略 return 敘述。

✪ 函數呼叫

呼叫程式中需要使用的自訂函數，7-1-3 節中會再加以說明。

◀ 隨堂範例 ▶ CH07_01.cpp

以下程式範例的 Add_Fun() 函數，是將傳入的整數值相加並傳回執行結果的簡單自訂函數範例。各位可以從這個程式先行認識一個自訂函數的結構與基本觀念。

```
01   #include <iostream>
02   #include <cstdlib>
03
04   using namespace std;
05
06   int Add_Fun(int a, int b )// 參數為a,b,回傳值為整數
07   {
08       return a+b; // 傳回兩整數和
09   } // 函數定義與宣告
10
11   int main()
12   {
13       int x;
14       int y;
15
16       cout<<" 請輸入整數 x=:";
17       cin>>x;
18       cout<<" 請輸入整數 y=:";
19       cin>>y;
20       cout<<" 相加運算結果："<<Add_Fun(x,y)<<endl;// 列印 Add_Fun 函數的回傳值
21
22       system("pause");
23       return 0;
24   }
```

【執行結果】

```
請輸入整數 x=:12
請輸入整數 y=:35
相加運算結果：47

------------------------------------
Process exited after 11.66 seconds with return value 0
請按任意鍵繼續 . . .
```

【程式解析】

- 第 6 ～ 9 行：Add_Fun() 函數的宣告與定義。
- 第 8 行：回傳 a+b 的值。
- 第 20 行：呼叫 Add_Fun 函數，將 x,y 的值當成 Add_Fun() 函數的引數傳給函數內的參數 a,b。

7-1-2　函數宣告

C++ 的自訂函數可區分為函數宣告與函數定義兩部份。函數宣告目的是告訴編譯器函數的相關資訊，函數定義則是描述自訂函數功能的程式碼內容，任何自訂函數在被呼叫與使用前，都必須先經過宣告過程，否則在編譯過程中，將會發生錯誤。

通常 C++ 的程式設計師習慣會將主程式 main() 函數撰寫在程式檔案的最前端，以凸顯程式的主要邏輯。不過因為 C++ 的編譯器是由上往下剖析程式碼的內容，如果在主程式 main() 函數裡呼叫自訂函數，卻是將自訂函數定義在 main() 函數的後方，那麼編譯器會出現錯誤訊息。

也就是說，呼叫函數的程式碼位在自訂函數定義之後，就不需要事先宣告。如果呼叫函數的程式碼位在自訂函數定義之前，就必須在尚未呼叫函數前，先行宣告自訂函數的原型（function prototype），來告訴編譯器有一個還沒有定義，卻將會用到的自訂函數存在。自訂函數原型宣告的語法格式如下：

```
傳回資料型態 函數名稱 ( 資料型態 參數 1, 資料型態 參數 2, ………);
或
傳回資料型態 函數名稱 ( 資料型態 , 資料型態 , ………);
```

其中要注意的是自訂函數原型宣告時，最後必須要加上「;」號，而且函數名稱也必須符合變數的命名規則。至於參數宣告部份，可直接以參數資料型態表示，參數名稱可寫也可不寫。例如：

```
int sum(int, int);
或
int sum(int score1,int score2); // 合法的函數原型宣告
```

為了增加程式可讀性，一般會統一將自訂函數原型宣告放在主程式 main() 函數之前或在呼叫自訂函數的主程式區塊大括號的起始位置。而將自訂函數定義放在主程式 main() 函數之後。

如果直接將自訂函數的定義放在主程式 main() 函數之前，則同時具備了宣告與定義的功能，就不必再多事宣告函數原型。如下表所示都是合法的自訂函數宣告與定義的兩種方式：

```
int Add_Fun(int a, int b)
{
    return a+b;
}
// 直接定義函數在 main() 之前
int main(void)
{
    int i=3, j=5;
    printf("%d",Add_Fun(i, j));
}
```

```
int Add_Fun(int a, int b);
// 函數原型宣告
main(void)
{
    int i=3, j=5;
    printf("%d",Add_Fun(i, j));
}
// 定義函數在 main() 之後
int Add_Fun(int a, int b)
{
    return a+b;
}
```

以下為完整的自訂函數原型宣告與使用示意圖：

以上是將自訂函數的定義放在主程式 main() 函數之前，這樣的做法可以將函數宣告為所謂的「全域範圍」，也就是在此程式內的任何地方都可呼叫此自訂函數。

其實各位也可以於某一個函數中進行函數原型宣告，不過這種作法比較受到限制，因為只能限定該宣告函數只能被此函數呼叫，其他函數並無法使用這個宣告的函數。

◀ 隨堂範例 ▶ CH07_02.cpp

以下程式範例是將函數原型宣告放在 main() 函數的前端，而函數定義則放在 main() 函數的後方，這是很標準的寫法，當程式規模較大時，可以增加程式的可讀性。

```
01   #include<iostream>
02   #include<cstdlib>
03
04   using namespace std;
05
06   int my_pow(int,int);
07   void show_output(int);
08   // 宣告函數原型
09   int main()
10   {
11
12       int x,r;
13       cout<<" 請輸入兩個數字 :"<<endl;
14       // 輸入數字
15       cout<<"x=";
16       cin>>x;
17       printf("r=");
18       scanf("%d",&r);
19       // 在程式敘述中呼叫函數
20       cout<<x<<" 的 "<<r<<" 次方 ="<<my_pow(x,r)<<endl;// 呼叫 my_pow() 函數
21       system("pause");
22       return 0;
23   }
24   // 函數定義部分 *
25   int my_pow(int x,int r)
26   {   int i;
27       int sum=1;
28       for(i=0;i<r;i++)
29       {
30           sum=sum*x;
31       } // 計算 x^r 的值
32       return sum;
33   }
```

【執行結果】

```
請輸入兩個數字:
x=9
r=5
9的5次方=59049

-----------------------------------
Process exited after 11.2 seconds with return value 0
請按任意鍵繼續 . . .
```

【程式解析】

- 第 6 ～ 7 行：宣告函數原型於 #include 引入檔後，主函數 main() 之前。
- 第 20 行：呼叫 my_pow() 函數。
- 第 25 ～ 33 行：my_pow() 函數定義部分。
- 第 30 行：設計 x 的 r 次方計算。

7-1-3　函數呼叫

當各位在程式中需要使用到函數（不論是自訂或公用）所設計的功能時，就需要呼叫函數，通常直接使用函數名稱即可呼叫函數。語法格式如下：

```
函數名稱 ( 引數 1, 引數 2, ………);
```

引數（argument）就是函數呼叫時的參數，當呼叫函數時，函數會將引數的值，傳遞給函數定義內的參數，所以參數和引數的個數與資料型態一定是相對且相等。呼叫函數時，當函數不需要傳入參數，則小括號內可直接置入空格或 void 資料型態。如下所示：

```
函數名稱 ();
或
函數名稱 (void);
```

如果函數有傳回值，則可運用指定運算子 "=" 將傳回值指定給變數。如下所示：

```
變數 = 函數名稱 ( 引數 1, 引數 2, ………);
```

7-2　認識參數傳遞

函數的參數傳遞功能，主要是將主程式中呼叫函數的引數值，傳遞給函數部分的參數，接著在函數中，處理所定義的程式敘述，這種關係有點像投手與捕手的關係，一個投球一個接球。基本上，函數參數的種類可以區分為以下兩種：

1. 形式參數（formal parameter）：在函數定義標頭中所宣告的參數，或簡稱為參數。

2. 實際參數（actual parameter）：實際呼叫函數時所提供的參數，或簡稱為引數。

請看以下示意圖：

```
void Add_Num_Fun(int Add_Number)
{
       ..........                    形式參數
}
void main(void)
{                                    實際參數
       ..........
       Add_Num_Fun(10);
}
```

在 C++ 中，對於傳遞參數方式，其實可以根據傳遞和接收的是參數數值或參數位址區分為三種：傳值呼叫（call by value）和傳址呼叫（call by address）、傳參考呼叫（call by reference）。

7-2-1 傳值呼叫模式

所謂傳值呼叫（call by value）是指主程式呼叫函數的實際參數時，系統會將實際參數的數值傳遞並複製給函數中相對應的形式參數。由於函數內的形式參數已經不是原來的變數（形式參數是額外配置的記憶體），因此在函數內的形式參數執行完畢時，並不會更動到原先主程式中呼叫的變數內容。

傳值呼叫的函數宣告型式如下所示：

```
回傳資料型態 函數名稱 ( 資料型態 參數 1, 資料型態 參數 2, ………);
或
回傳資料型態 函數名稱 ( 資料型態 , 資料型態 , ………);
```

傳值呼叫的函數呼叫型式如下所示：

```
函數名稱 ( 引數 1, 引數 2, ………);
```

◀ 隨堂範例 ▶ CH07_03.cpp

以下程式範例是一個標準函數傳值呼叫的範例，希望各位能用心觀察在主函數中、fun 函數內與呼叫 fun 函數後的主函數中三種情況，a 與 b 數值的變化與三種情況下 a、b 變數的位址差異，就能了解傳值呼叫特性與意義。

```cpp
01    #include<iostream>
02    #include<cstdlib>/* 函數原型宣告 */
03    using namespace std;
04    void fun(int, int);
05
06
07    int main()
08    {
09        int a,b;
10        a=10;
11        b=15;
12        // 輸出主程式中的 a,b 值
13        cout<<" 主函數中 :a="<<a<<" b="<<b<<endl;
14        cout<<"a 的位址 :"<<&a<<" b 的位址 :"<<&b<<endl;
15        // 呼叫函數
16        fun(a,b);
17        cout<<"-------------------------------------"<<endl;
18         // 輸出呼叫函數後的 a,b 值
19        cout<<" 呼叫函數後 :a="<<a<<" b="<<b<<endl;
20        cout<<"a 的位址 :"<<&a<<" b 的位址 :"<<&b<<endl;
21
22        system("pause");
23        return 0;
24    }
25
26    void fun(int a, int b)
27    {
28        cout<<"-------------------------------------"<<endl;
29        cout<<"fun 函數內 :a="<<a<<" b="<<b<<endl;
30        cout<<"a 的位址 :"<<&a<<" b 的位址 :"<<&b<<endl;
31        a=20;
32        b=30;// 重設函數內的 a,b 值
33        cout<<" 函數內變更數值後 :a="<<a<<" b="<<b<<endl;
34    }
```

【執行結果】

```
主函數中:a=10 b=15
a的位址:0x6ffe3c b的位址:0x6ffe38
------------------------------------------------
fun函數內:a=10 b=15
a的位址:0x6ffe10 b的位址:0x6ffe18
函數內變更數值後:a=20 b=30
------------------------------------------------
呼叫函數後:a=10 b=15
a的位址:0x6ffe3c b的位址:0x6ffe38

------------------------------------------------
Process exited after 0.1059 seconds with return value 0
請按任意鍵繼續 . . .
```

【程式解析】

- 第 13 ～ 14 行：輸出主程式中定義的 a、b 數值與位址值。
- 第 20 行：經過呼叫函數後，再輸出 a 與 b 的數值與位址，發現並沒有改變，這就是傳值呼叫的特性。
- 第 29 ～ 30 行：在第 16 行呼叫函數後，將函數接收的參數直接輸出數值與位址，發現此刻 a 與 b 的位址與主函數內不同。
- 第 31 ～ 33 行：變更函數內的 a 與 b 值並輸出。

7-2-2 傳址呼叫模式

函數的傳址呼叫（call by address）是表示在呼叫函數時，系統並沒有分配實際的位址給函數的形式參數，而是將實際參數的位址直接傳遞給所對應的形式參數。

如此函數的形式參數將與所傳遞的實際參數共用同一塊位址，因此當函數內的形式參數執行完畢時，將會透過指標方式指向實際參數的變數位址，更改原先呼叫函數內的變數內容。也就是說，C++ 是以配置指標變數的形式參數來存放實際參數所傳入的變數位址。說穿了，也就是一種傳遞指標變數的功能。

傳址方式的函數宣告型式如下所示：

回傳資料型態 函數名稱（資料型態 ＊參數 1, 資料型態 ＊參數 2, ………）；
或
回傳資料型態 函數名稱（資料型態 ＊, 資料型態 ＊, ………）；

傳址呼叫的函數呼叫型式如下所示：

函數名稱 (& 引數 1, & 引數 2, ………) ;

◀ 隨堂範例 ▶ CH07_04.cpp

以下程式範例是改寫自前面傳值呼叫的範例。也是一個標準傳址呼叫的範例，希望各位能用心觀察與比較在主函數中、fun 函數內與呼叫 fun 函數前後的主函數中，a 與 b 值的變化與三種情況下 a、b 變數的位址差異，就能更加了解傳值呼叫與傳址呼叫在內容與執行上的差異。

```cpp
01    #include<iostream>
02    #include<cstdlib>
03    using namespace std;
04    // 加上指標運算子的函數原型宣告，這和傳值呼叫不同
05    void fun(int*, int*);
06
07    int main()
08    {
09        int a,b;
10        a=10;
11        b=15;
12        cout<<" 主函數中 :"<<a<<" b="<<b<<endl;
13        cout<<"a 的位址 :="<<&a<<" b 的位址 :"<<&b<<endl;
14        fun(&a,&b);// 數需加上 & 取址運算子，這和傳值呼叫不同
15        cout<<"-------------------------------------"<<endl;
16        cout<<" 呼叫函數後 :a="<<a<<" b="<<b<<endl;
17        cout<<"a 的位址 :="<<&a<<" b 的位址 :"<<&b<<endl;
18        system("pause");
19        return 0;
20    }
21    // 加上指標運算子的函數定義宣告，這和傳值呼叫不同
22    void fun(int *a, int *b)
23    {
24        cout<<"-------------------------------------"<<endl;
25        // 此時的 *a 與 *b 代表的是傳遞過來位址上的數值，a 與 b 則代表位址
26        cout<<" 函數內 :a="<<*a<<" b="<<*b;
27        // 輸出函數內 a 與 b 的位址
28        cout<<"a 的位址 :a="<<a<<" b 的位址 :"<<b<<endl;
29        *a=20;
30        *b=30;
31        cout<<" 函數內變更數值後 :a="<<*a<<" b="<<*b<<endl;
32
33    }
```

【執行結果】

```
主函數中:10 b=15
a的位址:a=0x24fe3c b的位址:0x24fe38
-------------------------------------------
函數內:a=10 b=15
a的位址:a=0x24fe3c b的位址:0x24fe38
函數內變更數值後:a=20 b=30
-------------------------------------------
呼叫函數後:a=20 b=30
a的位址:a=0x24fe3c b的位址:0x24fe38
請按任意鍵繼續 . . .
```

【程式解析】

- 第 5 行：加上指標運算子的函數原型宣告。
- 第 12 ～ 13 行：輸出主程式中定義的 a、b 數值與位址值。
- 第 14 行：引數需加上 & 取址運算子，這和傳值呼叫不同。
- 第 16 ～ 17 行：經過呼叫函數後，再輸出 a 與 b 的數值與位址，發現數值已經改變，但位址並未改變，這就是傳址呼叫的特性。
- 第 22 行：加上指標運算子的函數定義宣告，這和傳值呼叫不同。
- 第 26 ～ 28 行：在第 14 行呼叫函數後，將函數接收的參數直接輸出數值與位址，發現此刻 a 與 b 的位址與主函數內相同。
- 第 31 行：變更函數內的 a 與 b 值並輸出數值與位址。

7-2-3 傳參考呼叫模式

傳參考方式也是類似於傳址呼叫的一種，但是在傳參考方式函數中，形式參數並不會另外再配置記憶體存放實際參數傳入的位址，而是直接把形式參數作為實際參數的一個別名（alias）。

簡單的說，傳參考呼叫可以做到傳址呼叫的功能，卻有傳值呼叫的簡便。在使用傳參考呼叫時，只需要在函數原型和定義函數所要傳遞的參數前加上 & 運算子即可，傳參考方式的函數宣告型式如下所示：

```
傳回資料型態 函數名稱 ( 資料型態 & 參數 1, 資料型態 & 參數 2, ………);
或
傳回資料型態 函數名稱 ( 資料型態 &, 資料型態 &, ………);
```

傳參考呼叫的函數呼叫型式如下所示：

函數名稱 (引數 1, 引數 2, ………) ;

◀ 隨堂範例 ▶ CH07_05.cpp

以下程式範例是以參考變數的傳參考呼叫方式將本身參數的值加上另一參數，
最後該參數的值也會隨之改變。

```
01   # #include <iostream>
02   #include <cstdlib>
03   using namespace std;
04
05   void add(int &,int &);          // 傳參考呼叫的 add() 函數的原型
06
07   int main()
08   {
09       int a=5,b=10;
10
11       cout<<" 呼叫 add() 之前 ,a="<<a<<" b="<<b<<endl;
12       add(a,b);                   // 呼叫 add 函數 , 執行 a=a+b;
13       cout<<" 呼叫 add() 之後 ,a="<<a<<" b="<<b<<endl;
14
15       system("pause");
16       return 0;
17   }
18
19   void add(int &p1,int &p2)       // 傳址呼叫的函數定義
20   {
21       p1=p1+p2;
22   }
```

【執行結果】

```
呼叫add()之前.a=5 b=10
呼叫add()之後.a=15 b=10

--------------------------------
Process exited after 0.1235 seconds with return value 0
請按任意鍵繼續 . . .
```

【程式解說】

- 第 5 行：宣告傳參考呼叫的函數原型宣告，因此在函數原型裡的變數都要加上 &。
- 第 12 行：將參數 a 與 b 的位址傳遞到第 19 行中 add() 函數。
- 第 21 行：p1、p2 的值改變時，a、b 也會隨之改變。

7-2-4　參數預設值

雖然我們能夠將參數傳遞給函數，但是如果傳遞的參數過多，那麼在參數的設定上就會顯得有些麻煩。特別是當某些參數只有在特殊情況下才會變動時，就可以使用設定參數預設值的方式。以下是設定參數預設值的函數原型宣告以及函數定義方式：

```
函數原型宣告
函數型態 函數名稱 ( 資料型態 1 變數名稱 1,  ……  , 資料型態 n 變數名稱 n= 預設值 );

函數定義
函數型態 函數名稱 ( 資料型態 1 變數名稱 1,  ……  , 資料型態 n 變數名稱 n)
{
    函數主體 ;
        :
}
```

也就是說，各位只需要在函數原型宣告中設定變數的預設值即可，預設值的參數可以有多個，而且務必統一放置在參數串列的尾端。理由很簡單，因為 C++ 編譯器會假設要省略的參數是對應到參數列最右方的參數。請注意！假如各位在函數定義時，也設定了變數名稱 n 的預設值，那麼在編譯程式時就會出現參數重複定義錯誤。

◀ 隨堂範例 ▶ CH07_06.cpp

以下程式範例是計算一家大賣場員工的月薪函數，由於每月工時多半為 220 小時，除非有特別加班，因此參數預設值為 220，時薪則因人而異。

```
01  #include <iostream>
02  #include <cstdlib>
03  using namespace std;
```

```
04
05   double salary(double pay,double hours=220);    // 函數預設參數值
06   int main()
07   {
08       cout<<" 張家浩 時薪 :"<<95<<" 元 本月薪資:"<<salary(95)<<endl;
09       cout<<" 王為民 時薪 :"<<115<<" 元 本月薪資:"<<salary(115,240)<<endl;
10
11       system("pause");
12       return 0;
13   }
14
15   double salary(double pay,double hours)
16   {
17       return pay*hours;
18   }
```

【執行結果】

```
張家浩 時薪:95元 本月薪資:20900
王為民 時薪:115元 本月薪資:27600

--------------------------------
Process exited after 0.1329 seconds with return value 0
請按任意鍵繼續 . . .
```

【程式解說】

- 第 5 行：函數預設參數值的原型宣告。
- 第 8 行：函數呼叫使用預設參數值。
- 第 9 行：函數呼叫不使用預設參數值。

7-2-5　陣列參數

　　基本上，傳址呼叫的方式也可以應用在陣列參數的傳遞。我們知道陣列名稱所儲存的就是陣列第一個元素的記憶體位址，所以可以直接使用傳址呼叫方式傳遞陣列給另一個函數。簡單的說，陣列傳遞時所傳遞的就是陣列位址，也就是指向陣列位址的指標（pointer）。如果在函數中改變了陣列內容，所呼叫主程式中的陣列內容也會隨之改變。

不過由於陣列大小是依據所擁有的元素個素,所以在陣列參數傳遞過程,通常最好能另外傳送陣列大小的引數。請看一維陣列參數傳遞的函數宣告:

```
方式1:
(回傳資料型態 or void)  函數名稱 (資料型態 陣列名稱 [ ] , 資料型態 陣列大小…);

或

方式2:
(回傳資料型態 or void) 函數名稱 (資料型態 *陣列名稱 , 資料型態 陣列大小 ...);
```

而一維陣列參數傳遞的函數呼叫如下所示:

```
函數名稱 (資料型態 陣列名稱 , 資料型態 陣列大小…);
```

至於多維陣列參數傳遞的原理和一維陣列大致相同。例如二維陣列,只要再加上一個維度大小的參數就可以。不過還有一點要特別提醒各位,所傳遞陣列的第一維可以省略不用填入元素個數,其他維度可得乖乖地填上元素個數,否則編譯時會產生錯誤。二維陣列參數傳遞的函數宣告型式如下所示:

```
(回傳資料型態 or void)  函數名稱 (資料型態 陣列名稱 [ ] [行數] , 資料型態 列數 , 資料
型態 行數 ...);
或
(回傳資料型態 or void)  函數名稱 (資料型態 陣列名稱 [列數] [行數] , 資料型態 列數 ,
資料型態 行數 ...);
```

而二維陣列參數傳遞的函數呼叫如下所示:

```
函數名稱 (資料型態 陣列名稱 , 資料型態 列數 , 資料型態 行數…);
```

◀ 隨堂範例 ▶ CH07_07.cpp

以下程式範例只做基本二維陣列輸出元素函數,讓各位明白陣列與參數傳遞的用法即可。

```cpp
01   #include<iostream>
02   #include<cstdlib>
03   using namespace std;
04
05   // 各陣列函數原型的宣告
06   void print_arr(int arr[][5],int,int);
07   int main()
08   {
```

```
09        // 宣告並初始化二維成績陣列
10        int score_arr[][5]={{78,69,83,90,75},{11,22,33,44,55}};
11        print_arr(score_arr,2,5);
12
13        system("pause");
14        return 0;
15   }
16
17   // 輸出二維陣列各元素的函數
18   void print_arr(int arr[][5],int r,int c)
19   {   // 第一維可省略，其他維數的註標都必須清楚定義長度
20        int i,j;
21        for(i=0; i<r; i++)
22        {
23             for(j=0; j<c;j++)
24                  printf("%d  ",arr[i][j]);
25             printf("\n");
26        }
27   }
```

【執行結果】

```
78  69  83  90  75
11  22  33  44  55

--------------------------------
Process exited after 0.1382 seconds with return value 0
請按任意鍵繼續 . . .
```

【程式解析】

- 第 6 行：第一維省略可以不用定義，其他維數的註標都必須清楚定義長度。

- 第 10 行：此行參數的行數與列數，可以依據需求不同更改，例如，只想輸出第 1 ～ 4 的分數，可以改為 (score_arr,2,4)。

- 第 18 ～ 27 行：print_arr( ) 是輸出二維陣列各元素的函數。

7-2-6 指標回傳值

相信各位了解函數回傳值的功用是將函數內處理完畢的程式結果回傳到主程式中呼叫函數的變數。在設定函數回傳值時，需要注意所宣告的回傳資料型態，必須和回傳值的資料型態相符。

除了一般基本資料型態外，其實指標也可以做為函數的回傳值。指標回傳函數的原型宣告語法如下：

> 回傳資料型態 ＊函數名稱 (資料型態 參數 1，資料型態 參數 2，…………)

◀ 隨堂範例 ▶ CH07_08.cpp

以下程式範例首先以傳址呼叫傳遞兩個字串指標，然後找到將被串接字串的尾端，再將另一個字串中的字元逐一指定至被串接字串之後，最後傳回串接完成的字串指標。

```cpp
01   #include <iostream>
02   #include <cstdlib>
03   using namespace std;
04   char* Strcat(char*, char*);          // 字串串接函數原型宣告
05
06   int main( void )
07   {
08       char str1[80];
09       char str2[80];
10
11       printf( "請輸入一英文字串：" );
12       scanf( "%s", str1 );
13       printf( "請輸入一串接字串：" );
14       scanf( "%s", str2 );
15       printf( "字串串接：%s\n", Strcat(str1, str2) );
16
17       system("pause");
18       return 0;
19   }
20
21   // 引數：str1 與 str2 串接
22   // 傳回值：傳回串接結果 str1
23   char* Strcat(char* str1, char* str2)// 傳回值為字串指標
24   {
25       int i = 0;
26       int j = 0;
27
28       while ( *(str1+i) != '\0' )      // 尋找 str1 的結束字元 '\0' 位置
29           i++;
30       while ( *(str2+j) != '\0' )
31       {
32           *(str1+i+j) = *(str2+j);     //str1 字串開始逐字元串接
33           j++;
34       }
35
36       *(str1+i+j) = '\0';              // 記得加上空字元
37
38       return str1;
39   }
```

【執行結果】

```
請輸入一英文字串：master
請輸入一串接字串：piece
字串串接：masterpiece
------------------------------------
Process exited after 13.43 seconds with return value 0
請按任意鍵繼續 . . .
```

【程式解析】

- 第 4 行：字串串接函數原型宣告。
- 第 12、14 行：輸入兩個英文字串。
- 第 23 行：回傳值為字串指標。
- 第 28 ～ 29 行：尋找 str1 的結束字元 '\0' 位置。
- 第 36 行：記得加上空字元。

7-3 上機程式測驗

1.　請設計一 C++ 程式，讓使用者輸入兩個整數來計算長方形面積，並以 '*' 畫出長方形圖形。

Ans ex07_01.cpp。

2.　請設計一 C++ 程式，分別於函數中以傳值 CallByValue() 函數及傳址 CallByAddress() 函數兩種方式指定引數值，另外在同一個 CallMix() 函數中還混合採用了傳值與傳址兩種不同的參數傳遞方式。

Ans ex07_02.cpp。

3.　請設計一 C++ 程式，將一個學生成績陣列，以一維陣列參數傳遞方式給輸出陣列元素的函數及比較大小的氣泡排序函數。

Ans ex07_03.cpp。

4.　請設計一程式，我們將輸入兩筆成績，並透過函數中的計算，傳回兩筆成績的總和。

Ans ex07_04.cpp。

5. 請設計一程式，計算所輸入兩數 x、y 的 x^y 值函數 Pow()，並將函數定義放在 main() 函數之前。

    Ans ex07_05.cpp。

6. 請設計一程式，使用參數傳址方式來設計函數 Int_swap()，再把傳入的 2 個整數值進行交換。

    Ans ex07_06.cpp。

7. 請設計一 C++ 程式，其中包含一函數，可要求您輸入兩個數值，並利用輾轉相除法計算最大公因數。

    Ans ex07_07.cpp。

8. 請設計一程式，試寫一個函數來計算 1 加到輸入值的總和。

    Ans ex07_08.cpp。

9. 一個多項式 $P(x)=a_nx^n+a_{n-1}x^{n-1}+\cdots\cdots+a_1x+a_0$，則稱 $P(x)$ 為一 n 次多項式。可以使用一個 n+2 長度的一維陣列存放，陣列的第一個位置儲存最大指數 n，其他位置依照指數 n 遞減，依序儲存相對應的係數。以下請利用此多項式表示法，設計一函數來進行兩多項式 $A(x)=3x^4+7x^3+6x+2$，$B(x)=x^4+5x^3+2x^2+9$ 的加法運算。

    Ans ex07_09.cpp。

10. 由於堆疊是一種抽象型資料結構（ADT），它有下列特性：

    ① 只能從堆疊的頂端存取資料。

    ② 資料的存取符合「後進先出」（LIFO）的原則。

    請設計一函數以陣列模擬撲克牌洗牌及發牌的過程，並以亂數取得撲克牌後放入堆疊，放滿 52 張牌後開始發牌，同樣使用堆疊功能來發牌給四個人。

    Ans ex07_10.cpp。

課後評量

1. 簡述參數傳遞方式中傳值給函數的主要特點。

2. 試問下列程式碼中，第一次與第二次所印出的結果為何？並說明其原因。

```
void act(int ti = 10)
{
    printf("%d",ti);
}
void main()
{
    act();
    act(100);
}
```

3. 以下是多維陣列參數傳遞的程式，請問哪一行程式碼有錯，為什麼？

```
01   int main()
02   {
03       int score_arr[][5]={{78,69,83,90,75},{11,22,33,44,55}};
04       print_arr(score_arr,2,5);
05       return 0;
06   }
07   void print_arr(int arr[ ][ ],int r,int c)
08   {
09       int i,j;
10       for(i=0; i<r; i++)
11       {
12           for(j=0; j<c;j++)
13               cout<<arr[i][j]<< " ",;
14           cout<<endl;
15       } }
```

4. 以下字串複製函數的程式碼是否正確？為什麼？

```
01   char* Strcopy(char* strdes, char*strscr)
02   {
03       int i = 0;
04
05       while ( *(strscr+i) != '\0' )
06       {
07           *(strdes+i) = *(strscr+i);
08           i++;
09       }
```

```
10
11      return strdes;
12  }
```

5. 若不進行函數原型宣告，我們可以將副函數撰寫於主函數之前，但下面這個程
    式仍然傳回不正確的結果，請問哪邊出了問題。

```
01  #include <iostream>
02  using namespace std;
03  add()
04  {
05      int a = 1, b = 2;
06      return (a + b);
07  }
08
09  int main(void)
10  {
11      cout<<" 函數呼叫："<< add<<endl;
12      return 0;
13  }
```

6. 下面這個程式哪邊出了問題？

```
01  #include <iostream>
02  using namespace std;
03  float square(float)
04  int main( void )
05  {
06      float number;
07      cout<<" 請輸入要平方的數字：";
08      cin>>number;
09      cout<<number<<" 的平方為 "<<square(number)<<endl;
10      return 0;
11  }
12
13  float square(float number)
14  {
15      return (number*number);
16  }
```

7. 為了增加程式可讀性，一般會統一將自訂函數原型宣告放在何處？試說明之。

8. 函數參數的種類可以區分為以下哪兩種？

9. 何謂 C++ 的傳參考呼叫方式？

10. 為何在主程式呼叫函數之前，必須先宣告函數原型？

08

函數的進階應用

函數 C++ 中都是相當重要的架構，基於結構化程式設計及模組化的觀點，使用函數就可將程式碼組織為一個小的、獨立的運行單元，並且可在程式中的各個地方重複執行多次。除了在第七章為各位介紹自訂函數的入門概念及相關基本應用，本章中將持續探討函數的各種進階應用，例如函數指標、參數型函數指標、函數指標陣列、命令列引數、遞迴函數、行內函數等進階函數的應用。

8-1 函數指標簡介

之前有關指標的章節中，我們曾經介紹過指標變數可以用來指向已定義變數的位址，再透過指標間接存取該變數的內容。其實在 C++ 中，指標變數也可以宣告成指向函數的起始位址，並藉由該指標變數來呼叫函數。這種指向函數的指標變數，稱為函數指標（pointer of function），主要是可使用同一個函數指標名稱，於程式執行期間，動態來決定所要呼叫的函數。

8-1-1 宣告函數指標

函數指標的內容可能要各位稍微傷點腦筋了，但是只要多花心思研究，倒也是不難。基本上，函數指標與一般指標一樣，都是用來儲存位址值。當 C++ 程式執行時，系統會替函數配置記憶體空間，用來儲存該函數的程式碼。當呼叫該函數時，編譯器的程式流程即跳至此函數的起始位址，並從這個位址開始往下執行函數。

也就是說，函數名稱其實也是個指標變數，其本身所儲存的值為函數內容所在記憶體的起始位址。如果將函數指標指向該函數的起始位址，則在程式中就可以透過函數指標來呼叫該函數。函數指標的宣告格式如下：

```
回傳資料型態 (＊ 函數指標名稱) ( 參數 1 資料型態 , 參數 2 資料型態 , …);
```

以下是函數指標的合法的宣告實例：

```
void (*ptr)(void); // ptr 為函數指標，而此函數本身無傳回值與引數
int (*ptr)(int); //ptr 為函數指標，本身傳回整數值，並接受整數引數
char* (*ptr)(char*);
//ptr 為函數指標，本身傳回字元指標，並接受字元指標作為引數
```

請各位留意喔！當宣告函數指標時，由於 '()' 的運算優先權大於 '*' 運算子，因此函數指標名稱外的小括號 '()' 絕對不可省略，否則 C++ 編譯器會將其視為一般函數的原型宣告。例如以下宣告：

```
int *ptr(int);      //ptr 函數原型宣告，可傳回整數指標，可接受整數引數
char* ptr(char*); // 函數原型宣告，可傳回字元指標，可接受字元指標引數
```

另外宣告函數指標時，回傳資料型態與參數資料型態、個數，必須與所指向的函數相符。至於將函數指標指向函數位址的方式有兩種方式，如下所示：

```
回傳資料型態 (＊ 函數指標名稱) ( 參數 1 資料型態 , 參數 2 資料型態 , …)= 函數名稱;
或
回傳資料型態 (＊ 函數指標名稱) ( 參數 1 資料型態 , 參數 2 資料型態 , …);
函數指標名稱 = 函數名稱;
```

例如：

```
int iFunc();   // 函數原型宣告
int (*piFunc)()=iFunc; // 直接將函數指標宣告，並指向函數位址
```

或

```
int iFunc();      // 函數原型宣告
int (*piFunc)(); // 宣告函數指標
piFunc=iFunc;     // 將函數指標指向函數位址
```

◀ 隨堂範例 ▶ CH08_01.cpp

下面程式範例就是一個經典的函數指標範例。將使用一個函數指標 ptr 來呼叫
其所指向的兩個簡單列印字元函數，並列印出結果。

```
01   #include <iostream>
02
03   using namespace std;
04
05   void print_word1(const char*);      // 函數原型宣告
06   void print_word2(const char*);      // 函數原型宣告
07
08   int main()
09   {
10       void (*ptr)(const char*);       // 函數指標宣告
11
12       ptr = print_word1;    // 將 print_word1 的記憶體位址指定給 ptr 函數指標
13       ptr("hello");              // 使用 ptr() 執行 print_word1 () 的功能
14       cout<<"-------------------------------"<<endl;
15       ptr = print_word2;    // 將 print_word2 的記憶體位址指定給 ptr 函數指標
16       ptr("Good bye!");         // 使用 ptr() 執行 print_word2() 的功能
17
18
19       return 0;
20   }
21
22   void print_word1 (const char* str)
23   {
24       cout<<" 這是 print_word1 函數 "<<endl;
25       cout<<str<<endl;
26   }
27
28   void print_word2(const char *str)
29   {
30       cout<<" 這是 print_word2 函數 "<<endl;
31       cout<<str<<endl;
32   }
```

【執行結果】

```
這是print_word1函數
hello
-------------------------------
這是print_word2函數
Good bye!

-------------------------------
Process exited after 0.1106 seconds with return value 0
請按任意鍵繼續 . . .
```

【程式解析】

- 第 5～6 行：函數原型宣告。
- 第 10 行：函數指標宣告。
- 第 12 行：將 print_word1 的記憶體位址指定給 ptr 函數指標。
- 第 13 行：使用 ptr() 執行 print_word1() 的功能。
- 第 15 行：將 print_word2 的記憶體位址指定給 ptr 函數指標。
- 第 16 行：使用 ptr() 執行 print_word2() 的功能。

8-1-2 參數型函數指標

我們知道函數指標可以因為指標所指向的位址不同，而執行不同函數內容。事實上，在 C++ 程式中也可以將函數指標用來作為另一個函數的參數。如果函數指標作為參數，同一個函數可依照不同情形下，改變參數列中函數指標所指向的函數位址，也就是該函數將可以依照函數指標來決定呼叫不同的函數，簡單的說，就是函數也可以作為另一個函數中的參數。

參數型函數指標與一般函數指標宣告相同，只是宣告地點不同。一般函數指標可以宣告成全域型或區域型變數，而參數型函數指標則直接宣告於函數的參數列中，如下所示：

```
回傳資料型態 函數名稱 (參數 1 資料型態, 參數 2 資料型態,……,
回傳資料型態 (* 函數指標名稱)(參數 1 資料型態, 參數 2 資料型態……));
```

例如定義兩個函數，參數列皆為兩個 int 型態，傳回值分別為兩個參數相減及相加，如下所示：

```
int sub(int a,int b)
{
    return a-b;
}

int add(int a,int b)
{
    return a+b;
}
```

而現在定義一個 Math 函數,在參數列中,第三個參數即為參數函數指標,如下所示:

```
int Math(int a,int b,int (*pAdd)(int,int))
{
    return pAdd(a,b);
}
```

這時由於函數指標可以各別指向函數 sub() 與函數 add(),因此 Math() 函數將可執行不同的函數呼叫來進行相關計算:

```
...
cout<<Math(4,3,sub);
cout<<Math(4,3,add);
...
```

◀ 隨堂範例 ▶ CH08_02.cpp

以下程式範例中告訴各位參數函數指標的函數原型宣告與定義,而且實作不同的函數參數化過程,這可讓您對 C++ 的靈活語法有新的體會。

```
01   #include <iostream>
02
03   using namespace std;
04
05   int add(int,int);
06   int sub(int,int);
07   int Math(int,int,int (*pfunc)(int,int));// 具有參數函數指標的函數原型宣告
08
09   int main()
10   {
11       int x,y;
12
13       cout<<"x=";
14       cin>>x;
15       cout<<"y=";
16       cin>>y;
17
18       cout<<"----------------------------------"<<endl;
19       cout<<x<<"+"<<y<<"="<<Math(x,y,add)<<endl;// 呼叫 add(),並印出其值
20       cout<<x<<"-"<<y<<"="<<Math(x,y,sub)<<endl;// 呼叫 sub(),並印出其值
21
22
23       return 0;
```

```
24    }
25    // 具有參數函數指標的函數定義
26    int Math(int a,int b,int (*pfunc)(int,int))
27    {
28        return (*pfunc)(a,b);
29    }
30    int add(int a,int b)
31    {
32        return a+b;
33    }
34    int sub(int a,int b)
35    {
36        return a-b;
37    }
```

【執行結果】

```
x=9
y=7
-------------------------------------
9+7=16
9-7=2

-------------------------------------
Process exited after 12.17 seconds with return value 0
請按任意鍵繼續 . . .
```

【程式解析】

- 第 7 行：具有參數函數指標的函數原型宣告。

- 第 19 行：呼叫 add()，並印出其值。

- 第 20 行：呼叫 sub()，並印出其值。

- 第 26 ~ 29 行：具有參數函數指標的函數定義。

8-1-3　函數指標陣列

　　事實上，函數還可以像其他整數一樣放在陣列記憶體中，透過索引值來存取。到底這是什麼有趣的功能？沒錯，這就是 C++ 非常有特色的「函數指標陣列」。函數指標也可以如同一般變數，宣告成陣列型態，主要是可作為相同類型函數位址的儲存與應用。函數指標陣列的原型宣告如下：

```
資料型態 (* 函數指標名稱 [])( 參數 1 資料型態 , 參數 2 資料型態 , …);
```

　　函數指標陣列宣告時也可同時指派初值，指派方式與一般陣列相同。如下
所示：

```
int sub(int,int);
int add(int,int);
int mul(int,int);
...............
int (*pfunc[])(int,int)={sub,add,mul};
```

◀ 隨堂範例 ▶ CH08_03.cpp

以下程式範例將宣告 add、sub、mul 三個函數，並儲存在函數指標陣列，並透過
for 迴圈方式執行函數指標所指向的函數位址來呼叫該函數，並列印執行結果。

```
01   #include <iostream>
02
03   using namespace std;
04
05   int add(int,int);// 函數宣告
06   int sub(int,int);// 函數宣告
07   int mul(int,int);// 函數宣告
08   int (*pfunc[])(int,int)={add,sub,mul};// 函數指標陣列宣告時也可同時指派初值
09
10   int main()
11   {
12       char c[]={'+','-','*'};
13       int x,y,i;
14       cout<<"x=";
15       cin>>x;
16       cout<<"y=";
17       cin>>y;
18       cout<<"-------------------------------------------"<<endl;
19       for(i=0;i<3;i++)
20       {
21           cout<<x<<c[i]<<y<<"="<<pfunc[i](x,y)<<endl;
22           // 透過 for 迴圈方式執行函數指標所指向的函數位址
23       }
24       cout<<endl;
25       cout<<"-------------------------------------------"<<endl;
26
27       return 0;
28   }
29   int add(int a,int b)
30   {
31       return a+b;
```

```
32   }
33   int sub(int a,int b)
34   {
35       return a-b;
36   }
37   int mul(int a,int b)
38   {
39       return a*b;
40   }
```

【執行結果】

```
x=7
y=3
─────────────────────────────────
7+3=10
7-3=4
7*3=21


─────────────────────────────────

─────────────────────────────
Process exited after 10.74 seconds with return value 0
請按任意鍵繼續 . . .
```

【程式解析】

- 第 5 ～ 7 行：函數原型宣告。
- 第 8 行：函數陣列指標宣告時也可同時指派初值。
- 第 21 行：透過 for 迴圈方式執行函數指標所指向的函數位址。

8-2 命令列引數

　　「命令列引數」（command-line argument），就是程式在命令提示字元中執行時所傳遞的引數。例如早期在 MS-DOS 作業系統下的 Type 指令，可以讓各位指定檔案名稱來開啟純文字檔及顯示內容，方式如下：

```
Type CH08-01.cpp
```

　　其中 Type 可視為是程式名稱，而 CH08-01.cpp 則是傳送 Type 程式的引數，以上這行指令即代表傳遞一個命令列引數給系統，並告知系統執行此 Type 程式。

8-2-1 main() 函數引數傳遞

由於目前各位所接觸的 main() 函數宣告方式，都是除了程式名稱外，並沒有加上任何引數傳遞而直接執行。不過如果當程式需要使用者傳遞資訊時，可以在 main() 函數中使用 argc 與 argv 這兩個命令列引數。宣告方式如下：

```
int main(int argc,char *argv[])
```

相關說明如下：

✪ argc

argc 的資料型態為整數，表示命令列引數的個數，argc 的值絕對會大於 0，因為至少包括了程式本身名稱。

✪ argv

argv[] 的資料型態為不定長度的字串指標陣列，所傳遞的資料皆為字串格式，且此字串陣列個數是視使用者輸入的引數數目而定。其中命令列引數字串是以空白或定位（tab）字元作為區隔。

各位看到以上的說明可能還有點似懂非懂，趕快來看以下這個程式範例，就能很快了解 main() 函數引數傳遞的作用。例如當各位在命令提示字元模式下鍵入：

```
CH08_04 This is a string.
```

其中 argc 的值將會是 5，至於 argv[0] 的內容為 " CH08_04"、argv[1] 的內容為 "This"、arg[2] 的內容為 "is"、argv[3] 的內容為 "a"、而 argv[4] 的內容為 "string."。

◀ 隨堂範例 ▶ CH08_04.cpp

以下程式範例是一個相當簡單的實例，請您將完整程式碼 key in 後，再依照以下步驟操作，保證您馬上無師自通。在此特別說明，當各位完成本程式編譯後，請在 Windows 作業系統下，執行「開始功能表 / 所有程式 / 附屬應用程式 / 命令提示字元」指令，即可進入命令提示字元視窗。再利用 Dos 指令（如 cd 指令）切換到此程式執行檔所在目錄，再鍵入執行檔名稱及所輸入參數即可（如 CH08_04 This is a string.）。另外在 DEV C++ 要傳入參數給主程式，作法如下：

```
01   #include <iostream>
02
03   using namespace std;
04
05   int main(int argc, char *argv[])// 命令列引數傳遞宣告
06   {
07       int i;
08       if( argc == 1 )// 只有程式名稱，沒有其他參數
09           cout<<" 未指定參數！"<<endl;
10       else
11       {
12           cout<<" 所輸入的參數為："<<endl;
13           for( i = 0; i < argc; i++ )
14               cout<<argv[i]<<endl;// 列印 argv 陣列的內容
15       }
16
17       return 0;
18   }
```

【執行結果】

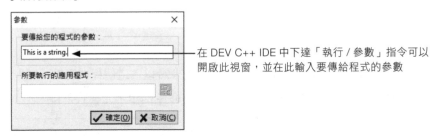

在 DEV C++ IDE 中下達「執行 / 參數」指令可以
開啟此視窗，並在此輸入要傳給程式的參數

```
所輸入的參數為：
D:\進行中書籍\博碩_C++_2018改版\範例檔\ch08\CH08_04.exe
This
is
a
string.

-------------------------------
Process exited after 0.2671 seconds with return value 0
請按任意鍵繼續 . . .
```

【程式解析】

- 第 5 行：命令列引數傳遞宣告。

- 第 8 ~ 9 行：未指定其他參數，只有程式名稱。

- 第 13 ~ 14 行：列印 argv 陣列的內容。

基本上，argc 和 argv[] 這兩個參數，只是常用的引數宣告名稱，各位可以自由命名，不過目前大多數的程式設計者還是以 argc 和 argv[] 作為命令列引數慣用的名稱。另外當輸入引數需要包含空白字元時，則需要將整段字串以 "" 括住，還有在字串中加入標點符號仍會被視為一個字串，請看以下這行指令，各位猜猜看程式名稱 lab1 後方有幾個字串？

```
lab1 "this is a argument1"  this.is.a.argument2  this is a argument3
```

以上程式碼表示接在程式名稱 lab1 後方共有六個字串，所以 argc 的個數一共有 7 個。此外，因為命令列引數所讀入的值為字串型態，如果想讓命令列引數字串進行數值運算，則必須使用到如 atoi()、atof() 與 atol() 公用函數庫字串轉換函數，分別可以將字串轉換為整數、浮點數與長整數。

8-3　變數種類

變數依照在 C++ 程式中所定義的位置與格式，將會以不同形式來存放，而形成不同的作用範圍（scope）與生命期（lifetime）。所謂變數作用範圍（scope），是指在程式中可以存取到該變數的程式區塊。

至於生命週期，則是從變數宣告開始，一直到變數所佔用的記憶空間被釋放為止。在 C++ 中，變數依照在程式中所定義的位置，可以區分成以下二種作用範圍的變數，請看以下的說明。

8-3-1　全域變數

全域變數（global variable），又稱為外部變數，是宣告在程式區塊與函數之外，且在宣告指令以下的所有函數及程式區塊都可以使用到該變數。全域變數的生命週期是從宣告開始，一直到整個程式結束為止。

在此要特別提醒各位，初學者往往為了變數宣告與使用上的方便，而將變數全都宣告為全域變數。事實上，這是一個很不好的習慣。反而全域變數應該謹慎使用，以避免某個函數不小心給予錯誤的值，進而產生影響到整個程式執行的邊際錯誤（side effect）。

8-3-2 區域變數

區域變數（local variable）是宣告在函數或程式區塊內的變數，則該變數只可以在此區塊內存取，而此區塊外的程式碼都無法存取此該變數。當一個程式中，有多個程式區塊時，每個程式區塊的區域變數是不能互相混用。至於區域變數的生命週期是從宣告開始，一直到這個程式區塊結束為止。請注意！如果在程式中，區域變數與全域變數擁有相同的名稱，當程式編譯時，在程式區塊內的區域變數設定值會暫時優先蓋過全域變數，一旦區域變數所在的程式區塊執行結束後，全域變數又會恢復到原來的設定值。

8-3-3 區塊變數

區塊變數則是指宣告在某個程式區塊之中的變數，也是屬於區域變數的一種。在某些程式碼區塊中所宣告的變數其有效範圍僅在此程式碼區塊中，此程式碼區塊以外的程式碼都不能參考此變數：

```
{
    /* 在此區塊中宣告一個變數 sum，其有效範圍為此「程式區塊」範圍 */
    int sum ;
    ...
}
```

8-4 變數等級說明

除了依照變數在程式中所定義的位置外，C++ 也提供了 5 種變數等級「型態修飾詞」（type modifier），包括 auto、static、extern、static extern 與 register。在宣告變數時，可以將「型態修飾詞」與變數一起宣告，請看以下說明。

8-4-1 自動變數

加上 auto 修飾詞的變數，稱為「自動變數」（automatic variable），必須宣告在函數的區塊內，也就是該函數的區域變數。當各位在宣告變數時，沒有特別指定型態修飾詞，系統就會自動預設為 auto。宣告語法如下：

```
auto 資料型態 變數名稱 ;
```

自動變數是一種在程式執行進入區域範圍時，才會被建立的變數，當程式離開此區域範圍，則所佔用的記憶體空間會立刻被釋放。因此在不同區域範圍中，即使定義相同名稱的自動變數，程式也將會使用不同的記憶體空間來存放。

8-4-2　靜態區域變數

通常區域變數的生命週期，是當函數或程式區段執行完時就會結束，然後系統會將記憶體上的位址清除掉。不過如果在函數或程式區段中宣告成 static 的變數，當函數執行完畢後，它的記憶體位址並不會被清除，會一直保留到程式全部結束時才清除，又稱為「靜態區域變數」。如果再次呼叫該函數時，才會將放在記憶體中的值取出，而不是定義的初值。宣告語法如下：

```
static 資料型態 變數名稱;
```

在宣告靜態區域變數同時，如果各位沒有設定初始值的話，系統自動將靜態變數初始值設定為 0，而一般的變數初始值，在未設定初始值的情況下，則是一個不確定值。

◀ **隨堂範例** ▶ CH08_05.cpp

以下程式範例是比較在兩個函數中分別宣告為一般變數及 static 變數時，經過三次呼叫後，變數值的不同變化，相信各位從執行結果就可以清楚認識 static 的作用了。

```
01    #include<iostream>
02
03    using namespace std;
04
05    int sum(int);
06    int sum1(int);// 函數原型宣告
07    int main()
08    {
09        int n;
10
11        cout<<" 第一次呼叫 "<<endl;
12        cout<<" 一般變數函數 :"<<sum(5)<<endl;
13        cout<<" 靜態變數函數 :"<<sum1(5)<<endl;
14        cout<<" 第二次呼叫 "<<endl;
15        cout<<" 一般變數函數 :"<<sum(10)<<endl;
16        cout<<" 靜態變數函數 :"<<sum1(10)<<endl;
```

```
17        cout<<" 第三次呼叫 "<<endl;
18        cout<<" 一般變數函數 :"<<sum(15)<<endl;
19        cout<<" 靜態變數函數 :"<<sum1(15)<<endl;
20
21
22        return 0;
23    }
24    // 一般的變數函數
25    int sum(int n)
26    {
27        int sum=0;// 初始值設定為 0
28        sum+=n;
29        return sum;
30    }
31    // 靜態變數的函數
32    int sum1(int n)
33    {
34        // 宣告靜態變數 sum
35        static int sum;
36
37        sum+=n;
38        return sum;
39    }
```

【執行結果】

```
第一次呼叫
一般變數函數:5
靜態變數函數:5
第二次呼叫
一般變數函數:10
靜態變數函數:15
第三次呼叫
一般變數函數:15
靜態變數函數:30

-----------------------------------
Process exited after 0.08945 seconds with return value 0
請按任意鍵繼續 . . . ■
```

【程式解析】

■ 第 5、6 行：函數原型宣告。

■ 第 27 行：宣告一般區域變數，sum 設定初始值為 0。

■ 第 35 行：靜態變數宣告，不需要設定初始值，系統會自動將靜態變數的初始值設定為 0。當函數執行完後，記憶體位址並不會被清除，會一直保留到程式全部結束。

8-4-3 外部變數

外部變數是在函數或程式區塊外所宣告的變數，也就是全域變數。宣告時可省略修飾詞 extern，如果未指定其初始值，則預設初始值為 0。外部變數定義後，會佔用固定記憶空間，則在定義指令之後，以下所有函數及程式區塊都可以使用到該變數，直到程式結束執行，才會將記憶體釋放。

extern 修飾詞的功用則可以將宣告在函數或程式區塊後方的外部變數，引用到函數內使用。不過如果函數內利用 extern 修飾詞宣告一個外部變數時，並不會實際配置記憶體，但在函數外部必須有一個同名的變數存在，在此才會實際配置記憶體。宣告語法如下：

```
extern 資料型態 變數名稱;
```

◀ 隨堂範例 ▶ CH08_06.cpp

以下這個程式範例是使用兩個檔案來撰寫，檔案名稱為 CH08_06.cpp 與 CH08_06_1.cpp，如果在 CH08_06.cpp 中宣告了一個全域變數 x，這時要在 CH08_06_1.cpp 中也使用這個變數的話，必須於 CH08_06_1.cpp 中使用 extern 修飾詞來宣告變數，表示這個全域變數參考至另一個檔案中所定義的變數。

```
01    #include <iostream>
02
03    using namespace std;
04
05    #include "CH08_06_1.cpp"
06
07    int x; // 宣告 x 為全域變數
08    int main()
09    {
10        foo(); // 呼叫另一個程式檔案中的函數
11        cout<<"x ="<<x<<endl;
12
13
14        return 0;
15    }
```

◀隨堂範例▶ CH08_06_1.cpp

extern 變數與跨檔案的宣告範例與練習。

```
01   #include <iostream>
02
03   extern int x;// 必須在此加上 extern 修飾詞
04
05   void foo(void)
06   {
07       x = 1;
08   }
```

【執行結果】

```
x =1
_____
Process exited after 0.1154 seconds with return value 0
請按任意鍵繼續 . . .
```

【程式解析】

CH08_06.cpp：

- 第 7 行：宣告 x 為全域變數，會實際配置記憶體。
- 第 10 行：呼叫另一個程式檔案中的函數。

CH08_06_1.cpp：

- 第 3 行：必須在此加上 extern 修飾詞，不過不會實際配置記憶體。

8-4-4　靜態外部變數

利用 static 修飾詞所宣告的外部變數，稱為「靜態外部變數」，與「靜態區域變數」的記憶體配置情況類似，從一開始宣告起，它的記憶體位址並不會被清除，會保留到程式全部結束時才清除。

至於定義的位置與外部變數相同，都是宣告在程式區塊與函數之外，也就是在宣告指令以下的所有函數及程式區塊都可以使用到該變數，通常是定義在程式一開始的地方。至於與外部變數的最大不同，是只限於在同一個程式檔案中使用，並無法跨越不同的程式檔案。宣告語法如下：

```
static   資料型態 變數名稱;
```

◀隨堂範例▶ CH08_07.cpp

以下這個程式範例是利用靜態外部變數的宣告,來求取階層函數的值,其中 main() 與 Factorial() 函數中都可存取此變數。

```
01   #include <iostream>
02
03   using namespace std;
04
05   int Factorial( int );   // 階乘運算函數
06   static int fact_no;// 宣告靜態外部變數
07
08   int main()
09   {
10       int number, answer;
11
12       cout<<" 請輸入數值求階乘:";
13       cin>>number;// 輸入階乘數目
14       answer = Factorial(number);// 呼叫 Factorial() 函數
15       cout<<number<<"!="<<answer<<endl;
16       cout<<"fact_no ="<<fact_no<<endl;// 列印目前的 count 值
17
18
19       return 0;
20   }
21
22   // 引數:number 指定數值進行階乘運算
23   // 傳回值:階乘運算結果
24   int Factorial( int number )
25   {
26      int i;
27      fact_no=1;
28      for(i=1;i<=number;i++)
29         fact_no=fact_no*i;
30
31      return fact_no;
32   }
```

【執行結果】

```
5!=120
fact_no =120

_____
Process exited after 7.307 seconds with return value 0

請按任意鍵繼續 . . .
```

【程式解析】

- 第 6 行：宣告靜態外部變數。
- 第 13 行：輸入階乘數目。
- 第 14 行：呼叫 Factorial() 函數。
- 第 27 行：在 Factorial() 函數中，雖未宣告 fact_no 變數，但第 5 行中已宣告靜態外部變數，所以從此以下的函數或程式區塊都可使用此變數。

8-4-5　暫存器變數

所謂暫存器變數（register variable），就是使用 CPU 的暫存器來儲存變數，由於 CPU 的暫存器速度較快，因而可以加快變數存取的效率，通常用於那些存取十分頻繁的變數。然而 CPU 的暫存器容量與數量有限，隨著 CPU 的種類有所不同。當宣告變數超過暫存器限量，系統會自動將超過的暫存器變數轉換一般變數。

至於暫存器變數的生命期相當短暫，只有在變數所宣告的程式區塊與函數結束時，也跟著結束。宣告語法如下：

```
register 資料型態 變數名稱；
```

8-5　特殊函數功能

函數不單只是能夠被其他函數呼叫（或引用）的程式區塊，C++ 也提供了自身引用的功能，就是所謂的遞迴函數。此外 C++ 在函數方面的處理更提出了行內函數與函數多載的功能，在本節中會為您分別介紹。

8-5-1　遞迴函數

遞迴是一種很特殊的演算法，遞迴法就是分治法的一種應用，都是將一個複雜的演算法問題，讓規模越來越小，最終使子問題容易求解，原理就是分治法的精神。遞迴函數（recursion）在程式設計上是相當好用而且重要的概念，使用遞迴可使得程式變得相當簡潔，但設計時必須非常小心，因為很容易會造成無窮迴圈或導致記憶體的浪費。

> **TIPS** 　分治法（divide and conquer）是一種很重要的演算法，我們可以應用分治法來逐一
> 拆解複雜的問題，核心精神是將一個難以直接解決的大問題依照不同的概念，分割成兩個或
> 更多的子問題，以便各個擊破，分而治之。

遞迴函數明確的定義如下：

> 假如一個函數或程式區塊，是由自身所定義或呼叫，則稱為遞迴。

通常一個遞迴函數式必備的兩個要件：

> 1. 一個可以反覆執行的過程。
> 2. 一個跳出反覆執行過程中的缺口。

並非每種程式語言都具有遞迴功能，不過像 C、C++ 等語言都可以使用遞迴功能，主要是因為它們的繫結時間可以延遲至執行時才動態決定。簡單來說，對程式設計師的實作而言，「函數」（或稱副程式）不單純只是能夠被其他函數呼叫（或引用）的程式單元，在某些語言還提供了自身引用的功能，這種功用就是所謂的「遞迴」。只要程式語言具備遞迴功能，任何能使用迴圈敘述（for 或 while）寫成的程式，都能夠以遞迴程式取代。

> **TIPS** 　「尾歸遞迴」（tail recursion）就是程式的最後一個指令為遞迴呼叫，因為每次呼叫
> 後，再回到前一次呼叫的第一行指令就是 return，所以不需要再進行任何計算工作。

例如數學上的階乘問題就非常適用於遞迴運算，以 5! 這個運算為例，各位可以一步步分解它的運算過程，觀察出一定的規律性：

```
5! = (5 * 4!)
   = 5 * (4 * 3!)
   = 5 * 4 * (3 * 2!)
   = 5 * 4 * 3 * (2 * 1)
   = 5 * 4 * (3 * 2)
   = 5 * (4 * 6)
   = (5 * 24)
   = 120
```

各位可以將每一個括號想像為每一次的函數呼叫，這個運算分解的過程就相當於遞迴運算。

◀隨堂範例▶ CH08_08.cpp

以下這個範例將分別使用遞迴與迴圈敘述來說明階乘函數的運算問題。由程式碼中各位可以看出遞迴式的可讀性確實較為簡潔清楚。

```cpp
01    #include<iostream>
02
03    using namespace std;
04
05    double rec_factorial(int );// 遞迴函數原型宣告
06    double factorial(int );// 一般的迴圈函數原型宣告
07
08    int main()
09    {
10        int n;
11        cout<<" 請輸入要計算的階乘數 :";
12        cin>>n;
13        cout<<" 遞迴函數 :"<<n<<"!="<<rec_factorial(n)<<endl;
14        cout<<" 一般迴圈函數 :"<<n<<"!="<<factorial(n)<<endl;
15
16        return 0;
17    }
18    // 遞迴函數
19    double rec_factorial(int n)
20    {
21        if(n==1)
22            return 1;// 跳出反覆執行過程中的缺口
23        else
24            return n*rec_factorial(n-1);// 反覆執行的過程
25    }
26    // 一般的迴圈函數
27    double factorial(int n)
28    {
29        int i;
30        double sum=1;
31        for(i=1; i<=n; i++)
32            sum*=i;// 利用迴圈來計算階乘值
33        return sum;
34    }
```

【執行結果】

```
請輸入要計算的階乘數:6
遞迴函數:6!=720
一般迴圈函數:6!=720
------------------------------------
Process exited after 9.527 seconds with return value 0
請按任意鍵繼續 . . .
```

【程式解析】

- 第 12 行：請輸入要計算的階乘數。
- 第 19 ～ 25 行：遞迴函數的程式碼。
- 第 21 ～ 22 行：跳出反覆執行過程中的缺口。
- 第 24 行：反覆執行的過程。
- 第 31 ～ 32 行：利用迴圈來計算階乘值。

8-5-2　行內函數

　　通常一般程式在進行函數呼叫前，會先將一些必要資訊（如呼叫函數的位址、傳入的參數等）保留在系統堆疊中，以便在函數執行結束後，可以返回原先呼叫函數的程式繼續執行。因此對於某些頻繁呼叫的小型函數來說，這些堆疊存取動作，將減低程式執行效率，此時即可運用行內函數來解決這個問題。

　　所謂 C++ 的行內函數（inline function），就是當程式中使用到關鍵字 inline 定義的函數時，C++ 會將呼叫 inline 函數的部份，直接替換成 inline 函數內的程式碼，而不會有實際的函數呼叫過程。如此一來，將可以省下許多呼叫函數所花費的時間與減少主控權轉換的次數，並加快程式執行效率。宣告方式如下：

```
inline 資料型態 函數名稱 ( 資料型態 參數名稱 )
{
    程式敘述區塊 ;
}
```

◀ 隨堂範例 ▶ CH08_09.cpp

以下程式範例將利用 inline 函數來求取所輸入三個整數和，並判斷這個和是偶數或奇數。

```
01   #include<iostream>
02
03   using namespace std;
04
05   // 行內函數定義
06   inline int fun1(int a, int b,int c)
07   {
```

```
08        return a+b+c;
09    }
10
11    int main()
12    {
13        int a,b,c;
14        cout<<" 請輸入三個數字 :";
15        cin>>a>>b>>c;
16
17
18        if(fun1(a,b,c)%2==0) // 呼叫行內函數
19            cout<<a<<"+"<<b<<"+"<<c<<"="<<a+b+c<<" 為偶數 "<<endl;
20        else
21            cout<<a<<"+"<<b<<"+"<<c<<"="<<a+b+c<<" 為奇數 "<<endl;
22
23
24        return 0;
25    }
```

【執行結果】

```
請輸入三個數字:4 8 9
4+8+9=21為奇數
------------------------------------
Process exited after 11.47 seconds with return value 0
請按任意鍵繼續 . . .
```

【程式解析】

- 第 6 ～ 9 行：行內函數定義。

- 第 18 行：呼叫行內函數。

8-5-3 函數多載

函數多載（function overloading）是 C++ 新增的功能，藉由函數多載的特性，使得同一個函數名稱可以用來定義成多個函數主體，而在程式中呼叫該函數名稱時，C++ 將會根據傳遞的形式參數個數與資料型態來決定實際呼叫的函數。

在 C 中，例如同樣一個設定參數值的動作，因應不同參數型態，就必須個別為函數取一個名稱，如下所示：

```
char*   getData1(char*);
int  getData2(int);
float   getData3(float);
double   getData4(double);
```

在上述程式碼中，執行函數的用途只是為了設定一個參數值，但卻為了不同參數型態，而在函數名稱上傷透腦筋。此時就可以利用 C++ 所提供的函數多載功能，定義相同意義的函數名稱，如下所示：

```
char*   getData(char*);
int  getData(int);
float   getData(float);
double   getData(double);
```

函數多載主要是以參數來判斷應執行哪一個函數功能，如果兩個函數的參數個數不同，或是參數個數相同，但是至少有一個對應的參數型態不同，那麼 C++ 就會將它視為不相同的函數。如此便可有效減少函數命名的衝突及整合相似功能的函數。函數多載方式必須依照以下兩個原則來定義函數：

1. 函數名稱必須相同。
2. 各多載函數間的參數串列（arguments list）型態與個數不能完全相同。

◀ 隨堂範例 ▶ CH08_10.cpp

以下程式範例將利用函數多載觀念來設計可輸入不同型態值的相同名稱函數，包括整數、單精度實數、倍精度實數等，並回傳所輸入的值。

```
01   #include <iostream>
02
03   using namespace std;
04
05   int getData(int);
06   float getData(float);
07   double getData(double);
08
09   int main()
10   {
11       int iVal=2004;
12       float fVal=2.3f;
13       double dVal=2.123;
14       cout<<" 執行 int getData(int)         => "<<getData(iVal)<<endl;
```

```
15      cout<<" 執行 float getData(float)   => "<<getData(fVal)<<endl;
16      cout<<" 執行 double getData(double) => "<<getData(dVal)<<endl;
17
18      return 0;
19  }
20
21  int getData(int iVal)
22  {
23      return iVal;
24  }
25
26  float getData(float fVal)
27  {
28      return fVal;
29  }
30
31  double getData(double dVal)
32  {
33      return dVal;
34  }
```

【執行結果】

```
執行 int getData(int)        => 2004
執行 float getData(float)    => 2.3
執行 double getData(double) => 2.123

--------------------------------
Process exited after 0.08164 seconds with return value 0
請按任意鍵繼續 . . .
```

【程式解析】

- 第 5~7 行：函數原形多載。

- 第 14~16 行：呼叫不同的多載函數。

- 第 21~34 行：定義不同多載函數內容。

8-6 上機程式測驗

1. 請設計一 C++ 程式，用來說明當變數宣告為全域變數時，例如放在主函數 main() 之前，那麼程式中任何地方都可使用與改變該變數的值。

Ans ex08_01.cpp。

2. 請設計一 C++ 程式，先宣告了一個全域變數 x，而在自訂函數中又宣告了一個相同名稱的區域變數 x，則在此函數執行期間與函數執行完畢後，請觀察此 x 設定值的變化。

   Ans ex08_02.cpp。

3. 請設計一 C++ 程式，將定義 auto 整數變數 iVar，並觀察在不同區域範圍中數值的變化。

   Ans ex08_03.cpp。

4. 請設計一 C++ 程式，說明在外部變數作用範圍以外的區域使用時，可利用 extern 修飾詞來宣告該變數。

   Ans ex08_04.cpp。

5. 請設計一 C++ 程式，利用 C++ 所提供定義於 time.h 標頭檔的時間日期相關函數來計算宣告暫存器變數所需運算的時間。

   Ans ex08_05.cpp。

6. 請設計一 C++ 程式，以遞迴式來實作河內塔演算法的求解：

   > [步驟 1] 將 n-1 個盤子，從木樁 1 移動到木樁 2。
   > [步驟 2] 將第 n 個最大盤子，從木樁 1 移動到木樁 3。
   > [步驟 3] 將 n-1 個盤子，從木樁 2 移動到木樁 3。

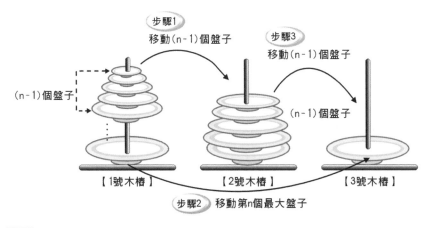

   Ans ex08_06.cpp。

7. 請設計一程式，從命令列讀入學生的六科成績，並計算出總分與平均，其中還使用到 atoi() 函數將字串轉換為整數資料型態。

   Ans ex08_07.cpp。

8. 請設計一程式，試著使用 extern 修飾字，設計匯率轉換系統，讓使用者輸入目前匯率（美元對台幣），再請使用者輸入欲兌換台幣的美金金額，由匯率轉換系統計算出要給予使用者多少台幣。

   Ans ex08_08.cpp。

9. 請利用遞迴函數設計一支程式，來求取任何兩數的最大公因數。

   Ans ex08_09.cpp。

10. 請設計一程式，宣告一個函數指標，並允許使用者輸入一個整數，當整數為偶數時則指向計算次方的 square() 函數，如是奇數時則則將函數指標指向計算立方的 cubic 函數了，並輸出最後結果。

    Ans ex08_10.cpp。

11. 我們矩陣相加的原則首先必須兩者的列數與行數都相等，而相加後矩陣的列數與行數也是相同。例如 $A_{mxn}+B_{mxn}=C_{mxn}$。請設計一程式，其中以 void MatrixAdd(int*,int*,int*,int,int) 函數來計算矩陣相加的結果。

    Ans ex08_11.cpp。

課後評量

1. 在程式變數中，可以分為兩種表達方式，分別為「全域變數」與「區域變數」，請以簡單程式碼同時使用此兩種變數，並說明何謂「全域變數」與「區域變數」？

2. 試問下列程式碼中，最後的變數 money 值為多少？並說明原因。

```
int money = 500;
int main()
{
    int money = 8000;
    cout<<money;
}
```

3. 試陳述函數指標（pointer of function）的功用。

4. 什麼是「函數指標陣列」？試寫部份 C++ 程式碼來說明。

5. 試說明「暫存堆疊」的運作原理。

6. 試定義一函數，當 n ≥ 1 時，$f(n)=(n+1)^{(n+1)}$。

7. C++ 的行內函數（inline function）功用為何？

8. 試說明函數多載的意義與功能。

9. 何謂靜態外部變數？

10. 某位學生進行命令列引數的練習應用，但是程式編譯時出了問題，請幫忙找出問題的所在：

```
01  #include <iostream>
02  using namespace std;
03  int main(int argc, char* argv[])
04  {
05      int sum;
06      if (argc == 3)
07          sum = argv[1] + argv[2];
08      cout<<argv[1]<< " + "<<argv[2]<< " = "<< sum<<endl;
09      return 0;
10  }
```

11. 何謂「命令列引數」（command-line argument）？

12. 請簡述參數型函數指標的功用。

13. 型態修飾詞（type modifier）可以用來改變變數的範圍，請問 C++ 的型態修飾詞種類有哪些？

14. 什麼是尾歸遞迴？請說明之。

15. 何謂「靜態區域變數」？特性為何？

16. 請設計一遞迴函數程式碼，用來計算 3+6+9+12…+3n=?

09

前置處理指令與巨集

「前置處理指令」則是 C++ 程式在開始進行編譯前，會先進行所謂前置處理動作，將程式中這些以 # 符號開頭的指令作特別的處理。基本上，以 # 為開頭的前置處理指令並不專屬於 C++ 語法的一部份，也就是不會被翻譯成機器語言，但仍為編譯程式所能接受，因為是在程式編譯之前執行，所以稱為前置處理指令。

至於巨集（macro）指令，又稱為「替代指令」，是由一些以 # 為開頭的「前置處理指令」所組成。主要功能是以簡單的名稱取代某些特定常數、字串或函數，能夠快速完成程式需求的自訂指令。簡單來說，善用巨集可以節省不少程式開發與執行時間。

9-1 前置處理指令

在 C++ 編譯程式的過程中，編譯器會先執行前置處理作業，把 C++ 原始檔案中的前置處理指令，適當置換成純粹 C++ 指令的新檔案，然後編譯器再用此新檔案產生目的檔（.obj），完成編譯的作業。接下來將為您介紹 C++ 的「前置處理器」及如何利用這些「前置處理器」來建立巨集。

9-1-1　#include 指令

#include 指令可以將指定的檔案含括進來，成為目前程式碼的一部份。第一章中有約略提過，#include 語法有兩種指定方式，兩者之間的差異在於前置處理器的搜尋路徑不同，分述如下：

✪ #include < 檔案名稱 >

在 #include 之後使用角括號 <>，當編譯時，編譯器將至預設的系統目錄中尋找指定的檔案，例如以 Dev C++ 來說是預設在 Dev-Cpp 安裝目錄內的 include 目錄裡。

✪ #include " 檔案名稱 "

使用雙引號 "" 來指定檔案，則前置處理器會先尋找目前程式檔案的工作目錄中是否有指定的檔案。假如找不到，再到系統目錄（include 目錄）中尋找。

在許多中大型程式的開發中，對於經常用到的常數定義或函數宣告，可以將其寫成一個獨立檔案。當程式需要使用這些定義與宣告時，則只要在程式碼中使用 #include 指令包來即可。如此將可以避免在不同程式檔中，重複撰寫相同的程式碼。

◀ 隨堂範例 ▶ CH09_01.cpp

以下程式範例就是將程式區分為函數部分與主程式部分，並分別存在兩個檔案 CH09_01 與 CH09_01_1 檔，再利用 #include 指令引入檔案，完成統計學函數 C(n,k) 的運算值。

```
01   #include<iostream>
02   #include"CH09_01_1.cpp"
03   // 只宣告函數的原型
04   using namespace std;
05
06   double factorial(int );// 函數原型宣告
07   double Cnk(int ,int);   // 函數原型宣告
08   // 主程式部分
09   int main()
10   {
11       int n,k;
12       cout<<" 計算 C(n,k)=n!/(k!(n-k)!)"<<endl;
13       cout<<"------------------------------------"<<endl;
14       cout<<" 請輸入 n=";
15       cin>>n;
16       cout<<" 請輸入 k=";
17       cin>>k;
18       cout<<n<<"!"<<"/("<<k<<"!("<<n<<"-"<<k<<") !)="<<Cnk(n,k)<<endl;
         // 印出結果
19
20       return 0;
21   }
```

◀ 隨堂範例 ▶ CH09_01_1.cpp

```
01   // 階乘函數
02   double factorial(int n)
03   {
04       if(n==1)
05           return 1;
06       else
07           return n*factorial(n-1);
08   }
09   //Cnk 函數
10   double Cnk(int n,int k)
11   {
12       return factorial(n)/(factorial(k)*factorial(n-k));
13   }
```

【執行結果】

```
計算C<n,k>=n!/<k!<n-k>!>
-----------------------------------
請輸入n=6
請輸入k=3
6!/<3!<6-3>!>=20

-----------------------------------
Process exited after 15.82 seconds with return value 0
請按任意鍵繼續 . . .
```

【程式解析】

CH09_01.cpp：

- 第 2 行：引入外部檔案 CH09_1_1。
- 第 6 ～ 7 行：函數原型宣告。
- 第 18 行：輸出計算後的結果。

CH09_01_1.cpp：

- 第 2 ～ 8 行：階乘函數的定義。
- 第 10 ～ 13 行：Cnk 函數。

9-2 #define 指令

#define 是一種取代指令，可以用來定義巨集名稱，並且取代程式中的數值、字串、程式敘述或是函數。一旦完成巨集的定義後，只要遇到程式中的巨集名稱，前置處理器都會將其展開成所定義的字串、數值、程式敘述或函數等。以下將根據巨集名稱的定義種類，分別說明如下。

9-2-1 定義基本指令

當各位利用 #define 指令定義巨集來取代數值、字串或程式敘述時，其巨集名稱通常是利用大寫英文字母來表示，以與一般的變數名稱區別，不過請注意！命名規則仍然必須符合變數命名方式。宣告語法如下：

```
#define 巨集名稱  常數值
#define 巨集名稱  "字串"
#define 巨集名稱  程式敘述
```

因為 #define 指令是屬於前置處理器指令的一種，所以並不需要以「;」結束。定義巨集最大的好處是當所設定的數值、字串或程式敘述需要變動時，不必一一尋找程式中的所在位置，只需在定義 #define 的部分加以修改即可。

如果想要取消 #define 所宣告巨集時，只要使用下方語法宣告即可取消。不過取消後的巨集名稱就不可以再使用了：

```
#undef 巨集名稱
```

◀ 隨堂範例 ▶ CH09_02.cpp

以下程式範例讓各位實際來定義各種巨集名稱，親身體會巨集的實作經驗，最後利用 #undef 指令來練習取消 #define 所宣告的巨集。

```
01  #include<iostream>
02
03  using namespace std;
04  // 定義各種巨集名稱
05  #define PI 3.14159
06  #define SHOW "圓面積 ="
07  #define  RESULT r*r*PI
```

```
08
09   int main()
10   {
11       int r;
12
13       cout<<" 請輸入圓半徑 :";
14       cin>>r;
15       cout<<SHOW<<RESULT<<endl;
16       #undef PI // 解除巨集定義
17
18       return 0;
19   }
```

【執行結果】

```
請輸入圓半徑:10
圓面積=314.159

--------------------------------
Process exited after 11.81 seconds with return value 0
請按任意鍵繼續 . . .
```

【程式解析】

- 第 5 行：前置處理器會將程式中所有 PI 取代為 3.14159。
- 第 6 行：利用 #define 指令以 SHOW 取代字串 " 圓面積 ="。
- 第 7 行：以 RESULT 取代 r*r*PI 程式敘述，當程式中遇到 RESULT 時編譯器會直接以 r*r*PI 來計算。
- 第 16 行：解除 PI 所定義的數值，不過取消後的巨集名稱就不可以再使用了。

9-2-2　定義函數

除了數值、字串、程式敘述外，#define 指令也可以定義來取代現有的函數喔！宣告語法如下：

```
#define 巨集名稱 函數名稱
```

◀隨堂範例▶ CH09_03.cpp

以下這個程式範例仍然是利用巨集來做簡單的取代動作，前置處理指令會將所有的 NEWLINE 展開為 putchar('\n')，而 COPYRIGHT 則展開為 owner 這個名稱的函數內容。

```cpp
01   #include <iostream>
02
03   using namespace std;
04
05   #define NEWLINE cout<<endl;
06   #define COPYRIGHT owner()
07
08   void owner();        // 輸出擁有者訊息的函式
09
10   int main()
11   {
12       COPYRIGHT;      // 呼叫巨集
13       NEWLINE;        // 呼叫巨集
14       COPYRIGHT;      // 呼叫巨集
15
16
17       return 0;
18   }
19
20   void owner()
21   {
22       cout<<" 函數名稱也可以巨集定義 "<<endl;
23       cout<<" 版權所有人：Michael"<<endl;
24       cout<<" 日期：2018/7/05"<<endl;
25   }
```

【執行結果】

```
函數名稱也可以巨集定義
版權所有人：Michael
日期：2018/7/05

函數名稱也可以巨集定義
版權所有人：Michael
日期：2018/7/05

------------------------------------
Process exited after 0.1162 seconds with return value 0
請按任意鍵繼續 . . . ▪
```

【程式解析】

- 第 5 行：前置處理器會將程式中所有 NEWLINE 取代為 cout<<endl。
- 第 6 行：前置處理器會將程式中所有 COPYRIGHT 取代為 owner()。
- 第 12 ～ 14 行：呼叫巨集。
- 第 20 ～ 25 行：owner() 函數的定義內容。

9-2-3 巨集函數簡介

巨集函數是一種可以傳遞引數來取代簡單函數功能的巨集。對於那些簡單又經常呼叫的函數，以巨集函數來取代一般函數定義，可以減少呼叫和等待函數傳回的時間，增加程式執行效率。不過由於巨集函數被展開為程式碼的一部份，編譯完成的程式檔案容量會較原來的函數檔案容量大。巨集函數的宣告方式如下：

```
#define 巨集函數名稱（參數列）（函數運算式）
```

其中巨集函數的參數列並不需要設定資料型態，因為 #define 指令是直接取代功能，所以會依據輸入參數的資料型態來決定。而巨集函數的函數運算式如果太長，需要分行來表示，必須在行尾加上「\」符號，告知前置處理器下一行還有未完的敘述，而其中的空格也不會被忽略，會被編譯器視為輸入的一部份。

◀ 隨堂範例 ▶ CH09_04.cpp

以下程式範例是定義一個用來計算梯形面積的巨集函數，並且可傳遞上底、下底與高三個引數，請各位特別注意巨集函數的參數列並不需要設定資料型態。

```
01   #include<iostream>
02
03   using namespace std;
04
05   #define RESULT(r1,r2,h) (r1+r2)*h/2.0 // 定義巨集函數
06   int main()
07   {
08       int r1,r2,h;
09       cout<<"---------------------------------"<<endl;
10       // 輸入梯形的各數值
11       cout<<" 上底 =";
12       cin>>r1;
13       cout<<" 下底 =";
```

```
14      cin>>r2;
15      cout<<" 高 =";
16      cin>>h;
17      // 利用巨集函數
18      cout<<" 梯形面積 ="<<RESULT(r1,r2,h)<<endl;
19      cout<<" 每個參數 +2 後的 ";
20      cout<<" 梯形面積 ="<<RESULT(r1+2,r2+2,h+2)<<endl;
21
22
23      return 0;
24  }
```

【執行結果】

```
------------------------------------
上底=10
下底=6
高=8
梯形面積=64
每個參數+2後的梯形面積=161

------------------------------------
Process exited after 13.21 seconds with return value 0
請按任意鍵繼續 . . . ▆
```

【程式解析】

- 第 5 行：定義巨集函數。
- 第 18、20 行：利用巨集函數呼叫。

這個執行結果，不知道各位是否留意，在第 18 行 RESULT(r1,r2,h)，其中 r1=6、r2=8、h=5，所求得的面積為 35 是正確。但是當第 20 行傳遞 r1、r2 和 h 變數都加上 2 時，那麼巨集函數是以下列的狀態展開函數運算式：

```
(r1+2+r2+2)*h2+2/2.0
```

由於運算子的優先順序問題（乘法高於加法），代入數值後，會造成與數學梯形面積計算的結果不符合，如下所示：

```
(6+2+8+2)*5+2/2.0=91
```

那該怎麼辦呢？解決之道就是在巨集函數定義時，將函數運算式的變數都加上括號即可，如下所示：

```
#define RESULT(r1,r2,h)  ((((r1)+(r2))*(h))/2.0)
```

9-2-4　標準前置處理巨集

通常 C++ 編譯器都有自己內建的巨集，用來協助程式編寫上的方便性。下表中所列都是標準的前置處理巨集，可以運用在各類的編譯器上。

巨集名稱	說明	輸出型態
__LINE__	定義一個整數，儲存程式檔案正在被編輯的行數。	整數
__FILE__	定義一個字串，儲存正在被編譯的檔案路徑與名稱。	字串
__DATE__	定義一個字串，儲存檔案被編譯的系統日期。	字串
__TIME__	定義一個字串，儲存檔案被編譯的系統時間。	字串
__STDC__	如果此數值為 1，代表編譯器符合 ANSI 標準。	整數

每個巨集名稱都以兩個底線字元開頭，再以兩個底線字元結束。這些標準巨集會在編譯程式的前置處理階段，替換成各自所代表的整數或字串。藉由這些巨集，可以反應出程式編譯時的資訊。

◀隨堂範例▶ CH09_05.cpp

以下程式範例是 C++ 中標準前置處理巨集指令介紹與實作。

```
01   #include <iostream>
02
03   using namespace std;
04   int main()
05   {
06       cout << " 在原始程式的第 " << __LINE__  << " 行開始使用前置處理巨集 ";
07       //__LINE__ 巨集可印出此巨集所出現的行號
08       cout << endl;
09       cout << " 編譯的程式名稱:" << __FILE__;        // __FILE__ 巨集
10       cout << endl;
11       cout << " 程式編譯日期在 " << __DATE__ << " 的 " << __TIME__;
                  // 巨集記錄編譯的日期時間。
12       cout << endl;
13
14
15       return 0;
16   }
```

【執行結果】

```
在原始程式的第 6 行開始使用前置處理巨集
編譯的程式名稱:D:\進行中書籍\博碩_C++_2018改版\範例檔\ch09\CH09_05.cpp
程式編譯日期在 Jun 11 2018 的 09:39:33
--------------------------------
Process exited after 0.09535 seconds with return value 0
請按任意鍵繼續 . . .
```

【程式解析】

- 第 6 行：__LINE__ 巨集可印出此巨集所出現的行號。
- 第 9 行：__FILE__ 巨集可印出正在被編譯的檔案路徑與名稱。
- 第 11 行：巨集記錄編譯的日期時間。

9-3 條件編譯指令

巨集定義也可以設定某些條件，以符合實際的程式需求，稱為「條件編譯」（conditional compilation）指令，共有六種：#if、#else、#elif、#endif、#ifdef 和 #ifndef。它們的功能類似流程控制的語法，只是條件編譯指令不需加大括號「{}」和結束符號「;」。請看以下的說明：

9-3-1 #if、#endif、#else、#elif 指令

#if 條件編譯指令類似 if 條件敘述，當此條件成立時，會執行此程式敘述區塊的程式碼，如果不成立，則略過不執行。而 #endif 指令是搭配 #if 等條件編譯指令使用，作用類似於 } 大括號，有結束的功能。宣告語法如下：

```
#if 條件運算式
    程式敘述區塊
#endif
```

另外還有 #else 條件編譯指令，也必須搭配 #if 指令，形成和 if else 條件敘述類似的功能，當 #if 指令不成立時，會跳過程式敘述區塊一，執行 #else 下方的程式敘述區塊二，宣告語法如下：

```
#if 條件運算式
    程式敘述區塊一
#else 條件運算式
    程式敘述區塊二
#endif
```

#if 指令也可與 #elif 條件編譯指令組合，#elif 指令在 C++ 中是類似 if else if 的條件敘述中的 else if 語法。可以針對多種編譯條件來進行驗證，當其中之一的條

件成立，就執行該條件的程式區塊。#elif 指令並沒有個數上限制，可以依照程式
需求，加入多個 #elif 指令來選擇要編譯的程式碼。宣告語法如下：

```
#if 條件運算式一
    程式敘述區塊一
#elif 條件運算式二
    程式敘述區塊二
#elif 條件運算式三
    程式敘述區塊三
...
#endif
```

9-4 上機程式測驗

1. 請設計一 C++ 程式，用來正確計算出梯形面積的巨集函數，並且可傳遞上
    底、下底與高三個引數。
    Ans ex09_01.cpp。

2. 請設計一 C++ 程式，提示使用者 TRUE 與 FALSE 兩個巨集名稱是否有定義
    過，如果沒有則分別定義常數值為 1 與常數值為 2。
    Ans ex09_02.cpp。

3. 請利用條件運算子「?」來設計一巨集函數，可讓使用者輸入一數，並判斷此
    數是偶數或奇數。
    Ans ex09_03.cpp。

4. 請利用 #define 指令定義一個巨集 FUNCTION 來計算 x^3+5x^2 的值。
    Ans ex09_04.cpp。

5. 請利用 #define 指令定義一個簡單計算圓面積的巨集函數，並且可以傳遞半徑
    為參數，讓使用者輸入半徑即可算出圓面積。
    Ans ex09_05.cpp。

6. 試寫一個程式，能夠使用巨集將一個變數內容顯示在螢幕上。
    Ans ex09_06.cpp。

課後評量

1. 何謂「條件編譯」（conditional compilation）指令？試詳述之。

2. 以下程式碼哪裡出錯了？

```
01    #include <iostream>
02    #include <cstdlib>
03    #define TRUE 1;
04    int main()
05    {
06    #ifdef TRUE
07        cout<<"TRUE 已定義了，常數值為1"<<endl;
08    #endif
09
10    system("pause");
11    return 0;
12    }
```

3. 何謂巨集函數？

4. 為什麼在巨集函數中所定義的函數運算的式子中的所有變數，都必須分別加上括號？

5. 下面這個程式碼片段在編譯時會發生錯誤，請問哪邊有問題？

```
01    #include <iostream>
02    using namespace std;
03    #define NULL 0
04    int main(void)
05    {
06        ......
07        return 0;
08    }
```

6. 下面程式碼片段在定義巨集名稱時出了什麼錯誤？

```
01    #include <iostream>
02    using namespace std;
03    #define PI = 3.14159
04    int main(void)
05    {
06        cout<<"PI = "<< PI<<endl;
07        return 0;
08    }
```

7. 下面這個程式碼哪邊出了問題，導致程式輸出不正確？

```
01    #include <iostream>
02    using namespace std;
03    #define ADD(X,Y)  X+Y
04    int main(void)
05    {
06        cout<<» 平均 = "<< ADD(10, 20)/2<<endl;
07        return 0;
08    }
```

8. 請說明前置處理器（preprocessor）與編譯器（compiler）之間的關係，以及 C++ 前置處理器指令的用途，並列舉 3 個前置處理器指令。

9. 試述下列二種將檔案引入的方式有何不同：

```
#include <aa.h>
#include "aa.h"
```

10. 試述 #if...#else...#endif 的用法。

11. 在程式中，通常我們會使用哪兩個「巨集指令」來判斷程式碼中的巨集指令是否被定義過了？並分別說明其差異處。

12. 若要將程式碼中的巨集取消掉，需要利用到哪一個「巨集指令」來取消某一巨集的使用。請以程式碼示範。

13. 定義一個 tempx 巨集，而此巨集可傳入一個參數，並對此參數做累減的動作。

14. 請簡述「除錯巨集」指令的主要功能。

15. 請說明下列巨集名稱所代表的意義。

```
__FILE__
__DATE__
```

16. 試簡述 #define 指令的功用。

17. 在 C++ 中已提供 const 用來定義常數，為何還要使用 #define 指令來定義呢？

18. 為什麼在巨集函數中所定義的函數運算的式子中的所有變數，都必須分別加上括號？

MEMO

CHAPTER

10

自訂資料型態與應用

陣列是一種集合體，可以用來記錄一組型態相同的資料，然而考慮一個狀況，例如您要同時記錄多筆資料型態的不同資料，此時陣列就不適合使用。這時就可以考慮使用結構型態（structure），結構可以集合不同的資料型態，並形成一種新的資料型態。雖然 C++ 的自訂資料型態早在物件導向觀念之前，但是確實已儼然具備有物件觀念的初步雛形，足以用來表現真實世界中獨立的個體資料，其中就包括了結構（struct）、列舉（enum）、聯合（union）與型態定義（typedef）等 4 種自訂資料型態。

10-1 結構

結構為一種使用者自訂資料型態，能將一種或多種資料型態集合在一起，形成新的資料型態。前面的章節中，曾經應用過陣列來記錄一組相同型態的資料。不過如果是考慮描述一位學生成績資料，這時除了要記錄學號與姓名等字串資料外，還必須定義數值資料型態來記錄如英文、國文、數學等成績，此時陣列就不適合使用。這時可以把這些資料型態組合成結構型態，來簡化資料處理的問題。

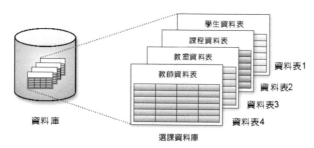

學生資料表的儲存就是一種結構的概念

10-1-1 結構宣告方式

事實上，結構是一種型態而不是變數，因此結構宣告是在建立一種新型態，宣告後才能建立結構變數來加以使用。宣告方式如下：

```
struct 結構型態名稱
{
    資料型態 結構成員1;
    資料型態 結構成員2;
    ......
};
```

在結構定義中可以使用 C++ 的基本資料型態、陣列、指標，甚至是其他結構成員。請注意在定義之後的分號（;）不可省略，這是經常容易忽略出錯的地方。各位可以在定義結構型態時，一併宣告建立結構變數，或者在定義結構後，再使用它來建立結構變數，定義方式如下：

```
struct 結構型態名稱
{
    資料型態 結構成員2;
    ......
} 結構變數1;
或
結構型態名稱 結構變數2;
```

接著就以學生在學成績記錄為例，宣告 Student 結構型態，並以 Student 型態定義結構變數 John，宣告與定義方式如下：

```
struct Student
{
    char S_Num[10];
    char Name[20];
    int Chi_score;
    int Math_score;
    int Eng_score;
};
Student John;
```

當然在定義結構變數時，可以同時指定初始值。指定初始值時，應注意所指定的資料型態順序必須與結構型態內的結構成員順序相同。對於相同結構型態的結構變數也可以透過指定運算（=）直接把值設定給另一結構變數。如下所示：

```
Student May={
                "92013368",   // 學號
                "May",        // 姓名
                80, 75, 92    // 各科成績
                };
```

10-1-2 結構的存取

定義完新的結構型態及宣告結構變數後，就可以開始使用所定義的結構成員項目。只要在結構變數後加上成員運算子 "." 與結構成員名稱，就可以直接存取該筆資料：

結構變數 . 結構成員名稱；

◀ 隨堂範例 ▶ CH10_01.cpp

以下程式範例是使用結構型態來定義 Student 結構，並示範如何宣告、存取結構成員與介紹結構變數間的指定運算過程。

```
01   #include <iostream>
02
03   using namespace std;
04
05   int main()
06   {
07       struct student
08       {
09           char name[10];
10           int score;
11       } s1, s2; // 結構型態的宣告與定義
12
13       cout<<" 學生姓名 =";
14       cin>>s1.name;// 輸入 s1 結構變數的 name 成員
15       cout<<" 學生成績 =";
16       cin>>s1.score;// 輸入 s1 結構變數的 score 成員
17       s2 = s1; // 結構變數的指定運算
18       cout<<"s1.name ="<<s1.name<<endl;
19       cout<<"s1.score ="<<s1.score<<endl;
20       cout<<"s2.name ="<<s2.name<<endl;
21       cout<<"s2.score ="<<s2.score<<endl;
22
23
24       return 0;
25   }
```

【執行結果】

```
學生姓名=陳漢昇
學生成績=95
s1.name =陳漢昇
s1.score =95
s2.name =陳漢昇
s2.score =95

-----------------------------------
Process exited after 8.004 seconds with return value 0
請按任意鍵繼續 . . .
```

【程式解析】

- 第 7 ～ 11 行：結構型態的宣告與定義。
- 第 14 行：輸入 s1 結構變數的 name 成員。
- 第 16 行：輸入 s1 結構變數的 score 成員。
- 第 17 行：結構變數間的指定運算。

10-1-3　結構指標

我們一直強調，當各位定義一個結構時，並不是宣告一個變數，而是定義一種資料型態。以此型態宣告變數，這個變數就稱為結構變數。如果以結構為資料型態宣告指標變數，這個指標就稱為「結構指標」。宣告方式如下：

```
struct 結構名稱 *結構指標名稱;
```

例如：

```
struct student
{
    char name[10];
    int score;
};
struct student s1;   // 宣告一般結構變數
struct student *s2;  // 宣告結構指標
```

雖然結構變數可以直接對其成員進行存取，但由於結構指標是以此結構為資料型態的指標變數，所儲存的內容是位址，因此還是跟一般指標變數一樣，必須先指定結構變數的位址給指標，才能間接存取其指定結構變數的成員。如下所示：

```
結構指標 = & 結構變數;
```

基本上，結構指標的資料存取方法有以下兩種方式：

1. 使用 -> 符號指向結構指標的資料成員。

結構指標 -> 結構成員名稱；

2. 使用取值運算子 * ，再使用小數點 . 取得結構變數的資料成員。

(* 結構指標) . 結構成員名稱；

◀隨堂範例▶ CH10_02.cpp

以下程式範例設定一結構為圓，並分別宣告一個結構變數及結構指標，而此結構指標指向該變數。接著利用結構變數計算出圓面積後，再分別用兩種結構指標方式將資料顯示在螢幕上。

```cpp
01   #include <iostream>
02
03   using namespace std;
04
05   struct circle
06   {
07       float r;
08       float pi;
09       float area;
10   }; // 宣告 circle 結構
11   int main()
12   {
13       struct circle myCircle;
14       struct circle *getData;
15
16       //getData 指向 myCircle
17       getData = &myCircle;
18       // 設定圓半徑
19       myCircle.r=5;
20       myCircle.pi = 3.14159;
21       // 設定圓週率
22       myCircle.area = myCircle.r*myCircle.r*myCircle.pi;
23       // 計算圓面積
24
25
26       cout<<"getData->r ="<<getData->r<<endl;
27       cout<<"getData->pi ="<<getData->pi<<endl;
28       cout<<"getData->area ="<<getData->area<<endl;
29       // 第一種 結構指標存取方式
```

```
30      cout<<"------------------------------------"<<endl;
31      cout<<"(*getData).r ="<<(*getData).r<<endl;
32      cout<<"(*getData).pi ="<<(*getData).pi<<endl;
33      cout<<"(*getData).area ="<<(*getData).area<<endl;
34      // 第二種 結構指標存取方式
35
36      return 0;
37  }
```

【執行結果】

```
getData->r =5
getData->pi =3.14159
getData->area =78.5397
------------------------------------
(*getData).r =5
(*getData).pi =3.14159
(*getData).area =78.5397
------------------------------------
Process exited after 0.1202 seconds with return value 0
請按任意鍵繼續 . . .
```

【程式解析】

- 第 5 ～ 10 行：宣告 circle 結構。
- 第 13 行：宣告 circle 的結構變數。
- 第 14 行：宣告 circle 的結構指標。
- 第 19 行：設定圓半徑。
- 第 20 行：設定圓周率。
- 第 26 ～ 28 行：第一種結構指標存取方式。
- 第 31~33 行：第二種結構指標存取方式。

10-2 結構與陣列

　　陣列在程式設計中使用相當頻繁，主要是用來儲存相同資料型態成員的集合，而結構的功用則可以集合不同資料型態成員，不過那可是只有一筆結構資料，如果同時要記錄多筆相同結構資料，還是得宣告一個結構陣列型態。宣告方式如下：

```
struct 結構名稱 結構陣列名稱 [ 陣列長度 ];
```

10-2-1　結構陣列

例如以下程式碼片段將建立具有五個元素的 student 結構陣列，陣列中每個元素都各自擁有字串 name 與整數 score 成員：

```
struct student
{
    char name[10];
    int score;
};
struct student class1[5];// 建立具有五個元素的 student 結構陣列
```

當然各位也可以於宣告結構陣列的同時，設定 5 個成員的初始值，如下所示：

```
struct student
{
    char name[10];
    int score;
};
struct student class1[5] = { {"Justin", 90},
                             {"momor", 95},
                             {"Becky", 98},
                             {"Bush", 75},
                             {"Snoppy",80} };
```

至於要存取結構陣列的成員，在陣列後方加上 "[索引值]" 存取該元素即可，例如：

```
結構陣列名稱 [ 索引值 ]. 陣列成員名稱
```

◀ 隨堂範例 ▶ CH10_03.cpp

以下程式範例是基本的結構陣列的宣告與存取方式。不過請各位留意，第 24 行是個重要的觀念，因為陣列名稱即為此陣列第一個元素的記憶體位址，所以陣列中的各個元素也可以使用指標常數運算的觀念來存取。例如：

```
( 結構陣列名稱 +i)-> 結構成員
```

```
01   #include <iostream>
02
03   using namespace std;
```

```
04
05  int main()
06  {
07      struct student
08      {
09          char name[10];
10          int score;
11      };// 宣告 student 結構
12      struct student class1[5] = { {"Justin", 90},
13                                   {"momor",  95},
14                                   {"Becky",  98},
15                                   {"Bush",   75},
16                                   {"Snoopy", 80} };// 設定 5 個成員的初始值
17      int i;
18      cout<<"---------- 列印 student 結構陣列的成員 ------------"<<endl;
19      for(i = 0; i < 5; i++)
20          cout<<" 姓名："<<class1[i].name<<" 成績："<<class1[i].score<<endl;
21      // 列印 student 結構陣列的成員元素
22      cout<<"--------- 使用指標常數來存取 student 結構成員 ---------"<<endl;
23      for(i = 0; i < 5; i++)
24          cout<<" 姓名："<<(class1+i)->name<<" 成績："<<(class1+i)->score<<endl;
25      // 可以使用指標的觀念來存取 student 結構成員
26
27
28      return 0;
29  }
```

【執行結果】

```
-----------列印student結構陣列的成員------------
姓名：Justin成績：90
姓名：momor成績：95
姓名：Becky成績：98
姓名：Bush成績：75
姓名：Snoopy成績：80
---------使用指標常數來存取student結構成員----------
姓名：Justin成績：90
姓名：momor成績：95
姓名：Becky成績：98
姓名：Bush成績：75
姓名：Snoopy成績：80

---------------------------------------
Process exited after 0.06476 seconds with return value 0
請按任意鍵繼續 . . .
```

【程式解析】

■ 第 7 ~ 11 行：宣告 student 結構。

- 第 12 ～ 16 行：設定 5 個成員的初始值。
- 第 19 ～ 20 行：輸出 student 結構陣列的成員元素。
- 第 23 ～ 24 行：使用指標常數的觀念來存取結構成員。

10-2-2　結構的陣列成員

接下來如果各位在結構陣列中要宣告陣列成員，也是直接在陣列前面加上資料型態即可，如下所示：

```
struct 結構型態名稱
{
    ......
    資料型態  陣列名稱 [ 元素個數 ];
};

struct 結構型態名稱 變數名稱;
```

而要存取結構陣列成員的陣列元素則在陣列後方加上 "[索引值]" 存取該元素即可，例如：

```
結構陣列名稱 [ 索引值 ].陣列成員名稱 [ 索引值 ]
```

◀ **隨堂範例** ▶ **CH10_04.cpp**

以下程式範例宣告 5 個學生的結構陣列，其中每個學生的結構中又有成績的陣列成員，最後結果將列印與存取學生結構陣列的陣列成員元素。

```
01   #include <iostream>
02
03   using namespace std;
04
05   int main()
06   {
07       struct student
08       {
09           char name[10];
10           int   score[3];
11       }; // 宣告 student 結構
12       struct student class1[5] = { {"Justin", 90,76,54},
13                                    {"momor",  95,88,54},
14                                    {"Becky",  98,66,90},
15                                    {"Bush",   75,54,100},
```

```
16                                      {"Snoopy", 80,88,97} };
                                        // 設定 5 個成員的初始值
17      int i;
18
19      for(i = 0; i < 5; i++)
20      {
21          cout<<" 姓名 :"<<class1[i].name<<'\t'<<" 成績："<<class1[i].
            score[0]<<'\t'
22              <<class1[i].score[1]<<'\t'<<class1[i].score[2]<<endl;
23          // 列印與存取 student 結構陣列的成員元素
24          cout<<"-------------------------------------------------"<<endl;
25      }
26
27      return 0;
28  }
```

【執行結果】

```
姓名:Justin      成績:90      76      54
---------------------------------------------------
姓名:momor       成績:95      88      54
---------------------------------------------------
姓名:Becky       成績:98      66      90
---------------------------------------------------
姓名:Bush        成績:75      54      100
---------------------------------------------------
姓名:Snoopy      成績:80      88      97
---------------------------------------------------

---------------------------------------------------
Process exited after 0.08272 seconds with return value 0
請按任意鍵繼續 . . .
```

【程式解析】

- 第 12 ～ 16 行：設定 5 個成員的初始值。
- 第 21 ～ 22 行：輸出與存取 student 結構陣列的陣列。

10-2-3　結構指標陣列

由於結構陣列是以結構變數的方式呈現，當然也可以宣告成結構指標陣列方式，使得陣列中的每個元素，所存放的都是指標。我們將直接使用以下程式範例作為說明。請注意！因為是結構指標陣列，所以不能使用 * 運算子或指標運算來存取結構內的資料成員。例如下例中把第 25 行改為：

```
cout<<" 姓名："<< *s2[i].name;   // 這個陳述句不合法
或
cout<<" 姓名："<<(s2+i)->name;  // 這個陳述句不合法
```

◀隨堂範例▶ CH10_05.cpp

以下程式範例是有關結構指標陣列中成員的宣告與存取的示範練習。

```
01    #include <iostream>
02
03    using namespace std;
04
05    int main()
06    {
07        struct student
08        {
09            char name[10];
10            int score;
11        };
12        struct student s1[5] = { {"Justin", 90},
13                                 {"Momor",  95},
14                                 {"Becky",  98},
15                                 {"Bush",   75},
16                                 {"Snoopy", 80} };// 設定 5 個成員的初始值
17        struct student *s2[5];// 宣告成結構指標陣列
18        int i;
19
20        for(i = 0; i < 5; i++)
21            s2[i] = &s1[i];// 複製結構成員
22
23        for(i = 0; i < 5; i++)
24        {
25            cout<<" 姓名："<<s2[i]->name<<'\t';
26            cout<<" 成績："<<s2[i]->score<<endl;
27        }// 顯示結構成員
28
29
30        return 0;
31    }
```

【執行結果】

```
姓名：Justin    成績：90
姓名：Momor     成績：95
姓名：Becky     成績：98
姓名：Bush      成績：75
姓名：Snoopy    成績：80
------------------------------------
Process exited after 0.09372 seconds with return value 0
請按任意鍵繼續 . . .
```

【程式解析】

- 第 12 ～ 16 行：設定 5 個成員的初始值。
- 第 17 行：宣告成結構指標陣列。
- 第 21 行：複製結構成員。
- 第 23 ～ 27 行：顯示結構成員。

10-3 巢狀結構

所謂巢狀結構就是在一個結構中宣告建立另一個結構。就如同一個書包（外層結構）裡面還裝有數個資料夾（裡層結構）；如下圖所示：

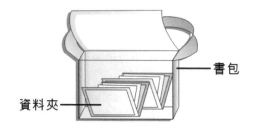

資料夾 —

書包

10-3-1 宣告巢狀結構

巢狀結構的好處是在已建立好的資料分類上繼續分類，所以會將原本資料再做細分。巢狀結構的宣告方式有以下兩種：

- 將裡層結構與外層結構分開宣告，其中裡層結構 A 宣告於一處，外層結構 B 則以結構 A 為資料型態宣告變數。

如下所示：

```
struct 結構名稱 A
{
    ......
};
struct 結構名稱 B
{
......
    struct 結構名稱 A 變數名稱 a;
    ......
};
```

以下是一個班級的基本結構，在這個程式碼片段中，定義了 grade 結構，並在其中使用原先定義好的 student 結構來宣告 std 結構陣列，表示一個年級有 50 個學生與一個老師：

```
struct student
{
    char *name;
    int height;
    int weight;
};

struct grade
{
    struct student std[50];
    char *teacher;
};
```

- 內層結構被包於外層結構之下，其中內層結構包在外層結構 **B** 之內，定義內層結構的成員時，也一併宣告變數，可省略內層結構的名稱定義。

如下所示：

```
struct 結構名稱 B
{
......
    struct
    {
        ......
    } 變數名稱 a;
......
};
```

現在也可以將巢狀結構 grade 用以下的方式來撰寫，在這個結構中，省略了內層結構 student 的名稱定義，而直接使用 grade 結構即可：

```
struct grade
{
    struct
    {
        char *name;
        int height;
        int weight;
    } std[50];

    char *teacher;
};
```

如果要存取 grade 巢狀結構的內層結構成員，必須多一層 std 變數的指定，不過多一層結構就要多一個小數點 (.)，例如以下存取資料成員的方式：

```
struct grade g1;

g1.std[0].name = "Justin";
g1.std[0].height = 155;
g1.std[0].weight = 50;
g1.std[1].name = "Bush";
g1.std[1].height = 145;
g1.std[1].weight = 50;
......
g1.teacher = "monica";
```

◀ 隨堂範例 ▶ CH10_06.cpp

以下程式範例將以省略內層結構的名稱定義，而直接使用 grade 結構來定義巢狀結構，並示範其中巢狀結構的成員的宣告與存取練習。重點是巢狀結構存取與一般結構一樣，多一層結構就要多一個小數點。

```
01   #include <iostream>
02
03   using namespace std;
04
05   int main()
06   {
07       struct grade
08       {
09           struct
10           {
11               const char *name;
12               int height;
13               int weight;
14           } std[3];// 省略了內層結構的名稱定義，而直接使用 grade 結構來定義
15           const char *teacher;
16       }g1={"John",174,65,"Justin",168,56,"Bush",177,80,"Mary"};
17       // 設定結構變數 g1 的初始值
18
19       int i;
20
21       cout<<" 老師 :"<<g1.teacher<<endl;
22       cout<<"----------------------------------------------------"<<endl;
23       cout<<" 學生姓名，身高，體重如下 :"<<endl;
24
25       for (i=0;i<3;i++)
```

```
26              cout<<g1.std[i].name<<" "<<g1.std[i].height<<" "<<g1.std[i].
                weight<<endl;
27      // 巢狀結構存取與一般結構一樣，多一層結構就要多一個小數點 .
28
29      return 0;
30  }
```

【執行結果】

```
老師:Mary
-----------------------------------------------
學生姓名,身高,體重如下:
John 174 65
Justin 168 56
Bush 177 80

-----------------------------------
Process exited after 0.08108 seconds with return value 0
請按任意鍵繼續 . . .
```

【程式解析】

- 第 7 ～ 17 行：省略了內層結構的名稱定義，而直接使用 grade 結構來定義。
- 第 16 行：宣告並設定結構變數 g1 的初始值。
- 第 26 ～ 27 行：巢狀結構存取與一般結構一樣，多一層結構就要多一個小數點。

10-4 函數與結構

由於結構是一種使用者自訂資料型態，因此也可以在函數與函數之間傳遞結構變數。結構資料型態並不是 C++ 的基本資料型態，因此要在函數中傳遞結構型態，必須在全域範圍內事先作宣告，其他函數才可以使用此結構型態來定義變數。

在 C++ 的函數間傳遞參數，可分為傳值（call by value）、傳址（call by address）與傳參考（call by reference）三種方式，當然函數中的結構資料傳遞也可以使用這幾種參數傳遞方法：

10-4-1　結構傳值呼叫

傳值呼叫會將整個結構變數複製到函數裡，結構的所有成員項目會一直存在函數中供直接使用。但是當結構物件容量很大時，不僅佔用許多記憶體，也會降低程式執行的效率。不過如果在函數中更改了傳來的參數值，則主函數內結構變數的值並不會更改。函數原型宣告如下：

```
函數型別 函數名稱 (struct 結構型態名稱 結構變數 );
或
函數型別 函數名稱 (struct 結構型態名稱 );
```

例如：

```
int calculate(struct product inbook);
```

而呼叫時，直接將結構變數傳入函數即可：

```
calculate(book);
```

◀隨堂範例▶ CH10_07.cpp

以下程式範例輸入一份書籍訂購，包含有書名、單價及數量。並利用傳值呼叫方式將結構變數傳遞到函數來計算訂購總額。

```
01   #include <iostream>
02
03   using namespace std;
04
05   struct product
06   {
07       char name[20];
08       int price;
09       int number;
10   }; // 在全域範圍內作宣告
11   int calculate(struct product );
12   // 傳值呼叫的原型宣告
13
14   int main()
15   {
16       struct product book;
17
18       cout<<" 書名 :";
19       cin>>book.name;
```

```
20      cout<<" 單價:";
21      cin>>book.price;
22      cout<<" 數量:";
23      cin>>book.number;
24      cout<<"----------------------------------------"<<endl;
25      cout<<" 書名 :"<<book.name<<endl;
26      cout<<" 單價 ="<<book.price<<endl;
27      cout<<" 數量 ="<<book.number<<endl;
28      cout<<" 訂購金額 ="<<calculate(book)<<endl; // 呼叫時，直接將結構變數名稱
                                                            傳入函數即可
29
30
31      return 0;
32  }
33  int calculate(struct product inbook)
34  {
35      int money;
36      money = inbook.price*inbook.number;// 計算訂購金額
37      return money;
38  }
```

【執行結果】

```
書名:遊戲設計概論
單價:600
數量:15
----------------------------------------
書名 :遊戲設計概論
單價 =600
數量 =15
訂購金額 =9000

----------------------------------------
Process exited after 26.11 seconds with return value 0
請按任意鍵繼續 . . . ■
```

【程式解析】

- 第 5 ～ 10 行：在全域範圍內作宣告。

- 第 11 行：傳值呼叫的原型宣告。

- 第 28 行：呼叫時，直接將結構變數傳入函數即可。

- 第 36 行：計算訂購金額。

- 第 33 ～ 38 行：設計 calculate 函數，傳入結構變數並直接使用成員項目。

10-4-2 結構傳址呼叫

傳址呼叫所傳入的參數為結構變數的記憶體位址，並以「&」運算子將位址傳給函數，在函數內則透過結構指標來存取結構資料。這樣的方式可解決傳值呼叫時所造成的佔用記憶體與效率減低問題，不過如果在函數中更改了傳來的參數值，那麼主函數內結構變數的值也會同步更改。函數原型宣告如下：

```
函數型態 函數名稱 (struct 結構型態名稱 * 結構變數 );
或
函數型態 函數名稱 (struct 結構型態名稱 *);
```

例如：

```
int calculate(struct product *inbook);
```

而呼叫時，直接將結構變數的位址傳入函數即可：

```
calculate(&book);
```

10-4-3 結構傳參考呼叫

C++ 中的傳參考呼叫方式，也是類似於傳址呼叫的一種，當然結構型態也可以使用傳參考呼叫方式。當在函數內變動形式參數的值時，也會更動到原先呼叫函數中的實際參數。在使用結構傳參考呼叫時，只需要在函數原型和定義函數所要傳遞的參數前加上 & 運算子即可。函數原型宣告如下：

```
函數型態 函數名稱 (struct 結構型態名稱 & 結構變數 );
或
函數型態 函數名稱 (struct 結構型態名稱 &);
```

例如：

```
int calculate(struct product &inbook);
```

而呼叫時，直接將結構變數的位址傳入函數即可：

```
calculate(book);
```

10-5 ▸ 其他自訂資料型態

所謂自訂資料型態，其實可以看成是替指定資料型態來自訂名稱，則在程式中，即可以此自訂名稱來定義所指定的資料型態變數。除了上述的 struct 可自訂資料型態外，還包含列舉（enum）、聯合（union）與型態定義（typedef）三種方式。本節中會針對這三種型態特性分別作說明。

10-5-1 型態定義指令

型態定義指令（typedef）可用來重新定義資料型態，將原有的型態或結構利用 typedef 指令以有意義的新名稱來取代，讓程式可讀性更高。宣告語法如下：

```
typedef  原型態  新定義型態 ;
```

就以讓型態名稱更有意義來說，例如程式設計師可以利用 typedef 指令將 int 重新定義為 integer：

```
typedef int integer;
integer age=20;
```

經過以上宣告，這時 int 及 integer 都宣告為整數型態。如果重新定義結構型態，程式碼宣告就不必每次加上 struct 保留字了，例如：

```
typedef struct house
{
    int roomNumber;
    char houseName[10];
} house_Info;

house_Info  myhouse;
```

◀ 隨堂範例 ▶ CH10_08.cpp

以下程式範例是說明型態定義指令（typedef）重新定義 int 型態、字元陣列與 hotel 結構，當重新定義結構後，就不必加上 struct 保留字了。

```
01   #include <iostream>
02
03   using namespace std;
```

```
04
05   typedef int INTEGER; // INTEGER 被定義成 int 型態
06   typedef char STRING[20];//STRING 被定義成長度為 20 的字元陣列
07
08   typedef struct hotel
09   {
10       INTEGER roomNumber;
11       STRING hotelName;
12   } hotel_Info; // 以 typedef 指令將 hotel 結構，重新定義成 hotel_Info
13
14   int main()
15   {
16       hotel_Info myhotel; // 重新定義結構，不必加上 struct 保留字
17       cout<<" 旅館名稱 :";
18       cin>>myhotel.hotelName;
19       cout<<" 房間數目 :";
20       cin>>myhotel.roomNumber;
21       cout<<"-------------------------------------"<<endl;
22       cout<<" 旅館名稱 :"<<myhotel.hotelName<<endl;
23       cout<<" 房間數目 :"<<myhotel.roomNumber<<endl;
24
25
26       return 0;
27   }
```

【執行結果】

```
旅館名稱:美心飯店
房間數目:10
-------------------------------------
旅館名稱:美心飯店
房間數目:10

-------------------------------------
Process exited after 17.05 seconds with return value 0
請按任意鍵繼續 . . .
```

【程式解析】

- 第 5 行：INTEGER 被定義成 int 型態。

- 第 6 行：STRING 被定義成長度為 20 的字元陣列。

- 第 8 ~ 12 行：以 typedef 指令將 hotel 結構，重新定義成 hotel_Info 型態。

- 第 16 行：重新定義結構，不必加上 struct 保留字。

10-5-2 列舉型態指令

列舉型態指令（enum）也是一種由使用者自行定義的資料型態，內容是由一組常數集合成的列舉成員，並給予各常數值不同的命名。列舉型態指令的優點，在於把變數值限定在列舉成員的常數集合裡，並利用名稱方式來作指定，使得程式可讀性大為提高。

例如各位在程式中，如果以數值 0 ～ 3 來表示飲料種類，意義上較不清楚。這時就可以使用列舉型態指令（enum）來自訂列舉型態。定義與宣告方式如下：

```
enum 列舉型態名稱
{
    列舉成員1,
    列舉成員2,
       ...
};
enum 列舉型態名稱 列舉型態變數;
```

例如：

```
enum Drink
        {
        coffee,  // 預設值為 0
        milk,    // 預設值為 1
        tea,     // 預設值為 2
        water    // 預設值為 3
        };
```

在宣告列舉型態時，如果沒有指定列舉成員的常數值，則 C++ 系統會將第一個列舉成員自動指定為 0，而後面的列舉成員的常數值則依續遞增。至於要設定列舉的初始值，則可於宣告同時直接指定其值。對於沒有指定初始值的列舉成員（tea），則系統會以最後一次指定常數值的列舉成員為基準，依序遞增並指定。如下所示：

```
enum Drink
        {
        coffee=20,  // 值為 20
        milk=10,    // 值為 10
        tea,        // 值為 11
        water       // 值為 12
        };
```

以下宣告表示定義 Drink 列舉型態的變數 my_drink 與 his_drink：

```
enum Drink
        {
        coffee=10, // 值為 10
        milk,      // 值為 11
        tea,       // 值為 12
        water      // 值為 13
        }my_drink;

enum Drink his_drink;
```

◀隨堂範例▶ CH10_09.cpp

以下程式範例將宣告與定義 Drink 列舉型態，並定義變數 c_drink 及顯示變數 c_drink 值，請仔細觀察列舉成員常數值間的變化。

```
01   #include <iostream>
02
03   using namespace std;
04
05   int main()
06   {
07       enum Drink
08       {
09           coffee=25,
10           milk=20,
11           tea=15,
12           water
13       }; // 宣告與定義 Drink 列舉型態
14       enum Drink c_drink;  // 定義 Drink 列舉型態變數 corp_drink
15
16       c_drink=coffee;       // 指定變數 c_drink 值為 coffee
17       cout<<" 列舉型態的 coffee 值 ="<<c_drink<<endl ;
18
19       c_drink=milk;         // 指定變數 c_drink 值為 milk
20       cout<<" 列舉型態的 milk 值 ="<<c_drink<<endl;
21
22       c_drink=water;        // 指定變數 c_drink 值為 water
23       cout<<" 列舉型態的 water 值 ="<<c_drink<<endl;
24
25
26       return 0;
27   }
```

【執行結果】

```
列舉型態的 coffee 值=25
列舉型態的 milk 值=20
列舉型態的 water 值=16
_____
Process exited after 0.09571 seconds with return value 0
請按任意鍵繼續 . . . ■
```

【程式解析】

- 第 7 ~ 13 行：宣告與定義 Drink 列舉型態。
- 第 14 行：定義 Drink 列舉型態變數 c_drink。
- 第 16 行：指定變數 c_drink 值為 coffee。
- 第 19 行：指定變數 c_drink 值為 milk。
- 第 22 行：指定變數 c_drink 值為 water。

10-5-3 聯合型態指令

聯合型態指令（union）與結構型態指令（struct），無論是在定義方法或成員存取上都十分相像，但結構型態指令所定義的每個成員擁有各自記憶體空間，不過聯合卻是共用記憶體空間。如下圖所示：

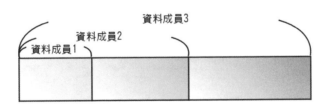

聯合的成員在記憶體中的位置

聯合變數的定義與宣告方式如下：

```
union  聯合型態名稱
{
    資料型態  資料成員 1;
    資料型態  資料成員 2;
    資料型態  資料成員 3;
    …
};

union  聯合型態名稱  聯合變數 ;
```

聯合變數內的各成員以同一記憶體區塊儲存資料，並以佔最大長度記憶體的成員為聯合的空間大小。例如定義以下的聯合型態 Data，則 u1 聯合物件的長度會以字元陣列 name 為主，也就是 20 個位元組：

```
union Data
{
    int a;
    int b;
    char name[20];
} u1;
```

定義完新的聯合型態及宣告聯合變數後，就可以開始使用所定義的資料成員項目。只要在聯合變數後加上成員運算子 "." 與資料成員名稱，就可以直接存取該筆資料：

```
聯合物件 . 資料成員 ;
```

◀隨堂範例▶ CH10_10.cpp

以下程式範例將利用聯合成員共享記憶體空間的特性來製作簡單的加解密程式。也就是簡單的將每個位元組的數值加上一個整數來加密，若要解密，則將每個數值減去一個整數即可。

```
01   #include <iostream>
02
03   using namespace std;
04   int encode(int);     // 加密函數
05   int decode(int);     // 解密函數
06   int main()
07   {
08       int pwd; cout<<" 請輸入密碼 : ";
09       cin>>pwd; pwd = encode(pwd);
10       cout<<" 加密後 : "<<pwd<<endl;
11       pwd = decode(pwd);
12       cout<<" 解密後 : "<<pwd<<endl;
13
14       return 0;
15   }// 引　數 : 未加密的密碼
16       // 傳回值 : 加密後的密碼
17
18   int encode(int pwd)
19   {
```

```
20      int i;   union{
21          int num;
22          char c[sizeof(int)];
23      } u1;
24      u1.num = pwd;
25      for(i = 0; i< sizeof(int); i++)
26          u1.c[i] += 32;
27
28      return u1.num;
29  }
30
31  int decode(int pwd)
32  {
33      int i;
34      union{
35          int num;
36          char c[sizeof(int)];
37      } u1;
38      u1.num = pwd;
39      for(i = 0; i< sizeof(int); i++)
40          u1.c[i] -= 32;
41
42      return u1.num;
43  }
```

【執行結果】

```
請輸入密碼：1234
加密後：538977522
解密後：1234

--------------------------------
Process exited after 15.22 seconds with return value 0
請按任意鍵繼續 . . .
```

【程式解析】

■ 第 4、5 行：加解密函數的宣告。

■ 第 20 ~ 23 行：union 聯合空間的宣告

■ 第 18 ~ 29 行：加密函數，引數為未加密的密碼，傳回值為加密後的密碼。

■ 第 31 ~ 43 行：解密函數，引數為加密後的密碼，傳回值為未加密的密碼。

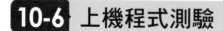

10-6 上機程式測驗

1. 請設計一 C++ 程式，用來說明當使用結構指標來進行結構成員運算時，必須特別注意運算子的優先順序。

    Ans ex10_01.cpp。

2. 請設計一 C++ 程式，宣告圓的結構體，並將設定結構成員中的 area 為指標變數，用以記錄圓面積。

    Ans ex10_02.cpp。

3. 請設計一 C++ 程式，練習建立與存取 3 個學生節點的鏈結串列。並利用結構指標 ptr 來作為串列的讀取旗標。每次讀完串列的一個節點，就將 ptr 往下一個節點位址移動，直到 ptr 指向 NULL 為止。

    Ans ex10_03.cpp。

4. 請設計一 C++ 程式，輸入一份書籍訂購，包含有書名、單價及數量。並利用傳址呼叫方式將結構變數傳遞到函數來計算訂購總額。

    Ans ex10_04.cpp。

5. 請設計一 C++ 程式，仍然輸入一份書籍訂購，包含有書名、單價及數量。並利用傳參考呼叫方式將結構變數傳遞到函數來計算訂購總額，並觀察參數在函數呼叫前後變動的情況。

    Ans ex10_05.cpp。

6. 請設計一程式，將其宣告為 3 個元素的結構陣列，並計算這 3 個學生的數學與英文平均成績及輸出 3 位學生的姓名、數學與英文成績。

    Ans ex10_06.cpp。

7. 中文字是由兩個位元組所組成，第一個中文字編碼為 0xA440，請使用結構來儲存前十個中文字，並將之顯示出來。

    Ans ex10_07.cpp。

8. 請設計一程式，以傳址呼叫方式將學生成績陣列傳遞到 min() 函數中，並在函數中利用陣列來存取結構陣列元素的各種資料成員，並找出這些學生中成績最低分的學生姓名及成績。

    Ans ex10_08.cpp。

9. 請設計一程式，定義一個時間結構，並輸入及輸出成員資料。

```
struct Time
{
    int hour;
    int minute;
    int second;
};
```

Ans ex10_09.cpp。

10. 請設計一程式，試以結構的方式來算出應繳的電費。由鍵盤輸入用電量，然後依據下表求出應繳的電費，其中基本電費為 90 元，用水量對應水費單價如下表所示：

用水量	水費單價
10 度以下	10
11～20 度	12
21～40 度	15
41～50 度	18
50 度以上	20

Ans ex10_10.cpp。

11. 請設計一程式，以傳參考呼叫方式接受兩個外部輸入的結構變數，並由資料成員 salary 的大小，來決定兩個變數哪一個是主管，並依照職位在 main() 函數中輸出員工資料。

Ans ex10_11.cpp。

12. 請設計一程式，可以讓老師輸入學生學號、姓名及電話號碼，並可根據姓名進行資料的查詢，學生的資料必須使用結構來儲存。

Ans ex10_12.cpp。

13. 請設計一程式，利用 sizeof 運算子來知道結構型態陣列或變數所佔的記憶體空間大小。

Ans ex10_13.cpp。

課後評量

1. 建立另一個結構物件,此時我們稱其形成巢狀結構。巢狀結構的好處是在已建立好的資料分類上繼續分類,所以會將原本資料再做細分。以下的宣告有何錯誤?

```
struct member
{
    char name[80];
    struct member no;
}
```

2. 請列舉型態指令(enum)的意義與功用。

3. 下面這個程式片段哪邊出了問題?

```
01   #include <iostream>
02   #include <cstring>
03   using namespace std;
04   int main(void)
05   {
06      struct student
07      {
08         char name[40];
09         int number;
10      };
11      student Tom={" 吳燦銘 ",87};
12      student *st=&Tom;
13      cout<<st.name<<endl;
14      cout<<st.number<<endl;
15      return 0;
16   }
```

4. 下面這個程式碼片段哪邊出了問題?

```
01   #include <iostream>
02   using namespace std;
03   int main(void)
04   {
05       struct
06       {
```

```
07          char *name;
08          int number;
09      }st
10
11      st.name = "Justin";
12      st.number = 90;
13
14      return 0;
15  }
```

5. 以下的宣告有何錯誤？

```
struct student
{
    char name[80];
    struct student next;
}
```

6. 結構傳址呼叫的功用為何？

7. 結構傳參考呼叫的功用為何？

8. 有一結構內容如下：

```
struct circle
{
float r;
  float pi;
float area;
};
```

且宣告為結構指標：

```
struct circle *getData;
getData = &myCircle;
```

請依照上述程式碼，寫出兩種結構指標存取方式？

9. 二元樹（又稱 knuth 樹）是一個由有限節點所組成的集合，此集合可以為空集合，或由一個樹根及左右兩個子樹所組成。簡單的說，二元樹最多只能有兩個子節點，就是分支度小於或等於 2。所謂二元樹的串列表示法，就是利用鏈結串列來儲存二元樹。也就是運用動態記憶體及指標的方式來建立二元樹。其節點結構如下：

left *ptr	data	right *ptr
指向左子樹	節點值	指向右子樹

請以 struct 與 typedef 指令來實作二元樹的節點結構。

10. 請問聯合型態指令與列舉型態指令（enum）間的差異。

11. 何謂自訂資料型態？ C++ 中有哪些自訂資料型態？

12. 結構傳值呼叫的缺點為何？試說明之。

13. 試簡述巢狀結構的意義。

14. 以下程式碼片段將建立具有五個元素的 student 結構陣列，陣列中每個元素都各自擁有字串 name 與整數 score 成員：

```
struct student
{
    char name[10];
    int score;
};
struct student class1[5];
```

請問此結構陣列共佔有多少位元組？

15. 延續上題，如果改為結構指標陣列，如下所示：

```
struct student
{
    char name[10];
    int score;
};
struct student *class1[5];
```

請問此結構指標陣列共佔有多少位元組？為什麼？

16. 一個初學結構的學生試圖由使用者輸入來設定結構成員的值，但是程式執行時發生錯誤，請問哪邊出了問題？

```
01   #include <iostream>
02   using namespace std;
03   int main(void)
04   {
05   struct
06   {
```

```
07      int a;
08      int b;
09  }word;
10  cout<<" 輸入兩整數：";
11  cin>>&word.a>>&word.b;
12  cout<<word.a<<word.b;
13  return 0;
14  }
```

17. 結構體宣告有哪兩種方式？

MEMO

認識物件導向程式設計

物件導向程式設計（OOP）的主要精神就是將存在於日常生活中舉目所見的物件（object）概念，應用在軟體設計的發展模式（software development model）。也就是說，OOP 讓各位從事程式設計時，能以一種更生活化、可讀性更高的設計觀念來進行，並且所開發出來的程式也較容易擴充、修改及維護。在現實生活中各式各樣的物品都可以看成是物件（object），例如正在閱讀的書是一個物件，手上的筆也是一個物件。當然物件除了是一種隨處可觸及的物體外，就程式設計的觀點來說，抽象的概念或事情也可以當成是物件。

物件是 OOP 的最基本元素，而每一個物件在程式語言中的實作都必須透過類別（class）的宣告。C++ 與 C 的最大差異在於 C++ 加入了類別語法，也因此讓 C++ 成為具有物件導向程式設計的功能。前面章節我們所介紹的都是 C++ 的基本功能，直到本章開始才正式進入了 C++ 物件導向設計的大門。

生活中各式各樣的物品都可以
看成是物件（object）

11-1 類別的基本觀念

類別在 C++ 的 OOP 中是一種重要的基本觀念，是屬於使用者定義的抽象資料型態（ADT），類別的觀念其實是由 C 的結構型態衍生而來，二者的差別在於結構型態只能包含資料變數，而類別型態則可擴充到包含處理資料的函數。以下就是結構與類別簡單的宣告範例，請各位細心比較：

✪ 結構宣告

```
struct  Student         // 結構名稱
{
    char name[20];      // 資料變數
    int  height;
    int  weight;        // 不可在類別內定義成員 / 函數；
}
```

✪ 類別宣告

```
class  Student          // 類別名稱
{
    char name[20];      // 資料成員（屬性）
    int  height;
    int  weight;
    void show_data()    // 可以在類別內定義成員 / 函數；
    {
        cout<<height;   // 顯示類別內的資料成員
        cout<<weight;
    }
}
```

11-1-1　類別物件的宣告

C++ 中用來宣告類別型態的關鍵字是「class」，至於「類別名稱」則可由使用者自行設定，但也必須符合 C++ 的識別字命名規則。程式設計師可以在類別中定義多種資料型態，這些資料稱為類別的「資料成員」（data member），而類別中存取資料的函數，稱為「成員函數」（member function）。

在 C++ 中，一個類別的原型宣告語法如下：

```
class 類別名稱                // 宣告類別
{
    private：
        私有成員              // 宣告私有資料成員
    public：
        公用成員              // 宣告公用成員函數
};
```

以下我們就示範定義了一個 Student 類別，並且在類別中加入了一個私有「資料成員」與兩個公用「成員函數」：

```
class Student                // 宣告類別
{
private:
    int StuID;               // 宣告私有資料成員
public:
    void input_data()        // 宣告公用成員函數
    {
        cout << "請輸入學號:" << endl;
        cin >> StuID;
    }
    void show_data()         // 宣告公用成員函數
    {
        cout << "您的學號:" << StuID << endl;
    }
};
```

上例是一個非常典型簡單的類別宣告模式，至於用法與宣告方式，說明如下：

⭐ 資料成員（data member）

資料成員主要作為類別描述狀態之用，各位可以使用任何資料型態將其定義於 class 內。簡單來說，資料成員就是資料變數的部分，當定義資料成員時，不可以指定初值。

類別資料成員的宣告和一般的變數宣告相似，唯一不同之處是類別的資料成員可以設定存取權限。通常資料成員的存取層級皆設為 private，若要存取資料成員，則要透過所謂的成員函數。宣告語法如下：

```
資料型態 變數名稱 ;
```

❂ 成員函數（member function）

成員函數是指作用於資料成員的相關函數，是作為類別所描述物件的行為。通常運用於內部狀態改變的操作，或是與其他物件溝通的橋樑。與一般函數的定義類似，只不過是封裝在類別中，函數的個數並無限制。宣告的語法如下：

```
傳回型態 函數名稱（參數列）
{
    程式敘述；
}
```

11-1-2　存取層級關鍵字

在類別宣告的兩個大括號 '{}' 中可利用存取層級關鍵字來定義類別所屬成員，存取層級關鍵字可區分為以下三種：

```
class 類別名稱
{
    private:              // 不被外界所存取，皆未定義預設值
        私有成員
    protected:           // 只被繼承的類別所引用
        保護成員
    public:              // 無存取現制，可任意存取
        公用成員
    .........
};
```

其中三種關鍵字的功用與意義分別說明如下：

❂ private

代表此區塊是屬於私有成員，具有最高的保護層級。也就是此區塊內的成員只可被此物件的成員函數所存取，在類別中的預設存取型態為私有成員，即使不加上關鍵字 private 也無妨。

❂ protected

代表此區塊是屬於保護成員，具有第二高的保護層級。外界無法存取宣告在其後的成員，此層級主要讓繼承此類別的新類別能定義該成員的存取層級，也就是專為繼承關係量身訂作的一種存取模式。

⚙ public

代表此區塊是屬於公用成員，完全不受限外界對宣告在其後的成員，此存取層級具有最低的保護層級。此區塊內的成員是類別提供給使用者的介面，可以被其他物件或外部程式呼叫與存取。通常為了實現資料隱藏的目的，只會將成員函數宣告為 public 存取型態。

11-1-3 建立類別物件

當類別宣告與定義後，等於是建立了一個新的資料型態，然後就可以利用這個型態來宣告和建立一般物件。建立類別中物件的宣告格式如下：

```
類別名稱 物件名稱 ;
```

類別名稱是指 class 定義的名稱，物件名稱則是用來存放這一個類別型態的變數名稱。對於每一個宣告類別型態的物件，都可以存取或呼叫自己的成員資料或成員函數，以下是存取一般物件中資料成員與成員函數的方式：

```
物件名稱 . 類別成員 ; // 存取資料成員
物件名稱 . 成員函數 ( 引數列 ) // 存取成員函數
```

◀ **隨堂範例** ▶ CH11_01.cpp

以下程式範例將利用類別型態所宣告的一般物件來讓使用者輸入學號、數學成績以及英文成績之後，將總分及平均顯示出來。

```
01   #include <iostream>
02
03   using namespace std;
04
05   class Student                    // 宣告 Student 類別
06   {
07   private:                         // 宣告私用資料成員
08       char StuID[8];
09       float Score_E,Score_M,Score_T,Score_A;
10   public:                          // 公用資料成員
11       void input_data()           // 宣告成員函數
12       {
13           cout << "** 請輸入學號及各科成績 **" << endl;
14           cout << "學號:";
15           cin >> StuID;
```

```
16        }
17     void show_data()                // 宣告成員函數
18     {
19         cout << " 輸入英文成績：";   // 實作 input_data 函數
20         cin >> Score_E;
21         cout << " 輸入數學成績：";
22         cin >> Score_M;
23         Score_T = Score_E + Score_M;
24         Score_A = (Score_E + Score_M)/2;
25         cout << "================================" << endl;
                                     // 實作 show_data 函數
26         cout << " 學生學號：" << StuID << "" << endl;
27         cout << " 總分是 " << Score_T << " 分 , 平均是 " << Score_A << " 分 "
              << endl;
28         cout << "==============================" << endl;
29     }
30  };
31
32  int main()
33  {
34      Student stud1;          // 宣告 Student 類別的物件
35      stud1.input_data();    // 呼叫 input_data 成員函數
36      stud1.show_data();     // 呼叫 show_data 成員函數
37
38      return 0;
39  }
```

【執行結果】

```
**請輸入學號及各科成績**
學號：733254
輸入英文成績：98
輸入數學成績：100
================================
學生學號：733254
總分是198分, 平均是99分
================================

--------------------------------------
Process exited after 19.13 seconds with return value 0
請按任意鍵繼續 . . .
```

【程式解析】

- 第 5 ～ 30 行：宣告與定義 Student 類別。

- 第 8 ～ 9 行：宣告私用資料成員。

- 第 11 ～ 29 行：宣告與定義成員函數。

■ 第 34 ～ 36 行：宣告一個 stud1 物件，並透過 stud1.input_data() 與 stud1.show_data() 成員函數來存取 Student 類別內的私有資料成員。

事實上，各位也可利用指標型式來建立物件，語法如下：

```
類別名稱 * 物件指標名稱 = new 類別名稱；
```

對於宣告為類別型態的物件，都可以存取或呼叫自己的成員資料或成員函數，即使是指標型式也不例外。以下是存取指標物件中資料成員與成員函數的方式，這時必須使用「->」符號：

```
物件指標名稱 -> 資料成員  // 存取資料成員
物件指標明稱 -> 成員函數（引數列）
```

前面的類別宣告範例中，我們都把成員函數定義在類別內。事實上，類別中成員函數的程式碼不一定要寫在類別內，您也可以在類別內事先宣告成員函數的原型，然後在類別外面再來實作成員函數的程式碼內容。

如果是在類別外面實作成員函數時，只要在外部定義時，函數名稱前面加上類別名稱與範圍解析運算子（::）即可。範圍解析運算子的主要作用就是指出成員函數所屬的類別。

◀ 隨堂範例 ▶ CH11_02.cpp

以下程式範例中的類別中宣告了 input_data 成員函數與 show_data 成員函數原型，並在類別外實作成員函數的程式碼，主要只是讓各為位了解兩種程式碼定義方式的不同。

```cpp
01   #include <iostream>
02   #include <cstdlib>
03   using namespace std;
04
05   class Student              // 宣告類別
06   {
07       private:              // 私用資料成員
08           int StuID;
09       public:
10           void input_data();   // 宣告成員函數的原型
11           void show_data();
12   };
```

```
13   void Student::input_data()      // 實作 input_data 函數
14   {
15       cout << "請輸入您的成績：";
16       cin >> StuID;
17   }
18   void Student::show_data()       // 實作 show_data 函數
19   {
20       cout << "成績是：" << StuID << endl;
21   }
22   int main()
23   {
24       Student stu1;
25       stu1.input_data();
26       stu1.show_data();
27
28       return 0;
29   }
```

【執行結果】

```
請輸入您的成績：80
成績是：80

-----------------------------------
Process exited after 26 seconds with return value 0
請按任意鍵繼續 . . . ■
```

【程式解析】

- 第 13 ～ 17 行：在類別外，利用範圍解析運算子來實作 input_data 函數。
- 第 18 ～ 21 行：在類別外，利用範圍解析運算子來實作 show_data 函數。

11-2 建構子與解構子

在 C++ 中，類別的建構子（constructor）可以做為物件初始化的工作，也就是如果在宣告物件後，希望能指定物件中資料成員的初始值，可以使用建構子來宣告。而解構子（destructor）可作為物件生命週期結束時，用來釋放物件所佔用之記憶體，以作為其他物件所用。

11-2-1　建構子

建構子（constructor）是一種初始化類別物件的成員函數，可用於將物件內部的私有資料成員設定初始值。每個類別至少都有一個建構子，當宣告類別時，如果各位沒有定義建構子，則 C++ 會自動提供一個沒有任何程式敘述及參數的預設建構子（default constructor）。

建構子具備以下四點特性，宣告方式則和成員函數類似，如下所示：

1. 建構子的名稱必須與類別名稱相同，例如 class 名稱為 MyClass，則建構子為 MyClass()。
2. 不需指定傳回型態，也就是沒有傳回值。
3. 當物件被建立時將自動產生預設建構子，預設建構子並不提供參數列傳入。
4. 建構子可以有多載功能，也就是一個類別內可以存在多個相同名稱，但參數列不同的建構子。

```
類別名稱（參數列）
{
    程式敘述；
}
```

◀ **隨堂範例** ▶ **CH11_03.cpp**

以下程式範例是說明建構子的宣告與定義，除了可以省略的預設建構子外，又另行定義了有三個參數的建構子，再於建立類別物件時，給予物件不同的初值。

```cpp
01   #include <iostream>
02
03   using namespace std;
04
05   class Student          // 宣告類別
06   {
07       private:           // 私用資料成員
08           int StuID;
09           float English,Math,Total,Average;
10       public:            // 公用函數成員
11
12       Student();         // 預設建構子，也可以省略
13       Student(int id, float E, float M)          // 宣告建構子
14       {
```

```
15          StuID=id;      // 指定 StuID= 參數 id
16          English=E;     // 指定 English= 參數 E
17          Math=M;        // 指定 Math= 參數 M
18          Total = E + M;
19          Average = (E + M)/2;
20
21          cout << "-----------------------------------" << endl;
22          cout << "學生學號：" << StuID << "" << endl;
23          cout <<" 英文成績:"<<E<<endl;
24          cout <<" 數學成績:"<<M<<endl;
25          cout << "總分是 " << Total << "分，平均是" << Average << "分"
                 << endl;
26      }
27  };
28
29  int main()
30  {
31      Student stud1(920101,80,90);     // 給予 stud1 物件初值
32      Student stud2(920102,60,70);     // 給予 stud2 物件初值
33      cout << "-----------------------------------" << endl;
34
35      return 0;
36  }
```

【執行結果】

```
-----------------------------------
學生學號：920101
英文成績:80
數學成績:90
總分是170分，平均是85分
-----------------------------------
學生學號：920102
英文成績:60
數學成績:70
總分是130分，平均是65分
-----------------------------------

-----------------------------------
Process exited after 0.08461 seconds with return value 0
請按任意鍵繼續 . . . ■
```

【程式解析】

■ 第 12 行：預設建構子，也可以省略。

■ 第 13 ～ 26 行：宣告與定義建構子。

■ 第 31 行：宣告 stud1 物件，並利用建構子給予初值。

■ 第 32 行：宣告 stud2 物件，並利用建構子給予初值。

在此還要說明一點，因為建構子也是一種公用成員函數，當然可以使用「範圍解析運算子」(::)來將建構子內的程式主體置於類別之外。

◀ 隨堂範例 ▶ CH11_04.cpp

以下程式範例除了定義出預設建構子內容及宣告三個參數的建構子，並將建構子的程式碼如成員函數般放在類別外實作。

```cpp
01    #include <iostream>
02
03    using namespace std;
04
05    class Student                              // 宣告類別
06    {
07    private:                                   // 私用資料成員
08        int StuID;
09        float Score_E,Score_M,Score_T,Score_A;
10    public:                                    // 公用資料成員
11        Student();                             // 宣告預設建構子
12        Student(int id,float E,float M);       // 宣告三個參數的建構子
13        void show_data();                      // 宣告成員函數的原型
14    };
15    Student::Student()    // 建構子 設定資料成員的初始值於 Student 類別之外
16    {
17        StuID = 920101;
18        Score_E = 60;
19        Score_M = 80;
20    }
21    Student::Student(int id,float E,float M)    // 使用參數設定初始值
22    {
23        StuID=id;                              // 指定 StuID= 參數 id
24        Score_E=E;                             // 指定 Score_E= 參數 E
25        Score_M=M;                             // 指定 Score_M= 參數 M
26    }
27    void Student::show_data()                  // 實作 show_data 函數
28    {
29        Score_T = Score_E + Score_M;
30        Score_A = (Score_E + Score_M)/2;
31        cout << "===================" << endl;
32        cout << " 學生學號：" << StuID << "" << endl;
33        cout << " 總分是 " << Score_T << " 分 , 平均是 " << Score_A << " 分 "
                << endl;
34    }
35    int main()
36    {
37        Student stud;        // 宣告 Student 類別的物件，此時會呼叫無參數的建構子
```

```
38        stud.show_data();              // 呼叫 show_data 成員函數
39        Student stud1(920102,30,40);   // 宣告 Student 類別的物件，此時會呼叫三個參
                                         //    數的建構子
40        stud1.show_data();             // 呼叫 show_data 成員函數
41
42
43        return 0;
44   }
```

【執行結果】

```
==================
學生學號：920101
總分是140分，平均是70分
==================
學生學號：920102
總分是70分，平均是35分

------------------------------------
Process exited after 0.09596 seconds with return value 0
請按任意鍵繼續 . . . _
```

【程式解析】

- 第 11 行：宣告預設建構子。
- 第 12 行：宣告三個參數的建構子。
- 第 15 ～ 26 行：利用範圍解析運算子，將建構子定義在類別之外。
- 第 37 行：宣告 Student 類別的物件，此時會呼叫預設建構子。
- 第 39 行：宣告 Student 類別的物件，此時會呼叫三個參數的建構子。

11-2-2　建構子多載

　　事實上，建構子也具備了多載功能，利用建構子中不同參數或型態來執行相對應的不同建構子。

◀隨堂範例▶ CH11_05.cpp

以下程式範例中將實作與示範建構子多載功能。這個程式很簡單，主要是讓各位體會如何運用建構子多載功能！

```
01    #include <iostream>
02
03    using namespace std;
04
05    class MyClass // 定義一個 Class，名稱為 MyClass
06    {
07    public:          // 存取層級為 public ( 公開 )
08        MyClass()
09        {
10            cout<<" 無任何參數傳入的建構子 "<<endl;
11        }
12
13        MyClass(int a)
14        {
15            cout<<" 傳入一個參數值的建構子 "<<endl;
16            cout<<"a="<<a<<endl;
17        }
18
19        MyClass(int a,int b)
20        {
21            cout<<" 傳入二個參數值的建構子 \n";
22            cout<<"a="<<a<<" b="<<b<<endl;
23        }
24
25    private:
26        // MyClass(){} 若重複定義，編譯時將產生錯誤
27    };
28
29    int main()
30    {
31        int a,b;
32        // 以指標型態的類別物件
33        a=100,b=88;
34        MyClass myClass1;
35        cout<<"------------------------------------"<<endl;
36        MyClass MyClass2(a);
37        cout<<"------------------------------------"<<endl;
38        MyClass MyClass3(a,b);
39        cout<<"------------------------------------"<<endl;
40
41        return 0;
42    }
```

【執行結果】

```
無任何參數傳入的建構子
----------------------------------------
傳入一個參數值的建構子
a=100
----------------------------------------
傳入二個參數值的建構子
a=100 b=88
----------------------------------------

----------------------------------------
Process exited after 0.0784 seconds with return value 0
請按任意鍵繼續 . . .
```

【程式解析】

- 第 8 ～ 11 行：無任何參數傳入的建構子。
- 第 13 ～ 17 行：傳入一個參數值的建構子。
- 第 19 ～ 23 行：傳入二個參數值的建構子。

11-2-3　解構子

當物件被建立時，會於建構子內部動態配置記憶空間，當程式結束或物件被釋放時，該動態配置所產生的記憶空間，並不會自動釋放，這時必須經由解構子來做記憶體釋放的動作。

「解構子」所做的事情剛好和建構子相反，它的功能是在物件生命週期結束後，於記憶體中執行清除與釋放物件的動作。它的名稱一樣必須與類別名稱相同，但前面則必須加上「~」符號，並且不能有任何引數列。宣告語法如下：

```
~ 類別名稱 ()
{
    // 程式主體
}
```

解構子具備以下四點特性，宣告方式則和成員函數類似，如下所示：

1. 解構子不可以多載（overload），一個類別只能有一個解構子。
2. 解構子的第一個字必須是 ~，其餘則與該類別的名稱相同。
3. 解構子不含任何參數也不能回傳值。

4. 當物件的生命期結束時，或是我們以 delete 敘述將 new 敘述配置的物件釋放時，編譯器就會自動呼叫解構子。在程式區塊結束前，所有在區塊中曾經宣告的物件，都會依照先建構者後解構的順序執行。

◀ 隨堂範例 ▶ CH11_06.cpp

以下程式範例是說明解構子的宣告與使用過程，特別是解構子如同建構子，宣告名稱皆為 class 名稱，但是解構子必須於名稱前加上「~」，且解構子無法多載及傳入參數。

```cpp
01   #include <iostream>
02
03   using namespace std;
04
05   class testN            // 宣告類別
06   {
07       int no[20];
08       int i;
09   public:
10       testN()            // 建構子宣告
11       {
12           int i;
13           for(i=0;i<10;i++)
14               no[i]=i;
15           cout << " 建構子執行完成 ." << endl;
16       }
17       ~testN()           // 解構子宣告
18       {
19           cout << " 解構子被呼叫 .\n 顯示陣列內容：";
20           for(i=0;i<10;i++)
21               cout << no[i] << " ";
22           cout <<" 解構子已執行完成 ." << endl;
23       }
24   };
25
26   int show_result()
27   {
28       testN test1;// 物件離開程式區塊前，會自動呼叫解構子
29       return 0;
30   }
31
32   int main()
33   {
34       show_result(); // 呼叫有 testN 類別物件的函數
35
36       return 0;
37   }
```

【執行結果】

```
建構子執行完成.
解構子被呼叫.
顯示陣列內容：0 1 2 3 4 5 6 7 8 9 解構子已執行完成.
------------------------------------
Process exited after 0.07941 seconds with return value 0
請按任意鍵繼續 . . .
```

【程式解析】

- 第 10 ～ 16 行：建構子宣告。
- 第 17 ～ 23 行：解構子宣告。
- 第 28 行：物件離開程式區塊前，會自動呼叫解構子。
- 第 34 行：呼叫有 testN 類別物件的函數。

11-2-4 建立指標物件

由於 C++ 中也支援動態記憶體管理，因此除了一般的物件建立方式，可以使用 new 和 delete 指令來做指標物件建立與釋放工作。利用 new 來建立物件的語法如下：

```
類別名稱 * 物件指標名稱 = new 類別名稱;
```

例如：

```
class Man
{
    // 類別定義
};
void main()
{
    Man* m = new Man;
}
```

上述程式利用 new 的關鍵字，來分配一塊和 Man 類別大小相同的記憶體，並且呼叫類別的建構子，然後進行類別成員初始化的動作，如果記憶體配置成功就會傳回指向這塊記憶體起始位址的指標，這時的 m 是一個 Man 型態的指標；如果記憶體配置失敗，那麼 m 的內容是 NULL。

當使用這種方式來建立物件時，物件並不會在生命週期結束時自動釋放掉，而會一直儲存在記憶體中，這時就必須使用 delete 關鍵字來做物件釋放的工作。語法如下：

```
delete 物件指標名稱;
```

◀ 隨堂範例 ▶ CH11_07.cpp

以下程式範例利用類別型態所宣告的指標物件來讓使用者輸入學號、數學成績以及英文成績之後，並示範存取指標物件中資料成員與成員函數的方式。各位可以發現使用一般方式所建立的物件會於物件的生命週期結束時會做物件清除與釋放的工作，而使用 new 所建立的物件則不會，必須再借重 delete 指令。

```
01   #include <iostream>
02
03   using namespace std;
04   class Student                    // 宣告 Student 類別
05   {
06   private:                         // 宣告私用資料成員
07       char StuID[8];
08       float Score_E,Score_M,Score_T,Score_A;
09   public:                          // 公用資料成員
10
11       Student(){ cout<<"%%%% 執行建構子 %%%%"<<endl; }
12       ~Student(){ cout<<"#### 執行解構子 ####"<<endl; }
13
14       void input_data()           // 宣告成員函數
15       {
16           cout << "** 請輸入學號及各科成績 **" << endl;
17           cout << "學號：";
18           cin >> StuID;
19       }
20       void show_data()            // 宣告成員函數
21       {
22           cout << "輸入英文成績："; // 實作 input_data 函數
23           cin >> Score_E;
24           cout << "輸入數學成績：";
25           cin >> Score_M;
26           Score_T = Score_E + Score_M;
27           Score_A = (Score_E + Score_M)/2;
28           cout << "==============================" << endl;
                                         // 實作 show_data 函數
29           cout << "學生學號：" << StuID << "" << endl;
```

```
30          cout << "總分是 " << Score_T << "分，平均是 " << Score_A << "分 "
              << endl;
31          cout << "================================" << endl;
32      }
33  };
34  int main()
35  {
36      Student *stud1=new Student;    // 宣告 Student 類別的指標物件，並呼叫建構子
37      stud1->input_data();          // 呼叫 input_data 成員函數
38      stud1->show_data();
39      // 呼叫 input_data 成員函數
40      delete stud1;// 呼叫解構子
41
42      return 0;
43  }
```

【執行結果】

```
※※※ 執行建構子 ※※※
**請輸入學號及各科成績**
學號：980001
輸入英文成績：89
輸入數學成績：95
================================
學生學號：980001
總分是184分，平均是92分
================================
#### 執行解構子 ####
_____
Process exited after 22.78 seconds with return value 0
請按任意鍵繼續 . . .
```

【程式解析】

- 第 11 行：建構子的定義。
- 第 12 行：解構子的定義。
- 第 36～39 行：宣告一個 stud1 指標物件，並透過 stud1->input_data() 與 stud1.show->data() 成員函數來存取 Student 類別內的私有資料成員。
- 第 40 行：呼叫解構子。

11-3 上機程式測驗

1. 請設計一完整程式,其中定義 Cube 類別的物件,並計算三個資料成員的立方和。

   Ans ex11_01.cpp。

2. 請設計一程式,利用類別型態所宣告的指標物件來讓使用者輸入學號、數學成績以及英文成績之後,並示範存取指標物件中資料成員與成員函數的方式,最後並以 delete 運算子釋放記憶體。

   Ans ex11_02.cpp。

3. 請設計一程式,以類別方式來建立學生成績節點,接著再利用資料宣告來建立五個學生成績的單向鏈結串列並走訪每一個節點來列印成績。

```
class  list                    // 串列結構宣告
{                              // 類別內容以 {…}; 包起來
    public:
        int num;               // 座號
        char name[10];         // 姓名
        int score;             // 成績
    class list *next;          // 指標,指向下一個節點
};
```

   Ans ex11_03.cpp。

課後評量

1. 在類別中,「間接運算子」與「直接運算子」的符號分別為何?並說明其差異處。

2. 試說明預設建構子與一般建構子的不同。

3. 請試著定義一個類別,類別中必須包含建構子及解構子。

4. 請設計一類別的解構子使用 new 指令配置 10 個元素記憶體空間,並指定其值,並在解構子中釋放此記憶體空間。

5. 試簡述物件導向程式設計(OOP)的特色。

6. 試說明 C++ 的類別與結構型態不同之處。

7. 何謂資料成員(data member)?

8. 類別存取層級關鍵字可區分為以下哪三種?試簡述之。

9. 範圍解析運算子(::)的功用為何?

10. 下列程式碼有何錯誤,請指證出來並加以修改,使程式碼能編譯通過。

```
01    #include <iostream>
02    class ClassA
03    {
04        int x;
05        int y;
06    };
07    int main(void)
08    {
09        ClassA formula;
10        formula.x=10;
11        formula.y=20;
12        cout<<"formula.x = "<<formula.x<<endl;
13        cout<<"formula.y = "<<formula.y<<endl;
14        return 0;
15    }
```

CHAPTER

12

類別的進階應用

在以往的結構化程式設計中，資料變數與處理資料變數的函數是互相獨立的，而函數與函數之間又往往隱含了許多不易看見的連結，所以當程式發展到很大時，程式的開發及維護就相對的變得困難。在 C++ 中是以類別（class）來實作抽象化資料型態（ADT），類別將函數與資料結合在一起，形成獨立的模組，除了可以加速程式的開發，也使得程式的維護變得容易。本章中將要繼續為各位介紹類別的許多相當實用的進階功能，例如朋友函數、靜態成員宣告、常數物件、this 指標、巢狀類別等。

12-1 物件陣列與朋友關係

假設各位打算一次宣告數個同類別的物件，除了可以給予此物件不同的變數名稱外，還可以考慮使用物件陣列的宣告方式，一次為多個物件命名。C++ 的封裝最大的特色就是類別內部私有的資料只能由本身的成員函數存取，而其他函數不能從外面直接存取，這樣才能保護類別本身的資料不被破壞，達到資料隱蔽的功能。不過在類別內部的任何地方，可以利用「friend」關鍵字來宣告一些函數或類別的原型，它們並非類別的成員，卻可以直接存取類別的任何資料，稱為類別的「朋友」。在本節中將為各位介紹這兩種功能。

12-1-1 物件陣列

宣告類別物件的時候與宣告一般資料型態的變數一樣，同樣地宣告類別的物件陣列和宣告一般陣列方式也相同，語法如下：

```
類別名稱  物件陣列名稱 [ 陣列大小 ];
```

其中陣列大小就是物件個數。由上述語法可以發覺，物件陣列名稱後面接著 [] （陣列元素選擇符號），所以無法和宣告單一物件變數一樣可以使用引數列。例如：

```
Player p1[30];          // 宣告物件陣列
Player p2("Bob",22);    // 宣告單一物件變數
```

至於其存取方式也和結構型態陣列的方式類似，物件陣列的索引值的起始值是從 0 開始，也就是說，要存取第 30 位的 name，其表達方式應該為：

```
p1[29].name;
```

◀ 隨堂範例 ▶ CH12_01.cpp

以下程式範例是利用物件陣列宣告與迴圈的方式輸入三個打擊者的資料，同時計算、顯示他們的打擊率。

```
01   #include <iostream>
02
03   using namespace std;
04
05   // 定義一個 Baseball 的類別
06   class Baseball
07   {
08    // 定義私用資料及函式成員
09   private:
10       char player[20];          // 打擊者姓名
11       int fires;                // 打擊次數
12       int safes;                // 安打次數
13       // 宣告私用的函式成員 countsafe 的原型用以計算打擊者打擊率
14       float countsafe(void);
15
16   // 定義公用資函式成員
17   public:
18       // 宣告公用的函式成員 inputplayer 的原型用以顯示打擊者資料
19       void inputplayer();
20       // 宣告公用的函式成員 showplayer 的原型用以顯示打擊者資料
21       void showplayer();
22   };
23   void Baseball:: inputplayer (void)          // 類別外實現 inputplayer 函式成員
24   {
```

```
25        cout<<" 打擊者："                   // 輸入打擊者姓名
26        cin>>player;                       // 輸入打擊者姓名
27        cout<<" 打擊次數：";
28        cin>>fires;                        // 輸入打擊次數
29        cout<<" 安打次數：";
30        cin>>safes;                        // 輸入安打次數
31   }
32   void Baseball::showplayer(void)      // 類別外實現 showplayer 函式成員
33   {
34        float fs;
35        fs=countsafe();                   // 透過 countsafe 函式成員計算並傳回打擊率
36        cout<<"================================"<<endl;
37        cout<<" 打擊者："<<player<<endl;     // 顯示打擊者姓名
38        cout<<" 打擊次數："<<fires<<endl;    // 顯示打擊次數
39        cout<<" 安打次數："<<safes<<endl;    // 顯示安打次數
40        cout<<" 打擊率："<<fs<<endl;        // 顯示安打率
41   }
42   float Baseball::countsafe()           // 類別外實現 countsafe 函式成員
43   {
44        float counts;                         // 宣告打擊率變數
45        counts=(float(safes) / float(fires));  // 計算打擊率 安打次數 / 打擊次數
46        return counts;                        // 傳回打擊率
47   }
48   int main()
49   {
50        Baseball b[3];          // 宣告類別陣列
51        int i;
52        cout<<" 輸入資料 "<<endl;
53        cout<<"================================"<<endl;
54
55        for (i=0;i<3;i++)
56        {
57            b[i].inputplayer();
58        }
59
60        cout<<"================================"<<endl;
61        cout<<" 顯示資料 "<<endl;
62        for (i=0;i<3;i++)
63        {
64            b[i].showplayer();
65        }
66
67        return 0;
68   }
```

【執行結果】

```
輸入資料
==============================
打擊者：陳政光
打擊次數：5
安打次數：4
打擊者：許大中
打擊次數：6
安打次數：1
打擊者：曾文章
打擊次數：5
安打次數：2

==============================
顯示資料
==============================
打擊者：陳政光
打擊次數：5
安打次數：4
打擊率：0.8
==============================
打擊者：許大中
打擊次數：6
安打次數：1
打擊率：0.166667
==============================
打擊者：曾文章
打擊次數：5
安打次數：2
打擊率：0.4

--------------------------------
Process exited after 46.7 seconds with return value 0
請按任意鍵繼續 . . .
```

【程式解析】

- 第 50 行：宣告一個類別 Baseball 的物件陣列 b[3]。
- 第 55 ～ 58 行：以迴圈方式輸入物件陣列 b[3] 三筆打擊者的資料。
- 第 62 ～ 65 行：以迴圈方式呼叫 showplayer，計算、顯示物件陣列 b[3] 三筆打擊者的資料及打擊率。

12-1-2　朋友函數

朋友函數雖然不算是類別中的成員，但是它可以直接使用類別的任何資料與函數，就好像把此函數當成是類別的成員函數一樣，給予存取類別內的私有成員的權力。在類別中可以利用「friend」關鍵字宣告函數的原型，稱為類別的朋友函數。宣告方式如下：

```
friend 函數形態 函數名稱 ( 參數列 );
```

由於類別的朋友函數不是類別的成員，沒有存取型態的限制，因此可以在類別內部的任何位置宣告。宣告位置必須在類別內，通常會置於類別內的首行。如下所示，也就是在 public、private 或 protected 的任何區塊內都可以宣告該類別的朋友函數：

```
class A
{
    朋友宣告位置 1;
private:
    朋友宣告位置 2;
protected:
    朋友宣告位置 3;
public:
    朋友宣告位置 4;
};
```

◀隨堂範例▶ CH12_02.cpp

以下程式範例是將加分函數 add_score() 宣告為 Student 類別朋友函數，並利用它來存取類別中的私有資料。

```
01   #include <iostream>
02
03   using namespace std;
04
05   class Student
06   {
07       friend float add_score(Student);    // 宣告 add_score 函數為夥伴函數
08   private:
09       int StuID;
10       float Score_E, Score_M, Score_T;
11   public:
12       Student(int id,float E,float M)    // 宣告建構子
13       {
14           StuID=id;
15           Score_E=E;
16           Score_M=M;
17           Score_T = Score_E + Score_M;
18           cout << "學生學號：" << StuID << "" << endl;
19           cout << "總分是" << Score_T << "分" << endl;
20       }
21   };
22   float add_score(Student a)                // 定義 add_score 函數
23   {
```

```
24        a.Score_T+=30;
25        return a.Score_T;
26    }
27    int main()
28    {
29        Student stud1(920101,80,90);        // 給予 stud1 物件初值
30        cout << " 加 30 分後，總分為：" << add_score(stud1) << " 分 " << endl;
          // 呼叫 add_score 函數
31
32        return 0;
33    }
```

【執行結果】

```
學生學號：920101
總分是170分
加30分後，總分為：200分

-----------------------------------
Process exited after 0.1012 seconds with return value 0
請按任意鍵繼續 . . .
```

【程式解析】

- 第 7 行：宣告了 add_score 函數為 Student 類別的朋友函數。

- 第 29 行：給予 stud1 物件初值。

- 第 30 行：add_score 函數便可以直接取得 Student 類別的 Score_T 內容值進行運算。

　　Student 類別的朋友函數 add_score 除了是一般函數外，事實上，類別的朋友函數也可以是其他類別的成員函數。語法格式如下：

```
class 類別名稱 B;
class 類別名稱 A
{
    回傳型態 函數名稱 A1 ( 參數列 );
    // 類別 A 的其他成員
};
class 類別名稱 B
{
    // 類別 B 的成員
    friend 回傳型態 類別名稱 A:: 函數名稱 A1 ( 參數列 );
};
```

如上所示，因為類別 A 的成員函數 A1 是類別 B 的朋友，所以在 A1 中能夠使用類別 B 的成員，因此必須先在類別 A 之前宣告類別 B 的原型，讓編譯器知道 B 是一個類別，這樣類別 B 的成員才能被函數 A1 使用。

◀ 隨堂範例 ▶ CH12_03.cpp

以下程式範例是說明類別的朋友函數可以使用類別中所有存取型態的成員，並將類別 Friend 的成員函數 Access 宣告是類別 Share 的朋友函數。請注意喔！其中 Access 的函數內容必須定義在類別 Share 之後，否則編譯時會發生找不到類別定義的錯誤。

```cpp
01   #include <iostream>
02
03   using namespace std;
04
05   class Share;
06   class Friend
07   {
08   public:
09       void Access(Share* s);// 在類別 Friend 中宣告 Access 成員函數
10   };
11   class Share
12   {
13       friend void Friend::Access(Share* s);
14       // 宣告成員函數 Access 為朋友函數
15   private:
16       int a;     void printA(){ cout<<" 使用 Share 的 private 方法 "<<endl; }
17   protected:
18       int b;     void printB(){ cout<<" 使用 Share 的 protected 方法 "<<endl; }
19   public:
20       int c;
21       Share()  {  a = 1;  b = 2;   c = 3;     }
22       void printC(){ cout<<" 使用 Share 的 public 方法 "<<endl; }
23   };
24   void Friend::Access(Share* s)
25   {
26       s->a = s->b = s->c = 5;
27       cout<<"a="<<s->a<<" b="<<s->b<<" c="<<s->c<<endl;
28       cout<<"------------------------------------"<<endl;
29       s->printA();
30       s->printB();
31       s->printC();
32   } // 定義類別 Friend 成員函數 Access 的內容
33   int  main()
```

```
34   {
35       Share sh;
36       Friend fr;
37       fr.Access(&sh);  // 因為參數是 Share 型態的物件指標，所以必須傳入 &sh
38
39       return 0;
40   }
```

【執行結果】

```
a=5  b=5  c=5
-----------------------------------------
使用Share的private方法
使用Share的protected方法
使用Share的public方法

-----------------------------------------
Process exited after 0.0788 seconds with return value 0
請按任意鍵繼續 . . .
```

【程式解析】

- 第 13 行：利用 friend 關鍵字宣告類別 Friend 的成員函數 Access 為朋友函數。
- 第 21 行：設定 Share 類別成員資料的初值。
- 第 24 ~ 32 行：於類別 Share 之後定義類別 Friend 成員函數 Access 的內容。
- 第 37 行：因為參數是 Share 型態的物件指標，所以必須傳入 &sh。

12-1-3 朋友類別

　　除了可以宣告朋友函數之外，也可以直接宣告朋友類別，讓朋友類別可以直接存取該類別中設為 private 或 protected 的資料成員。如果在類別 A 中利用 friend 關鍵字宣告類別 B 的原型，那麼類別 B 稱為類別 A 的「朋友類別」。朋友類別的使用格式大致如下：

```
class A
{
    friend class B;    // 宣告朋友類別 B
    // 類別 A 的成員
};
class B
{
    // 類別 B 的成員
};
```

◀ 隨堂範例 ▶ CH12_04.cpp

以下程式範例是說明朋友類別的基本應用，將 Student 類別宣告 teacher 類別的朋友類別，並在 Student 類別中呼叫 teacher 類別的 teacher 成員函數來指定 tName 的內容值。

```
01    #include <iostream>
02
03    #include <cstring>
04    using namespace std;
05
06    class teacher
07    {
08        friend class Student;   // 宣告 Student 類別為 teacher 的朋友類別
09    private:
10        char tName[10];
11    public:
12        void teach(int ID)
13        {
14            if (ID==1)
15                strcpy(tName, "John");    // 指定 tName 的值
16            else
17                strcpy(tName, "Andy");    // 指定 tName 的值
18        }
19    };
20    class Student
21    {
22    private:
23        int StuID,Select_C;
24    public:
25        Student(int id,int C)
26        {
27            StuID=id;
28            Select_C=C;
29            cout << "學生學號:" << StuID << endl;
30            cout << "課程編號:" << Select_C << endl;
31            teacher t;                    // 宣告 teacher 類別物件
32            t.teach(Select_C);            // 呼叫 teacher 類別的 teach 函數
33            cout << "授課教授:" << t.tName << endl;
                                           // 呼叫 teacher 類別的 tName 資料成員
34        }
35    };
36
37    int main()
38    {
39        Student stud1(920101,2);         // 給予 stud1 物件初值
40        Student stud2(920102,1);         // 給予 stud2 物件初值
41
42        return 0;
43    }
```

【執行結果】

```
學生學號:920101
課程編號:2
授課教授:Andy
學生學號:920102
課程編號:1
授課教授:John
--------------------------------
Process exited after 0.08072 seconds with return value 0
請按任意鍵繼續 . . .
```

【程式解析】

- 第 8 行:宣告 Student 是 teacher 類別的朋友類別。
- 第 31 行:宣告了 teacher 的類別物件。
- 第 32 行:呼叫 teacher 類別的 teach 函數指定 tName 的內容值。
- 第 39 行:給予 stud1 物件初值。
- 第 40 行:給予 stud2 物件初值。

12-2 this 指標與靜態資料成員

在建立類別物件的同時,物件會自動建立屬於自己的指標,在引用時可以用「this」指令來表示。所謂 this 指標為指向物件本身的指標,這個指標是指向記憶體中儲存該物件的位址。此外,雖然 C++ 中一般的類別資料成員是屬於各別物件所有,但在類別中,當任何一個成員被宣告為靜態型態時,則其他類別中的物件皆可分享這個成員的資料。

12-2-1 this 指標

當建立物件後,物件會自動建立了屬它自己的指標,稱為 this 指標,這個指標是指向記憶體中儲存該物件的位址。透過它,可以存取物件的資料成員及成員函數,至於 this 指標的使用方式與一般指標相同。

this 指標代表了「目前這個物件」的指標，透過 this 指標，可以存取到該類別的資料成員或成員函數。語法如下所示：

```
this-> 資料成員 ;        // 第一種方式
(*this). 資料成員 ;      // 第二種方式
```

我們可以使用間接成員選擇運算子（-> 符號）來存取資料成員或呼叫成員函數，在第二種方式中必須注意的是「.」運算子的優先權高於「*」運算子，所以必須使用「()」運算子讓 *this 有較高的運算順序。

◀ 隨堂範例 ▶ CH12_05.cpp

以下程式範例是說明與顯示 this 指標的宣告與使用方式，並示範當函數回傳值為類別物件時的作法。事實上，「*this」代表目前這個物件的內容，而使用「return *this;」敘述來傳回目前這個物件的內容。

```cpp
01  #include <iostream>
02
03  using namespace std;
04
05  class Square      // 定義 Square 類別
06  {
07      int a;
08  public:
09      Square(int n)
10      {
11          a=n*n;
12      }// 建構子的定義
13      Square squ_sum(Square b)
14      {
15          this->a=this->a+b.a;
16          return   *this;// 透過 this 指標傳回 Square 類別物件
17      }
18      int show_data()
19      {
20          cout<<(*this).a<<endl;// 列印私有資料成員 a 的值
21          return 0;
22      }
23  };
24
25  int main()
26  {
27      int n1,n2;
```

```
28
29      cout<<" 輸入第一個數 :";
30      cin>>n1;
31      cout<<" 輸入第二個數 :";
32      cin>>n2;
33      Square first(n1),second(n2),third(0);// 物件宣告與初始化
34      third=first.squ_sum(second);// 呼叫 first 的成員函數，並傳回 Square 物件
35      third.show_data();// 直接以成員函數列印結果
36
37      return 0;
38  }
```

【執行結果】

```
輸入第一個數:8
輸入第二個數:6
100

------------------------------------
Process exited after 8.681 seconds with return value 0
請按任意鍵繼續 . . .
```

【程式解析】

- 第 16 行：透過 this 指標傳回 Square 類別。
- 第 15、20 行：以「this->」與「(*this)」都可透過 this 指標取得資料成員的值，不過一般撰寫程式時，並不需要寫出 this 指標，C++ 編譯器在編譯時會自動加上。
- 第 33 行：物件宣告與初始化。
- 第 34 行：呼叫 first 的成員函數，並傳回 Square 物件。
- 第 35 行：直接以成員函數列印結果。

12-2-2 靜態資料成員

當類別中的資料成員被宣告成靜態後，則該靜態資料成員的值將會保留下來，直到程式結束或下一次該資料成員的值要被改變時。如果要將類別中的資料成員或成員函數宣告成靜態，只要在資料成員或成員函數前面加 static 即可，語法如下：

```
static 資料型態 資料成員；
```

　　一般說來，類別的資料成員在宣告時不能指定初始值，都是在建構子中指定。但被宣告成 static 的資料成員，在程式執行的過程中一定要給定初始值，而且給定初始值的動作只能有一次。

　　另外靜態資料成員必須於類別外部設定初值。語法如下：

> 資料型態 類別名稱 :: 靜態資料成員 = 初始值 ；

　　至於靜態資料成員值的引用方式，語法如下：

> 12.　類別名稱 :: 靜態資料成員名稱 ；

◀隨堂範例▶ CH12_06.cpp

以下程式範例將利用靜態資料成員來儲存類別物件的「共用性資料」，例如可以用來計算類別總共產生多少個物件。

```cpp
01  #include <iostream>
02
03  #include <cstring>
04  using namespace std;
05
06  class Dog{
07
08      private:
09          char* pName;
10          char* pColor;
11          static int counter;        // 宣告為靜態資料成員
12
13      public:
14
15          Dog(const char* pN,const char* pC)
16          {
17              pName = new char[strlen(pN) + 1];
18              strcpy(pName,pN);       // 指定字串
19              pColor = new char[strlen(pC) + 1];
20              strcpy(pColor,pC);      // 指定字串
21              counter++;
22          }
23
24          int getCounter(){ return counter; }
25  };
26  int Dog::counter = 0;                  // 類別外指定靜態資料成員初始值
27
```

```
28   int main()
29   {
30
31       Dog d1(" 小白 "," 白色 ");          // 宣告物件 d1
32       Dog d2(" 小黃 "," 黃色 ");          // 宣告物件 d2
33       Dog d3(" 小紅 "," 紅色 ");          // 宣告物件 d3
34
35       cout<<d1.getCounter()<<endl; // 計算產生物件的總數
36
37
38       return 0;
39
40   }
```

【執行結果】

```
3
_____
Process exited after 0.07906 seconds with return value 0
請按任意鍵繼續 . . . _
```

【程式解析】

- 第 11 行：宣告為靜態資料成員。

- 第 26 行：類別外指定靜態資料成員初始值。

- 第 35 行：透過靜態資料成員，計算 Dog 產生物件的總數。

12-2-3 巢狀類別

所謂「巢狀類別」就是定義於某個類別內部的類別，如果一個類別內部包含另外一個類別的定義，就稱為「巢狀類別」。例如：

```
class A
{
private:
    class B{};
protected:
    class C{};
public:
    class D{};
};
```

　　那麼類別 A 稱為「外圍類別」(enclosing class)；而類別 B、C、D 則稱為「巢狀類別」，如上所示巢狀類別可以宣告為任何存取型態。基本上，定義巢狀類別的成員和定義一般類別的成員無異，有關成員存取權限的規定也相同。

　　此外，不管何種存取型態的巢狀類別，它的成員函數定義除了可以在巢狀類別內部進行外，還可以定義在巢狀類別外部，但卻不能定義於外圍類別與巢狀類別之間；而它的靜態資料成員的初值設定也是在外圍類別外部進行。

◀ 隨堂範例 ▶ CH12_07.cpp

以下程式範例中假設書架只能容納 10 本書，並且可以為書架命名，而書籍資料則有書名及價格兩項。也就是透過一個生活中的例子來練習巢狀類別的使用與列印出書架上書籍。

```cpp
01  #include <iostream>
02  #include <cstring>
03  using namespace std;
04
05  class BookShelf   // 定義外圍類別 BookShelf
06  {
07      private:
08
09      static int MAX_BOOKS;
10      int count;
11      char* name;
12
13      class Book    // 定義巢狀類別 Book
14      {
15          private:
16              char* title;
17              int price;
18          public:
19              Book(const char* t,int p)
20              {
21                  title = new char[strlen(t) + 1];
22                  strcpy(title,t);
23                  price = p;
24              }
25              char* getTitle() { return title; }
26              int getPrice() { return price; }
27      };
28      Book* book[10];
29      public:
```

```
30          BookShelf(const char* n)
31          {
32              name = new char[strlen(n) + 1];
33              strcpy(name,n);
34              count = 0;
35          }
36          void InsertBook(const char* t,int p)
37          {
38              if(count == MAX_BOOKS)
39              {
40                  cout<<" 書架已經滿了 \n"<<endl;
41              }
42              book[count++] = new Book(t,p);
43          }
44          void ListAllBooks()
45          {
46              cout<<"["<<name<<"]"<<endl;
47              cout<<"=========================="<<endl;
48              for(int i=0;i<count;i++)
49                  cout<<book[i]->getTitle()<<book[i]->getPrice()<<endl;
50          }
51  };
52  int BookShelf::MAX_BOOKS = 10;
53  int main()
54  {
55      BookShelf bks(" 我的書架 ");
56      bks.InsertBook(" VC++ 範例教本 ",450);// 插入書籍 1
57      bks.InsertBook(" 遊戲設計概論 ",420);// 插入書籍 2
58      bks.InsertBook(" 全民英檢－中級 ",360); // 插入書籍 3
59      bks.ListAllBooks(); // 列出書架上的所有書籍
60
61
62      return 0;
63  }
```

【執行結果】

```
【我的書架】
==========================
VC++範例教本450
遊戲設計概論420
全民英檢-中級360


------------------------------------
Process exited after 0.09027 seconds with return value 0
請按任意鍵繼續 . . .
```

【程式解析】

- 第 5 ～ 51 行：定義外圍類別 BookShelf。它有四個資料成員，其中 MAX_BOOKS 是常數，代表書架最多可以容納的書本數目；count 是計數器，記錄目前書架上的書籍數量；name 是書架名稱；Book 型態的 book 物件指標陣列用來代表書架上的書籍。
- 第 13 ～ 27 行：定義巢狀類別 Book。它有兩個資料成員，title 代表書籍名稱，price 代表書籍價格。

12-3 函數與物件傳遞

函數中傳遞物件參數和傳遞一般資料型態參數的方式大同小異，只要將函數參數列原先的一般資料型態改為類別名稱即可。

12-3-1 物件傳值呼叫

首先來介紹物件傳值呼叫的方式，在呼叫該函數時則以物件當函數的參數，來進行成員函數的呼叫。語法如下：

```
函數型態 函數名稱 ( 類別名稱 1  參數 1, 類別名稱 2  參數 2,…)
{
    // 函數程式碼實作
}
```

例如以兩個物件參數為例，其呼叫方式為：

```
物件名稱 . 函數名稱 ( 物件參數 1, 物件參數 2);
```

12-3-2 物件傳址呼叫

物件傳址呼叫是以所傳入的參數為物件的記憶體位址，並以「&」運算子將位址傳給函數，在函數內則透過結構指標來存取物件資料。語法如下：

```
函數型態 函數名稱 ( 類別名稱 1  * 參數 1, 類別名稱 2  * 參數 2,…)
{
    // 函數程式碼實作
}
```

例如以兩個物件參數為例，其呼叫方式為：

```
物件名稱 . 函數名稱 (& 物件參數 1, & 物件參數 2);
```

12-3-3　物件傳參考呼叫

C++ 中的傳參考呼叫方式，其實較傳址呼叫的應用容易理解，因為它本身只是別名（alias）的應用。在使用物件傳參考呼叫時，只需要在函數原型和定義函數所要傳遞的參數前加上 & 運算子即可，另外參照是利用「.」來存取物件成員。函數原型宣告如下：

```
函數型態　函數名稱 ( 類別名稱 1　& 參數 1,　類別名稱 2　& 參數 2,…)
{
    // 函數程式碼實作
}
```

例如以兩個物件參數為例，其呼叫方式為：

```
物件名稱 . 函數名稱 ( 物件參數 1, 物件參數 2);
```

12-4 上機程式測驗

1. 請設計一 C++ 程式，定義了 square 類別與該類別的成員函數，並以傳值呼叫方式來接收另一個 square 類別的物件，並計算兩個資料成員的平方和。
   Ans ex12_01.cpp。

2. 請設計一 C++ 程式，定義了 square 類別與該類別的成員函數，並以傳址呼叫方式來接收另一個 square 類別的物件，並計算兩個資料成員的平方和。各位可以比較與傳值呼叫的差別。
   Ans ex12_02.cpp。

3. 請設計一程式，將以 a 物件呼叫 sum 函數，並將 b 物件當作參數傳給 sum 函數。

```
class Addsum
{
    int x;
    public:
    // 宣告建構子函數原型
    Addsum(int);
    // 宣告函數原型
    void sum(Addsum);     // 傳入類別參數
    void show();
};
```

Ans ex12_03.cpp。

課後評量

1. 什麼是朋友函數。

2. 什麼是朋友類別。

3. 請試著簡述 this 指標的功能。

13

運算子多載

在本書前面章節裡,曾經為各位說明過函數多載(function overloading)的特性,並藉由傳遞參數資料型態的不同,即可使用同一個函數名稱來撰寫不同功能的函數。在 C++ 程式中,運算子也可以視為是一種函數,所謂的運算子多載,就是將運算子原有的功能加以擴充,讓它能夠依據運算元的資料型態來執行不同的功能。也就是說,C++ 可以允許重新定義運算子(如 +、-、*、/、>、< 等),除了保留原有功能外,還能進行某些特定運算。

13-1 運算子多載簡介

在 C++ 程式中,運算子就是一種函數,因此也可以藉由多載的特性,為該運算子定義不同的操作功能。基本上,運算子多載還有另一個好處,就是將複雜又難懂的程式碼轉變成更直覺易懂的程式。假設 Test1、Test2 及 Test3 是某類別的物件,而 Multiply 是該類別的成員函數,用來將另外兩個物件內容相乘並把結果存回該物件。以目前各位所學的語法,會將程式碼撰寫成如下的函數格式:

```
Test1.Multiply(Test2, Test3);
```

然而這樣的敘述可讀性不高,如果將它改成以下的格式,那麼程式看來就顯得自然多了:

```
Test1 = Test2 * Test3;
```

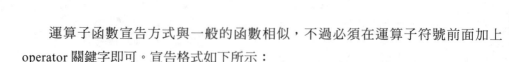
運算子函數宣告方式與一般的函數相似，不過必須在運算子符號前面加上 operator 關鍵字即可。宣告格式如下所示：

```
回傳資料型態 operator 運算子符號 ( 資料型態 參數 1,…)
```

13-1-1　多載的定義與規則

運算子多載並不會產生新的運算子，它只是將原有的運算子功能加以擴充。如果各位希望能夠在自訂資料型態的物件上使用運算子多載，就必須要撰寫一個函數來重新定義特定的運算子，讓它可以在自訂資料型態的物件上執行某些特定功能。

雖然藉由運算子多載的特性，使得基本運算符號可以直接使用在類別上，不過為了與 C++ 程式內建的基本運算子有所區隔，在宣告運算子函數多載時，有以下幾點的定義規則：

1.　在宣告運算子函數時，其函數參數清單內的個數必須要符合原本運算子的個數。舉例來說，一元運算子只能擁有一個參數，則在宣告運算子函數時，該函數參數清單內的參數個數就必須只有一個參數。

2.　假如運算子本身擁有一元及二元運算子的特性時，您就可以分別來定義一元以及二元運算子函數。以 "+" 運算子來說，可以定義如下的多載函數：

```
int operator+(Student&);                    // 一元運算子
int operator+(Student&, Student&);          // 二元運算子
```

3.　運算子多載只是用來擴充基本運算子的功能，即使定義新的運算子函數，也無法更改原先運算子的優先權。另外在 C++ 中，大部份的基本運算子都可以定義成運算子多載。至於不可多載定義的運算子，如下表所示：

名稱	運算子	功能
成員運算子	.	存取結構（物件）內的成員。
範圍解析運算子	::	存取指定範圍的成員。
條件運算子	?:	進行二選一的條件運算功能。
成員指標運算子	.*	使用指標存取結構（物件）內的成員。
sizeof 運算子	sizeof	計算資料所佔記憶體大小。
前置處理符號	#	作為程式前置處理指令的起始符號。

4. 運算子函數可以宣告成一般的函數（非成員函數），也可以宣告成類別內的成員函數。以底下多載「+」運算子的運算式敘述來做比較：

```
非成員函數的定義方式：
Student operator+(Student& var1, Student& var2, Student& var3, ......,
Student& varN);
成員函數的定義方式：
Student operator+(Student& var2, Student& var3, ......, Student&
varN);
```

各位是否發現在以上成員函數的定義方式中 Student& var1 不見了，這是因為如果這個運算子函數是類別內的成員函數，就可以利用 this 指標來取得物件本身的成員資料，進而取代其中一個原本必須傳遞給函數的參數。

因此在類別之中宣告運算子函數時，該函數的參數會比以非成員函數定義的參數少一個。另外當運算子函數被宣告成類別成員函數時，左運算元必須是該類別的物件，否則此運算子函數就需要宣告成非成員函數。不過請注意！如下表所列的運算子，C++ 規定只能以成員函數的方式來定義：

運算子	說明
=	指定運算子
+=	加法指定運算子
-=	減法指定運算子
*=	乘法指定運算子
/=	除法指定運算子
%=	餘數指定運算子
<<=	左移指定運算子
>>=	右移指定運算子
&=	And 指定運算子
|=	Or 指定運算子
^=	Xor 指定運算子
[]	註標
()	括號
->	欄位指標

5. 當程式使用非成員函數的方式來定義運算子多載時，除了 public 區塊的成員資料外，其他區塊的成員將無法存取。此時可以在類別中把該運算子函數宣告為朋友函數。例如以下加法運算子函數並非 Student 類別的成員函數，所以必須將其宣告為朋友函數後，才可以存取 private 區塊的成員資料 Score：

```
class Student
{
    friend Student operator+(Student, Student);
                            // 將加法運算子函數宣告為朋友函數
    private:
        int Score;          // 非 public 成員資料
};
Student operator+(Student, Student)
{…}
```

◀ 隨堂範例 ▶ CH13_01.cpp

以下程式範例將示範在類別 Student 中定義加法運算子的多載模式，也就是透過多載的特性，當傳遞參數為 Student 類別的資料型態時，將執行此加法運算子的函數，並將加法運算子函數宣告為朋友函數。

```
01  #include <iostream>                        // 含括標頭檔 <iostream>
02
03  using namespace std;
04
05  class Student
06  {
07      friend int operator+(Student&, Student&); // 宣告朋友 operator+()
                                                  // 運算子函數
08  private:
09      int Score;
10  public:
11
12      Student(int S_Score)   // Student 類別的建構函數
13      {
14          Score=S_Score;
15      }
16  };
17
18  int operator+(Student& a, Student& b) // 加法運算子函數
19  {
20      return (a.Score+b.Score);
21  }
```

```
22
23   int main()
24   {
25       Student x(90);   // 定義 Student 的物件 x
26       Student y(75);   // 定義 Student 的物件 y
27       cout << "x+y=" << x+y << endl;
28
29       return 0;
30   }
```

【執行結果】

```
x+y=165

--------------------------------
Process exited after 0.085 seconds with return value 0
請按任意鍵繼續 . . .
```

【程式解析】

- 第 7 行：宣告朋友 operator+() 運算子函數，可以存取 private 區塊成員資料 Score。

- 第 18 ～ 21 行：宣告加法運算子函數。

- 第 25 ～ 27 行：由於加法運算子兩端都是 Student 類別，程式將會呼叫所定義 的加法運算子函數進行加法運算，並傳回整數型態數值。

13-1-2 一元運算子多載

簡單來說，一元運算子函數依照定義型態的不同，可分為底下兩種的宣告方式：

✪ 定義成員函數的一元運算子函數

傳回資料型態 operator 運算子 ();

✪ 定義非成員函數的一元運算子函數

傳回資料型態 operator 運算子 (參數);

　　例如要多載類別的運算子，只需要撰寫運算子成員函數即可。由於參與運算的運算元即為 this 物件本身，因此不需要傳遞任何參數給函數。如下所示：

```
傳回型態 operator 運算子 ();
```

◀ 隨堂範例 ▶ CH13_02.cpp

以下程式範例宣告一個 IsZero 類別，並定義成員函數的 ! 運算子多載內容。請注意，由於 ! 的右運算元為 Num1 物件，而此物件是由自訂資料型態的 IsZero 類別所生成。因此，C++ 編譯器會將該行敘述替換成「Num1.operator!()」，而不是 C++ 中的 Not 反相運算。

```
01  #include <iostream>
02
03  using namespace std;
04
05  class IsZero                    // 宣告一個 IsZero 類別
06  // 主要作用是用來判斷成員值是否大於等於 0
07  {
08      int Num;                    // 宣告類別資料成員
09  public:
10      IsZero(int n)               // 宣告類別建構子
11      {
12          Num=n;                  // 若建立物件時有指定初始值
13      }                           // 就將初始值指定給成員 Num
14      IsZero()
15      {
16          Num=-1;                 // 若建立物件時沒有指定初始值
17      }                           // 就自動將 Num 設定成 -1
18      bool operator !();          // 多載一元運算子 !
19  };
20  bool IsZero::operator ! ()      // 實作運算子函數
21  {
22      if (Num >= 0)
23          return true;            // 如果資料成員的值大於等於 0，就傳回 true
24      else
25          return false;           // 否則傳回 false
26  }
27  int main()
28  {
29      IsZero Num1(3);             // 建立 IsZero 類別的物件
30      if (!Num1)                  // 呼叫多載運算子 !
31          cout << "Num1 大於等於 0" << endl;
32      else
33          cout << "Num1 小於 0" << endl;
34
35      return 0;
36  }
```

【執行結果】

```
Num1 大於等於 0
---------------------------------
Process exited after 0.07674 seconds with return value 0
請按任意鍵繼續 . . .
```

【程式解析】

- 第 5 ～ 19 行：建立一個名為 IsZero 的類別。
- 第 20 ～ 26 行：實作「!」運算子成員函數。
- 第 29 行：建立 IsZero 類別的物件，並初始化物件成員。

13-1-3 二元運算子多載

運算子多載較常用於二元運算子，而二元運算子函數宣告方式，也有以下兩種格式：

😊 定義成員函數的二元運算子函數

```
傳回資料型態 operator 運算子 ( 資料型態 參數 );
```

😊 定義非成員函數的二元運算子函數

```
回資料型態 operator 運算子 ( 資料型態 參數 1，資料型態 參數 2);
```

◀隨堂範例▶ CH13_03.cpp

以下程式範例是利用以成員函數方式宣告的「>」運算子多載，來比較 Student 類別所建立的物件 x 與 y。及利用以非成員函數方式宣告的「-」運算子多載，來檢視物件 x 與物件 y 與滿分 100 的差值。

```
01  #include <iostream>  // 含括標頭檔 <iostream>
02
03  #include <cstring>   // 含括標頭檔 <cstring>
04
05  using namespace std;
```

```
06
07  class Student            // 宣告 Student 類別
08  {
09  // 將減法運算子函數宣告為朋友函數
10      friend int operator-(int, Student);
11      private:
12          char Name[20];                // 定義字元陣列 Name[]
13          int Score;                    // 定義整數變數 Score
14      public:
15          Student(const char *N, int s) // Student 類別的建構函數
16          {
17              strcpy( Name, N );
18              Score=s;
19          }
20          bool operator>(Student b)      // 大於 (>) 運算子函數多載
21          {
22              if ( this->Score > b.Score )
23                  return true;
24              else
25                  return false;
26          }
27      void ShowName(void) { cout << "名字=" << Name << endl; }
                                            // 顯示變數 Name 的內容
28      void ShowScore(void) { cout << "成績=" << Score << endl; }
                                            // 顯示變數 Score 的內容
29  };
30
31  // 宣告減法運算子多載
32  int operator-(int p, Student q)
33  {
34      return (p-q.Score);
35  }
36
37  int main()
38  {
39      Student x("Tom", 70);    // 定義 Student 的物件 x
40      Student y("Mary", 85);   // 定義 Student 的物件 y
41      cout << "物件 x 的資料:" << endl; // 顯示物件 x 的資料
42      x.ShowName();
43      x.ShowScore();
44      cout << "差 " <<(100-x) <<" 分才有100分 " <<endl; // 呼叫減法運算子函數
45      cout << "物件 y 的資料:" << endl; // 顯示物件 y 的資料
46      y.ShowName();
47      y.ShowScore();
48      cout << "差 " <<(100-y) <<" 分才有100分 " <<endl; // 呼叫減法運算子函數
49      cout << "哪一位的成績較高:" << endl;
50      if ( x > y )  // 使用「>」運算子比較 x 與 y
```

```
51          x.ShowName();
52      else
53          y.ShowName();
54
55      return 0;
56  }
```

【執行結果】

```
物件 x 的資料:
名字=Tom
成績=70
差 30 分才有100分
物件 y 的資料:
名字=Mary
成績=85
差 15 分才有100分
哪一位的成績較高:
名字=Mary
請按任意鍵繼續 . . .
```

【程式解析】

- 第 20 ～ 26 行：以成員函數型態定義比較運算子「>」函數。

- 第 32 ～ 35 行：請注意！由於減法運算子的左邊運算元並不是 Student 類別的
  物件，因此必須把減法運算子函數宣告成非成員函數，並在第 10 行 Student
  類別中將減法運算子函數宣告為朋友函數，才可以讀取類別中的 private 區塊
  成員資料。

- 第 50 行：使用「>」運算子比較 x 與 y。

在此要提醒各位，如果二元運算子的左右運算元可能會有類別物件或基本資料
型態出現時，則可針對不同資料型態來撰寫二元運算子函數，C++ 編譯器也會根據
二元運算子左右運算元的資料型態，決定呼叫哪一個二元運算子函數。如下所示：

```
int operator-(int, Student); // 左運算元為 int 資料型態，右運算元為 Student 類別
int operator-(Student, Student); // 左右運算元皆為 Student 類別
int operator-(Student, int); // 右運算元為 Student 類別，右運算元為 int 資料型態
```

13-2 特殊運算子多載介紹

除了上節中所提到的算術運算子多載功能外,還有許多其他特殊型態的運算子也可以進行多載宣告。本節中將為各位介紹一些常用的特殊運算子多載。

13-2-1 「>>」與「<<」運算子多載

在 C++ 的 iostream 類別庫中定義了 istream 及 ostream 這兩個類別,並定義了 >> 運算子及 << 運算子供我們直接使用。除了可作為位元位移運算子之外,也是 C++ 中執行輸出入的運算子。而 cin 及 cout 則分別為 istream 與 ostream 類別所定義的物件,主要作用是方便我們執行輸出入的操作。C++ 同樣允許您可以多載 >> 及 << 這兩個運算子,讓它們能夠輸出或輸入自訂資料型態的物件。

當各位設計多載 >> 或 << 運算子時,在運算子左方必須有 istream& 或 ostream& 型態的運算元(例如 C++ 內建的 cin 與 cout 關鍵字),因此這兩個運算子必須被多載成非成員函數。它們的運算子多載宣告方式如下:

```
istream& operator>>(istream& 傳回參數, 類別名稱, 物件參數)
ostream& operator<<(ostream& 傳回參數, 類別名稱, 物件參數)
```

◀隨堂範例▶ CH13_04.cpp

以下程式範例是於程式之中多載「>>」和「<<」運算子,來處理輸入與輸出的動作。另外由於 >> 與 << 必須被多載為「非成員函數」,而且有時需要存取到類別中的 private 成員,所以通常將這兩個運算子多載為朋友函數方便使用。

```cpp
01   #include<iostream>
02
03   using namespace std;
04
05   // 宣告類別 Score
06   class Score
07   {
08       private:
09           int var1;    // 定義變數 var1
10
11       friend istream& operator>>(istream& inputvar,Score& s1);
12       friend ostream& operator<<(ostream& outputvar,Score& s1);
13   };
```

```
14
15   // 宣告 >> 運算子多載
16   istream& operator>>(istream& inputvar,Score& s1)
17   {
18       cout << " 請輸入一個數值：";
19       inputvar >> s1.var1;
20       return inputvar;
21   }
22
23   // 宣告 << 運算子多載
24   ostream& operator<<(ostream& outputvar,Score& s1)
25   {
26       cout << " 輸入的值為：";
27       outputvar << s1.var1 << endl;
28       return outputvar;
29   }
30
31   int main()
32   {
33       Score st1;    // 定義 Score 的物件 st1
34
35       cin >> st1;  // 使用多載 >> 運算子來輸入一個變數值
36       cout << st1; // 使用多載 << 運算子來顯示一個變數值
37
38       return 0;
39   }
```

【執行結果】

```
請輸入一個數值：10
輸入的值為：10

---------------------------------
Process exited after 8.879 seconds with return value 0
請按任意鍵繼續 . . .
```

【程式解析】

- 第 11 行：>> 運算子的多載函數原型宣告，inputvar 是由 istream 類別生成的輸入物件。

- 第 12 行：<< 運算子的多載函數原型宣告，outputvar 是由 ostream 類別生成的輸出物件

- 第 11、12 行：把多載函數宣告為朋友關係方便呼叫。

■ 第 35、36 行：利用類別 Student 中所宣告的朋友函數來呼叫第 16、24 行的外部多載函數。

13-2-2 「=」運算子多載

指定運算子「=」精確來說，它是一個二元運算子。所以它的宣告方式跟其他的二元運算子一樣，宣告方式如下：

```
回傳資料型態 operator=(參數) {....}
```

在使用多載指定運算子函數時，還必須要注意下列項目：

1. 「=」運算子函數必須為「非靜態」的「成員函數」，它不能以「非成員函數」方式宣告。
2. 「=」運算子函數不能被衍生類別所繼承。
3. 即使沒有任何類別存在，預設的「=」運算子函數依然可以被 C++ 編譯器所接受。

◀隨堂範例▶ CH13_05.cpp

以下程式範例是說明輸入學生成績資料產生新物件時，可以透過 = 運算子將右邊的物件指派給左邊的物件，在此程式中，還利用 new 和 delete 來做物件建立與釋放的工作。

```
01   #include <iostream>
02
03   using namespace std;
04
05   class MyClass // 定義一個 MyClass 類別
06   {
07       char* m_Name;
08       int m_English;
09       int m_Math;
10       int m_Chinese;
11
12   public:
13       MyClass(char* cName,int iEng=0,int iMath=0,int iCh=0)// 建構子
14       {
15           m_Name=cName;
```

```
16          m_English=iEng;
17          m_Math=iMath;
18          m_Chinese=iCh;
19      }
20
21      //  = 運算子多載
22      MyClass& operator=(const MyClass& myClass)
23      {
24          m_English=myClass.m_English;
25          m_Math=myClass.m_Math;
26          m_Chinese=myClass.m_Chinese;
27          return *this;   // 傳回物件
28      }
29
30      friend ostream& operator<<(ostream&,MyClass&);
31 };
32 // 定義輸出串列資料流
33 ostream& operator<<(ostream& out,MyClass& myClass)
34 {
35     out<<"\n 姓名 :"<<myClass.m_Name
36        <<"\n 英文 :"<<myClass.m_English
37        <<"\n 數學 :"<<myClass.m_Math
38        <<"\n 國文 :"<<myClass.m_Chinese<<endl;
39     return out;
40 }
41
42 int main()
43 {
44     char cName[10];// 定義長度為 10 的陣列
45     int iEng,iMath,iCh;// 記錄英文、數學、國文
46     cout<<" 請輸入學生姓名 ?";
47     cin>>cName;
48     cout<<" 請輸入英文分數 ?";
49     cin>>iEng;
50     cout<<" 請輸入數學分數 ?";
51     cin>>iMath;
52     cout<<" 請輸入國文分數 ?";
53     cin>>iCh;
54
55     MyClass* myClass=new MyClass(cName,iEng,iMath,iCh);
56     cout<<(*myClass);
57
58     MyClass* myClass1=new MyClass(cName);// 指定運算子多載
59     *myClass1=*myClass;
60     cout<<(*myClass1);
61
62     delete myClass1;
```

```
63      delete myClass;
64
65
66      return 0;
67   }
```

【執行結果】

```
請輸入學生姓名?許中立
請輸入英文分數?89
請輸入數學分數?85
請輸入國文分數?88

姓名:許中立
英文:89
數學:85
國文:88

姓名:許中立
英文:89
數學:85
國文:88

------------------------------------
Process exited after 20.54 seconds with return value 0
請按任意鍵繼續 . . .
```

【程式解析】

- 第 13 ~ 19 行：類別建構子，主要用來初始資料成員。

- 第 30 行：宣告 << 運算子為朋友函數。

- 第 33 ~ 40 行：定義 << 運算子多載函數。

- 第 55 行：動態配置新物件。記錄學生姓名、英文、數學、國文成績。

- 第 56 行：利用 << 運算子輸出物件資料。

- 第 58 行：指定運算子多載。

13-2-3 「==」運算子多載

各位如果需要作比對運算的話，由於運算子「=」為 C++ 預設的指定運算子，所以不能多載「=」來做比對運算之用，這時可以利用「==」運算子來進行比對運算。而 C++ 編譯器並未提供預設的「==」運算子，讓使用者執行比對工作。因此當使用者欲執行兩物件是否相同的比對運算時，必須宣告多載「==」運算子。

◀隨堂範例▶ **CH13_06.cpp**

以下程式範例將說明如何使用「==」運算子多載來進行成績的比對工作，並多
載比對運算子「>」、「==」。

```cpp
01   #include <iostream>
02   #include <cstring>
03
04   using namespace std;
05
06   // 宣告類別 Student
07   class Student
08   {
09       public:
10           char Student_Num[10];   // 學號
11           int Student_Score;      // 總分
12       // 建構子
13       Student() {}
14       //Student 函數：設定學生編號及總分
15       Student(char *a, int b)
16       {
17           strcpy(Student_Num,a);
18           Student_Score = b;
19       }
20       // 多載比對運算子「>」、「==」
21       bool operator>(Student b)
22       {
23           if (this->Student_Score > b.Student_Score)
24               return true;
25           else
26               return false;
27       }
28       bool operator==(Student c)
29       {
30           if (this->Student_Score == c.Student_Score)
31               return true;
32           else
33               return false;
34       }
35       // 宣告 >> 運算子多載函數為朋友關係
36       friend istream& operator>>(istream& input, Student& obj);
37   };
38
39   //>> 運算子多載宣告
40   istream& operator>>(istream& input, Student& obj)
41   {
42       cout <<endl <<" 請輸入學生學號：";
```

```
43       input >>obj.Student_Num;
44       cout <<endl <<" 請輸入學生分數：";
45       input >>obj.Student_Score;
46       return input;
47   }
48
49   int main()
50   {
51       // 宣告物件 x 與 y
52       Student x, y;
53       // 利用剛宣告的 >> 運算子多載輸入物件 x 與 y 的資料
54       cout <<" 第一個學生 " <<endl;
55       cin >>x;
56       cout <<endl <<" 第二個學生 " <<endl;
57       cin >>y;
58
59       if (x == y)
60           cout <<endl <<" 學號 " <<x.Student_Num <<" 與學號 "
                          <<y.Student_Num <<" 分數相同。" <<endl;
61       else
62           if (x > y)
63               cout <<endl <<" 學號 " <<x.Student_Num <<" 分數比學號 "
                      <<y.Student_Num <<" 高 " <<endl;
64           else
65               cout <<endl <<" 學號 " <<x.Student_Num <<" 分數比學號 "
                      <<y.Student_Num <<" 低 " <<endl;
66
67
68       return 0;
69   }
```

【執行結果】

```
第一個學生
請輸入學生學號：733254
請輸入學生分數：89
第二個學生
請輸入學生學號：733253
請輸入學生分數：85
學號733254分數比學號733253高
-----------------------------------
Process exited after 20.4 seconds with return value 0
請按任意鍵繼續 . . .
```

【程式解析】

- 第 21 ～ 27 行：「>」運算子多載函數內容。
- 第 28 ～ 34 行：「==」運算子多載函數內容。
- 第 59 行：利用「==」運算子比對兩學生物件。
- 第 62 行：利用「>」運算子比對兩學生物件。

13-2-4 「++」與「--」運算子多載

由於 ++ 與 -- 運算子會因為在運算元的前後位置不同，而有不一樣的運算行為。因此需要對 ++ 運算子及 -- 運算子建立兩個多載函數，一個專責於前置運算的處理，另一個則針對後置運算。底下是這兩個運算子前置與後置運算的多載函數原型宣告方式：

	前置多載函數原型	後置多載函數原型
「++」運算子	傳回型態 operator++();	傳回型態 operator++(int);
「--」運算子	傳回型態 operator--();	傳回型態 operator--(int);

基本上，具有 int 型態參數的多載函數是用來執行後置運算，而沒有參數傳遞的多載函數則是執行前置運算。

◀ 隨堂範例 ▶ CH13_07.cpp

以下程式範例是利用矩陣物件來示範多載 ++ 運算子的前置與後置型式，各位可以觀察運算後結果變化。

```
01   #include <iostream>
02
03   using namespace std;
04
05   class Matrix                    // 計算矩陣相加的自訂類別
06   {
07       int Matrix_Num[2][2];      // 設定 2x2 的矩陣
08   public:
09       Matrix()
10       {
11           int i,j;
12           for (i=0; i<2; i++)
13               for(j=0; j<2; j++)
```

```
14                      Matrix_Num[i][j]=0;  // Matrix 矩陣的建構子
15                                           // 全部初始化為 0
16        }
17
18      Matrix(int Tmp_a1, int Tmp_a2, int Tmp_b1, int Tmp_b2)
19      {
20          Matrix_Num[0][0]=Tmp_a1;     // Matrix 矩陣的建構子
21          Matrix_Num[0][1]=Tmp_a2;     // 初始化格式為
22          Matrix_Num[1][0]=Tmp_b1;     // |a1  a2|
23          Matrix_Num[1][1]=Tmp_b2;     // |b1  b2|
24      }
25      friend istream& operator >> (istream& in, Matrix& Tmp_Mat);
26      // >> 運算子的多載函數原型宣告，in 是由 istream 類別生成的輸入物件
27      friend ostream& operator << (ostream& out, Matrix& Tmp_Mat);
28      // << 運算子的多載函數原型宣告，out 是由 ostream 類別生成的輸出物件
29      Matrix operator ++();       // ++ 前置運算子的多載函數原型宣告
30      Matrix operator ++(int);   // ++ 後置運算子的多載函數原型宣告
31   };
32
33   istream& operator >> (istream& in, Matrix& Tmp_Mat)
34   {
35      int i,j;
36      for (i=0; i<2; i++)
37          for (j=0; j<2; j++)
38              in >> Tmp_Mat.Matrix_Num[i][j];   // 透過迴圈設定類別的成員資料
39          return (in);             // 傳回輸入物件
40   }
41   ostream& operator << (ostream& out, Matrix& Tmp_Mat)
42   {
43      int i,j;
44      for (i=0; i<2; i++)
45          for (j=0; j<2; j++)
46              cout << Tmp_Mat.Matrix_Num[i][j] << "\t";   // 透過迴圈設定類
                                                           別的成員資料
47      cout << endl;
48      return (out);       // 傳回輸出物件
49   }
50   Matrix Matrix::operator ++ ()
51   {
52      int i,j;
53      for (i=0; i<2; i++)
54          for (j=0; j<2; j++)
55              ++Matrix_Num[i][j];  // 利用迴圈對類別成員資料進行 ++ 前置運算
56      return (*this);
57   }
58   Matrix Matrix::operator ++ (int)
59   {
```

```
60        Matrix Tmp;
61        int i,j;
62        for (i=0; i<2; i++)
63            for (j=0; j<2; j++)
64                Tmp.Matrix_Num[i][j] = Matrix_Num[i][j]++;
                                    // 利用迴圈對類別成員資料進行 ++ 後置運算
65        return (Tmp);
66    }
67    int main()
68    {
69        Matrix M1,M2,Prefix,Postfix;
70        cout << " 請輸入 M1 矩陣的值:";
71        cin >> M1;        // 呼叫多載運算子 >> 設定物件內容
72
73        cout << " 請輸入 M2 矩陣的值:";
74        cin >> M2;        // 呼叫多載運算子 >> 設定物件內容
75        Prefix = ++M1;    // 呼叫多載運算子 ++，執行前置運算
76        Postfix = M2++;   // 呼叫多載運算子 ++，執行後置運算
77        cout << endl;
78        cout << " 執行 Prefix = ++M1 後，Prefix 矩陣的值為:" << endl;
79        cout << Prefix << endl;        // 呼叫多載運算子 << 輸出物件內容
80        cout << " 執行 Postfix = M2++ 後，Postfix 矩陣的值為:" << endl;
81        cout << Postfix << endl;       // 呼叫多載運算子 << 輸出物件內容
82
83
84        return 0;
85    }
```

【執行結果】

```
請輸入M1矩陣的值:1 2 3 4
請輸入M2矩陣的值:5 6 7 8

執行Prefix = ++M1後，Prefix矩陣的值為:
2        3        4        5

執行Postfix = M2++後，Postfix矩陣的值為:
5        6        7        8


---------------------------------
Process exited after 15.5 seconds with return value 0
請按任意鍵繼續 . . .
```

【程式解析】

- 第 5 ～ 31 行:宣告 Matrix 類別。

- 第 29、30 行:分別對 ++ 運算子進行前置與後置運算的多載函數原型宣告。

- 第 55 行：利用迴圈對類別成員資料進行 ++ 前置運算。
- 第 64 行：利用迴圈對類別成員資料進行 ++ 後置運算。
- 第 75 行：對 M1 進行 ++ 前置運算，並將結果指定給 Prefix 物件。
- 第 76 行：對 M2 進行 ++ 後置運算，並將結果指定給 Postfix 物件。
- 第 79 行：呼叫多載運算子 << 輸出物件內容。
- 第 81 行：呼叫多載運算子 << 輸出物件內容。

13-3 型態轉換運算子多載

C++ 內建的基本資料型態可以使用強制轉換的方式，將某一個資料型態（例如 int）轉換成另一個資料型態（例如 double）。假如您想將自訂類別的物件內容轉換成基本資料型態的話，就必須對型態轉換運算符號進行多載。下表列出另外三種轉換資料型態於轉換資料時，必須在來源位置或目的位置建立或使用的函數：

轉換型態	基本型態轉類別型態	類別型態轉基本型態	類別型態轉類別型態
來源位置	無	多載內建型態轉變函數	多載內建型態轉換函數
目的位置	使用目的位置的類別建構子	無	使用目的位置的類別建構子

13-3-1 類別型態轉換為基本資料型態

假若您想將類別型態轉換成基本資料型態，那麼您只能在類別中多載型態轉換運算符號。例如底下的例子是在類別中建立浮點數（float）的型態轉換方式：

```
class test
{
        :
public:
        :
    operator float()              // 建立浮點數的多載轉換
        :
};


test::operator float()            // 浮點數轉換的函數定義
{
        :
}
```

　　由於自訂的型態轉換函數必須屬於某個已知的類別成員，因此在進行函數定義時需使用「::」範圍解析運算子來指明該運算子所隸屬的類別為何。

◀隨堂範例▶ CH13_08.cpp

以下這個範例是用來計算台幣及美金匯率兌換的自訂類別，並由使用者自行輸入匯率及所兌換的台幣數量。然而匯率比通常不會是整數值，因此需要對物件 TWD 進行型態轉換。

```cpp
01   #include <iostream>
02
03   using namespace std;
04
05   class Dollar              // 計算匯率轉換的自訂類別
06   {
07       int NT_Dollar;        // NT_Dollar 代表擁有的新台幣
08       float Exchange_Rate;  // Exchange_Rate 表示 1 美金可兌換的台幣金額
09   public:
10       Dollar()              // Dollar 類別的建構子
11       {
12           NT_Dollar=1;
13           Exchange_Rate=40;
14       }
15       Dollar(int Money,float Rate)   // Dollar 類別的建構子
16       {
17           NT_Dollar=Money;
18           Exchange_Rate=Rate;
19       }
20       friend istream& operator >> (istream& in, Dollar& Tmp_Money);
21       // >> 運算子的多載函數原型宣告，in 是由 istram 類別生成的輸入物件
22       friend ostream& operator << (ostream& out, Dollar& Tmp_Money);
23       // << 運算子的多載函數原型宣告，out 是由 ostream 類別生成的輸出物件
24       operator float();              // 多載型態轉換運算符號的函數原型宣告
25       float Get_Rate()
26       {
27           return (Exchange_Rate);   // 傳回匯率比
28       }
29   };
30   istream& operator >> (istream& in, Dollar& Tmp_Money)
31   {
32       cout << "請輸入 1 美元可兌換的台幣數量 :";
33       in >> Tmp_Money.Exchange_Rate;    // 取得匯率比
34       cout << "請輸入您要兌換的台幣數:";
35       in >> Tmp_Money.NT_Dollar;        // 取得要兌換的台幣金額
36       return (in);                      // 傳回輸入物件
```

```
37    }
38    ostream& operator << (ostream& out, Dollar& Tmp_Money)
39    {
40        out << Tmp_Money.NT_Dollar << " 元 ";
41        return (out);                         // 傳回輸出物件
42    }
43    Dollar::operator float ()
44    {
45        float US_Dollar;
46        US_Dollar = (float)NT_Dollar / Exchange_Rate; // 依據匯率比計算兌換金額
47        return (US_Dollar);                  // 傳回計算結果
48    }
49    int main()
50    {
51        Dollar TWD;
52        float USD;
53        cin >> TWD;        // 呼叫多載運算子 >> 設定物件內容
54        USD = (float)TWD; // 呼叫多載型態轉換運算符號
55        cout << endl;
56        cout << " 率匯比（美金：台幣）= 1 : " << TWD.Get_Rate() << endl;
57        cout << " 要兌換的台幣金額：" << TWD << endl; //呼叫多載運算子<< 輸出物件
                                                                      內容
58        cout << " 可兌換美金：" << USD << " 元 " << endl;
59
60        return 0;
61    }
```

【執行結果】

```
請輸入1美元可兌換的台幣數量:31.0
請輸入您要兌換的台幣數：50000

率匯比〈美金:台幣〉= 1 : 31
要兌換的台幣金額：50000 元
可兌換美金:1612.9 元

---------------------------------
Process exited after 22.38 seconds with return value 0
請按任意鍵繼續 . . .
```

【程式解析】

- 第 5 ～ 48 行：用來計算台幣與美金匯率轉換的自訂類別。

- 第 10 ～ 19 行：建立建構子的多載。

- 第 20 行：>> 運算子的多載函數原型宣告，in 是由 istram 類別生成的輸入物件。

- 第 24 行：多載型態轉換運算符號的函數原型宣告。
- 第 27 行：將匯率比傳回給呼叫程式。
- 第 30 ~ 42 行：多載 >> 運算子及 << 運算子，用來輸入及輸出物件件容。
- 第 47 行：依據匯率比來計算兌換結果，並將計算果傳回給呼叫程式。
- 第 54 行：呼叫多載型態轉換運算符號，將 TWD 物件的內容轉換成 float 型態。

13-3-2　基本資料型態轉換為類別型態

除了可以將類別轉換成基本資料型態之外，您還能夠反其道而行，把基本資料型態轉換成類別型態，例如：

```
class test
{
      :
}
int main()
{
    test t1;
    float a=49.24;
    t1 = a;                 // 將基本資料型態轉換成類別型態
      :
}
```

◀隨堂範例▶ CH13_09.cpp

以下程式範例是使用多載運算子的方式，來進行資料型態的轉換。請注意！當執行第 49 行敘述時，由於參與運算的右運算元為浮點數型態，因此系統會執行第 34 ~ 39 行的等號運算子多載函數，而非第 20 ~ 24 行的多載建構子函數。

```
01   #include <iostream>
02
03   using namespace std;
04
05   float Exchange_Rate;      // Exchange_Rate 表示 1 美金可兌換的台幣金額
06   class Dollar              // 計算匯率轉換的自訂類別
07   {
08       float NT_Dollar;      // NT_Dollar 代表擁有的新台幣
09   public:
10       Dollar()             // Dollar 類別的建構子
```

```
11      {
12          NT_Dollar=1;
13          Exchange_Rate=40;
14      }
15      Dollar(float Money,float Rate)   // Dollar 類別的建構子
16      {
17          NT_Dollar=Money;
18          Exchange_Rate=Rate;
19      }
20      Dollar(float Money)
21      {
22          cout << " 執行 Dollar(flaot Meony) 建構子函數 " << endl;
23          NT_Dollar=Money * Exchange_Rate;  // 計算可兌換的台幣數量
24      }
25      friend ostream& operator << (ostream& out, Dollar& Tmp_Money);
26      // << 運算子的多載函數原型宣告，out 是由 ostream 類別生成的輸出物件
27      Dollar operator = (float Money);        // 多載 = 等號運算子的函數原型宣告
28  };
29  ostream& operator << (ostream& out, Dollar& Tmp_Money)
30  {
31      out << Tmp_Money.NT_Dollar << " 元 " << endl;
32      return (out);                           // 傳回輸出物件
33  }
34  Dollar Dollar::operator = (float Money)
35  {
36      cout << " 執行多載 = 運算子函數 " << endl;
37      NT_Dollar=Money * Exchange_Rate;        // 計算可兌換的台幣數量
38      return (*this);                         // 傳回 *this 指標
39  }
40  int main()
41  {
42      Dollar TWD;
43      float USD,Rate;
44      cout << " 請輸入 1 美元可兌換的台幣數量 :";
45      cin >> Rate;
46      cout << " 請輸入您要兌換的美金金額：";
47      cin >> USD;
48      Exchange_Rate=Rate;
49      TWD = USD;              // 呼叫多載型態轉換運算符號
50      cout << endl;
51      cout << " 率匯比 ( 美金：台幣 ) = 1 : "  << Exchange_Rate << endl;
52      cout << " 要兌換的美金金額 :" << USD << " 元 " << endl;
53      cout << " 可兌換台幣 :" << TWD << endl;
54      // 呼叫多載運算子 << 輸出物件內容
55
56      return 0;
57  }
```

【執行結果】

```
請輸入1美元可兌換的台幣數量:31.0
請輸入您要兌換的美金金額：3000
執行多載=運算子函數

率匯比<美金:台幣> = 1 : 31
要兌換的美金金額：3000 元
可兌換台幣：93000 元

------------------------------------
Process exited after 17.39 seconds with return value 0
請按任意鍵繼續 . . .
```

【程式解析】

- 第 20 ~ 24 行：建立只有一個參數的建構子函數。
- 第 27 行：多載 = 運算子的函數原型宣告。
- 第 34 ~ 39 行：多載 = 運算子的函數定義。
- 第 49 行：呼叫多載運算子函數，將浮點數轉換成類別型態。
- 第 53 行：呼叫多載運算子 << 輸出物件內容。

13-3-3 類別型態轉換成其他類別型態

不同類別物件的資料也能夠直接進行轉換，例如：

```
class Test1              // 建立 Test1 類別
{
    :
};
class Test2              // 建立 Test2 類別
{
    :
};
void main()
{
    Test1 A;
    Test2 B;
    A = B;               // 將 Test2 類別轉換成 Test1 類別
        :
}
```

　　各位有兩種方式可以選擇，第一種是在類別中使用建構子函數來處理資料型態的轉換；另一個方式則是多載「等號運算子」（=）。多載等號運算的方式與上一節完全相同，但是傳入參數須變更為右運算元的類別型態，此處不再多做說明。

◀ 隨堂範例 ▶ CH13_10.cpp

以下程式範例將為您示範使用建構子函數來處理資料型態轉換的方式，其中第 20 行敘述「operator USD();」是用來進行類別轉換的建構子函數，其中的 USD 為類別名稱，意即當右運算元為 USD 類別型態時，就會執行這個轉換函數。

```
01   #include <iostream>
02
03   using namespace std;
04
05   class USD;          // 宣告 USD 類別
06   class NTD           // 計算匯率轉換的自訂類別
07   {
08       float NT_Exchange_Rate;    // NT_Exchange_Rate 表示 1 美金可兌換的台幣金額
09   public:
10       NTD()          // Dollar 類別的建構子
11       {
12           NT_Exchange_Rate=40;
13       }
14       NTD(float Rate)            // Dollar 類別的建構子
15       {
16           NT_Exchange_Rate=Rate;
17       }
18   friend istream& operator >> (istream& in, NTD& Tmp_Money);
19   // >> 運算子的多載函數原型宣告，in 是由 istream 類別生成的輸出物件
20       operator USD();            // 宣告類別型態轉換函數
21   };
22   class USD
23   {
24       float US_Exchange_Rate;
25   public:
26       USD()   // Dollar 類別的建構子
27       {
28           US_Exchange_Rate=40;
29       }
30       USD(float Rate)            // Dollar 類別的建構子
31       {
32           US_Exchange_Rate=Rate;
33       }
34       friend ostream& operator << (ostream& out, USD& Tmp_Money);
```

```
35       // >> 運算子的多載函數原型宣告，in 是由 istream 類別生成的輸出物件
36   };
37   istream& operator >> (istream& in, NTD& Tmp_Money)
38   {
39       cout << " 請輸入匯率比（台幣：美金）" << endl<< "1 塊台幣 ： 美金 " ;
40       in >> Tmp_Money.NT_Exchange_Rate;      // 設定 NTD 的類別成員資料
41       return (in);                          // 傳回輸入物件
42   }
43   ostream& operator << (ostream& out, USD& Tmp_Money)
44   {
45       out << Tmp_Money.US_Exchange_Rate      // 輸出 USD 的類別成員資料
46           << " 元 " << endl;
47       return (out);                         // 傳回輸出物件
48   }
49   NTD::operator USD()
50   {
51       float US_Exchange_Rate=1/NT_Exchange_Rate; // 計算轉換後的兌換比率
52       return (USD(US_Exchange_Rate));            // 傳回 USD 類別
53   }
54
55   int main()
56   {
57       NTD NT_Dollar;
58       USD US_Dollar;
59       cin >> NT_Dollar;                      // 輸入 NT_Dollar 物件的內容
60       US_Dollar = NT_Dollar;                 // 執行 USD() 轉換函數
61       cout << endl;
62       cout << " 等於匯率比（美金：台幣）" << endl<< "1 塊美金 ： " << US_Dollar;
                                                 // 輸出轉結果
63
64       return 0;
65   }
```

【執行結果】

```
請輸入匯率比〈台幣:美金〉
1塊台幣 ： 美金 0.0298

等於匯率比〈美金:台幣〉
1塊美金 ： 33.557 元

----------------------------------
Process exited after 18.01 seconds with return value 0
請按任意鍵繼續 . . .
```

【程式解析】

- 第 5 行：由於 USD 類別是在 NTD 類別之後建立，因此需要在此先行宣告 USD 類別，如此才能順利的在 NTD 類別中使用該類別。
- 第 6 ～ 21 行：建立 NTD 類別，用來存放台幣對美元的兌換比率。
- 第 20 行：宣告類別型態轉換函數。
- 第 22 ～ 36 行：建立 USD 類別，用來存放美元對台幣的兌換比率。
- 第 59 行：呼叫 >> 多載運算子輸入 NT_Dollar 物件的內容。

13-4 上機程式測驗

1. 請設計一個程式，示範一個加法運算子函數宣告為非成員函數的方式。

```
int operator+(int x,Score s1)
{
    return (x+s1.var1);
}
```

Ans ex13_01.cpp。

2. 請設計一個程式，建立了一個計算面積的類別，並多載大於關係運算子來比較兩個物件的面積大小。

Ans ex13_02.cpp。

3. 請設計一程式，包含多載比對運算子「>」、「 = = 」與輸入運算子「>>」，可對兩 Student 物件來進行成績的比對工作，並輸出結果。

Ans ex13_03.cpp。

4. 請設計一程式，計算矩陣相加的自訂類別，你將對「+」運算子進行多載，讓它能夠計算兩個自訂資料型態物件的距離長度。

Ans ex13_04.cpp。

5. 「[ ]」運算子為存取陣列內部，特定位置的元素所用。請設計一程式，利用「>>」運算子多載輸入自訂字串，再宣告「[ ]」運算子多載來存取字串的字元碼。

Ans ex13_05.cpp。

課後評量

1. 函數多載時，常因語法錯誤，造成編譯時錯誤產生，請列出有哪些錯誤的函數多載方式。

2. 運算子多載的定義與一般函數的定義有何差異性？

3. 試舉出三種運算子，C++ 規定只能以成員函數的方式來定義。

4. 當程式使用非成員函數的方式來定義運算子多載時，除了 public 區塊的成員資料外，其他區塊的成員將無法存取。該如何解決呢？

5. 要如何將二元運算子函數定義為成員以及非成員函數？

6. 試舉出至少三種無法進行多載的運算子。

7. 何謂運算子多載？

8. 在宣告運算子函數多載時，有哪些定義規則？

9. 在使用多載指定運算子函數時，您必須要注意的項目為何？

10. 多載函數被呼叫時，是依照不同的函數代碼呼叫函數，所以函數多載必須取決於什麼條件進行編譯？

11. 當您設計多載 >> 或 << 運算子時，該處理哪些事項？

12. 定義多載運算子時需注意哪幾點？

MEMO

14

繼承與多型

繼承（inheritance）關係是物件導向程式設計的重要觀念之一。我們可以從既有的類別上衍生出新的類別，新類別會繼承舊類別中大部分的特性，並擁有自己的特性，這樣功用可以大幅提升程式碼的可再用性（reusability）。

事實上，繼承除了可重複利用之前所開發過的類別之外，最大的好處在於維持物件封裝的特性，因為繼承時不容易改變已經設計完整的類別，這樣可以減少繼承時，對於類別設計上的錯誤發生。

C++ 的繼承關係就好比
人類的血統關係

14-1 認識繼承關係

在 C++ 中，對於兩個類別間的繼承關係可以描述如下。在繼承之前，原先已建立好的類別稱之為「基礎類別」（base class），而經由繼承所產生的新類別就稱之為「衍生類別」（derived class）。通常會將基礎類別稱之為父類別，而衍生類別稱之為子類別，其相互間的關係如下圖所示：

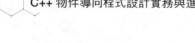

14-1-1 基礎類別與衍生類別

在繼承關係中，基礎類別中的「資料成員」（data member）與「成員函數」（member function）均可被衍生類別所繼承。另外衍生類別具有新的特性，所以必須擁有自己的建構子、解構子與多載指定運算元（＝）。至於朋友類別的關係也僅止於基礎類別，在衍生類別中就必須重新定義。因此下列基礎類別的特性，則無法被衍生類別所繼承：

- 建構子
- 解構子
- 多載指定運算子（＝）
- 朋友類別

在類別成員中經由設定成員的存取層級，可以限制外界對類別成員的存取能力，這樣的機制同樣影響繼承基礎類別的衍生類別。C++ 中類別的繼承也可透過三種關鍵字，來達到不同繼承關係的效果：public（公用）、private（私用）、protected（保護）。我們以下表來解說這三種繼承宣告與基礎類別和衍生類別間的關聯性：

繼承關聯表	public 繼承宣告	protected 繼承宣告	private 繼承宣告
父類別 public 區塊成員資料	儲存至子類別 public 區塊，可以呼叫存取	儲存至子類別 protected 區塊，可以呼叫存取	儲存至子類別 private 區塊，可以呼叫存取
父類別 protected 區塊成員資料	儲存至子類別 protected 區塊，可以呼叫存取	儲存至子類別 protected 區塊，可以呼叫存取	儲存至子類別 private 區塊，不可以呼叫存取
父類別 private 區塊成員資料	儲存至子類別 private 區塊，並隱藏無法存取	儲存至子類別 private 區塊，並隱藏無法存取	儲存至子類別 private 區塊，並隱藏無法存取

由上表可以看出，在 public 繼承宣告之下，衍生類別可完全繼承基礎類別中的 public 及 protected 成員資料，並供成員函數直接存取。而基礎類別中 private 成員資料，則被隱藏，無法直接存取。必須依靠基礎類別的 public 及 protected 成員函數，來做間接存取的動作。

基礎類別中的 public 成員資料，可以被程式中任何類別的所有函數來存取。但非衍生類別的成員函數，無法直接存取基礎類別的 protected 及 private 成員資料，必須透過 public 成員函數間接存取。

14-1-2 單一繼承

所謂的單一繼承（single inheritance）是指衍生類別只繼承單獨一個基本類別。在單一繼承的關係中，衍生類別的宣告如下：

```
class 衍生類別 : 繼承關鍵字 基礎類別
{
    // 類別定義
}
```

由於之前曾說明，繼承關係可以使用 public、protected、private 等三個關鍵字來進行宣告，而根據使用繼承關鍵字的不同，會產生不同的差異。以下我們將分別為各位詳細說明。

14-1-3 public 關鍵字

當衍生類別以 public 宣告繼承基礎類別時，基礎類別中的各成員資料型態會依然保留。也就是說以 public 宣告繼承後，基礎類別各個區塊的成員資料會依照原本的屬性移轉到衍生類別之中。當存取設定字元宣告為 public 時，衍生類別所繼承而來類別成員（資料成員與成員函數）的存取設定保持不變，請看下表：

基礎類別成員 （資料成員、成員函數） 存取設定字元	衍生類別以 "public" 繼承後的存取設定字元
public	public
protected	protected
private	private

◀ 隨堂範例 ▶ CH14_01.cpp

以下程式範例是說明當存取設定字元宣告為 public 時，衍生類別所繼承而來類別成員（資料成員與成員函數）的存取設定保持不變。因為 freighter 類別本身並無另外定義，所以程式會直接執行經由基礎類別繼承而來的成員函數。

```
01  #include <iostream>
02
03  using namespace std;
04
```

```
05  class car {
06      public:              // 基礎類別中的成員函式宣告為 public
07          void go()        // car 類別的成員函數 go()
08          {
09              cout <<" 汽車啟動了 !"<< endl;
10          }
11          void stop()      // car 類別的成員函數 stop()
12          {
13              cout <<" 汽車熄火了 !"<<endl;
14          }
15  };
16  class freighter: public car
17  {};    // 衍生類別將其存取設定字元宣告為 public
18
19  int main()
20  {
21      freighter ft;
22
23      ft.stop();
24      cout<<"-----------------------------"<<endl;
25      ft.go();
26      cout<<"-----------------------------"<<endl;
27      // ft 是 freighter 類別的一個物件，因為繼承關係，所以可以使用 go() 與 stop() 函數
28
29
30      return 0;
31
32  }
```

【執行結果】

```
汽車熄火了!
-----------------------------
汽車啟動了!
-----------------------------

-----------------------------
Process exited after 0.07635 seconds with return value 0
請按任意鍵繼續 . . . ■
```

【程式解析】

- 第 05 ～ 15 行：宣告一個基礎類別 "car"，並定義二個成員函數 go、stop。

- 第 16 行：衍生類別將其存取設定字元宣告為 public。

- 第 21 行：宣告一個繼承自 car 的衍生類別 freighter，其存取設定字元設為 public。
- 第 23 行：呼叫衍生類別中繼承自 car 類別的成員函數 stop。
- 第 25 行：呼叫衍生類別中繼承自 car 類別的成員函數 go。

14-1-4　protected 關鍵字

當衍生類別以 protected 宣告繼承基礎類別時，繼承而來的所有成員除了 private 型別繼承之後，仍是 private 型別之外，protected 及 public 型別都會變成 protected 型別的成員。另外衍生類別內的其他成員函數可以直接存取基礎類別 中位在 protected 與 public 存取區塊內的成員，但是不可以存取基礎類別內位在 private 存取區塊內的成員。其繼承後的存取設定會將原本是 public 的類別成員改 為 protected，如下表所示：

基礎類別成員 （資料成員、成員函數） 存取設定字元	衍生類別以 "protected" 繼承後的存取設定字元
public	protected
protected	protected
private	private

◀ 隨堂範例 ▶ CH14_02.cpp

以下程式範例是說明當衍生類別的「存取設定字元」宣告為 protected，則可直 接存取基礎類別中位在 protected 與 public 存取區塊內的成員，不過在 private 區塊內的資料成員，則必須藉由呼叫 set_age 成員來設定成員資料 age。

```
01    #include<iostream>
02
03    using namespace std;
04
05    // 宣告類別 student
06    class student
07    {
08        private:
09            int age;
```

```
10      protected:
11          int lang;
12      public:
13          int math;
14      student()    // 建構子
15      {
16          age=0;
17          lang=0;
18          math=0;
19      }
20      void set_age(int a1)
21      {
22          age=a1;
23      }
24      void show_age()
25      {
26          cout << "age=" << age << endl;
27      }
28  };
29
30  // 以 protected 型別自類別 student 繼承成為新的類別 s1
31  class s1:protected student
32  {
33      public:
34          void set_lang(int v3)
35          {
36              lang=v3;     // 可直接設定型別為 protected 的成員資料 lang
37          }
38          void set_math(int v4)
39          {
40              math=v4;     // 可直接設定型別為 public 的成員資料 math
41          }
42          void setage(int v5)
43          {
44              // 因為無法直接存取 private 型別的成員資料 age
45              // 必須藉由呼叫 set_age 成員來設定成員資料 age
46              set_age(v5);
47          }
48          void show_data()
49          {
50              // 因為無法直接存取 private 型別的成員資料 age，必須
51              // 藉由呼叫 show_age() 成員函式來取得 age 值並在螢幕上顯示
52              show_age();
53              // 將成員資料 lang 及 math 顯示在螢幕上
54              cout << "lang=" << lang << endl;
55              cout << "math=" << math << endl;
56          }
```

```
57    };
58    int main()
59    {
60        // 宣告物件 obj1
61        s1 obj1;
62        // 可藉由呼叫 setage 成員函式來呼叫類別 student 內 public 型別的成員函式 set_age()
63        obj1.setage(10);
64        // 可直接存取類別 student 內的 protected 型別的成員資料 lang
65        obj1.set_lang(90);
66        // 可直接存取類別 student 內的 public 型別的成員資料 math
67        obj1.set_math(88);
68        // 可直接存取類別 student 內的 protected 型別的成員資料 lang
69        // 可直接存取類別 student 內的 public 型別的成員資料 math
70        obj1.show_data();
71
72
73        return 0;
74    }
```

【執行結果】

```
age=10
lang=90
math=88

---------------------------------
Process exited after 0.07607 seconds with return value 0
請按任意鍵繼續 . . .
```

【程式解析】

■ 第 31 行：以 protected 型別自類別 student 繼承成為新的類別 s1。

■ 第 46 行：必須藉由呼叫 set_age 成員來設定成員資料 age。

■ 第 31 ～ 57 行：以 protected 型別自類別 student 繼承成為新的類別 s1，並新增四個成員函數。

■ 第 70 行：因為無法直接存取 private 型別的成員資料 age，必須藉由呼叫 show_age() 成員函數來取得 age 值。

14-1-5 private 關鍵字

當衍生類別以 private 宣告繼承基礎類別時，基礎類別中的所有成員資料與函數，會儲存到衍生類別的 private 區塊之中。跟 protected 繼承宣告一樣，非衍生類別的外部成員無法利用衍生類別的物件，對基礎類別做呼叫或存取的動作，必須透過衍生類別的 public 成員函數來間接存取。其繼承後類別成員的存取設定會將全部改為 private，如下表所示：

基礎類別成員 （資料成員、成員函數） 存取設定字元	衍生類別以 "private" 繼承後的存取設定字元
public	private
protected	private
private	private

◀ 隨堂範例 ▶ CH14_03.cpp

以下程式範例是說明當衍生類別的「存取設定字元」宣告為 private，相關資料成員的存取限制相關注意要點。

```
01   #include<iostream>
02
03   using namespace std;
04
05   // 宣告類別 student
06   class student
07   {
08       private:
09           int age;
10       protected:
11           int lang;
12       public:
13           int math;
14           student()  // 建構子
15           {
16               age=0;
17               lang=0;
18               math=0;
19           }
20           void set_age(int a1)
21           {
```

```
22                  age=a1;
23              }
24          void show_age()
25          {
26              cout << "age=" << age << endl;
27          }
28  };
29
30  // 以 private 型別自類別 student 繼承成為新的類別 s1
31  class s1:private student
32  {
33      public:
34          void set_lang(int v3)
35          {
36
37              lang=v3;    // 可直接設定型別為 protected 的成員資料 lang
38
39          }
40          void set_math(int v4)
41          {
42
43              math=v4;    // 可直接設定型別為 public 的成員資料 math
44          }
45          void setage(int v5)
46          {
47              // 因為無法直接存取 private 型別的成員資料 age
48              // 必須藉由呼叫 set_age 成員來設定成員資料 age
49              set_age(v5);
50          }
51          void show_data()
52          {
53              // 因為無法直接存取 private 型別的成員資料 age，必須
54              // 藉由呼叫 show_age() 成員函式來取得 age 值並在螢幕上顯示
55              show_age();
56              cout << "lang=" << lang << endl;
57              cout << "math=" << math << endl;
58          }
59  };
60  int main()
61  {
62      // 宣告物件 obj1
63      s1 obj1;
64      // 可藉由呼叫 setage 成員函式來呼叫類別 student 內 public 型別的成員函式 set_age()
65      obj1.setage(35);
66      // 可直接存取類別 student 內的 protected 型別的成員資料 lang
67      obj1.set_lang(100);
68      // 可直接存取類別 student 內的 public 型別的成員資料 math
```

```
69      obj1.set_math(95);
70      obj1.show_data();
71
72      return 0;
73  }
```

【執行結果】

```
age=35
lang=100
math=95

----------------------------------------
Process exited after 0.07844 seconds with return value 0
請按任意鍵繼續 . . .
```

【程式解析】

- 第 31 行：以 private 型別自類別 student 繼承成為新的類別 s1。
- 第 49 行：藉由呼叫 set_age 成員來設定成員資料 age。
- 第 67 行：可直接存取類別 student 內的 protected 型別的成員資料 lang。
- 第 69 行：可直接存取類別 student 內的 public 型別的成員資料 math。

14-1-6　多重繼承

所謂的多重繼承（multiple inheritance）是指衍生類別繼承自多個基本類別，而這些被繼承的基本類別相互之間可能都沒有關係。簡單的說，就是一種直接繼承的型態，它直接繼承了兩個或多個的基礎類別。而這些被繼承的基礎類別之間，因為並無任何繼承或朋友關係存在，所以彼此無法互相存取。如右圖所示：

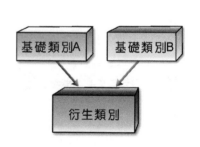

至於多重類別繼承宣告運算式如下：

```
class 衍生類別：繼承關鍵字 基礎類別 1, 繼承關鍵字 基礎類別 2, . . . . . .
```

◀隨堂範例▶ CH14_04.cpp

以下程式範例中各位可以看出在衍生類別「Student」中，可利用物件object1
成功呼叫基礎類別「Math」、「Chinese」與「History」的成員。這代表
「Student」繼承了多種基礎類別中的所有成員資料及函數。

```cpp
01    #include <iostream>
02    #include <cstring>
03    using namespace std;
04    // 宣告基礎類別 Math
05    class Math
06    {
07        private:
08            int Math_Score;   // 數學成績
09        public:
10            // 函數 Math_make()：設定數學成績
11            void Math_make(int a)
12            {
13                Math_Score = a;
14            }
15            // 函數 Math_take()：設定傳回數學成績方便衍生類別呼叫
16            int Math_take()
17            {
18                return Math_Score;
19            }
20    };
21
22    // 宣告基礎類別 Chinese
23    class Chinese
24      {
25        private:
26            int Chinese_Score;   // 國文成績
27        public:
28        // 函數 Chinese_make()：設定國文成績
29        void Chinese_make(int b)
30        {
31            Chinese_Score = b;
32        }
33            // 函數 Chinese_take()：設定傳回國文成績方便衍生類別呼叫
34        int Chinese_take()
35        {
36            return Chinese_Score;
37        }
38    };
39
40    // 宣告基礎類別 History
```

```
41   class History
42     {
43       private:
44           int History_Score;      // 歷史成績
45       public:
46           // 函數 History_make()：設定歷史成績
47           void History_make(int c)
48           {
49               History_Score = c;
50           }
51           // 函數 History_take()：設定傳回歷史成績方便衍生類別呼叫
52           int History_take()
53           {
54               return History_Score;
55           }
56   };
57
58   // 宣告類別 Student 並以三種繼承關鍵字分別繼承三個基礎類別
59   class Student: public Math, protected Chinese, private History
60   {
61       private:
62           int Student_Number;       // 學號
63       protected:
64           char Student_Name[20]; // 姓名
65       public:
66           // 函數 Student()：設定學號與姓名
67           Student(int d, const char *N)
68           {
69               Student_Number = d;
70               strcpy (Student_Name, N);
71           }
72           // 函數 Student_C_make()：間接存取 Chinese_make()
73           void Student_C_make(int e)
74           {
75               Chinese_make (e);
76           }
77           // 函數 Student_H_make()：間接存取 History_make()
78           void Student_H_make(int f)
79           {
80               History_make (f);
81           }
82           // 於螢幕顯示結果
83           void Student_Show()
84           {
85               cout <<endl;
86               cout <<" 學號：" <<Student_Number <<endl;
87               cout <<" 姓名：" <<Student_Name <<endl;
```

```
88              cout <<" 數學成績：      " <<Math_take() <<endl;
89              cout <<" 國文成績：      " <<Chinese_take() <<endl;
90              cout <<" 歷史成績：      " <<History_take() <<endl;
91              cout <<" 總成績：        " << Math_take() + Chinese_take() +
                                           History_take() <<endl;
92          }
93   };
94
95   // 程式主要執行區域
96   int main()
97   {
98       // 類別 Student：物件 object1
99       Student object1(31232, "Alex");
100      object1.Math_make(65);
101      object1.Student_C_make(78);
102      object1.Student_H_make(34);
103      object1.Student_Show();
104
105      return 0;
106  }
```

【執行結果】

```
學號：31232
姓名：Alex
數學成績：      65
國文成績：      78
歷史成績：      34
總成績：        177

--------------------------------
Process exited after 0.07525 seconds with return value 0
請按任意鍵繼續 . . .
```

【程式解析】

■ 第 5、23、41 行：分別宣告三個基礎類別。

■ 第 59 行：以衍生類別 Student 用三種不同繼承關鍵字宣告多重繼承。

■ 第 73、78 行：分別再宣告兩個 *_make() 函數，用以間接存取類別 Chinese、
History 的成員。

14-2 衍生類別建構子與解構子

基本上，當建立類別之後，會呼叫建構子，直到程式結束執行後，才會自動呼叫解構子，將不再使用的記憶體空間釋放。衍生類別因為具有新的特性，所以不能繼承基礎類別的建構子與解構子，而必須要有自己版本的建構子與解構子。但是針對繼承而來的特性，衍生類別就會呼叫基礎類別的建構子與解構子。

現在我們討論的問題是在建立衍生類別時要如何建立建構子及解構子呢？其實在建立衍生類別時，會先建立基礎類別的建構子，然後再呼叫衍生類別的建構子；當程式結束時，會先呼叫衍生類別的解構子，然後再呼叫基礎類別的解構子。接下來將分別針對單一繼承與多重繼承的建構子與解構子的呼叫順序做說明。

14-2-1 單一繼承建構子與解構子

在單一繼承建立建構子與解構子的順序，是先呼叫基礎類別的建構子，再呼叫衍生類別的建構子。而當程式執行結束之後，會先呼叫衍生類別的解構子，再呼叫基礎類別的解構子。

◀ 隨堂範例 ▶ CH14_05.cpp

以下程式範例將說明在單一繼承關係中，對於衍生類別物件的建構子與解構子呼叫順序。

```
01   #include<iostream>
02
03   using namespace std;
04
05   // 宣告類別 stclass
06   class stclass
07   {
08      public:
09         stclass() // 建構子
10         {
11            cout << "呼叫基礎類別的建構子 " << endl;
12         }
13         ~stclass() // 解構子
14         {
15            cout << "呼叫基礎類別的解構子 " << endl;
16         }
```

```
17    };
18        // 宣告類別 student，並以 public 型別自類別 stclass 繼承
19    class student :public stclass
20    {
21        public:
22            student()   // 建構子
23            {
24                cout << " 呼叫衍生類別的建構子 " << endl;
25            }
26            ~student() // 解構子
27            {
28                cout << " 呼叫衍生類別的解構子 " << endl;
29            }
30    };
31    void call()
32    {
33        student st1;
34    }
35    // 主函式
36    int main()
37    {
38
39        call();// 呼叫宣告物件 st1 的函數
40
41        return 0;
42    }
```

【執行結果】

```
呼叫基礎類別的建構子
呼叫衍生類別的建構子
呼叫衍生類別的解構子
呼叫基礎類別的解構子

---------------------------------
Process exited after 0.09673 seconds with return value 0
請按任意鍵繼續 . . .
```

【程式解析】

■ 第 6 行：宣告類別 stclass。

■ 第 19 行：宣告類別 student，並以 public 型別自類別 stclass 繼承。

■ 第 33 行：宣告物件 st1，自執行結果來了解基礎類別與衍生類別之間的單一繼承關係其建構子與解構子呼叫的順序。

14-2-2 多重繼承建構子與解構子

至於多重繼承方面也和單一繼承一樣，在建立衍生類別時，是自基礎類別中先呼叫建構子，然後再呼叫衍生類別1、衍生類別2…等建構子。當程式執行結束之後，會先呼叫衍生類別2、衍生類別1的解構子，再呼叫基礎類別的解構子，如右圖所示：

在右圖中，其建構子呼叫順序為類別 Base1、類別 Base2 及類別 Der1。反之，解構子的呼叫順序為類別 Der1、類別 Base2，最後才是類別 Base1。

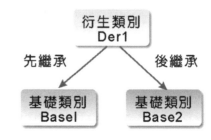

1. 宣告：class Der1 :public Base1 ,public Base2
2. 建立順序：Base1 → Base2 → Der1
3. 破壞順序：Der1 → Base2 → Base1

◀**隨堂範例**▶ CH14_06.cpp

以下程式範例將說明在多重繼承關係中，對於衍生類別物件的建構子與解構子呼叫順序，請各位仔細觀察。

```
01   #include<iostream>
02
03   using namespace std;
04
05   // 宣告類別 stclass
06   class stclass
07   {
08       public:
09           stclass()  // 建構子
10           {
11               cout << " 呼叫 stclass 類別的建構子 " << endl;
12           }
13           ~stclass() // 解構子
14           {
15               cout << " 呼叫 stclass 類別的解構子 " << endl;
16           }
17   };
18       // 宣告類別 score
19   class score
20   {
21       public:
```

```
22          score()     // 建構子
23          {
24              cout << "呼叫 score 類別的建構子 " << endl;
25          }
26          ~score()     // 解構子
27          {
28              cout << "呼叫 score 類別的解構子 " << endl;
29          }
30 };
31      // 宣告類別 student，並以 public 型別分別自類別 stclass 及 score 繼承
32 class student :public stclass,public score
33 {
34      public:
35          student()    // 建構子
36          {
37              cout << "呼叫類別 student 的建構子 " << endl;
38          }
39          ~student() // 解構子
40          {
41              cout << "呼叫類別 student 的解構子 " << endl;
42          }
43 };
44 // 主函式
45 void call()
46 {
47      student st1; // 宣告物件 st1
48 }
49 int  main()
50 {
51      call();
52
53      return 0;
54 }
```

【執行結果】

```
呼叫stclass類別的建構子
呼叫score類別的建構子
呼叫類別student的建構子
呼叫類別student的解構子
呼叫score類別的解構子
呼叫stclass類別的解構子

-----------------------------------
Process exited after 0.07677 seconds with return value 0
請按任意鍵繼續 . . .
```

【程式解析】

- 第 6 行：宣告類別 stclass。
- 第 32 ～ 43 行：宣告類別 student，並以 public 型別分別自類別 stclass 及 score 繼承，在該類別中建立建構子及解構子函數。
- 第 47 行：宣告物件 st1，自執行結果來了解基礎類別與衍生類別之間的多重繼承關係，與其建構子與解構子呼叫的順序。

14-3 多型與虛擬函數簡介

一般在程式裡，常常會在基礎類別或是衍生類別中宣告相同名稱但不同功能的 public 成員函數。這時可以把這些函數稱做同名異式或是多形（polymorphism）。例如各位已建立某個基礎類別的成員函數 open()，以及建立多個由基礎類別所衍生出來的成員 open() 函數。當程式開始執行時，可依據打算開啟物品的編號來指定要使用哪個衍生類別的 open() 成員函數來開啟該物品。要達成這種目地，各位可以在基礎類別中將 open() 成員函數宣告為虛擬函數（virtual function），並且在每一個衍生類別中多載 open() 函數即可。接下來，我們將會為您介紹虛擬函數的功用與使用時機。

14-3-1 靜態繫結與動態繫結

當我們在程式中呼叫某函數時，編譯器會將此函數呼叫連接到函數的實體位址，這種連接的關係稱為「繫結」（binding）。若是繫結在編譯時期就已經定義完成，稱為「靜態繫結」或是「早期繫結」（early binding）。而各位可以發現，如果基礎類別的指標指向衍生類別的物件之後再呼叫其成員函數，結果仍是呼叫到基礎類別的成員函數，這是因為函數的繫結在編譯時期就已經完成而無法改變，所以永遠都會指向基礎類別。

◀ 隨堂範例 ▶ CH14_07.cpp

以下程式範例將說明在「靜態繫結」的作用下，使得衍生類別的物件所呼叫的函數，仍然是指向相同存在於基礎類別中的同名異式函數，並非我們所指定存在於衍生類別中的函數。

```
01  #include <iostream>
02
03  using namespace std;
04
05  class vehicle {
06      // 宣告基礎類別 vehicle
07      public:
08          void start()      // 成員函數 start
09          {
10              cout << "運輸工具啟動 "<< endl;
11          }
12          void stop()       // 成員函數 stop
13          {
14              cout << "運輸工具停止 "<< endl ;
15          }
16  };
17  class aircraft: public vehicle {
18      // 宣告衍生類別 aircraft
19      public:
20          void start()      // 具有和基礎類別相同名稱的成員函數 start
21          {
22              cout << "飛行器啟動 "<< endl;
23          }
24          void stop()       // 具有和基礎類別相同名稱的成員函數 stop
25          {
26              cout << "飛行器停止 "<< endl;
27          }
28  };
29  class car: public vehicle {
30      // 宣告衍生類別 car
31      public:
32          void start()      // 具有和基礎類別相同名稱的成員函數 start
33          {
34              cout << "汽車啟動 "<< endl;
35          }
36          void stop()       // 具有和基礎類別相同名稱的成員函數 stop
37          {
38              cout << "汽車停止 "<< endl;
39          }
40  };
41  int main()
42  {
43      vehicle* ve = new vehicle(); // 基礎類別的指標
44      aircraft af;
45      car cr;
46      ve->start();                 // 呼叫其成員函數 start()
47      ve->stop();                  // 呼叫其成員函數 stop()
```

```
48      delete ve;
49      ve = &af;                    // 將基礎類別指標指向衍生類別 aircraft
50      ve->start();                 // 呼叫其成員函數 start()
51      ve->stop();                  // 呼叫其成員函數 stop()
52      ve = &cr;                    // 將基礎類別指標指向衍生類別 car
53      ve->start();                 // 呼叫其成員函數 start()
54      ve->stop();                  // 呼叫其成員函數 stop()
55
56      return 0;
57   }
```

【執行結果】

```
運輸工具啟動
運輸工具停止
運輸工具啟動
運輸工具停止
運輸工具啟動
運輸工具停止

--------------------------------
Process exited after 0.07701 seconds with return value 0
請按任意鍵繼續 . . .
```

【程式解析】

- 第 5 ～ 16 行：宣告基礎類別 vehicle，並定義二成員函數 start 與 stop。
- 第 17 ～ 28 行：宣告衍生類別 aircraft，並定義二同名成員函數 start 與 stop。
- 第 29 ～ 40 行：宣告衍生類別 car，並定義二同名成員函數 start 與 stop。
- 第 43 行：初始化基礎類別實體並將其位址指定給基礎類別指標。
- 第 49 行：將基礎類別指標指向衍生類別 aircraft 並呼叫其成員函數。
- 第 52 行：將基礎類別指標指向衍生類別 car 並呼叫其成員函數

基本上，如果將基礎類別與衍生類別中的兩個同名異式函數，改以宣告成為虛擬函數，則 C++ 中的程式編譯器會給予這兩個虛擬函數不同的指標，因此程式執行時會依照所給予的指標不同來存取適當的函數。

有關這一方面的結合型態，因為是在後期才隨著函數的動態改變而形成，而非之前所提到的先期結合觀念，所以將它稱為「後期繫合」（late binding）或是「動態繫合」（dynamic binding）。

14-3-2　宣告虛擬函數

　　虛擬函數（virtual function）就是多型的實作，使得我們能夠呼叫相同的函數卻做不同的運算，因為這個成員函數所屬的類別實體可以被動態的連接，而這些衍生類別又具有相同的基礎類別。

　　要在 C++ 中建立虛擬函數，可以直接使用關鍵字「virtual」來宣告，就可表示該函數為虛擬函數。一旦將函數宣告為虛擬函數之後，還必須在衍生類別中多載該虛擬函數。另外衍生類別虛擬函數的參數與傳回值還必須與基礎類別中宣告的虛擬函數相同。宣告方式如下：

```
virtual  傳回類型  函數名稱 ( 參數 )
```

　　一旦將函數宣告為虛擬函數後，編譯程式會給予這些函數不同的指標，在執行時則依據這些指標來存取適當的函數。所以當您要宣告物件時，必須同時要宣告指標變數。

◀ 隨堂範例 ▶ CH14_08.cpp

以下程式範例是將 CH14_08 改寫為虛擬函數方式，請留意在衍生類別的「繼承關鍵字」必須宣告為 public，這樣基礎類別的指標才可以指向此衍生類別的物件。最後程式結果可以正確呼叫衍生類別的同名異式函數。

```
01    #include <iostream>
02
03    using namespace std;
04
05    class vehicle {
06        // 宣告基礎類別 vehicle
07        public:
08            virtual void start()      // 成員函數 start
09            {
10                cout << " 運輸工具啟動 "<< endl;
11            }
12            virtual void stop()       // 成員函數 stop
13            {
14                cout << " 運輸工具停止 "<< endl ;
15            }
16    };
17    class aircraft: public vehicle {
18        // 宣告衍生類別 aircraft
19        public:
20            virtual void start()      // 具有和基礎類別相同名稱的成員函數 start
```

```
21          {
22                  cout  << " 飛行器啟動 "<< endl;
23          }
24          virtual void stop()        // 具有和基礎類別相同名稱的成員函數 stop
25          {
26                  cout  << " 飛行器停止 "<< endl;
27          }
28    };
29    class car: public vehicle {
30        // 宣告衍生類別 car
31        public:
32            virtual void start()       // 具有和基礎類別相同名稱的成員函數 start
33            {
34                  cout  << " 汽車啟動 "<< endl;
35            }
36            virtual void stop()        // 具有和基礎類別相同名稱的成員函數 stop
37            {
38                  cout  << " 汽車停止 "<< endl;
39            }
40    };
41    int main()
42    {
43        vehicle* ve = new vehicle(); // 基礎類別的指標
44        aircraft af;
45        car cr;
46        ve->start();                 // 呼叫其成員函數 start()
47        ve->stop();                  // 呼叫其成員函數 stop()
48        delete ve;
49        ve = &af;                    // 將基礎類別指標指向衍生類別 aircraft
50        ve->start();                 // 呼叫其成員函數 start()
51        ve->stop();                  // 呼叫其成員函數 stop()
52        ve = &cr;                    // 將基礎類別指標指向衍生類別 car
53        ve->start();                 // 呼叫其成員函數 start()
54        ve->stop();                  // 呼叫其成員函數 stop()
55
56        return 0;
57    }
```

【執行結果】

```
運輸工具啟動
運輸工具停止
飛行器啟動
飛行器停止
汽車啟動
汽車停止

--------------------------------
Process exited after 0.07868 seconds with return value 0
請按任意鍵繼續 . . . ■
```

【程式解析】

- 第 8 行：宣告基礎類別 vehicle 的成員函數 start 為虛擬函數。
- 第 12 行：宣告基礎類別 vehicle 的成員函數 stop 為虛擬函數。
- 第 43 行：將基礎類別指標指向其類別實體。
- 第 49 行：將基礎類別指標指向衍生類別 aircraft 的類別實體。
- 第 52 行：將基礎類別指標指向衍生類別 car 的類別實體。

14-3-3　純虛擬函數

如果於宣告虛擬函數時，在運算式的尾端加入敘述「=0」，而不加入任何定義該函數功能的敘述，則此種虛擬函數被稱為「純虛擬函數」（pure virtual function）。純虛擬函數的最主要功能，為於起始宣告時並未加以定義該虛擬函數的本質，而形成一種被保留的函數介面（interface）。這種方式造成日後宣告的各個衍生類別，可以直接使用該函數並加以定義、執行。宣告如下：

```
virtual 傳回類型 函數名稱（參數）= 0;
```

14-3-4　抽象基礎類別

另外，因為純虛擬函數並無法在單一類別或是衍生類別中宣告，而只能存在於擁有繼承關係的基礎類別中，這種基礎類別我們則稱它為「抽象基礎類別」（abstract class）。抽象基礎類別包含了最少一個或多個的純虛擬函數，所以當衍生類別繼承了抽象基礎類別之後，必須於衍生類別之中「重新定義」（override）及「實行」（implement）所繼承的純虛擬函數。

◀ 隨堂範例 ▶ CH14_09.cpp

以下程式範例是純虛擬函數方式，各位可以發現正確的使用純虛擬函數與抽象基礎類別，對程式本身的可攜性及擴充性具有相當大的影響力。也就是說，程式設計人員可以在不動到程式基本架構之下，僅需撰寫新增類別的程式碼，即可利用虛擬函數併入主程式架構之中。

```
01  #include <iostream>
02
03  using namespace std;
```

```
04
05  class vehicle {
06      // 宣告基礎類別 vehicle
07      public:
08          virtual void start()=0;        // 純虛擬函數 start
09          virtual void stop()=0;         // 純虛擬函數 stop
10  };
11  class aircraft: public vehicle {
12      // 宣告衍生類別 aircraft
13      public:
14          virtual void start()           // 宣告同名異式的成員函數 start
                                             （其 virtual 關鍵字可省略）
15          {
16              cout  << " 飛行器啟動 "<< endl;
17          }
18          virtual void stop()            // 宣告同名異式的成員函數 stop
                                             （其 virtual 關鍵字可省略）
19          {
20              cout << " 飛行器停止 "<< endl;
21          }
22  };
23  class car: public vehicle {
24      // 宣告衍生類別 car
25      public:
26          virtual void start()           // 宣告同名異式的成員函數 start
                                             （其 virtual 關鍵字可省略）
27          {
28              cout << " 汽車啟動 "<< endl;
29          }
30          virtual void stop()            // 宣告同名異式的成員函數 stop
                                             （其 virtual 關鍵字可省略）
31          {
32              cout << " 汽車停止 "<< endl;
33          }
34  };
35  int main()
36  {
37      vehicle* ve ;        // 宣告基礎類別 vehicle 指標，抽象基礎類別不可實體化
38      aircraft af;
39      car cr;
40
41      ve = &af;           // 將基礎類別指標指向衍生類別 aircraft
42      ve->start();        // 呼叫其成員函數 start()
43      ve->stop();         // 呼叫其成員函數 stop()
44      ve = &cr;           // 將基礎類別指標指向衍生類別 car
45      ve->start();        // 呼叫其成員函數 start()
46      ve->stop();         // 呼叫其成員函數 stop()
47
48      return 0;
49  }
```

【執行結果】

```
飛行器啟動
飛行器停止
汽車啟動
汽車停止

--------------------------------
Process exited after 0.07874 seconds with return value 0
請按任意鍵繼續 . . .
```

【程式解析】

- 第 8 行：宣告基礎類別的成員函數 start 為純虛擬函數。
- 第 9 行：宣告基礎類別的成員函數 stop 為純虛擬函數。
- 第 11 ～ 22 行：宣告衍生類別 aircraft 並實作其虛擬函數 start、stop。
- 第 23 ～ 34 行：宣告衍生類別 car 並實作其虛擬函數 start、stop。
- 第 37 行：宣告基礎類別 vehicle 指標，抽象基礎類別不可實體化
- 第 41 行：將基礎類別指標指向衍生類別 aircraft 以呼叫其虛擬函數 start、stop。
- 第 44 行：將基礎類別指標指向衍生類別 car 以呼叫其虛擬函數 start、stop。

14-3-5 虛擬基礎類別

類別可以繼承許多不同類別的成員，但是這種強大的功能卻會造成許多混淆不清的問題。例如在多重繼承的關係中，可能會發生基礎類別也是衍生自同一類別，如右圖所示：

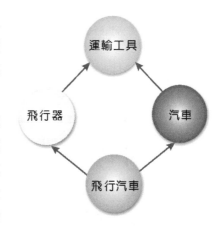

從右圖中可以看到，aircraft（飛行器）類別與 car（汽車）類別都是衍生自 vehicle（運輸工具）類別，它們同時也是 aircar（飛行汽車）的基礎類別。此時若是 aircar 類別需存取 vehicle 類別的成員函數時，則會造成模稜兩可（ambiguous）的情況。因為函數呼叫的路徑可能為：aircar → aircraft → vehicle 或是：aircar → car → vehicle，變成有二份 vehicle 類別的資料。

為了解決這個問題，就必須將 aircraft 與 car 兩類別宣告為「虛擬基礎類別」
（virtual base class），其宣告格式如下：

```
class 衍生類別：virtual 繼承關鍵字　基礎類別；
```

◀隨堂範例▶ CH14_10.cpp

以下程式範例是說明利用關鍵字 virtual 使得 aircraft 與 car 這兩個類別共享同
一個 vehicle 類別的資料。請注意！如果 aircraft 與 car 類別沒有宣告為虛擬基
礎類別，將會造成編譯時期的錯誤。

```cpp
01   #include <iostream>
02
03   using namespace std;
04
05   class vehicle {
06       // 宣告基礎類別 vehicle
07       public:
08           void start()
09           {
10               cout << " 運輸工具啟動 "<< endl;
11           }
12           void shutdown()
13           {
14               cout << " 運輸工具熄火 "<< endl;
15           }
16   };
17   class aircraft: virtual public vehicle
18   {
19       // 宣告虛擬基礎類別 aircraft
20       public:
21           void fly()
22           {
23               cout << " 飛行器飛行 "<< endl;
24           }
25           void land()
26           {
27               cout << " 飛行器著陸 "<< endl;
28           }
29   };
30   class car: virtual public vehicle
31   {
32       // 宣告虛擬基礎類別 car
33       public:
34           void go()
```

```
35          {
36              cout << " 汽車啟動 "<< endl;
37          }
38          void stop()
39          {
40              cout << " 汽車熄火 "<< endl;
41          }
42    };
43    class aircar: public aircraft, public car {};   // 宣告衍生類別 aircar
44
45    int main()
46    {
47        aircar ac;
48        ac.start();      // 衍生函數呼叫上兩層基礎類別 vehicle 的成員函數 start
49        ac.go();
50        ac.fly();
51        ac.land();
52        ac.stop();
53        ac.shutdown();   // 衍生函數呼叫上兩層基礎類別 vehicle 的成員函數 stop
54
55        return 0;
56    }
```

【執行結果】

```
運輸工具啟動
汽車啟動
飛行器飛行
飛行器著陸
汽車熄火
運輸工具熄火
--------------------------------
Process exited after 0.0777 seconds with return value 0
請按任意鍵繼續 . . .
```

【程式解析】

- 第 5 ～ 16 行：定義基礎類別 vehicle 與其成員函數 start() 與 shutdown()。

- 第 17 ～ 29 行：定義 vehicle 的衍生類別 aircraft，並宣告為虛擬基礎類別。

- 第 30 ～ 42 行：定義 vehicle 的衍生類別 car，並宣告為虛擬基礎類別。

- 第 43 行：定義 aircraft 與 car 的衍生類別 aircar。

- 第 48 行：衍生類別 aircar 呼叫其上二層基礎類別 vehicle 的成員函數 start。

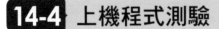

14-4 上機程式測驗

1. 請設計一 C++ 程式，說明改寫繼承而來的成員函數，則必須在衍生類別中將此函數再宣告一次，並實作其程式碼內容，這也是函數的多載（overriding）應用。

   Ans ex14_01.cpp

2. 請設計一程式，宣告一個 student 類別，並宣告一個 st1 類別，而且以 public 型別來繼承 student 類別。

```
class student
{
    private:
        int lang;
        int math;
    public:
        student();   // 建構子
        void get_score();
        void show_score();
};
```

   Ans ex14_02.cpp

3. 請自行設計一程式，宣告類別 Student，並以三種繼承關鍵字分別多重繼承三個基礎類別，分別是 Math、Chinese 與 History 類別，並證明 Student 繼承了各基礎類別中的所有成員資料及函數。

   Ans ex14_03.cpp

課後評量

1. 試述「抽象類別」與「一般類別」有何差異之處。

2. 試述類別在「建構」與「解構」時的順序。

3. 何謂「虛擬解構子」，其作用為何。

4. 請說明類別多型的意義。

5. 試說明繼承（inheritance）的意義與優點。

6. 請簡述繼承的基本關係。

7. 請分別說明單一繼承與多重繼承的定義。

8. protected 關鍵字的作用為何？試說明之。

9. 建立衍生類別時要如何建立建構子及解構子呢？試說明之。

10. 試問下列程式碼結果為何？並說明該程式碼的目的。

```cpp
class A
{
public:
    void cc(int x,int y){x=y;cout<<"x=y";}
    void cc(int x){cout<<"x=0";}
};
int main()
{
    A a;
    a.cc(10);
}
```

11. 請問在 C++ 中提供哪幾種繼承方式？

12. 類別達到多型的目的，可以透過哪三種方式？

MEMO

15

檔案入門與處理機制

當 C++ 的程式執行完畢之後，所有儲存在記憶體的資料都會消失，這時如果需要將執行結果儲存在不會揮發的儲存媒體上（如硬碟等），必須透過檔案模式來加以保存。檔案（file）是電腦中數位資料的集合，也是在磁碟機上處理資料的重要單位，這些資料以位元組的方式儲存。可以是一份報告、一張圖片或一個執行程式，並且包括了資料檔、程式檔與可執行檔等格式。在 C++ 中，檔案的處理正是透過資料流（stream）方式存取資料，主要功用是作為程式與周邊的資料傳輸管道，首先我們就從資料流的基本概念開始介紹。

15-1 資料流的觀念

資料流（stream）代表一序列資料由「源頭」流向「終點」，在 C++ 中所有資料的輸出入，皆建立在資料流的觀念上。資料流的概念是將資料的傳遞視為資料是由起源（source）流向終點（sink）的一個過程，如下圖所示：

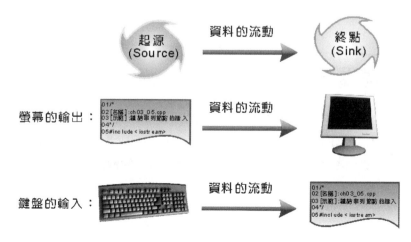

螢幕的輸出可以視為資料由程式流向螢幕；而鍵盤的輸入可視為資料由鍵盤流向程式。由圖中我們可以發現在資料流動的過程中，起源與終點的角色是經常改變的；不同的周邊設備具有不同的資料格式與輸出入的方式，因此電腦的周邊硬體裝置都能輸出入資料流。所謂「資料流類別」，是 C++ 提供來處理周邊設備的連接與資料的格式化，讓您只需要專注於將資料放置到資料流上，即可完成輸出入的動作，而無須考慮周邊設備的多樣性與資料格式的轉換。

15-1-1　I/O 處理類別

在 C++ 的 iostream 的標頭檔中定義了許多有關處理資料流的類別，這些類別方便程式設計師將資料輸出入至電腦周邊硬體裝置，而不用管實際底層的運作原理，底下列出有關 I/O 處理的類別說明與繼承關係：

- **ios 類別**：支援電腦中的基本 I/O 運作，為 istream 和 ostream 的父類別。包含有如何設定資料流格式、錯誤狀態回覆以及檔案的輸出入模式等等特性。
- **istream 類別**：支援輸入資料流的運作，為 ios 的子類別。屬於虛擬基礎類別，它包含輸入資料的格式轉換，並且定義了資料流輸入的基本特性。
- **ostream 類別**：支援輸出資料流的運作，為 ios 的子類別。屬於虛擬基礎類別，它包含輸出資料的格式轉換，並且定義了資料流輸出的基本特性。
- **iostream 類別**：同時支援輸出與輸入資料流的運作，為 istream 和 ostream 的子類別，包含了兩種類別的特性。
- **ifstream 類別**：支援檔案讀取的功能，為 istream 的子類別。
- **ofstream 類別**：支援檔案寫入的功能，為 ostream 的子類別。
- **fstream 類別**：支援檔案讀取與寫入的功能，為 iostream 的子類別。

15-2 檔案簡介

「檔案」是一種儲存資料的單位，它能將資料存放在非揮發性（non-volatile）的儲存媒介中，例如硬碟、光碟、磁碟機等等。檔案還包含了日期、唯讀、隱藏等等存取資訊。C++ 的檔案讀取功能可以看做是資料流的源頭，反之檔案的寫入就是資料流的終點。所有程式所產生的資料都可以存成檔案，如此資料才能累積再利用。

每個檔案都必須有一個代表它的檔案名稱（file name），檔名可區分成「主檔名」與「副檔名」，中間以句點（.）做分隔，透過這樣的命名方式可以清楚分辨其名稱與類型。如下所示：

主檔名 . 副檔名

「副檔名」的功能在於記錄檔案的類型，下表列出一些常用的副檔名：

副檔名	檔案類型
.h .hpp .h++ .hxx .hh	C++ 標頭檔
.cpp .c++ .cxx .cc	C++ 原始程式檔
.gif	Gif 格式的影像檔
.zip	Zip 格式的壓縮檔
.doc	Microsoft Office Word 文件檔
.html .htm	網頁檔

15-2-1 檔案分類

檔案儲存的種類可以分文字檔（text file）與二進位檔（binary file）兩種。分別說明如下：

❂ 文字檔

文字檔是以字元編碼的方式進行儲存，在 Windows 作業系統的記事本（notepad）程式中則預設以 ASCII 編碼來儲存文字檔，每個字元佔有 1 位元組。例如在文字檔中存入 10 位數整數 1234567890，由於是以字元格式循序存入，所以總共需要 10 位元組來儲存。

❂ 二進位檔

所謂二進位檔，就是以二進位格式儲存，將記憶體中資料原封不動儲存至檔案之中，適用於非字元為主的資料。如果以記事本程式開啟，各位只會看到一堆亂碼喔！

其實除了字元為主的文字檔外,所有的資料都可以說是二進位檔,例如編譯過後的程式檔案、圖片或影片檔案等。二進位檔的最大優點在於存取速度快、佔用空間小以及可隨機存取資料,在資料庫應用上較文字檔案來得適合。

15-2-2　循序式與隨機式檔案

對於 C++ 的檔案存取方式,通常可分為以下兩種,循序式存取(sequential access)與隨機式存取(random access)。說明如下:

☀ 循序式存取

也就是由上往下,一筆一筆讀取檔案的內容。如果要儲存資料時,則將資料附加在檔案的尾端,這種存取方式常用於文字檔案,而被存取的檔案則稱為循序檔。

☀ 隨機式存取

可以指定檔案讀取指標的位置,從檔案中的任一位置讀出或寫入資料,此時稱此被存取的檔案為隨機存取檔。而所謂的「隨機存取檔」多半是以二進位檔案為主,會以一個完整單位來進行資料的寫入,這筆單位通常以結構為單位,例如結構中可能包括了一個帳戶的名稱、餘額、投資款項等。由於每筆被寫入結構記錄的容量固定,所以要新增、修改或刪除任一筆記錄都很方便。

15-3　檔案的輸出入管理

C++ 的檔案輸出入比 C 來得簡單很多,簡化了資料流的輸出入函數,使得初學者更容易上手。在開始對檔案做處理前需要先做開啟檔案的動作,因為電腦並不曉得我們要去對哪一個檔案做處理,當然關檔時也要告訴電腦要去關閉哪一個檔案。

基本上,C++ 檔案的輸出入管理必須先引入 <fstream> 標頭檔,<fstream> 有三個類別可供檔案存取,分別是 fstream、ofstream、ifstream,說明如下:

類別	說明
fstream	建立檔案輸出與輸入物件,資料可以輸入到檔案內,也可從檔案讀取資料。
ofstream	建立檔案輸出物件,僅可以將資料輸出到檔案中,不能從檔案讀取資料。
ifstream	建立檔案輸入物件,只能從檔案讀取資料,不能輸出資料到檔案裡。

15-3-1　檔案的開啟

了解上述類別之間的差異後，接著就可以針對各種需求來建立檔案物件（file object），語法如下所示：

```
ifstream 物件名稱 ;              // 新建物件名稱當做唯讀檔案物件
ofstream 物件名稱 ;              // 新建物件名稱當做唯寫檔案物件
fstream 物件名稱 ;               // 新建物件名稱當做讀寫檔案物件
```

建立檔案物件後就可以使用 <fstream> 中的 open 成員函數來開啟檔案，格式如下：

```
open(" 檔案名稱或完整路徑 ")
open(" 檔案名稱或完整路徑 ", ios::開啟模式 )
```

其中「開啟模式」定義於 ios 類別中，各個模式使用說明如下：

開啟模式項目	說明
in	以唯讀模式開啟檔案，若檔案不存在會發生錯誤。
out	以唯寫模式開啟檔案，若檔案已存在則刪除其內容，反之則新建一個。
app	以附加模式開啟檔案，由檔尾處開始寫入，若檔案不存在則新建一個。
ate	開啟檔案並移動檔案指標至檔尾處。
trunc	以唯寫模式開啟檔案，若檔案已存在則刪除該檔再新建一個。
binary	以二進位模式開啟檔案。

以下是建立 fileInput 當做唯讀檔案物件，並以唯讀模式開啟 fileInput.txt：

```
ifstream fileInput;
fileInput.open("fileInput.txt", ios::in);
```

而以下則是建立 fileIO 當做讀寫檔案物件，並以讀寫模式開啟 fileIO.txt：

```
fstream fileIO;
fileIO.open("fileIO.txt", ios::in | ios::out);
```

如果開啟的檔案與程式不在同一目錄裡，則 open 函數中第一個參數就要寫上詳細的檔案路徑，特別是路徑中所有的 "\" 都要改成 "\\"，如下所示：

```
fileIO.open("C:\\Temp\\fileIO.txt", ios::in | ios::out);
// 以讀寫模式開啟 C 槽 Temp 目錄中的 fileIO.txt
```

另外程式開啟檔案時可能會遇到錯誤,例如檔案並不存在或者是磁碟空間不足,這時我們可以呼叫 is_open() 函數做檢查,若檔案成功開啟會傳回一個非零值,否則會傳回零:

```
If(!fileIO.is_open())                    // 檢查傳回值
{
    cout<<" 檔案開啟有誤 !!"<<endl;        // 開檔有誤,輸出錯誤訊息
}
```

15-3-2　檔案的關閉

至於在執行完檔案操作後,記得一定要做關閉檔案的動作,雖然程式在完全結束前會自動關閉所有開啟的檔案。但仍有兩種情況需要手動關閉檔案,第一種是開啟過多的檔案導致系統運行緩慢,第二種是開啟檔案數目超過作業系統同一時間所能開啟的檔案數目,如此便要手動釋放不再使用的檔案來提高系統整體執行效率。

基本上,C++ 對於資料流的關閉非常簡單,只要將所產生的檔案物件,使用 close() 函數即可關閉資料流:

```
檔案物件名稱 .close();   // 如 FileIO.close();
```

例如:

```
ofstream oFile;
oFile.open("myFile.txt", ios::out);
    ......
oFile.close( );
```

◀隨堂範例▶ CH15_01.cpp

以下程式範例是測試檔案是否開啟成功,若開啟失敗則出現錯誤訊息,若開啟成功則關閉資料流。

```
01   #include<fstream> // 處理檔案輸出入的標頭檔
02   #include<iostream>
03   using namespace std;
04
05   int main()
06   {
07       ifstream fin;// 建立唯讀檔案物件
```

```
08        fin.open("testFile.txt",ios::in);// 開啟唯讀檔案物件並開啟 testFile.txt 檔
09        if(!fin.is_open())
10            cout<<" 檔案無法開啟 !!"<<endl;
11        else
12        {
13            cout<<" 檔案開啟 ..."<<endl;
14            cout<<" 關閉資料流 ..."<<endl;
15            fin.close();// 呼叫函數 close() 以關閉檔案
16        }
17
18
19        return 0;
20    }
```

【執行結果】

```
檔案開啟...
關閉資料流...

--------------------------------
Process exited after 0.07651 seconds with return value 0
請按任意鍵繼續 . . .
```

```
檔案無法開啟!!

--------------------------------
Process exited after 0.07803 seconds with return value 0
請按任意鍵繼續 . . . ■
```

【程式解析】

- 第 7 行：建立唯讀檔案物件。

- 第 8 行：開啟唯讀檔案物件並開啟 testFile.txt 檔。

- 第 9 行：利用 is_open() 函數判斷檔案是否開啟。若檔案沒有開啟則執行第 10 行指令，若檔案開啟則執行第 13~15 行指令。

15-4 文字檔操作技巧

讀者可以簡單地把檔案操作看做是程式的輸出與輸入，這樣學起來就會覺得容易許多。首先可以用 ofstream 類別來處理檔案的寫入（輸出），在實體化的同時也可以一併開啟要寫入的檔案，其格式如下：

```
ofstream 物件名稱 (" 檔案名稱 ");
```

15-4-1　文字檔的寫入

在 C++ 中，要寫入資料到檔案可以使用插入運算子 << ，插入運算子用法與 cout 相同，在後面放置輸出資料即可。方式如下：

```
檔案物件 << 寫入資料 ;
```

◀隨堂範例▶ CH15_02.cpp

以下程式範例是將寫入的資料輸出到文字檔案裡，然後利用 Windows 的記事本來開啟這個檔案並檢視輸出的結果。

```
01  #include <iostream>       // 引入 <iotream> 標頭檔
02  #include <fstream>        // 引入 <fstream> 標頭檔
03  using namespace std;      // 指定使用 C++ Standard Library
04
05  int main()
06  {
07      ofstream fileOutput;  // 新建唯讀檔案物件
08      fileOutput.open("fileOutput.txt",ios::out); // 以唯讀模式開啟 fileOutput.
                                                    txt
09
10      if(!fileOutput.is_open())                   // 檢查檔案是否開啟
11      {
12          cout<<" 檔案開啟錯誤！ "<<endl;           // 開檔有誤，輸出錯誤訊息
13          return 1;                               // 不正常結束程式
14      }
15      else
16      {
17          fileOutput<<" 今日事今日畢 "<<endl;
18          fileOutput<<" 留得青山在不怕沒柴燒 "<<endl; // 輸出字串至檔案
19      }
20
```

```
21      fileOutput.close();                         // 關閉檔案
22
23
24      return 0;                                   // 正常結束程式
25  }
```

【執行結果】

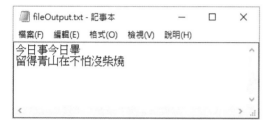

【程式解析】

- 第 7 行：建立唯讀檔案物件。
- 第 8 行：開啟唯讀檔案物件並開啟 fileOutput.txt 檔。
- 第 10 行：利用 is_open() 函數判斷檔案是否開啟。若檔案沒有開啟則執行第 12~13 行指令，若檔案開啟則執行第 17~18 行指令。

此外，C++ 也提供一次寫入一個字元的成員函數 put()，語法格式如下：

```
檔案物件 .put(char ch) // ch 為寫入檔案的字元
```

15-4-2 文字檔的讀取函數

讀取文字檔則是利用提取運算子「>>」從檔案中把資料傳到程式中，用法與 cin 一樣，將變數置於「>>」後面，這樣程式就能讀取到檔案中的資料。語法格式如下：

```
檔案物件 >> 讀取資料 ;
```

C++ 也提供了兩個函數讀取檔案內容：get() 與 getline()。說明如下：

函數	功能
get(char ch)	從檔案中一次讀取一個字元存入 ch 中。
getline(char* str, int size)	從檔案中一次讀取一行字串，直到遇到換行字元 '\n' 為止，然後儲存在字串 str 中，size 為字串 str 的大小。

◀ 隨堂範例 ▶ CH15_03.cpp

以下程式範例便是將 text1.txt 文字檔的內容讀取出來，並輸出到螢幕上，在程式中並利用 eof() 函數來判斷是否讀到檔尾。

```
01  #include<iostream>
02  #include<fstream>
03  using namespace std;
04
05  int main()
06  {
07      /* 讀檔 */
08      string str;
09      char data[100];
10      char oneChar;
11      ifstream fin;
12      fin.open("text1.txt");
13      // 使用物件 fin 的函式 open() 開啟檔案資料流，檔名為 text1.txt
14
15      for(int i=0;i<12;i++)
16      {
17          // 讀取一個字元
18          fin.get(oneChar);// 使用 get 函式讀取字元
19          cout<<oneChar;
20      }
21      // 讀取一筆資料
22      fin.getline(data,sizeof(data));// 使用 getline() 函式讀取整列資料
23      cout<<data<<endl<<endl;
24      // 使用 ">>" 讀取資料
25      fin>>str;
26      while(!fin.eof())// 利用 eof() 來判斷是否讀到檔尾
27      {
28          cout<<str<<endl;
29          fin>>str;
30      }
31      fin.close();
32
33
34      return 0;
35  }
```

【 執行結果 】

```
詩名:清平調
作者:李白       詩體:七言絕句

雲想衣裳花想容，春風拂檻露花濃。
若非群玉山頭見，會向瑤臺月下逢。

------------------------------------
Process exited after 0.2142 seconds with return value 0
請按任意鍵繼續 . . .
```

【程式解析】

- 第 11 行：宣告 ifstream 物件 fin。
- 第 12 行：使用物件 fin 的函數 open() 開啟檔案資料流，檔名為 text1.txt。
- 第 18 行：使用 get 函數讀取字元，並將資料儲存在 oneChar 變數中。
- 第 22 行：使用 getline() 函數讀取整列資料，並將讀進來的資料存到 data 陣列中。一次讀取的字串長度設為 data[] 的大小。
- 第 26 行：利用 eof() 來判斷是否讀到檔尾。

15-5 二進位檔案操作技巧

雖然以二進位檔案儲存的資料不能直接以一般文書編輯程式做檢視，但它有著存取速度快、佔用空間小以及可隨機存取資料的優點，在檔案管理上的確比文字檔案來得有效率。

15-5-1 寫入二進位檔

二進位檔寫入的方式不同於文字檔案，不能直接用 <<（插入運算子）直接輸出。語法格式如下：

```
檔案物件 .write((char*) & 寫入變數 , sizeof( 寫入變數 ));
```

二進位檔的寫入變數非常方便，不論是整數、浮點數、字串甚至是一整個資料結構都沒有問題。另外必須將檔案開啟模式設定為 binary，表示資料流開啟為二進位檔：

```
open("filename", ios::binary)
```

◀ 隨堂範例 ▶ CH15_04.cpp

以下程式範例是將人名與電話資料以二進位檔方式寫入，當資料流開啟為二進位檔時，必須將檔案開啟模式設定為 binary。

```
01   #include <iostream>   // 引入 <iostream> 標頭檔
02   #include <fstream>    // 引入 <fstream> 標頭檔
03
```

```
04   using namespace std; // 指定使用 C++ Standard Library
05
06   int main()
07   {
08       ofstream fileOutput;        // 新建唯寫檔案物件
09       char str1[8]=" 胡昭民 ";    // 新建 str1 字串
10       char str2[8]=" 吳燦銘 ";    // 新建 str2 字串
11       char str3[8]=" 古昌弘 ";    // 新建 str3 字串
12
13       int num1=9134325;           // 新建 num1 整數
14       int num2=9876543;           // 新建 num2 整數
15       int num3=7357900;           // 新建 num3 整數
16       fileOutput.open("text2.txt", ios::binary | ios::out);
17                                   // 以唯寫二進位模式開啟 fileOutput.txt
18       if(!fileOutput.is_open()) // 檢查檔案是否開啟
19       {
20           cout<<" 檔案開啟錯誤！ "<<endl;   // 開檔有誤，輸出錯誤訊息
21           return 1;                         // 不正常結束程式
22       }
23       else
24       {
25           fileOutput.write(str1, sizeof(str1));        // 寫入 str1
26           fileOutput.write((char*) &num1, sizeof(int)); // 寫入 num1
27           fileOutput.write(str2, sizeof(str2));        // 寫入 str2
28           fileOutput.write((char*) &num2, sizeof(int)); // 寫入 num2
29           fileOutput.write(str3, sizeof(str3));        // 寫入 str3
30           fileOutput.write((char*) &num3, sizeof(int)); // 寫入 num3
31       }
32       fileOutput.close();   // 關閉檔案
33
34
35       return 0;   // 正常結束程式
36   }
```

【執行結果】

text2.txt - 記事本

檔案(F)　編輯(E)　格式(O)　檢視(V)　說明(H)

胡昭民　驍?　吳燦銘　??　古昌弘　妹ρ

【程式解析】

- 第 9 ～ 15 行：本範例所要輸入二進位檔案的資料，依序為三個人名和三個電話號碼。
- 第 16 行：以唯寫二進位模式開啟 text2.txt。
- 第 25 ～ 30 行：按照人名與電話號碼的組合依序輸入三組資料，透過 sizeof() 來決定填入的資料大小。至於 str1、str2 與 str3 本身就是字元指標 (char*)，所以不需做資料型態的轉換。
- 第 32 行：關閉檔案。

15-5-2 讀取二進位檔

既然二進位檔案可以針對資料類型的不同來寫入，當然要去讀取二進位檔案的內容也是一樣的方法。與 write() 互相配合的函數為 read()，read() 可用來讀取二進位檔的內容，參數設定必須設定要讀取的資料長度，以使程式知道欲讀取多少資料量。語法格式如下：

```
檔案物件 .read((char*) & 寫入變數 , sizeof( 寫入變數 ));
```

◀ 隨堂範例 ▶ CH15_05.cpp

以下程式範例是讀取之前所建立的人名與電話二進位檔 text2.txt，並利用 eof() 來判斷是否讀到檔尾。

```
01    #include <iostream>                    // 引入 <iostream> 標頭檔
02    #include <fstream>                     // 引入 <fstream> 標頭檔
03
04    using namespace std;                   // 指定使用 C++ Standard Library
05
06    int main()
07    {
08        ifstream fileInput;                // 新建唯讀檔案物件
09        char str[8];                       // 新建 str 字元陣列
10        int num;                           // 新建 int 整數
11        fileInput.open("text2.txt", ios::binary | ios::in);
                                             // 以唯讀二進位模式開啟 fileOutput.txt
12        if(!fileInput.is_open())           // 檢查檔案是否開啟
13        {
14            cout<<" 檔案開啟錯誤！ "<<endl;    // 開檔有誤，輸出錯誤訊息
```

```
15          return 1;                                      // 不正常結束程式
16      }
17      else
18      {
19          cout<<" 姓名      電話 "<<endl;
20          cout<<"=================="<<endl;
21          fileInput.read(str, sizeof(str));              // 讀取第一組的姓名
22          fileInput.read((char*) &num, sizeof(int));     // 讀取第一組的電話
23          while(!fileInput.eof())                        // 檢查是否讀到檔尾
24          {
25              cout<<str<<"     "<<num<<endl;             // 輸出資料至螢幕上
26              fileInput.read(str, sizeof(str));          // 讀取下一組的姓名
27              fileInput.read((char*) &num, sizeof(int)); // 讀取下一組的電話
28          }
29      }
30      fileInput.close();      // 關閉檔案
31
32
33      return 0;               // 正常結束程式
34  }
```

【執行結果】

```
姓名      電話
==================
胡昭民    9134325
吳燦銘    9876543
古昌弘    7357900

------------------------------------
Process exited after 0.1019 seconds with return value 0
請按任意鍵繼續 . . .
```

【程式解析】

- 第 8 行：新建唯讀檔案物件。
- 第 11 行：以唯讀二進位模式開啟 text2.txt。
- 第 21 行：讀取第一組的姓名。
- 第 22 行：讀取第一組的電話。
- 第 26 行：讀取下一組的姓名。
- 第 27 行：讀取下一組的電話。

15-5-3　隨機存取檔案模式

　　檔案存取的方式可區分為「循序存取」（sequential access）與「隨機存取」（random access）。以循序的方式處理檔案資料時，必須由檔案起始處依序向後搜尋，一直至指定位置才可以做存取的動作，之前所介紹的存取方式都是屬於這種「循序存取檔」，這種檔案的優點在於資料的長度不需保持相同，而能夠以資料的實際長度儲存，因此較省空間。

　　當資料大小固定時，則可以經由計算直接跳到檔案中某筆資料進行存取，這種檔案稱之為「隨機存取檔」。也就是說，在檔案存取過程中，是以固定長度空間儲存一筆資料，每筆資料定出一個索引值作標記，此索引值是利用資料的某一特定欄位，以數學函數計算出此欄位的位址而訂定出來，這樣就能透過索引值跳到某筆資料直接進行存取。

　　C++ 資料流類別（istream、ostream）藉由下列成員函數支援隨機存取的功能：

ifstream 成員函數	說明
seekp(pos)	設定檔案的寫入（put）位置為檔案起始處後第 pos 位元組。
seekp(pos, seek_dir)	設定檔案的寫入（put）位置為特定位置 seek_dir 後第 pos 位元組。
pos = tellp()	取得檔案目前的寫入位置。

ofstream 成員函數	說明
seekg(pos)	設定檔案的讀取（get）位置為檔案起始處後第 pos 位元組。
seekg(pos, seek_dir)	設定檔案的讀取（get）位置為特定位置 seek_dir 後第 pos 位元組。
pos = tellg()	取得檔案目前的讀取位置。

　　另外 seek_dir 特定位置（seeking direction）為三個定義在 ios 類別中的常數：

特定位置常數	說明
beg	檔案起始（beginning）位置。
cur	檔案目前（current）位置。
end	檔案結束（end）位置。

◀隨堂範例▶ CH15_06.cpp

以下程式範例可以輸入讀取第幾筆資料，並利用移動唯讀檔案指標與物件資料結構來讀取 text2.txt 中的資料。

```cpp
01   #include <iostream>        // 引入 <iostream> 標頭檔
02   #include <fstream>         // 引入 <fstream> 標頭檔
03
04   using namespace std;       // 指定使用 C++ Standard Library
05
06   class NOTE                 // 定義 NOTE 類別
07   {
08       protected:             // 私有資料區
09           char str[8];       // 儲存姓名
10           int num;           // 儲存電話
11       public:                // 公用資料區
12           void ShowNote()    // 類別公用函式
13           {
14               cout<<" 姓名："<<str<<endl;
15               cout<<" 電話："<<num<<endl;
16           }
17   };
18
19   int main()
20   {
21       int n;
22       ifstream fileInput;                    // 新建唯讀檔案物件
23       fileInput.open("text2.txt", ios::binary | ios::in);
                                                // 以唯讀二進位模式開啟 fileOutput.txt
24       if(!fileInput.is_open())               // 檢查檔案是否開啟
25       {
26           cout<<" 檔案開啟錯誤！"<<endl;      // 開檔有誤，輸出錯誤訊息
27           return 1;                          // 不正常結束程式
28       }
29       else
30       {
31           NOTE myNOTE;                        // 新建類別物件 myNOTE
32           int noteLength=sizeof(myNOTE);      // 取得 myNOTE 物件資料長度
33           fileInput.seekg(0, ios::end);       // 移動唯讀檔案指標至檔尾處
34
35
36           cout<<" 請問要讀取第幾筆資料？";
37           cin>>n;
38
39           fileInput.seekg((n-1) * noteLength, ios::beg);
                                                // 移動到第 n 筆的資料位置
40           fileInput.read((char*) &myNOTE, noteLength);     // 讀取第 n 筆資料
```

```
41          cout<<" 第 "<<n<<" 筆資料如下："<<endl;
42          myNOTE.ShowNote();    // 顯示讀取的資料
43          cout<<" 資料輸出完畢 ..."<<endl;
44      }
45      fileInput.close();        // 關閉檔案
46
47
48      return 0;                 // 正常結束程式
49  }
```

【執行結果】

```
請問要讀取第幾筆資料？2
第 2 筆資料如下：
姓名：吳燦銘
電話：9876543
資料輸出完畢...

----------------------------------
Process exited after 12.39 seconds with return value 0
請按任意鍵繼續 . . . ▄
```

【程式解析】

- 第 23 行：以唯讀二進位模式開啟 text2.txt。
- 第 31 行：新建類別物件 myNOTE。
- 第 32 行：取得 myNOTE 物件資料長度。
- 第 39 行：移動到第 n 筆的資料位置。
- 第 40 行：讀取第 n 筆資料。

15-6 上機程式測驗

1. 請設計一 C++ 程式，利用 put() 函數將文字資料寫入檔案中，最後請利用 Windows 的記事本來開啟這個檔案。

   Ans ex15_01.cpp。

2. 請設計一 C++ 程式，把三個人的姓名與電話以類別物件（Class Object）的資料結構依序寫入到二進位檔裡。

   Ans ex15_02.cpp。

3. 請設計一 C++ 程式,從 text3.txt 二進位檔案中讀取一整個物件資料結構,並將其內容輸出至螢幕上。

   Ans ex15_03.cpp。

4. 請設計一程式,在 fileOutput.txt 檔的後方加入新的資料,最後請利用 Windows 的記事本來開啟這個檔案。

   Ans ex15_04.cpp。

5. 撰寫一程式,將中文字寫入一個檔案中,並加上編碼資訊,中文字的編碼為 0xA440 至 0xFFFF。

   Ans ex15_05.cpp。

6. 請設計一程式,使用 put() 與 write() 函數來將文字資料寫入檔案中。

   Ans ex15_06.cpp。

課後評量

1. 何謂文字檔？何謂二進位檔？

2. 建立檔案物件後就可以使用 <fstream> 中的 open 成員函數來開啟檔案，請問格式有哪兩種？

3. 程式開啟檔案時可能會遇到錯誤，該如何處理？

4. 在 C++ 中，要寫入資料到檔案中該如何宣告？

5. C++ 也提供了兩個函數讀取檔案內容：get() 與 getline()，請簡述其內容。

6. 二進位檔寫入的方式不同於文字檔案，請問語法格式為何？

7. C++ 資料流類別（istream、ostream）藉由哪些成員函數支援隨機存取功能，請加以說明。

8. 資料流從建立到結束有下列哪些步驟？

9. 請說明隨機式存取（random access）與隨機存取檔的功用。

10. C++ 檔案的輸出入管理必須先引入 <fstream> 標頭檔，<fstream> 有三個類別可供檔案存取，請簡述之。

11. 二進位檔的優點有哪些？

12. C++ 的檔案輸出入函數與基本輸出入函數有何差異性？

13. 試撰寫一組程式碼來開啟「a.txt」檔案。如果該檔案不存在時，又會發生何種情形？

14. fseek 函式的檔案位置參數有哪三種？

MEMO

16

例外處理與樣板

當我們在撰寫應用程式的過程中,通常都會遇到一些錯誤,而這些錯誤處理最常見的方法是將處理錯誤的程式碼分散在整個系統中不同的位置中,並將預期會發生的錯誤來加以處理。例外處理也可稱為錯誤處理功能,主要就是處理當程式於執行階段(run time)所發生的錯誤事件。在 C++ 的語法中新增了例外處理機制(exception handling),目的是為了讓程式設計人員,於撰寫程式時,專心在程式程序邏輯上的安排,至於程式執行時可能發生的錯誤,可以在特定的區域加以處理或排除。

例外處理主要就是處理當程式於執行階段所發生的錯誤

16-1 例外功能的基本認識

一般來說,最常見到的例外處理狀況就是:除數為零、超過陣列下標的限制、發生溢位(overflow)、無效的函數參數,以及當您使用 new 時無法取得記憶體等,都會發生例外的狀況。C++ 中針對這類例外狀況的問題,可將程式碼的主要執行控制權移至這些負責處理錯誤的程式碼中,好處在於可增進程式碼的可讀性及可修改性。不過並不是所有的錯誤都要藉用捕捉例外的方式來處理,因為在某些狀況之下,經常藉用處理例外的程式碼來處理時,肯定會降低執行上的效率。

16-1-1 簡單的例外處理結構

在 C++ 語言中，當程式發生錯誤時，有時會出現令人意外的訊息。這時我們會希望所出現的錯誤訊息能夠以中文的訊息顯示或加以處理，要完成這種工作我們就必須要能夠「捕捉」到所發生的例外。

當程式發生錯誤而又無法處理時，此程式會在例外發生點「丟」出一個例外，此時如果您的程式碼中有包含處理例外狀況的程式碼區塊時，系統就會捕捉到這個例外並加以處理。

至於所謂的「處理例外狀況程式碼區塊」就是由 try 和 catch 所組成的程式碼區塊。try 和 catch 結構的工作是用來捕捉和處理異常的，語法如下所示：

```
try
{
// 可能出現錯誤的程式碼內容
}
catch( 發生例外的錯誤型別 p1)
{
// 處理異常
}
catch( 發生例外的錯誤型別 p2)
{
// 處理異常
}
```

16-1-2 try 指令

在 try 區塊中，通常後面會跟著一個或多個 catch 區塊，在每一個 catch 區塊中都會指定它所能處理錯誤的資料型別與用來識別的參數（在此為 p1 及 p2）。每一個 catch 區塊中都包含一段處理例外的程式碼在內，當在 try 區塊內的程式碼發生錯誤時，系統會自例外發生點丟出一個例外，當所丟出的例外符合其中某一個 catch 例外區塊的參數型別時，系統就會執行那個 catch 區塊內的程式碼。

如果所丟出的例外並沒有符合任何的 catch 例外區塊的參數型別時，就會跳過所有的 catch 區塊，直接將控制權移至最後一個 catch 區塊的下一行程式碼來繼續執行。另外當發生例外時，我們使用「throw」關鍵字將例外丟出，而 throw 關鍵字後面可以接受任何型別的運算元，包括基本型態的變數、字串或類別所建立的物件。如下所示：

```
try
{
    if( 判斷式 )
        throw 變數或常數值 ;   // 拋出例外情形
}
catch( 資料型態 變數名稱 )
{
    // 例外情形處理區塊
}
catch( 資料型態 變數名稱 )
{
    // 例外情形處理區塊
}
...
```

◀ 隨堂範例 ▶ CH16_01.cpp

以下程式範例是使用 try...catch 結構來捕捉除數是零時的例外處理，其中若除數為 0 時，則 throw 1，並且利用一個 catch 區塊來處理。

```
01    #include<iostream>
02    using namespace std;
03
04    int main()
05    {
06        cout<<"== 簡單的例外範例 ==\n";
07        // 使用 try...catch 來捕捉例外
08        try
09        {
10            int n1;
11            cout<<" 請輸入除數 :";
12            cin>>n1;                        // 輸入除數值
13            if (n1==0)
14                throw 1;                    // 若除數為 0 時，則丟出一個例外
15            cout<<" 沒有捕捉到例外 "<<endl;    // 當捕捉到例外時，此行並不會執行
16        }
17        catch(int i)                        // 找到符合的 catch 區塊型別
18        {
19            cout<<" 捕捉到除數為 0 的例外 "<<endl;
20        }
21        cout<<" 結束程式的執行 "<<endl;         // 提示已至程式碼的尾端
22
23
24        return 0;
25    }
```

【執行結果】

```
==簡單的例外範例==
請輸入除數:0
捕捉到除數為0的例外
結束程式的執行

----------------------------------
Process exited after 13.3 seconds with return value 0
請按任意鍵繼續 . . .
```

【程式解析】

- 第 13 ～ 14 行：判斷是否輸入的值為「0」。假如輸入的值為「0」時，則使用關鍵字「throw」來丟出一個例外，並指定此例外的型別為整數型別。接著系統會將控制權直接轉移至第 19 行程式碼中。

- 第 15 行：當沒有丟出例外，此行的程式碼才會執行。

- 第 17 ～ 20 行：找到符合的 catch 區塊型別。

16-1-3　catch 區塊多載

如果在 try 區塊中所丟出的型別例外不只一種，即是跟著多個 catch 區塊，則稱為 catch 區塊的多載。補充說明一點，catch 區塊所處理的例外情形，必須定義於一對 '{}' 括號內，一個 try 區塊可以對應多個 catch 區塊，但先決條件是 try 區塊與 catch 區塊之間不能含有任何的運算子或是運算式。

◀ 隨堂範例 ▶ CH16_02.cpp

以下程式範例是使用兩個 catch 區塊來處理所輸入數值的例外狀況，並分別利用整數與實數型別來判斷。

```
01   #include<iostream>
02
03   using namespace std;
04
05   int main()
06   {
07       int num; // 宣告一個整數變數 num
08
09       try      // 最內層的 try...catch 區塊
```

```
10        {
11              cout<<" 輸入一個值 :";
12              cin>>num;
13              // 判斷變數值 num 是否大於 0 且小於 10
14              if ((num > 0) && (num < 10))
15              {
16                    throw 1; // 當變數 num 值大於 0 且小於 10 時，則丟出一個型別為整數的
                                  例外
17              }
18              // 判斷變數值 num 是否大於 10 且小於 20
19              if ((num > 10) && (num < 20))
20              {
21                    throw 0.99;  // 當變數 num 值大於 10 且小於 20 時，則丟出一個型別為
                                      實數的例外
22              }
23        }
24        catch(int ex1)         // 捕捉型別為整數的例外
25        {
26              cout<<" 執行整數的例外 "<<endl;
27        }
28        catch(double ex2)      // 捕捉型別為實數的例外
29        {
30              cout<<" 執行實數的例外 "<<endl;
31        }
32        cout<<" 程式將要結束執行 "<<endl;
33
34
35        return 0;
36  }
```

【執行結果】

```
輸入一個值:4
執行整數的例外
程式將要結束執行

---------------------------------
Process exited after 7.067 seconds with return value 0
請按任意鍵繼續 . . .
```

【程式解析】

- 第 14 ~ 17 行：當變數 num 值大於 0 且小於 10 時，則丟出一個型別為整數的例外。

- 第 19 ~ 22 行：當變數 num 值大於 10 且小於 20 時，則丟出一個型別為實數的例外。

- 第 24 行：捕捉型別為**整數**的例外。
- 第 28 行：捕捉型別為**實數**的例外。

16-1-4 巢狀 try..catch 區塊

通常當例外發生時，在 try 區塊內所丟出的例外是由最靠近的 catch 例外處理程式區塊來捕捉，當例外被丟出之後，也會有一些相關的動作發生。首先它會建立一份您所丟出例外的物件副本，並將它設定初始值。接著此物件會將例外處理區塊內的參數設定初始值，當例外處理區塊執行完畢之後，系統就會將此物件副本清除。

到目前為止，您應該清楚當例外被丟出時，程式的控制權會自目前的 try 區塊離開，然後將控制權交付給在 try 區塊之後某一個符合型別的 catch 例外處理程式區塊（假如有存在的話）。

至於所謂巢狀 try...catch 區塊的定義方式為，在 try 區塊內再定義一組 try 區塊（一組代表至少一個 try 區塊對應一個 catch 區塊）。如下所示：

```
try
{
    try
    {
        // 可能發生錯誤的程式碼
    }
    catch(資料型態 變數名稱)
    {
        // 例外情形處理區塊
    }
}
catch(資料型態 變數名稱)
{
    // 例外情形處理區塊
}
```

在巢狀 try 區塊中，外層的 catch 區塊負責外層 try 區塊的例外捕捉，內層的 catch 區塊負責內層 try 區塊的例外捕捉，若內層的 catch 區塊未能捕捉例外情形時，會交由外層 catch 區塊捕捉，若內外層 catch 區塊皆未能捕捉例外時，該例外情形最後將交由標準函數庫中的 terminate() 函數處理。

◀隨堂範例▶ CH16_03.cpp

以下程式範例中，各位可以發現當在最內層的 try 區塊中丟出一個例外且型別
為整數時，其例外處理程式將會由最內層的 catch 區塊來執行。但要請您注意
的是在這種情況之下，最外層的 catch 區塊並不會執行。但如果例外是發生在
外層的 try 區塊並且其型別為字元時，系統則不會執行最內層的 catch 區塊，而
是會執行最外層的 catch 區塊。

```cpp
01    #include<iostream>
02
03    using namespace std;
04
05    int main()
06    {
07        int num;        // 宣告一個整數變數 num
08        try             // 最外層的 try...catch 區塊
09        {
10            try         // 最內層的 try...catch 區塊
11            {
12                cout<<" 輸入一個值 :";
13                cin>>num;
14                // 判斷變數值 num 是否大於 0 且小於 8
15                if ((num > 0) && (num < 8))
16                {
17                    throw 1; // 當變數 num 值大於 0 且小於 8 時，則丟出一個型別為整數
                                 的例外
18                }
19                // 判斷變數值 num 的平方和是否大於 100
20                if (num*num>100)
21                {
22                    throw " 平方和大於 100"; // 當變數 num 的平方合大於 100 時，
                                                 丟出一個型別為字串的例外
23                }
24            }
25            catch(int ex1)          // 捕捉型別為整數的例外
26            {
27                cout<<" 執行最內層的 catch 區塊 "<<endl;
28            }
29        }
30        catch(const char *str)      // 捕捉型別為字串的例外
31        {
32            cout<<" 執行最外層的 catch 區塊且 "<<str<<endl;
33        }
34        cout<<" 程式將要結束執行 "<<endl;
35
36
37        return 0;
38    }
```

【執行結果】

```
輸入一個值:7
執行最內層的catch區塊
程式將要結束執行

-----------------------------------
Process exited after 1.929 seconds with return value 0
請按任意鍵繼續 . . .
```

【程式解析】

- 第 15 ～ 18 行：當變數 num 值大於 0 且小於 8 時，則丟出一個型別為整數的例外。

- 第 20 ～ 23 行：當變數 num 的平方和大於 100 時，丟出一個型別為字串的例外。

- 第 25 行：捕捉型別為整數的例外。

- 第 30 行：捕捉型別為字串的例外。

16-1-5　一次捕捉所有例外

如果各位不希望當程式執行時，所發生的例外找不到符合的 catch 區塊執行而導致目前正在執行的程式中斷時，C++ 提供一項不錯的功能，可以讓您一次將所有發生的例外捕捉到。就是在 try 區塊之後使用「catch(…)」來表示，您就可以捕捉到所有型別的例外。其語法如下所示：

```
catch(…) {
// 處理所有發生的例外
}
```

◀ 隨堂範例 ▶ CH16_04.cpp

以下程式範例是利用 catch(...) 來捕捉所有的例外情形，不論在 try 區塊內丟出幾種例外型別，都可以讓您一次將所有發生的例外捕捉到。

```
01   #include<iostream>
02
03   using namespace std;
```

```
04
05   int main()
06   {
07       int num;   // 宣告整數變數 num
08       cout<<" 輸入 num 的值：";
09       cin>>num; // 輸入變數 num 的值
10       try
11       {
12           // 假如變數 num 值大於 10 而小於 20 時，就丟出一個整數型別的例外
13           if ((num > 10) && (num < 20))
14           {
15               throw 1;
16           }
17           // 假如變數 num 值小於 10 時，就丟出一字元型別的例外
18           if (num < 10)
19           {
20               throw '*';
21           }
22       }
23
24       catch(...) // 捕捉所有的例外
25       {
26           cout<<" 目前是由 catch(...) 捕捉到例外 "<<endl;
27       }
28
29
30       return 0;
31   }
```

【執行結果】

```
輸入num的值：6
目前是由catch(...)捕捉到例外

--------------------------------
Process exited after 1.56 seconds with return value 0
請按任意鍵繼續 . . .
```

【程式解析】

- 第 13 ～ 16 行：假如變數 num 值大於 10 而小於 20 時，就丟出一個整數型別的例外。

- 第 18 ～ 21 行：假如變數 num 值小於 10 時，就丟出一個字元型別的例外。

- 第 24 ～ 27 行：捕捉所有的例外。

16-1-6　重新丟出例外

當您需要將某些資源釋放給其他人來處理例外,或者是某個 catch 區塊無法處理所捕捉到的例外時,在這些情況之下,您必須要重新丟出例外。要重新丟出例外,只要下達一個不帶引數的「throw」敘述句即可:

```
throw;
```

例如:

```
catch(...)
{
    cout << "an exception was thrown" << endl;
    // 在此將所配置的資源釋放並重新丟出例外
    throw;
}
```

請注意喔!當您在 try 區塊內任何一個 catch 區塊中下達 throw 敘述句時,在 throw 敘述句之後所有 catch 區塊將不會執行,而是交給更外一層的 catch 區塊來進行處理。

◀隨堂範例▶ CH16_05.cpp

以下程式範例中說明當在函數 throwex() 內的第一個 try 區塊中丟出一個標準程式庫類別 exception 的物件時,這個例外將會被第二個 catch 區塊所捕捉到,並顯示「目前例外控制權是在函數 throwex 的第二層 try 區塊中」的文字以及又重新丟出一個例外。一旦下達 throw 敘述句之後,會將控制權轉移至最外層的 try 區塊(也就是第一個 try 區塊)中,並由最外層也就是第一層的 catch 所捕捉到,然後顯示「捕捉所有的例外」文字。

```
01   #include<iostream>
02
03   using namespace std;
04
05   void throwex()
06   {
07       try  // 外層的 try 區塊
08       {
09
10           try {            // 內層的 try 區
```

```
11
12                  throw exception();     // 丟出一個例外
13              }
14          catch(exception e)         // 捕捉例外
15          {
16                  cout<<" 目前例外控制權是在函式 throwex 的第二層 try 區塊中 "<<endl;
17                  throw;           // 重新丟出一個例外
18          }
19      }
20      catch(...)              // 捕捉所有的例外
21      {
22          cout<<" 第一層 try 區塊，捕捉所有的例外 "<<endl;
23      }
24
25 }
26 int main()
27 {
28      try {
29          throwex();         // 呼叫函數 throwex
30          cout<<" 在函式 main 內的 try 區塊 "<<endl;
31      }
32      catch(exception e       // 捕捉例外
33      {
34          cout<<" 目前例外控制權是在主函數 main 中 "<<endl;
35      }
36      cout<<" 程式執行完畢 "<<endl;
37
38
39      return 0;
40 }
```

【執行結果】

```
目前例外控制權是在函式throwex的第二層try區塊中
第一層try區塊，捕捉所有的例外
在函式main內的try區塊
程式執行完畢

----------------------------------
Process exited after 0.0802 seconds with return value 0
請按任意鍵繼續 . . .
```

【程式解析】

- 第 5 ～ 25 行：宣告並建立函數 throwex()。
- 第 12 行：丟出一個標準程式庫類別 exception 的物件。

- 第 17 行：重新丟出一個例外。

- 第 32 ～ 35 行：由於外層的 try 區塊並沒有丟出例外，因此並不會執行第 32~35 行的程式碼內容。

16-2 認識樣板功能

樣板如同日常生活中所使用的一個模具（model），將原料送進模具後，即可產生出該種原料的成品，假如還要再產生不同原料的成品，只要再放入不同的原料即可。樣板（template）提供了「資料型態參數化」（parameterized type）的功能，這個功能最大功用在於將函數或類別中通用的型態視為一種參數，當利用樣板建立函數或類別時，只需將特定的資料型態（如 int 或 float）帶入，即可產生該特定型態的函數或類別，所以樣板的設計觀念也被稱之為「通用型程式設計」（generic programming）。

16-2-1 樣板分類

在 C++ 語言中樣板有兩種，分別為「函數樣板」（function template）與「類別樣板」（class template）。基本上，不論是函數樣板或類別的設計，都是把相同程式碼的函數集中撰寫在一起，而對於函數樣板或類別中的資料型態部份，則以樣板形式參數（template formal parameter）來替代。當程式呼叫函數樣板或類別時，會根據傳遞參數的資料型態，把樣板形式參數替換成該參數的資料型態，而建立此函數樣板或類別的程式實體（instance）。

16-2-2 函數樣板

我們知道「函數多載」（function overloading）的優點是可定義多個功能相同但是參數列不同的同名稱函數，但缺點就是仍然需要在各個多載函數中撰寫相似的程式碼。例如以下程式範例是利用函數多載來計算多項式 func(n)=n*n+3*n+5 的值，其中 n 可為整數或實數，例如以下程式碼片段：

```
int func(int n)                    // 參數型態是 int 的 func 函數
{
    int result;                    // 宣告 result 為 int 型態變數
```

```
    result = n * n + 3 * n + 5;        // 執行 n*n+3*n+5 運算並將結果指定給 result
    return result;                     // 回傳運算後的結果 result
}
float func(float n)                    // 參數型態是 float 的 func 函數
{
    float result;                      // 宣告 result 為 float 型態變數
    result = n * n + 3 * n + 5;        // 執行 n*n+3*n+5 運算並將結果指定給 result
    return result;                     // 回傳運算後的結果 result
}
```

　　由上列程式的兩個 func 函數，可以發現除了函數的參數型態與回傳型態使用不同的資料型態外，程式碼幾乎完全相同，這是函數多載功能美中不足的地方。因此對於這種只有資料型態不同，但卻具有相似程式碼的函數，即可以採函數樣板的方式來改寫。也就是說，如果使用函數樣板，則只需要撰寫一個程式模組，就可以達到執行不同資料型態參數的各種同名函數的功能。

　　事實上，C++ 中的函數樣板就是一種程式模組，一旦定義後，在函數呼叫期間，編譯器就會根據函數的參數型態來產生相對應的函數實作碼，並進而利用該函數實作碼來達成程式功能。圖示如下：

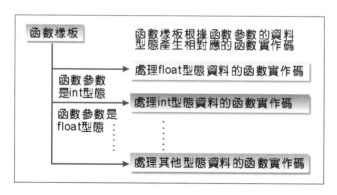

16-2-3　宣告函數樣板

　　函數樣板可以用來建立通用的函數，先使用通用的型態定義此函數，再依照需要給定不同的型態，例如 int、char 或 double 等等。也就是說，函數樣板就是把具有相同程式碼的函數集中寫成一個函數，並且把各個函數不同資料型態的部份，改以樣板形式參數來替代，即可藉由傳遞不同資料型態的參數來建立實體函數。至於函數樣板的宣告格式與說明如下：

```
template <class 樣板形式參數 1, class 樣板形式參數 2,……>

回傳資料型態 函數名稱 ( 參數 1, 參數 2,…)
{
    // 函數內敘述區塊
}
```

相關說明如下：

1. template 是 C++ 語言的關鍵字，用來宣告該函數為函數樣板。
2. 關鍵字 class 在這裡並不是用來定義類別的意思，而是用來宣告樣板形式參數。
3. 樣板形式參數可以自行命名，命名規則同變數的命名規則。
4. 如果要在函數樣板中設定多個樣板形式參數，只須在每個樣板形式參數間以逗號 (,) 區隔開，則在進行函數呼叫時，即可以在參數列傳遞多個不同的資料型態。

了解函數樣板的格式後，即可撰寫一個完整的函數樣板來取代 func 多載函數。程式碼如下所示：

```
template<class T>
T func(T n)
{
    T result;
    result = n * n + 3 * n + 5;
    return result;
}
```

◀ 隨堂範例 ▶ CH16_06.cpp

以下程式範例將利用樣板函數來將多項式 func(n)=n*n+3*n+5 的函數實作出來，允許傳入一個資料型態的參數讓 func() 函數可同時計算實數與整數值。透過這個簡單的範例，可以初步體會到樣板函數在程式撰寫上的彈性，並避免函數多載時必須重複撰寫相同程式碼的缺點。

```
01   #include <iostream>
02
03   using namespace std;
04
```

```
05    template<class T>                    // 定義與宣告 func 函數樣板
06    T func(T n)
07    {
08        T result;                        // 宣告 result 為 T 型態變數
09        result = n * n + 3 * n + 5;      // 執行 n*n+3*n+5 運算，並將結果指定給 result
10        return result;                   // 回傳 result；
11    }
12
13    int main()
14    {
15        cout<<"func(10) = ";
16        cout<<func(10)<<endl;            // 輸出 func(10) 的運算結果
17        cout<<"func(12.5f) = ";
18        cout<<func(12.5f)<<endl;         // 輸出 func(12.5f) 的運算結果
19
20
21        return 0;
22    }
```

【執行結果】

```
func(10) = 135
func(12.5f) = 198.75

--------------------------------
Process exited after 0.08661 seconds with return value 0
請按任意鍵繼續 . . .
```

【程式解析】

- 第 5 ～ 11 行：宣告與定義一個樣板函數 func，該樣板的功能是計算 n*n+ 3*n+5，並回傳計算後的結果，並且參數型態與回傳型態相同。

- 第 16、18 行：16 行輸出 func(10) 的運算結果，亦即 135，而 18 行則輸出 func(12.5f) 的運算結果，亦即 198.75。

16-2-4 　非型態參數的樣板函數

　　「非型態參數」（nontype parameter）是表示在樣板函數的參數列中含有基本資料型態（primitive type；如 int、float 等）。定義如下：

```
template <class 樣板參數 1, 基本資料型態 樣板參數 2, …>
函數型別 函數名稱 ( 函數參數 )
{
    // 程式敘述

}
```

　　非型態參數又可稱為固定型態的參數，則如上述的 argument。它可以是 int 或 long 等型態，此類參數的作用在於傳遞引數給此函數，而不會變更它的資料型別。以下舉出兩個樣板參數列為例：

```
<class T1,class T2>          // 有兩個型態參數的參數列
<class myType,int num>       // 有一個型態參數與一個非型態參數的參數列
```

　　如下程式碼所示，array_size 已經設定資料型態為 int，使用 show() 函數時只要指定 arrayType 的資料型態即可：

```
emplate <class arrayType, int array_size>

void show(arrayType  (&array)[array_size])
{
    int i;
    cout<<"array_size = "<<array_size<<endl;
    for(i=0; i<array_size; i++)
    {
        cout<<"array["<<i<<"]="<<array[i]<<"\t";
    }
    cout<<endl;
}
```

◀ 隨堂範例 ▶ CH16_07.cpp

以下程式範例是實作非型態參數的樣板函數，其中宣告樣板函數 showArray。array_size 宣告為整數型態常數，所以可以直接使用於 showArray 參數列。

```
01  #include <iostream>
02
03  using namespace std;
04
05  template <class arrayType,int array_size>      // 宣告非型態參數函數樣板
06  void showArray(arrayType (&array)[array_size])// 不需加資料型態
07  {
08      int i;
09      cout<<"template 非型態參數 :"<<endl;
```

```
10        cout<<"array_size="<<array_size<<endl<<endl;
11        for(i=0;i<array_size;i++)
12        {
13            cout<<"array["<<i<<"]="<<array[i]<<endl;// 列印陣列元素內容
14        }
15        cout<<endl;
16   }
17   int main()
18   {
19        int a[]={20,23,56,77,88};// 宣告整數陣列
20        showArray(a);// 呼叫樣板函數
21
22
23        return 0;
24   }
```

【執行結果】

```
template 非型態參數:
array_size=5

array[0]=20
array[1]=23
array[2]=56
array[3]=77
array[4]=88


------------------------------------
Process exited after 0.07966 seconds with return value 0
請按任意鍵繼續 . . .
```

【程式解析】

- 第 5 行：宣告非型態參數樣板函數。
- 第 6 行：不需加資料型態，直接加變數名稱。
- 第 13 行：列印陣列元素內容。

16-3 類別樣板

在設計類別時，也會遇到以相同程式碼處理不同型態資料的問題。因此樣板的觀念也可以使用在類別中，而且通常使用於容器類別（container class）中，例如堆疊、佇列、陣列、鏈結串列等等，套用樣板之後這些類別就可包含多種資料型態，而不需再重複定一同樣的類別。

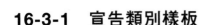

16-3-1 宣告類別樣板

在設計類別時，將資料型態以樣板參數取代，於使用時再指定資料型態，這個類別稱為類別樣板（class template）。則在程式中，將會依據宣告物件時所指定的資料型態，來建立適用該資料型態的類別。類別樣板的宣告格式如下：

```
template <class 樣板形式參數1, class 樣板形式參數2,…>
class 類別名稱
{
     // 類別內敘述區塊

};
```

類別樣板的宣告格式與函數樣板類似，而宣告的樣板形式參數可以使用在類別內的成員資料與成員函數。另外若是類別成員函數定義在類別外部時，必須附加其類別樣板宣告與範圍解析運算子（::），如下所示：

```
template <class 樣板形式參數>
class 類別名稱
{
     樣板參數 函數名稱();

}
template <class 樣板形式參數,…>
函數型別 類別名稱<樣板參數>::函數名稱()
{
     // 程式敘述

}
```

宣告完類別樣板後，就要用類別樣板來產生物件，物件的產生方式如下：

```
類別名稱<資料型別> 物件名稱;      // 宣告物件
或
類別名稱<資料型別> 物件名稱();    // 此物件名稱為物件及建構子的合併宣告
```

上述類別樣板物件的型態宣告值得注意的是必須在類別名稱後加上資料型別，並用角括號 <> 包含起來，用意是指定樣板參數的資料型態，如下所示：

```
function<int> func1(10);
function<float> func2(9.8);
function<char> func3('z');
```

由上述程式碼得知，由於類別樣板會在宣告物件時，藉由傳遞的資料型態來替換類別中的樣板形式參數。因此使用類別樣板來處理資料，將可以更彈性的設計程式。

◀ 隨堂範例 ▶ CH16_08.cpp

以下程式範例將簡單實作一個類別樣板，並根據不同的資料型態來觀察成員函數的不同執行結果。

```
01   #include <iostream>
02
03   using namespace std;
04
05   template <class type>
06   class function // 宣告樣板類別
07   {
08     private:
09          type y;
10     public:
11          function(type x) {y=x;}    // 代入樣板形式參數
12          void show()
13          {
14               cout<<"y="<<y<<endl;
15          }
16   };
17   int main()
18   {
19       function<int> func1(10);       // 物件名稱與物件及建構子的合併宣告
20       func1.show();
21       function<float> func2(9.8);    // 物件名稱與物件及建構子的合併宣告
22       func2.show();
23       function<char> func3('z');     // 物件名稱與物件及建構子的合併宣告
24       func3.show();
25
26
27       return 0;
28   }
```

【執行結果】

```
y=10
y=9.8
y=z

------------------------------------------
Process exited after 0.07866 seconds with return value 0
請按任意鍵繼續 . . .
```

【程式解析】

- 第 6 ～ 16 行：宣告類別樣板。
- 第 11 行：代入樣板形式參數
- 第 19、21、23 行：物件名稱與物件及建構子的合併宣告。

各位應該已想到將類別樣板成員函數宣告在類別樣板之外，必須要加上資料型態，及在類別名稱之後要加上 < 樣板形式參數 >，這樣才能表示它是類別樣板的成員函數。

16-3-2 堆疊類別樣板

堆疊結構在電腦中的應用相當廣泛，時常被用來解決電腦的問題，例如前面所談到的遞迴呼叫、副程式的呼叫，至於在日常生活中的應用也隨處可以看到，例如大樓電梯、貨架上的貨品等等，都是類似堆疊的資料結構原理。基本上，以資料結構（data structure）中的堆疊（stack）應用來說，其特性為一種「後進先出」（LIFO）的資料處理程序。由於堆疊是一種抽象型資料結構（ADT），它有下列特性：

① 只能從堆疊的頂端存取資料。
② 資料的存取符合「後進先出」（LIFO）的原則。

將堆疊的運作特性採用類別樣板來設計，則在程式中，可以依據傳遞資料型態的不同，來產生該資料型態的堆疊。

取用時由最上面的餐盤先拿

餐盤一個一個往上疊放

自助餐中餐盤存取就是一種堆疊的應用

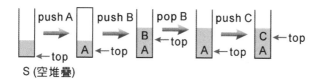

堆疊的基本運算可以具備以下五種工作定義：

create	建立一個空堆疊。
push	存放頂端資料，並傳回新堆疊。
pop	刪除頂端資料，並傳回新堆疊。
isEmpty	判斷堆疊是否為空堆疊，是則傳回 True，不是則傳回 False。
full	判斷堆疊是否已滿，是則傳回 True，不是則傳回 False。

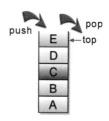

◀ 隨堂範例 ▶ CH16_09.cpp

以下程式範例中的類別樣板 MyStack，將以堆疊資料結構的方式來儲存所輸入不同型態的資料。其中在類別中的成員函數，只要是與輸入資料型態有關的部份（如 push() 與 pop() 函數的參數變數資料），都使用樣板形式參數取代。如此一來，要在程式中建立不同資料型態的堆疊，只須在宣告物件時指定資料型態即可。

```cpp
01  #include <iostream>
02  using namespace std;
03
04  // 設定類別樣板的型態參數 Type 的預設值為整數 int, 非型態參數的型別為整數 int, 預設值為 5
05  template <class Type = int, int size = 5> // 類別樣板宣告
06  class Stack
07  {
08      private:
09          Type st[size];    // 宣告一陣列作為堆疊的儲存空間
10          int top;          // 堆疊資料頂端的索引
11      public:
12          Stack()
13          {
14              top = -1;
15          }
16          void push(Type data);// 將資料放入堆疊
17          Type pop();           // 將資料由堆疊中取出
18  };
19      template < class Type, int size >
20      void Stack< Type, size > :: push ( Type data )
```

```
21      {
22          st[ ++top ] = data;
23      }
24      template < class Type, int size >
25      Type Stack<Type, size> :: pop()
26      {
27          return st[ top-- ];
28      }
29  int main()
30  {
31      Stack<> stk_1;// 宣告一堆疊物件，並使用其預設值
32      Stack<const char*, 4> stk_2; // 宣告堆疊物件，其型態為字串，大小為 4
33      stk_1.push( 11 );
34      stk_1.push( 22 );
35      stk_1.push( 33 );
36      cout << "stack_1 [1] = " << stk_1.pop() << endl;
37      cout << "stack_1 [2] = " << stk_1.pop() << endl;
38      cout << "stack_1 [3] = " << stk_1.pop() << endl;
39      cout << endl;
40      stk_2.push( "第一名" );
41      stk_2.push( "第二名" );
42      stk_2.push( "第三名" );
43      cout << "stack_2 [1] = " << stk_2.pop() << endl;
44      cout << "stack_2 [2] = " << stk_2.pop() << endl;
45      cout << "stack_2 [3] = " << stk_2.pop() << endl;
46      cout << endl;
47
48
49      return 0;
50
51  }
```

【執行結果】

```
stack_1 [1] = 33
stack_1 [2] = 22
stack_1 [3] = 11

stack_2 [1] = 第三名
stack_2 [2] = 第二名
stack_2 [3] = 第一名

------------------------------------
Process exited after 0.07965 seconds with return value 0
請按任意鍵繼續 . . . ■
```

【程式解析】

- 第 5 行：設定類別樣板的型態參數 "Type" 的預設值為整數 int，非型態參數的型別為整數 int，預設值為 5。
- 第 9 行：宣告一陣列作為堆疊的儲存空間，其資料型態為 Type，大小為 size。
- 第 16 行：宣告成員函數 push() 將資料放入堆疊中。
- 第 17 行：宣告成員函數 pop() 取出堆疊中的資料。
- 第 20 ～ 23 行：定義成員函數 push()，函數須加上樣板類別的宣告以及範圍運算子 ::。
- 第 31 行：宣告一堆疊物件，並使用其預設值。
- 第 32 行：宣告堆疊物件，其型態為字串，大小為 4。

16-3-3　非型態參數類別樣板

在宣告類別樣板時，除了宣告用來替換資料型態的樣板形式參數外，也可以同時宣告非型態參數的樣板形式參數（non-type Parameters），如整數、浮點數、字元、字串等，其功用是可以在定義物件時即指定類別中的常數值。當使用非型態參數來定義類別樣板的同時，就可定義一個固定大小的類別樣板，就像是提供陣列下標值一樣。

在前面範例 CH16_09.cpp 的類別樣板 MyStack 宣告中，即可以藉由非型態樣板形式參數，來指定類別樣板 MyStack 內的陣列元素個數。如以下的敘述：

```
template <class T, int N>
class MyStack
{
    private:
        T Sdata[N];
        int sp;
    public:
        ......
}
```

如上面作過修改的 MyStack 類別樣板，將可以在宣告物件時，指定該類別所擁有的堆疊空間，如下程式敘述：

```
MyStack<int, 10> iStack;
// int 資料型態的堆疊，可存放的堆疊空間為 10 個元素
MyStack<double, 3> dStack;
// double 資料型態的堆疊，可存放的堆疊空間為 3 個元素
```

◀ 隨堂範例 ▶ CH16_10.cpp

以下程式範例在宣告物件時，除了指定此物件的資料型態，也藉由常數值的傳遞，同時指定物件內的陣列元素個數與堆疊空間，並計算所有元素的總和。

```
01  #include <iostream>        // 含括標頭檔 <iostream>
02
03  using namespace std;
04
05  template <class T, int N>    // 宣告樣板形式參數 T，資料型態固定參數 N
06  class CalAdd               // 宣告類別樣板 CalAdd
07  {
08      private:
09          T Total;            // 宣告樣板形式參數 T 的變數 Total
10          T Num[N];           // 宣告樣板形式參數 T 的陣列 Num[]
11
12      public:
13          CalAdd() { Total=0; }// CalAdd 類別的建構函數
14
15          void InNum();
16          void AddNum();
17          void ShowResult();
18  };
19
20  template <class T, int N> void CalAdd<T, N> :: InNum()// 成員函數 InNum()
21  {      // 將輸入資料存入陣列 Num[] 中
22      for (int count=0; count < N; count++)
23      {
24          cout << "輸入資料:";
25          cin >> Num[count];
26      }
27  }
28
29  template <class T, int N> void CalAdd<T, N> :: AddNum()// 成員函數 AddNum()
30  {    // 計算陣列 Num[] 元素值總和
31      for (int count=0; count < N; count++)
32          Total+=Num[count];
33  }
34
35  template <class T, int N>
36  void CalAdd<T, N> :: ShowResult()  // 成員函數 ShowResult()
37  {    // 顯示計算結果
```

```
38        AddNum();
39        for (int count=0; count < N; count++)
40        {
41            cout << Num[count];
42            if ( count < (N-1) ) cout << " + ";
43        }
44
45        cout << " = " << Total << endl;
46  }
47
48  int main()
49  {
50      CalAdd<int, 4> iCal; // 使用樣板類別 CalAdd 宣告 int 資料型態物件 iCal
51      CalAdd<double, 5> dCal;  // 使用樣板類別 CalAdd 宣告 double 資料型態物
                                        件 dCal
52
53      cout << "<計算 4 個 int 資料型態的總和 >" << endl;
54      iCal.InNum();
55      iCal.ShowResult();          // 顯示 iCal 計算結果
56
57      cout << "<計算 5 個 double 資料型態的總和 >" << endl;
58      dCal.InNum();
59      dCal.ShowResult();          // 顯示 dCal 計算結果
60
61
62      return 0;
63  }
```

【執行結果】

```
<計算 4 個 int 資料型態的總和>
輸入資料:8
輸入資料:5
輸入資料:3
輸入資料:9
8 + 5 + 3 + 9 = 25
<計算 5 個 double 資料型態的總和>
輸入資料:5.6
輸入資料:8.3
輸入資料:4.9
輸入資料:6.2
輸入資料:7.5
5.6 + 8.3 + 4.9 + 6.2 + 7.5 = 32.5

------------------------------------
Process exited after 38.46 seconds with return value 0
請按任意鍵繼續 . . . ■
```

【程式解析】

■ 第 6 ～ 18 行：宣告樣板類別 CalAdd，其包含資料型態固定的樣板形式參數
N，可以在定義物件時，同時指定該物件的陣列元素個數。

- 第 31 ～ 32 行：計算陣列 Num[] 元素值總和。
- 第 50 行：定義物件 iCal，其為一個 int 資料型態的物件，且陣列的元素個數為 4 個。
- 第 51 行：定義物件 dCal 則為一個 double 資料型態的物件，其陣列的元素個數為 5 個。
- 第 55、59 行：分別顯示 iCal 計算結果。

16-4 上機程式測驗

1. 請設計一 C++ 程式，包括一個樣板函數 Cal_Num()，允許傳入 2 個不同資料型態的參數進行四則運算。

    Ans ex16_01.cpp

2. 請設計一 C++ 程式，利用範圍解析運算子（::）將類別成員函數宣告在類別樣板之外，並讓使用者輸入立方體長寬高，與計算立方體體積。

    Ans ex16_02.cpp

3. 請設計一程式，使用函數樣板的方式，用來求出不同資料型態的陣列元素值總和。

    ```
    int i_ray[5]={ 10, 20, 30, 40, 50 };
    double d_ray[5]={ 40.5, 33.44, 57.65, 89.77, 99.0 };
    ```

    Ans ex16_03.cpp

4. 請設計一程式，將實作類別樣板 Circle，並可由宣告物件時所指定的資料型態，來建立適當的類別建構子與計算出圓面積及圓周長。

    Ans ex16_04.cpp

5. 請設計一程式，可使用樣板類別輸出所欲顯示的不同型態資料。

    Ans ex16_05.cpp

6. 請設計一程式，使用樣板類別來實作一個鏈結串列，鏈結串列類別會將所有節點連接起來。

    Ans ex16_06.cpp

7. 請設計一程式，使用非型別參數的類別樣板，可以在宣告物件時，同時指定物件內的陣列元素個數，並計算所有元素的總和。

    Ans ex16_07.cpp

8. 請設計一樣板函數 Cal_Num() 程式，允許傳入 2 個不同資料型態的參數進行四則運算。

    Ans ex16_08.cpp

課後評量

1. 例如定義一個 sum 的函數樣板如下：

```
template<class T>
T sum(T n1,T n2)
{
    return n1 + n2;
}
```

請問以下程式碼有何錯誤？

```
int main()
{
    int ret1 = sum(10.2f,20);
    cout<<ret1<<endl;
}
```

2. 當例外被丟出時，程式的控制權會如何轉換？

3. 試簡述一次捕捉所有例外的方法。

4. 試簡述「通用型程式設計」（generic programming）。

5. 請敘述「類別樣板」的宣告語法。

6. 為何衍生類別所繼承的基礎類別後面需加 "< 資料型態 >"？

7. 請舉例說明樣板函數的宣告格式。

8. 如果要設計三個 int 資料型態數值的平方和或三個 double 資料型態數值的平方和，以樣板函數來設計，該函數的程式碼為何？

9. C++ 的語法中最常見到的例外狀況有哪些？

10. 一旦程式丟出例外時，程式的控制權可以再回到原來的丟出點嗎？

11. 例外處理區塊其排列順序是否會影響如何處理某個例外？

12. 使用 catch(…) 來捕捉所有的例外，有何優點及缺點，請試舉各一個。

13. 當我們使用 new 來配置動態記憶體而發生錯誤時，需要呼叫一個可以處理後續問題的函數，而這個函數的工作是什麼？

14. 一個 try 區塊可以對應多個 catch 區塊，但是有何先決條件？

15. 在巢狀 try 區塊中，若內外層 catch 區塊皆未能捕捉例外時，該例外情形最後會如何處理？

16. 請說明非型別參數樣板中的非型別參數為何意義？

17. 類別樣板物件的型態宣告必須在類別名稱後加上資料型態，並用角括號 <> 包含起來，其用意為何？

18. 下面為一完整程式碼，在編譯時發生錯誤，請修正它以使得程式碼能通過執行。

```
01   #include <iostream>
02   using namespace std;
03   template <class T>
04   class func
05   {
06     public:
07           T a;
08           T b;
09   };
10   //----- 類別樣板繼承 -----//
11   class templ_func : public func
12   {
13     public:
14           void show();
15   };
16   //--------------------------
17   template <class T>
18   void templ_func<T>::show()
19   {
20       cout<<" 這是類別樣板繼承 ..."<<endl;
21   }
22   //--------------------------
23   int main()
24   {
25       // 類別樣板繼承
26       templ_func<int> templ_obj;
27       templ_obj.show();
28       return 0;
29   }
```

19. 請回答下列問題是正確還是錯誤,如果錯誤請說明理由:

① 樣板函數的朋友函數必須是一個樣板函數。

② 如果某個類別樣板擁有單獨一個 static 資料成員,產生出幾個類別樣板,而每個類別樣板都會分享此類別樣板的 static 資料成員。

③ 一個樣板函數可將另一個樣板函數用相同的函數名稱加以重載。

20. 非型態參數類別樣板的功用為何?

17

大話標準樣板函式庫（STL）

　　所謂標準樣板函式庫（standard template library, STL），可以看成是一些「容器」的集合，STL 從本質上說是 C++ 標準庫的一個重要組成部分，是一個 C++ 程式語言程式開發標準函數庫的一部分，包含容器（container）、演算法、仿函數、疊代器…等元件。因為 STL 是用樣板（template）來實作，所以可以適合各種資料型態，可以為程式設計人員省下許多不少函數開發的時間，直接使用 STL 所提供的樣板函數。本章中將陸續介紹標準樣板函式庫的重要元件，並分門別類介紹一些重要演算法的原理及主要特點。

TIPS

1. 容器：是 STL 最主要的組成部分，分為向量（vector）、雙端佇列（deque），串列（list）、佇列（queue）、堆疊（stack）、集合（set）、多重集合（multiset），映射（map），多重映射（multimap）等。
2. 仿函數（functor）又稱為函數對象（function object），也是 STL 組件之一，透過仿函數能拓展演算法的功能，大部份的演算法都有仿函數版本。
3. 迭代器（iterator）是一種介面，主要可以幫助使用者在容器物件（container，例如堆疊、佇列）上走訪（traverse）的物件。

　　為了確保本章的所有程式都能正常執行，請務必在呼叫編譯器時加入以下的「-std=c++11」命令。在 DEV C++ 中如果要確保編譯時有將「-std=c++11」標誌傳遞給編譯器，你必須執行在 DEV C++ 整合編輯程式中執行「工具 / 編譯器選項」指令，並於所產生的下圖視窗中，記得勾選「呼叫編譯器時加入以下的命令」前的核取方塊，如下圖所示：

編譯器選項 ✕

編譯器設定組態：

TDM-GCC 4.8.1 64-bit Release

一般　編譯設定　目錄　程式

☑ 呼叫編譯器時加入以下的命令：

-std=c++11

☑ 在連結器命令列中加入以下的命令

-static-libgcc

✓ 確定(O)　✗ 取消(C)　？ 說明(H)

17-1 認識 vector 容器

vector 的功能和陣列功能有點類似，各位可以看成是一個動態陣列，好處是宣告時可以不用確定大小，另外還可以直接存取某一個索引的內容值，不過缺點是要刪除內部的某一筆資料時較不方便，因此效率較不佳。下列為幾種常見的 vector 的基本功能。例如：

- push_back：把一個值加到 vector 容器的後端。
- pop_back：移除掉 vector 容器後端的值。
- size：求取目前 vector 容器的目前長度。
- []：取得 vector 容器某一個位置的值。

◀隨堂範例▶ vector1.cpp

請設計一 C++ 程式來實作裝 float 資料型態的 vector，並顯示容器長度及容器中每一個位置所存放的浮點數。

```cpp
01   #include <vector>
02   #include <iostream>
03   using namespace std;
04
05   int main(){
06       vector<float>vec;    // 裝 float 資料型態的 vector
07
08       vec.push_back(1.2);
09       vec.push_back(1.4);
10       vec.push_back(1.8);
11
12       cout<< " 容器長度 = "<<vec.size() <<endl;
13       for(int i=0 ; i<vec.size() ; i++){
14           cout<<vec[i] <<endl;
15       }
16   }
```

【執行結果】

```
容器長度= 3
1.2
1.4
1.8
--------------------------------
Process exited after 0.08551 seconds with return value 0
請按任意鍵繼續 . . .
```

◀隨堂範例▶ vector2.cpp

請設計一 C++ 程式來實作在容器中存入 5 個 3 的倍數值後再逐一輸出。

```cpp
01   #include <vector>
02   #include <iostream>
03   using namespace std;
04
05   int main(){
06       vector<int>vec;
07
08       for(int i=0 ; i<5 ; i++){
09           vec.push_back(i * 3);
```

```
10      }
11
12      for(int i=0 ; i<vec.size() ; i++){
13          cout<<vec[i]<<" ";
14      }
15      cout<<endl;
16  }
```

【執行結果】

```
0 3 6 9 12
--------------------------------
Process exited after 0.1036 seconds with return value 0
請按任意鍵繼續 . . . ■
```

◀隨堂範例▶ vector3.cpp

請設計一 C++ 程式來將 0、2、4、6、8 存入容器中,再移除掉 Vector 容器後端的值兩次,最後輸出容器內剩下的整數。

```
01  #include <vector>
02  #include <iostream>
03  using namespace std;
04
05  int main(){
06      vector<int>vec;
07
08      for(int i=0 ; i<5 ; i++){
09          vec.push_back(i * 2);
10      }
11
12      vec.pop_back();     // 移除 8
13      vec.pop_back();     // 移除 6
14
15      for(int i=0 ; i<vec.size() ; i++){
16          cout<<vec[i] <<endl;
17      }
18  }
```

【執行結果】

```
0
2
4

--------------------------------
Process exited after 0.08557 seconds with return value 0
請按任意鍵繼續 . . .
```

17-2 堆疊實作

上一章我們提過堆疊（stack）是一群相同資料型態的組合，所有的動作均在頂端進行，具「後進先出」（LIFO）的特性。接下來我們將以 STL 現成的函數去實作堆疊，不過要使用這些堆疊演算法相關函數，必須先引入「stack」標頭檔。

◀ 隨堂範例 ▶ stack1.cpp

請設計一 C++ 程式以 STL 所提供的 push、top 及 pop 函式，示範堆疊存放及刪除的過程。

```cpp
01   #include <stack>
02   #include <iostream>
03
04   using namespace std;
05
06   int main(){
07       stack<int> s;
08
09       s.push(99);
10       s.push(52);
11       s.push(95);
12       s.push(87);
13       s.push(66);
14       cout<<s.top() <<endl;
15       s.pop();
16       cout<<s.top() <<endl;
17   }
```

【執行結果】

```
66
87
--------------------------------
Process exited after 0.118 seconds with return value 0
請按任意鍵繼續 . . .
```

◀ 隨堂範例 ▶ stack2.cpp

請設計一 C++ 程式來實作 0 到 50 之間（不含 50）的 5 的倍數存入堆疊，接著
將堆疊內容依序從頂端取出後，再依序彈出，直到堆疊為空集合。

```cpp
01   #include <iostream>
02   #include <stack>
03   using namespace std;
04
05   int main()
06   {
07       stack<int> stack;
08       for (int i=0; i< 10; i++)
09       stack.push(5*i);
10
11       cout<< " 將堆疊內容依序彈出 :       ";
12       while (!stack.empty())
13       {
14           cout<<stack.top() << ' ';
15           stack.pop();
16       }
17       cout<<endl;
18   }
```

【執行結果】

```
將堆疊內容依序彈出:     45 40 35 30 25 20 15 10 5 0
--------------------------------
Process exited after 0.1048 seconds with return value 0
請按任意鍵繼續 . . .
```

17-3 佇列實作

佇列（queue）和堆疊都是一種有序串列，也屬於抽象型資料型態（ADT），它所有加入與刪除的動作都發生在不同的兩端，並且符合「First In, First Out」（先進先出）的特性。佇列的觀念就好比搭捷運時買票的隊伍，先到的人當然可以優先買票，買完後就從前端離去準備搭捷運，而隊伍的後端又陸續有新的乘客加入排隊。

捷運買票隊伍就是
佇列原理的應用

堆疊只需一個 top 指標指向堆疊頂，而佇列則必須使用 front 和 rear 兩個指標分別指向前端和尾端，如下圖所示：

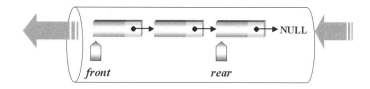

由於佇列是一種抽象型資料結構（ADT），它有下列特性：

① 具有先進先出（FIFO）的特性。
② 擁有兩種基本動作加入與刪除，而且使用 front 與 rear 兩個指標來分別指向佇列的前端與尾端。

佇列的基本運算可以具備以下五種工作定義：

create	建立空佇列。
add	將新資料加入佇列的尾端，傳回新佇列。
delete	刪除佇列前端的資料，傳回新佇列。
front	傳回佇列前端的值。
empty	若佇列為空集合，傳回真，否則傳回偽。

比較常見的佇列的類型包括：單向佇列、雙向佇列及優先佇列，本單元將分別以標準樣板函式庫（STL）示範單向佇列、雙向佇列實作過程。不過要使用這些佇列演算法相關函數，必須先引入「queue」標頭檔。

17-3-1　單向佇列

使用 queue 容器的優點是可以快速地把頭的值拿掉，可惜的是只能操作佇列頭跟佇列尾，底下為 queue 標頭檔中的常見的基本功能：

- front：回傳佇列頭的值。
- back：回傳佇列尾的值。
- push：把一個值加到佇列尾。
- pop：把第一個值從佇列移除掉。
- size()：取得佇列的大小。

◀隨堂範例▶ queue1.cpp

請設計一 C++ 程式來實作 queue 標頭檔中的 push、front、back、pop 及 size 等各項函式功能。

```
01  #include <iostream>
02  #include <queue>
03  using namespace std;
04
05  int main(){
06      queue<char> q;
07      q.push('a');
08      q.push('b');
09      q.push('c');
10
11      cout<<q.back() <<endl;   // 佇列尾
12      cout<<q.front() <<endl;  // 佇列頭
13
14      q.pop();
15      cout<<q.size() <<endl;   // 已取出一個值，佇列大小會減少 1
16  }
```

【執行結果】

```
c
a
2

--------------------------------
Process exited after 0.09646 seconds with return value 0
請按任意鍵繼續 . . .
```

◀ 隨堂範例 ▶ queue2.cpp

請設計一 C++ 程式將 10 以內的偶數（包括 0）存入佇列中，再從佇列前端依序輸出 0 2 4 6 8。

```
01   #include <iostream>
02   #include <queue>
03   using namespace std;
04
05   int main(){
06       queue<int> q;
07
08       for(int i=0 ; i<5 ; i++){
09           q.push(i * 2);
10       }
11
12       while(q.size() != 0){
13           cout<<q.front() <<endl;
14           q.pop();
15       }   // 依序輸出 0 2 4 6 8
16   }
```

【執行結果】

```
0
2
4
6
8

--------------------------------
Process exited after 0.1008 seconds with return value 0
請按任意鍵繼續 . . . ■
```

17-3-2　雙向佇列

所謂雙向佇列（double ended queues, Deque）為一有序串列，加入與刪除可在佇列的任意一端進行，比起佇列，雙向佇列比較靈活一些，請看下圖：

Lfront：左邊佇列首端　　　　　　　　　　　　　Rfront：右邊佇列首端

Lrear ：左邊佇列尾端　　　　　　　　　　　　　Rrear ：右邊佇列尾端

具體來說，雙向佇列就是允許兩端中的任意一端都具備有刪除或加入功能，而且無論左右兩端的佇列，首端與尾端指標都是朝佇列中央來移動。通常在一般的應用上，雙向佇列的應用可以區分為兩種：第一種是資料只能從一端加入，但可從兩端取出，另一種則是可由兩端加入，但由一端取出。

◀ 隨堂範例 ▶ queue3.cpp

請設計一 C++ 程式來實作雙向佇列從兩端加入資料，並利用 [] 運算子變更佇列中指定位置所存放的數值，最後再自這個雙向佇列由前往後的元素內容。

```
01   // deque<> 的實作範例
02   #include <iostream>
03   #include <deque>
04   using namespace std;
05
06   int main()
07   {
08       deque<int>deq;
09       deq.push_back(1);
10       deq.push_back(2);
11       deq.push_front(3);
12       deq.push_front(4);
13       deq.push_back(5);
14       deq.push_back(6);
15       deq.push_front(7);
16       deq.push_front(8);
17
18       deq[1] = 100;
19       deq[7] = 200;
20
```

```
21          cout<< " 目前雙向佇列的元素個數為 " <<deq.size() <<endl;
22          cout<<" 雙向佇列由前往後的元素內容依序為 "<<endl;
23          for (int i=0;i<deq.size();i++) {
24               cout<<deq[i]<<endl;
25          }
26    }
```

【執行結果】

```
目前雙向佇列的元素個數為 8
雙向佇列由前往後的元素內容依序為
8
100
4
3
1
2
5
200
--------------------------------
Process exited after 0.08689 seconds with return value 0
請按任意鍵繼續 . . .
```

17-4 認識集合

　　集合（set）就是數學上所談的集合，集合不會包含重複的資料，而且集合擁有無排序的特性，透過集合的型態能直接過濾掉重複的資料，類似數學裡的集合作法，也支援聯集（union）、交集（intersection）、差集（difference）…等運算。不過 set 集合只有鍵（key）沒有值（value），在集合（set）中提供了幾個基本功能，例如 insert 可以將指定資料型態的數值加入集合中，另外如果要將某一個指定資料型態的數值從集合中移除則提供了 erase 功能，如果要檢查某個數是否有在集合中則必須透過 count 功能。

　　各位使用 Set 除了操作相當容易之外，也可以幫助各位快速檢查裡面有沒有某個元素。接下來我們就以整數資料型態為例，示範如何把一個數字放進集合中及如何把某個數字從集合中移除，這個例子中我們也會一併示範 count 功能來檢查某數是否有在集合中。

◀ 隨堂範例 ▶ set1.cpp

請設計一 C++ 程式以樣板來實作集合（set）中提供了幾個基本功能，包括 insert、erase、count 等三項功能。

```
01   #include <set>
02   #include <iostream>
03   #include <string>
04   using namespace std;
05
06   int main(){
07
08       set<string> s;
09
10       s.insert("Python");
11       s.insert("C language");
12       s.insert("Java");
13       s.insert("C++");
14       s.insert("C#");
15
16       cout<<s.count("Java") <<endl;          // 如果該值在集合中，會輸出 1
17       cout<<s.count("C language") <<endl;    // 如果該值不在集合中，會輸出 0
18
19       s.erase("C language");                 // 從集合中刪除指定的值
20       cout<<s.count("C language") <<endl;    // 如果該值不在集合中，會輸出 0
21   }
```

【執行結果】

```
1
1
0

--------------------------------
Process exited after 0.1302 seconds with return value 0
請按任意鍵繼續 . . . ▮
```

STL set 中有 set_union（取兩集合聯集）、set_intersection（取兩集合交集）、set_difference（取兩集合差集）。這幾個函式的引數一樣，以 set_union() 為例，其參數的格式如下：

```
set_union(x1.begin(), x1.end(), x2.begin(), x2.end(), inserter(x, x.end()))
```

前兩個引數是集合 x1 的頭尾，再依次是集合 x2 的頭尾，最後一個引數就是將集合 x1 和集合 x2 取聯集後存入集合 x 中。

17-4-1 聯集 set_union

A，B 為兩集合，則在集合 A 或在集合 B 的元素所成的集合，稱為 A 與 B 的聯集。本小節將以實例示範如何取兩集合聯集。

◀ 隨堂範例 ▶ set2.cpp

請設計一 C++ 程式來實作 STL set 中有 set_union（取兩集合聯集）。

```
01    #include<iostream>
02    #include<set>
03    #include<algorithm>
04    using namespace std;
05
06    int main()
07    {
08
09        set<int>a,b,c;
10        for(int i=1;i<5;i++) //a: 1 2 3 4
11            a.insert(i);
12
13        for(int i=3;i<8;i++) //b: 3 4 5 6 7
14            b.insert(i);
15
16        set_union(a.begin(),a.end(),b.begin(),b.end(),inserter(c,c.begin()));
17        //c: 1 2 3 4 5 6 7
18
19        for(int i=1;i<=10;i++) {
20            cout<<c.count(i) <<endl; // 如果該值在集合中，會輸出 1
21        }
22
23        return 0;
24    }
```

【執行結果】

```
1
1
1
1
1
1
1
0
0
0

-------------------------------
Process exited after 0.09837 seconds with return value 0
請按任意鍵繼續 . . .
```

17-4-2　交集 set_intersection

　　設 A，B 為兩集合，則在集合 A 且在集合 B 的元素所成的集合，稱為 A 與 B 的交集。本小節將以實例示範如何取兩集合交集。

◀ 隨堂範例 ▶ set3.cpp

請設計一 C++ 程式來實作 STL set 中取兩集合交集 set_intersection。

```
01  #include<iostream>
02  #include<set>
03  #include<algorithm>
04  using namespace std;
05
06  int main()
07  {
08
09      set<int>a,b,c;
10      for(int i=1;i<5;i++)      //a: 1 2 3 4
11          a.insert(i);
12
13      for(int i=3;i<8;i++)      //b: 3 4 5 6 7
14          b.insert(i);
15
16      set_intersection(a.begin(),a.end(),b.begin(),b.end(),inserter(c,c.
    begin())); // 交集
17      //c: 3 4
18
19      for(int i=1;i<=10;i++) {
20          cout<<c.count(i) <<endl;      // 如果該值在集合中，會輸出 1
21      }
22
23      return 0;
24  }
```

【執行結果】

```
0
0
1
1
0
0
0
0
0
0

-----------------------------
Process exited after 0.1292 seconds with return value 0
請按任意鍵繼續 . . .
```

17-4-3 差集 set_difference

A，B 為兩集合，則在集合 A，但不在集合 B 之元素所成的集合，稱為 A 與 B 的差集，以符號 A-B 表示之。本小節將以實例示範如何取兩集合差集。

◀隨堂範例▶ set4.cpp

請設計一 C++ 程式來實作 STL set 中取兩集合差集 set_difference。

```
01   #include<iostream>
02   #include<set>
03   #include<algorithm>
04   using namespace std;
05
06   int main()
07   {
08
09       set<int>a,b,c;
10       for(int i=1;i<5;i++) //a: 1 2 3 4
11           a.insert(i);
12
13       for(int i=3;i<8;i++) //b: 3 4 5 6 7
14           b.insert(i);
15
16       set_difference(a.begin(),a.end(),b.begin(),b.end(),inserter(c,c.
     begin())); // 差集
17       //c: 1 2
18
19       for(int i=1;i<=10;i++) {
20           cout<<c.count(i) <<endl;     // 如果該值在集合中，會輸出 1
21       }
22
23       return 0;
24   }
```

【執行結果】

```
1
1
0
0
0
0
0
0
0
0
--------------------------------
Process exited after 0.1084 seconds with return value 0
請按任意鍵繼續 . . .
```

◀ 隨堂範例 ▶ set5.cpp

請設計一 C++ 程式來進行集合的綜合實作，包括集合元素的加入、移除指定元
素及清除集合中所有元素。

```cpp
01  #include <iostream>
02  #include <set>                  // set<> 容器樣板
03  using namespace std;
04
05  void printSet(const set<int>&my_set)   // 用來列印集合元素
06  {
07      cout<< "目前集合的元素個數 = " <<my_set.size()<<endl;
08      cout<<" 所有元素內容如下 : "<<endl;
09      for (int element :my_set)
10          cout<< element << ' ';
11      cout<<endl;
12  }
13
14  int main()
15  {
16      set<int>my_set;
17
18      // 45 及 18 重複加入集合中，集合中只會保留一個
19      my_set.insert(10);
20      my_set.insert(45);
21      my_set.insert(18);
22      my_set.insert(36);
23      my_set.insert(21);
24      my_set.insert(18);
25      my_set.insert(45);
26      my_set.insert(66);
27
28      printSet(my_set);        // 集合元素個數為 6
29      cout<<endl;
30
31      my_set.erase(18);        // 從集合中移除指定的元素
32      printSet(my_set);        // 集合元素個數為 5
33      cout<<endl;
34
35      my_set.erase(66);        // 從集合中移除指定的元素
36      printSet(my_set);        // 集合元素個數為 4
37      cout<<endl;
38
39      my_set.clear();          // 移除集合中所有元素
40      printSet(my_set);        // 集合元素個數為 0
41  }
```

【執行結果】

```
目前集合的元素個數= 6
所有元素內容如下:
10 18 21 36 45 66

目前集合的元素個數= 5
所有元素內容如下:
10 21 36 45 66

目前集合的元素個數= 4
所有元素內容如下:
10 21 36 45

目前集合的元素個數= 0
所有元素內容如下:


--------------------------------
Process exited after 0.08328 seconds with return value 0
請按任意鍵繼續 . . .
```

17-5 Map 容器

　　Map 是 STL 的一種容器（container），它具備一對一的對應（mapping）關係，Map 內部資料結構是有排序的資料，這種資料結構非常適合資料查詢，因此如果有資料插入的工作相當頻繁，就非常適合以 Map 容器來進行實作。在 Map 中，每一個元素都由鍵（key）和值（value）構成，具備元素沒有順序性、鍵值不可重複與可以改變元素內容的三種特性。

　　Map 就像一個對應表，第一個稱為關鍵字（key），每個關鍵字只能在 Map 中出現一次，通常 Map 都是透過 Key 進行查詢並取得對應值。第二個稱為該關鍵字的值（value）。可以修改 value 值、不能修改 Key 值。Map 的元素值可以是任何的資料型態，包括使用者自定義的資料型態，建立 Map 以後，我們可以透過 Key 來取得對應的 value，例如一個人的基本資料，每個國民的身分號跟他的姓名就存在著一對一映射的關係。

◀ 隨堂範例 ▶ map1.cpp

請設計一 C++ 程式來實作從 string 對應到 string 的 Map 一對一的映射。

```
01  #include <map>
02  #include <iostream>
03  using namespace std;
04
05  int main(){
06      map<string, string> m;  // 從 string 對應到 string
07
08      m["zoo"] = " 動物園 ";
09      m["car"] = " 車子 ";
10      cout<< m["zoo"] <<endl;
11      cout<< m["car"] <<endl;
12  }
```

【執行結果】

```
動物園
車子
--------------------------------
Process exited after 0.1093 seconds with return value 0
請按任意鍵繼續 . . .
```

◀ 隨堂範例 ▶ map2.cpp

請設計一 C++ 程式來實作從 string 對應到 int 的 Map 一對一的映射，並以 count()
函式判斷所傳入的字串是否有對應值。

```
01  #include <map>
02  #include <iostream>
03  using namespace std;
04
05  int main(){
06
07      map<int, string> m;
08      m[1] = "spring";
09      m[2] = "summer";
10      m[3] = "fall";
11      m[4] = "winter";
12
13      for (int i=1;i<=4;i++) {
14          cout<<"m["<<i<<"]= "<<m[i]<<endl;
```

```
15          }
16
17          cout << m.count(2) << endl;      // 如果有對應值，會輸出 1
18          cout << m.count(5) << endl;      // 如果沒有對應值，會輸出 0
19   }
```

【執行結果】

```
m[1]= spring
m[2]= summer
m[3]= fall
m[4]= winter
1
0

----------------------------------
Process exited after 0.09149 seconds with return value 0
請按任意鍵繼續 . . . ▄
```

17-6 STL 排序實作

　　排序（sorting）演算法幾乎可以形容是最常使用到的一種演算法，目的是將一串不規則的數值資料依照遞增或是遞減的方式重新編排順序，用來排序的依據，我們稱為鍵（key），它所含的值就稱為「鍵值」。市面上的排序法有很多，包括有泡沫排序法、快速排序法、合併排序法、選擇排序法等，但由於 C++ STL 標準函式庫提供了 sort() 函數來排序，接下來我們會直接利用 sort() 函數，來示範各種排序的工作要求。

17-6-1　sort() 函數 - 由小到大升冪排序

　　各位要使用 sort() 函數來進行升冪排序，過程相當簡單，必須引入的標頭檔：<algorithm>，而且預設由小到大排序，以下是 sort() 最基本的用法：

```
vector<int> v;
// ...
sort(v.begin(), v.end());
```

◀ 隨堂範例 ▶ sort1.cpp

請設計一 C++ 程式來實作陣列排序，首先請宣告一個已初始化數值的傳統陣列，再利用 sort() 進行排序，sort 預設的情況下是由小到大排序。

```
01  #include <iostream>
02  #include <algorithm>
03  using namespace std;
04
05  int main() {
06      int arr[] = {58, 95, 83, 36, 77, 18, 24, 63, 98, 85};
07      cout<< "原始陣列的數字大小內容： " <<endl;
08      for (int i = 0; i< 10; i++) {
09          cout<<arr[i] << " ";
10      }
11      cout<<endl;
12      sort(arr, arr+10);
13      cout<< "將傳統陣列內容在預設的情況下由小到大排序： " <<endl;
14      cout<<endl;
15      for (int i = 0; i< 10; i++) {
16          cout<<arr[i] << " ";
17      }
18      cout<<endl;
19
20      return 0;
21  }
```

【執行結果】

```
原始陣列的數字大小內容：
58 95 83 36 77 18 24 63 98 85
將傳統陣列內容在預設的情況下由小到大排序：

18 24 36 58 63 77 83 85 95 98

----------------------------------
Process exited after 0.08679 seconds with return value 0
請按任意鍵繼續 . . .
```

17-6-2　sort() 函數 - 由大到小降冪排序

上一小節示範了如何使用 sort() 函數由小到大排序，那降冪（由大到小）要如何排序呢？這一小節我們將示範使用 <functional> 提供的比較函式物件，只要在 sort 第三個參數傳入比較樣板函式物件，就可以輕易達成降冪（由大到小）的排序工作，<functional> 提供的比較樣板函式物件分別有：

- less<Type>：小於，i+1 小於 i 的就進行交換（升冪）。
- less_equal<Type>：小於等於，i+1 小於等於 i 的就進行交換（升冪）。
- greater<Type>：大於，i+1 大於 i 的就進行交換（降冪）。
- greater_equal<Type>：大於等於，i+1 大於等於 i 的就進行交換（降冪）。
- equal_to<Type>：等於，i+1 等於 i 的就進行交換。
- not_equal_to<Type>：不等於，i+1 不等於 i 的就進行交換。

有關 sort 升序及降序在語法上的實際用法如下：

① 升冪：sort(begin, end, less<Type>());
② 降冪：sort(begin, end, greater<Type>());

◀隨堂範例▶ sort2.cpp

請設計一 C++ 程式來實作陣列排序，首先請宣告一個已初始化數值的傳統陣列，再利用在 sort 第三個參數傳入 greater<int>() 來達成由大到小的降冪排序。

```cpp
01  #include <iostream>
02  #include <algorithm>
03  #include <functional>
04  using namespace std;
05
06  int main() {
07      int arr[] = {58, 95, 83, 36, 77, 18, 24, 63, 98, 85};
08      cout<< "原始陣列的數字大小內容： " <<endl;
09      for (int i = 0; i< 10; i++) {
10          cout<<arr[i] << " ";
11      }
12      cout<<endl;
13      sort(arr, arr+10, greater<int>());
14      cout<< "將傳統陣列內容由大到小的降冪排序： " <<endl;
15      cout<<endl;
16      for (int i = 0; i< 10; i++) {
17          cout<<arr[i] << " ";
18      }
19      cout<<endl;
20
21      return 0;
22  }
```

【執行結果】

```
原始陣列的數字大小內容:
58 95 83 36 77 18 24 63 98 85
將傳統陣列內容由大到小的降幕排序:

98 95 85 83 77 63 58 36 24 18

-------------------------------
Process exited after 0.09713 seconds with return value 0
請按任意鍵繼續 . . .
```

17-6-3 vector 的由小到大排序

前面兩個例子都是介紹傳統陣列的排序,接著來介紹對 vector 容器排序的做法,將 vector 帶入 sort 函數排序,你可以使用 sort(v.begin(), v.end()); 的方式,最後會產生由小到大排序的結果。

◀ 隨堂範例 ▶ sort3.cpp

請設計一 C++ 程式來實作 vector 帶入 sort 函式由小到大排序。

```
01   #include <iostream>
02   #include <algorithm>
03   #include <vector>
04   using namespace std;
05
06   int main() {
07       vector<int> v = {58, 95, 83, 36, 77, 18, 24, 63, 98, 85};
08       cout<< " 原始 vector 容器的數字大小內容 : " <<endl;
09       for (int i = 0; i<v.size(); i++) {
10           cout<< v[i] << " ";
11       }
12       cout<<endl<<endl;
13
14       // 第一種方式
15       sort(v.begin(), v.begin()+10);
16       cout<< " 第一種方式由小到大排序 : " <<endl;
17       for (int i = 0; i<v.size(); i++) {
18           cout<< v[i] << " ";
19       }
20       cout<<endl<<endl;
21
22       // 第二種方式
23       sort(v.begin(), v.end());
```

```
24       cout<< "第二種方式由小到大排序:" <<endl;
25       for (int i = 0; i<v.size(); i++) {
26           cout<< v[i] << " ";
27       }
28       cout<<endl;
29
30       return 0;
31   }
```

【執行結果】

```
原始 vector 容器的數字大小內容:
58 95 83 36 77 18 24 63 98 85

第一種方式由小到大排序:
18 24 36 58 63 77 83 85 95 98

第二種方式由小到大排序:
18 24 36 58 63 77 83 85 95 98

-------------------------------
Process exited after 0.1061 seconds with return value 0
請按任意鍵繼續 . . .
```

17-6-4　vector 的由大到小排序

其實 sort() 也可以使用自訂排序方式來排序，接下來的例子將使用自訂排序規則，也就是利用 decrease_sort () 函式作為比較函數，讓 vector 中的值依照由大到小的自訂規則排序。

◀ 隨堂範例 ▶ sort4.cpp

請設計一 C++ 程式來使用自訂的排序規則，將 vector 值依照自訂的規則由大到小排序。

```
01   #include <iostream>
02   #include <algorithm>
03   #include <vector>
04   using namespace std;
05
06   bool decrease_sort(int a, int b) {
07       return a > b; // 由大到小排序
08   }
09
10   int main() {
```

```
11      int arr[] = {58, 95, 83, 36, 77, 18, 24, 63, 98, 85};
12      vector<int>v(arr, arr+10);
13
14      cout<< "原始 vector 容器的數字大小內容: " <<endl;
15      for (int i = 0; i<v.size(); i++) {
16          cout<< v[i] << " ";
17      }
18      cout<<endl<<endl;
19
20      sort(v.begin(), v.end(), decrease_sort);
21
22      cout<< "由小到大排序: " <<endl;
23      for (int i = 0; i<v.size(); i++) {
24          cout<< v[i] << " ";
25      }
26      cout<<endl;
27
28      return 0;
29  }
```

【執行結果】

```
原始 vector 容器的數字大小內容:
58 95 83 36 77 18 24 63 98 85

由小到大排序:
98 95 85 83 77 63 58 36 24 18

--------------------------------
Process exited after 0.08412 seconds with return value 0
請按任意鍵繼續 . . . ■
```

17-6-5 自訂結構的排序

接下來我們將介紹自訂結構的排序方式,以下範例中有個 book 的結構,內部欄位有書名與價格,我們將針對書籍的價格由貴到便宜排序,一開始先初始化書籍的書名與價格後,接著呼叫 sort() 回傳由大到小的方式。

◀隨堂範例▶ sort5.cpp

請設計一 C++ 程式來實作排序自定義結構排序,並對書籍的價格由貴到便宜排序。

```
01  #include <iostream>
02  #include <algorithm>
03  #include <string>
```

```
04   using namespace std;
05
06   struct book {
07       string booktitle;
08       int price;
09   };
10
11   bool mycompare(book s1, book s2){
12       return s1.price> s2.price;
13   }
14
15   int main() {
16       book st[4];
17       st[0].booktitle = "Python 程式設計實務由入門到精通 Step by Step";
18       st[0].price = 590;
19       st[1].booktitle = "AI 世代－高中生也能輕鬆搞懂的運算思維與演算法－使用 C++";
20       st[1].price = 450;
21       st[2].booktitle = "C++ 程式設計與運算思維實務－輕鬆掌握物件導向設計技巧的
                            16 堂課（第二版）";
22       st[2].price = 560;
23       st[3].booktitle = " 圖解資料結構－使用 Python（第二版）";
24       st[3].price = 500;
25
26       sort(st, st+4, mycompare);
27
28       cout<< " 依照書籍價格由貴到便宜的方式排序： " <<endl;
29       for (int i = 0; i<4 ;i++) {
30           cout<<st[i].booktitle<< "  " <<st[i].price << " 元 " <<endl;
31       }
32
33       return 0;
34   }
```

【執行結果】

```
依照書籍價格由貴到便宜的方式排序:
Python程式設計實務由入門到精通 Step by Step   590元
C++程式設計與運算思維實務-輕鬆掌握物件導向設計技巧的16堂課(第二版)   560元
圖解資料結構-使用Python(第二版)   500元
AI世代-高中生也能輕鬆搞懂的運算思維與演算法-使用C++   450元

--------------------------------
Process exited after 0.1119 seconds with return value 0
請按任意鍵繼續 . . .
```

17-7 STL 搜尋實作

在資料處理過程中，是否能在最短時間內搜尋到所需要的資料，是一個相當值得資訊從業人員關心的議題。所謂搜尋（search）指的是從資料檔案中找出滿足某些條件的記錄之動作，用以搜尋的條件稱為「鍵值」（key），就如同排序所用的鍵值一樣，我們平常在電話簿中找某人的電話，那麼這個人的姓名就成為在電話簿中搜尋電話資料的鍵值。

我們每天都在搜尋許多標的物

影響搜尋時間長短的主要因素包括有演算法、資料儲存的方式及結構，市面上的搜尋演算法有很多，有循序搜尋法、二分搜尋法、插補搜尋法、費氏搜尋法等，我們會直接以 C++ STL 標準函式庫提供的 find() 來示範各種搜尋的工作要求。

17-7-1 find() 函數搜尋

這個範例是要介紹使用 find() 函數在 vector 容器裡搜尋目標數值，其中第一個參數與第二個參數指定搜尋範圍後，第三個參數則是要搜尋的數值，如果到 vector 最後一個元素的話代表沒有搜尋找到該數值，最後的輸出結果是沒有找到指定的整數。

◀ 隨堂範例 ▶ search1.cpp

請設計一 C++ 程式來實作傳統陣列，首先請宣告一個已初始化數值的傳統陣列，再利用 find() 函數針對 vector 進行搜尋，並輸出找到的值與在 vector 的索引位置。

```
01   #include <iostream>
02   #include <vector>
03   #include <algorithm>
04
05   using namespace std;
06
07   int main() {
08       vector<int> v = {10,23,34,56,67,78,90};
09
10       // 第一種情況 ： 找到指定的整數
```

```
11        vector<int>::iterator it = find(v.begin(), v.end(),34 );
12        if (it != v.end())
13          cout<< " 找到整數 " << *it << ", 在 vector 索引位置為 "
   << distance(v.begin(), it) << "\n";
14        else
15          cout<< " 沒有找到指定的整數 \n";
16
17        cout<<endl;
18        // 第二種情況 : 沒有找到指定的整數
19        it = find(v.begin(), v.end(),95);
20        if (it != v.end())
21          cout<< " 找到整數 " << *it << ", 在 vector 索引位置為 "
   << distance(v.begin(), it) << "\n";
22        else
23          cout<< " 沒有找到指定的整數 \n";
24
25        return 0;
26    }
```

【執行結果】

```
找到整數 34, 在 vector 索引位置為 2

沒有找到指定的整數
--------------------------------
Process exited after 0.09352 seconds with return value 0
請按任意鍵繼續 . . .
```

17-7-2 利用 find_if() 進行搜尋

以下的範例將使用 find_if() 函數在 vector 容器搜尋目標數值，功能跟 find() 函數很類似，差別在 find_if 的第三的參數是放入謂詞（pred），這裡所指的謂詞是指會回傳 bool 資料類型的仿函數。例如要搜尋整數 100 有沒有在這個 vector 裡，這裡我們示範自己寫的「hundred」的謂詞。

◀隨堂範例▶ search2.cpp

請設計一 C++ 程式來實作利用 find_if() 在 vector 容器搜尋目標數值。

```
01  #include <iostream>
02  #include <vector>
03  #include <algorithm>
```

```
04
05   using namespace std;
06
07   template<typename T>
08   bool hundred(T value) {
09       return value == 100;
10   }
11
12   int main() {
13       vector<int> v;
14       v.push_back(80);
15       v.push_back(90);
16       v.push_back(95);
17       v.push_back(100);
18       v.push_back(92);
19
20       // 第一種情況
21       cout<<" 第一種情況 ";
22       vector<int>::iterator it = find_if(v.begin(), v.end(), hundred<int>);
23       if (it != v.end())
24           cout<< " 有找到數值 " << *it <<endl;
25       else
26           cout<< " 沒有找到數值 100\n";
27
28       cout<<endl;
29       // 第二種情況
30       cout<<" 第二種情況 ";
31       v.pop_back(); // 移除 92
32       v.pop_back(); // 移除 100
33
34       it = find_if(v.begin(), v.end(), hundred<int>);
35       if (it != v.end())
36           cout<< " 有找到數值 " << *it <<endl;
37       else
38           cout<< " 沒有找到數值 100\n";
39
40       return 0;
41   }
```

【執行結果】

```
第一種情況有找到數值 100

第二種情況沒有找到數值 100

--------------------------------
Process exited after 0.09482 seconds with return value 0
請按任意鍵繼續 . . .
```

17-7-3　利用 binary_search() 進行二元搜尋

如果要搜尋的資料已經事先排序好，則可使用二分搜尋法來進行搜尋。二分搜尋法是將資料分割成兩等份，再比較鍵值與中間值的大小，如果鍵值小於中間值，可確定要找的資料在前半段的元素，否則在後半部。如此分割數次直到找到或確定不存在為止。例如以下已排序數列 2、3、5、8、9、11、12、16、18 ，而所要搜尋值為 11 時：

首先跟第五個數值 9 比較：

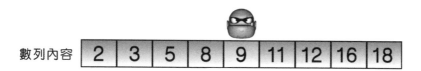

因為 11 > 9，所以和後半部的中間值 12 比較：

因為 11 < 12，所以和前半部的中間值 11 比較：

因為 11=11，表示搜尋完成，如果不相等則表示找不到。

以下的範例將使用 binary_search() 在 vector 容器搜尋目標數值，不過要進行二元搜尋前，必須將 vector 容器內的數值由小到大排序。

◀ 隨堂範例 ▶ binary_search.cpp

請設計一 C++ 程式以 binary_search() 實作二元搜尋。

```
01   #include <iostream>
02   #include <algorithm>
03   #include <vector>
04   using namespace std;
```

```
05
06   bool myfunction (int i,int j) { return (i<j); }
07
08   int main () {
09       int num[] = {90,12,23,45,67,84,92,83,66};
10       vector<int> v(num,num+9);
11
12       // 以預設的排序方式
13       sort (v.begin(), v.end());
14
15       cout<< " 找尋數值 92... ";
16       if (binary_search (v.begin(), v.end(), 92))
17           cout<< " 找到了 ...\n"; else cout<< " 沒有找到 ...\n";
18
19       // 第 3 個參數提供仿函數的方式進行排序
20       sort (v.begin(), v.end(), myfunction);
21
22       cout<< " 找尋數值 100... ";
23       if (binary_search (v.begin(), v.end(), 6, myfunction))
24           cout<< " 找到了 ...\n"; else cout<< " 沒有找到 ...\n";
25
26       return 0;
27   }
```

【執行結果】

```
找尋數值 92... 找到了...
找尋數值 100... 沒有找到...

--------------------------------
Process exited after 0.0973 seconds with return value 0
請按任意鍵繼續 . . .
```

17-8 STL 鏈結串列實作

鏈結串列（linked list）是由許多相同資料型態的項目，依特定順序排列而成的線性串列，但特性是在電腦記憶體中位置是不連續、隨機（random）的存在，優點是資料的插入或刪除都相當方便，有新資料加入就向系統要一塊記憶體空間，資料刪除後，就把空間還給系統。不需要移動大量資料。缺點就是設計資料結構時較為麻煩，另外在搜尋資料時，也無法像靜態資料一般可隨機讀取資料，必須循序找到該資料為止。

日常生活中有許多鏈結串列的抽象運用，例如可以把「單向鏈結串列」想像成自強號火車，有多少人就只掛多少節的車廂，當假日人多時，需要較多車廂時可多掛些車廂，人少了就把車廂數量減少，作法十分彈性。或者像遊樂場中的摩天輪也是一種「環狀鏈結串列」的應用，可以自由增加車廂數量。

17-8-1　forward_list() －單向鏈結串列

單向鏈結串列中的走訪（traverse）過程，則是使用指標運算來拜訪串列中的每個節點。在此我們如果要走訪已建立三個節點的單向鏈結串列，可利用結構指標 ptr 來作為串列的讀取旗標，一開始是指向串列首。每次讀完串列的一個節點，就將 ptr 往下一個節點位址移動，直到 ptr 指向 NULL 為止。如下圖所示：

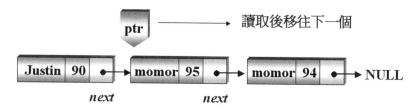

底下範例將以 forward_list（前向列表）來追蹤單向鏈結串列的內容，事實上 forward_list 是 C++ 標準模版庫（STL）中的部分內容，在實際的作用上，forward_list 是一種序列容器，它可以允許序列內的任何位置進行插入或刪除某一元素的操作行為。也就是說，它就是一種可以用來實作單向鏈結串列（single linked list）的容器，單向鏈結串列有一種特性，它可以將所包含的每個元素儲存在不同且不相關的位置。

不過要使用 forward_list 容器之前必須將 <forward_list> 標頭檔案含括進來，指令如下：

```
#include <forward_list>
```

STL 中的 forward_list（前向列表）與 list（列表）的不同之處在於，forward_list（前向列表）只會追蹤下一個元素的位置，而 list（列表）會同時追蹤下一個和前一個元素，因此 list（列表）就會增加記錄每個元素所需的儲存空間。

　　如果使用 list 容器之前則必須將 <list> 標頭檔案含括進來，指令如下：

```
#include <list>
```

◀隨堂範例▶ linkedlist1.cpp

請設計一 C++ 程式以 STL 的 forward_list（前向列表）實作單向鏈結串列的元素內容的指派設值工作。

```
01   #include <iostream>
02   #include <forward_list>
03
04   using namespace std;
05
06   int main(void) {
07
08       forward_list<int> list1 = {80, 90,76,54,100};
09       forward_list<int> list2;
10
11       list2.assign(list1.begin(), list1.end());
12
13       cout<< " 串列包括底下的元素 : " <<endl;
14
15       for (auto it = list2.begin(); it != list2.end(); ++it)
16           cout<< *it <<endl;
17
18       return 0;
19   }
```

【執行結果】

```
串列包括底下的元素:
80
90
76
54
100

--------------------------------
Process exited after 0.09327 seconds with return value 0
請按任意鍵繼續 . . . ■
```

　　接下來的例子則是示範如何以 clear() 函式清除串列的內容，底下範例中的 empty() 函式是用來判斷串列是否為空串列？

◀隨堂範例▶ linkedlist2.cpp

請設計一 C++ 程式以 STL 的 forward_list（前向列表）來實作將一個串列內容值清空。

```
01    #include <iostream>
02    #include <forward_list>
03
04    using namespace std;
05
06    int main(void) {
07
08        forward_list<int>fl = {65, 54,76,89,96,88,94};
09
10        if (!fl.empty())
11            cout<< "在清除串列內容前，串列內容不是空的 ." <<endl;
12
13        fl.clear();
14
15        if (fl.empty())
16            cout<< "在下達清除串列內容的指令後，串列變成是空的 ." <<endl;
17
18        return 0;
19    }
```

【執行結果】

```
在清除串列內容前，串列內容不是空的.
在下達清除串列內容的指令後，串列變成是空的.
--------------------------------
Process exited after 0.08211 seconds with return value 0
請按任意鍵繼續 . . . ▋
```

17-8-2 reverse－反轉串列

各位可以發現在這種具有方向性的鏈結串列結構中增刪節點是相當容易的一件事，而要從頭到尾列印整個串列也不難，但是如果要反轉過來列印就真得需要某些技巧了。我們知道在鏈結串列中的節點特性是知道下一個節點的位置，可是卻無從得知它的上一個節點位置，不過如果要將串列反轉，則必須使用三個指標變數。如下圖所示：

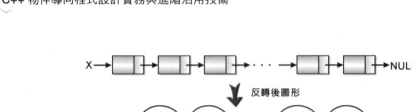

接下來我們將以標準模版庫（STL）的 list（列表）容器來示範如何將鏈結串列內的元素進行反轉，事實上，list 容器就是一個雙向鏈結串列，可以高效地進行插入刪除元素。使用 list 容器之前必須加上 <list> 標頭檔案：#include<list>。

◀ 隨堂範例 ▶ reverse.cpp

請設計一 C++ 程式以 STL 的 list 容器實作串列內容的反轉。

```cpp
01  #include <iostream>
02  #include <list>
03
04  using namespace std;
05
06  int main(void) {
07      list<int> l = {1, 2, 3, 4, 5};
08
09      cout<< "原串列內容：" <<endl;
10
11      for (auto it = l.begin(); it != l.end(); ++it)
12          cout<< *it <<endl;
13
14      l.reverse();
15
16      cout<< "反轉後的串列內容：" <<endl;
17
18      for (auto it = l.begin(); it != l.end(); ++it)
19          cout<< *it <<endl;
20
21      return 0;
22  }
```

【執行結果】

```
原串列內容:
1
2
3
4
5
反轉後的串列內容:
5
4
3
2
1
--------------------------------
Process exited after 0.0997 seconds with return value 0
請按任意鍵繼續 . . .
```

17-8-3 使用 insert 函式將指定元素加入串列

　　單向鏈結串列中插入新節點，如同一列火車中加入新的車箱，有三種情況：加於第 1 個節點之前、加於最後一個節點之後，以及加於此串列中間任一位置。接下來，我們利用圖解方式說明如下：

🌑 新節點插入第一個節點之前，即成為此串列的首節點

　　只需把新節點的指標指向串列的原來第一個節點，再把串列指標首移到新節點上即可。

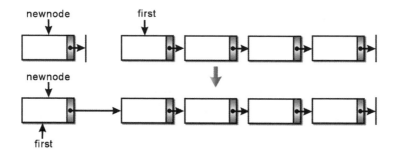

✪ 新節點插入最後一個節點之後

只需把串列的最後一個節點的指標指向新節點，新節點再指向 NULL 即可。

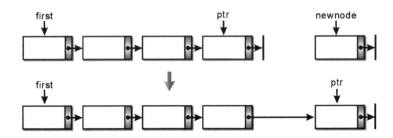

✪ 將新節點插入串列中間的位置

例如插入的節點是在 X 與 Y 之間，只要將 X 節點的指標指向新節點，新節點的指標指向 Y 節點即可。如下圖所示：

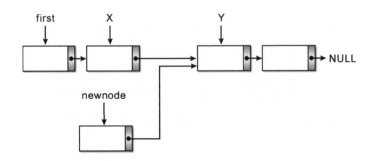

接著把插入點指標指向的新節點。

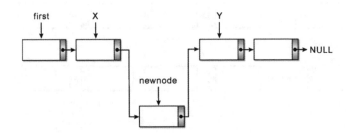

接下來我們並不會實際撰寫在單向鏈結串列插入新節點，而是直接使用 STL 的 insert() 方法在串列尾端加入新的元素。

◀隨堂範例▶ insert.cpp

請設計一 C++ 程式使用 STL 的 insert 將指定元素加入串列。

```cpp
01   #include <iostream>
02   #include <list>
03
04   using namespace std;
05
06   int main(void) {
07       list<int> l;
08
09       for (int i = 0; i< 10; ++i)
10       l.insert(l.end(), 5+i*5);
11
12       cout<< " 串列元素內容如下 : " <<endl;
13
14       for (auto it = l.begin(); it != l.end(); ++it)
15           cout<< *it <<endl;
16
17       return 0;
18   }
```

【執行結果】

```
串列元素內容如下:
5
10
15
20
25
30
35
40
45
50

------------------------------
Process exited after 0.08299 seconds with return value 0
請按任意鍵繼續 . . .
```

17-8-4　兩個串列進行合併排序

　　STL 的 merge 方法可以將兩個已排序好的串列進行合併，所合併的新串列也可是一種已排序的串列，接下來的例子，我們將示範如何利用 merge() 方法將兩個已排序好的串列進行合併排序。

◀ **隨堂範例** ▶ **merge.cpp**

請設計一 C++ 程式使用 STL 的 merge() 方法將兩個已排序好的串列進行合併。

```cpp
01   #include <iostream>
02   #include <list>
03
04   using namespace std;
05
06   int main(void) {
07       list<int> l1 = {11, 24,33, 45, 66};
08       list<int> l2 = {5, 12, 18, 34, 43,76};
09
10       cout<< " 串列 1: " <<endl;
11       for (auto it = l1.begin(); it != l1.end(); ++it)
12           cout<< *it <<" ";
13
14       cout<<endl;
15
16       cout<< " 串列 2: " <<endl;
17       for (auto it = l2.begin(); it != l2.end(); ++it)
18           cout<< *it <<" ";
19
20       cout<<endl;
21
22       l2.merge(l1);
23
24       cout<< "將上述兩個串列進行合併排序 : " <<endl;
25
26       for (auto it = l2.begin(); it != l2.end(); ++it)
27           cout<< *it <<" ";
28
29       cout<<endl;
30
31       return 0;
32   }
```

【執行結果】

```
11 24 33 45 66
串列 2:
5 12 18 34 43 76
將上述兩個串列進行合併排序:
5 11 12 18 24 33 34 43 45 66 76

-----------------------------------
Process exited after 0.09557 seconds with return value 0
請按任意鍵繼續 . . .
```

17-8-5 串列內容交換—swap

許多應用程式或進行資料排序工作時，經常會需要兩個變數進行數值的交換，為了達到這樣工作的目的，經常需要自行撰寫函數來達到資料交換的目的，例如當需要交換兩個整數時，則必須撰寫函數如下：

```
void swap(int &a, int &b)
{
    int temp = a;
    a = b;
    b = temp;
}
```

例如當需要交換兩個浮點數時，則必須撰寫函數如下：

```
void swap(float&a, float&b)
{
    int temp = a;
    a = b;
    b = temp;
}
```

其實上述兩種數都可以使用同一個樣板函數表示：

```
template<class T>
void swap(T &a, T &b)
{
    T temp = a;
    a = b;
    b = temp;
}
```

事實上，在標準樣板函式庫—STL 已具備 swap() 函數的功能。另外在兩個 list 容器中所儲存的元素，也可以直接運用 swap() 函數將兩個 list 串列的內容進行交換。底下例子就是利用 swap() 函式將兩個 list 串列內的元素進行交換。

◀隨堂範例▶ swap.cpp

請以標準樣板函式庫—STL 中所提供的 swap() 函式將兩個 list 串列的內容進行交換，之後再將交換後的兩個 list 再進行第二次交換，就可以回復到原串列的內容。

```
01  #include <iostream>
02  #include <list>
03
04  using namespace std;
05
06  int main(void) {
07      list<int> l1 = {54, 56, 67,78};
08      list<int> l2 = {16, 23, 36, 47, 55};
09
10      cout<< " 串列 1 原始內容 : " <<endl;
11      for (auto it = l1.begin(); it != l1.end(); ++it)
12          cout<< *it <<" ";
13      cout<<endl;
14
15      cout<< " 串列 2 原始內容 : " <<endl;
16      for (auto it = l2.begin(); it != l2.end(); ++it)
17          cout<< *it <<" ";
18      cout<<endl;
19
20      l1.swap(l2);
21
22      cout<< " 串列 1 交換後內容 : " <<endl;
23      for (auto it = l1.begin(); it != l1.end(); ++it)
24          cout<< *it <<" ";
25      cout<<endl;
26
27      cout<< " 串列 2 交換後內容 : " <<endl;
28      for (auto it = l2.begin(); it != l2.end(); ++it)
29          cout<< *it <<" ";
30      cout<<endl;
31
32      l2.swap(l1);
33      cout<< " 經過兩次交換，串列 1 又回復原始內容 : " <<endl;
34      for (auto it = l1.begin(); it != l1.end(); ++it)
35          cout<< *it <<" ";
36      cout<<endl;
37
38      cout<< " 經過兩次交換，串列 2 又回復原始內容 : " <<endl;
39      for (auto it = l2.begin(); it != l2.end(); ++it)
40          cout<< *it <<" ";
41      cout<<endl;
42
43      return 0;
44  }
```

【執行結果】

```
串列 1 原始內容:
54 56 67 78
串列 2 原始內容:
16 23 36 47 55
串列 1 交換後內容:
16 23 36 47 55
串列 2 交換後內容:
54 56 67 78
經過兩次交換, 串列 1 又回復原始內容:
54 56 67 78
經過兩次交換, 串列 2 又回復原始內容:
16 23 36 47 55
--------------------------------
Process exited after 0.1173 seconds with return value 0
請按任意鍵繼續 . . .
```

17-9 上機程式測驗

1. 請設計一 C++ 程式來實作裝 int 資料型態的 vector，並顯示容器長度及容器中每一個位置所存放的整數。

```
6
8
20
--------------------------------
Process exited after 0.1256 seconds with return value 0
請按任意鍵繼續 . . .
```

Ans ex17_01.cpp。

2. 請設計一 C++ 程式來實作在容器中存入 10 個 5 的倍數值後再逐一輸出，此處規定最小的 5 的倍數不能是 0。

```
5 10 15 20 25 30 35 40 45 50
--------------------------------
Process exited after 0.09867 seconds with return value 0
請按任意鍵繼續 . . .
```

Ans ex17_02.cpp。

3. 請設計一 C++ 程式來實作 0 到 100 之間的 13 的倍數存入堆疊，接著將堆疊內容依序從頂端取出後，再依序彈出，直到堆疊為空集合。

```
將堆疊內容依序彈出:    91 78 65 52 39 26 13
--------------------------------
Process exited after 0.08968 seconds with return value 0
請按任意鍵繼續 . . .
```

Ans ex17_03.cpp。

4. 請設計一 C++ 程式將 100 以內的 5 的倍數（包括 0）存入佇列中，再從佇列前端依序輸出，如下圖所示：

```
0
5
10
15
20
25
30
35
40
45
50
55
60
65
70
75
80
85
90
95
--------------------------------
Process exited after 0.09643 seconds with return value 0
請按任意鍵繼續 . . .
```

Ans ex17_04.cpp。

5. 請設計一 C++ 程式來實作傳統陣列排序由大到小的降冪排序，其原始陣列內容為 [1,3,5,7,9,2,4,6,8,10]。

```
原始陣列的數字大小內容:
1 3 5 7 9 2 4 6 8 10
將傳統陣列內容由大到小的降冪排序:

10 9 8 7 6 5 4 3 2 1
--------------------------------
Process exited after 0.08894 seconds with return value 0
請按任意鍵繼續 . . .
```

Ans ex17_05.cpp。

課後評量

1. 容器是 STL 最主要的組成部分，請舉出至少 5 種容器資料型態。

2. 請簡述 vector 容器的功能及優缺點。

3. 請問下面的程式碼輸出結果為何？

```
01  #include <vector>
02  #include <iostream>
03  using namespace std;
04
05  int main(){
06      vector<int>vec;
07
08      for(int i=0 ; i<5 ; i++){
09          vec.push_back(i * 2);
10      }
11
12      for(int i=0 ; i<vec.size() ; i++){
13          cout<<vec[i]<<" ";
14      }
15      cout<<endl;
16  }
```

4. 請簡述堆疊（stack）的功能特性。

5. 請簡述佇列（queue）的功能特性。

6. 請簡述雙向佇列的功能特性。

7. 請簡述集合（set）功能特性。

8. 請簡述 Map 容器功能特性。

9. 請簡述 <functional> 提供的比較樣板函式。

MEMO

18

解析樹狀結構及圖形結構

　　樹狀結構是一種日常生活中應用相當廣泛的非線性結構，樹狀演算法在程式中的建立與應用大多使用鏈結串列來處理，因為鏈結串列的指標用來處理樹是相當方便，只需改變指標即可。此外，當然也可以使用陣列這樣的連續記憶體來表示二元樹，至於使用陣列或鏈結串列都各有利弊，本章將為各位介紹常見的相關演算法。

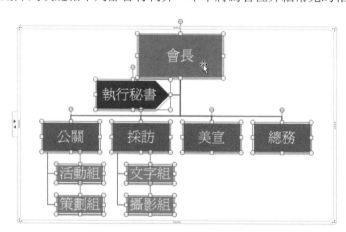

社團的組織圖也是樹狀結構的應用

　　圖形結構除了被活用在演算法領域中最短路徑搜尋、拓樸排序外，還能應用在系統分析中以時間為評核標準的計劃評核術（performance evaluation and review technique, PERT），或者像一般生活中的「IC 板設計」、「交通網路規劃」等都可以看做是圖形的應用。例如兩點之間的距離，如何計算兩節點之間最短距離的問題，就變成圖形要處理的問題，也就是網路的定義，以 Dijkstra 這種圖形演算法就能快速尋找出兩個節點之間的最短路徑，如果沒有 Dijkstra 演算法，現代網路的運作效率必將大大降低。

捷運路線的規劃也是圖形的應用

18-1 樹狀結構

「樹」（tree）是由一個或一個以上的節點（node）組成，存在一個特殊的節點，稱為樹根（root），每個節點可代表一些資料和指標組合而成的記錄。其餘節點則可分為 n ≧ 0 個互斥的集合，即是 $T_1, T_2, T_3 \cdots T_n$，則每一個子集合本身也是一種樹狀結構及此根節點的子樹。例如右圖：

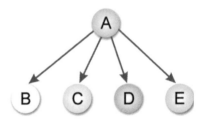

A 為根節點，B、C、D、E 均為 A 的子節點

至於「二元樹」與「樹」，儘管名稱相近，但是概念不相近，二元樹（又稱 Knuth 樹）是一個由有限節點所組成的集合，此集合可以為空集合，或由一個樹根及左右兩個子樹所組成。簡單的說，二元樹最多只能有兩個子節點，就是分支度小於或等於 2。其電腦中的資料結構如下：

$$\boxed{\text{LLINK}} \quad \boxed{\text{Data}} \quad \boxed{\text{RLINK}}$$

二元樹和一般樹的不同之處，我們整理如下：

① 樹不可為空集合，但是二元樹可以。
② 樹的分支度為 d ≧ 0，但二元樹的節點分支度為 0 ≦ d ≦ 2。
③ 樹的子樹間沒有次序關係，二元樹則有。

　　由於二元樹的應用相當廣泛，所以衍生了許多特殊的二元樹結構。我們首先為您介紹如下：

❂ 完滿二元樹（fully binary tree）

　　如果二元樹的高度為 h，樹的節點數為 2^h-1，h>=0，則我們稱此樹為「完滿二元樹」，如下圖所示：

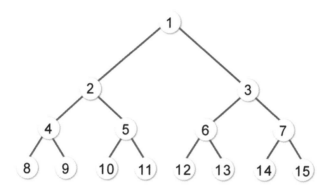

❂ 完整二元樹（complete binary tree）

　　如果二元樹的深度為 h，所含的節點數小於 2^h-1，但其節點的編號方式如同深度為 h 的完滿二元樹一般，從左到右，由上到下的順序一一對應結合。如下圖：

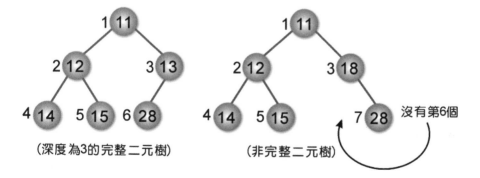

（深度為3的完整二元樹）　　（非完整二元樹）

18-1-1　陣列實作二元樹

　　如果使用循序的一維陣列來表示二元樹，首先可將此二元樹假想成一個完滿二元樹，而且第 k 個階度具有 2^{k-1} 個節點，並且依序存放在此一維陣列中。首先來看看使用一維陣列建立二元樹的表示方法及索引值的配置：

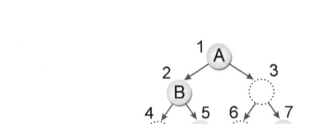

索引值	1	2	3	4	5	6	7
內容值	A	B			C		D

從上圖中，我們可以看到此一維陣列中的索引值有以下關係：

1. 左子樹索引值是父節點索引值 ×2。
2. 右子樹索引值是父節點索引值 ×2+1。

接著就來看如何以一維陣列建立二元樹的實例，事實上就是建立一個二元搜尋樹，這是一種很好的排序應用模式，因為在建立二元樹的同時，資料已經經過初步的比較判斷，並依照二元樹的建立規則來存放資料。所謂二元搜尋樹具有以下特點：

1. 可以是空集合，但若不是空集合則節點上一定要有一個鍵值。
2. 每一個樹根的值需大於左子樹的值。
3. 每一個樹根的值需小於右子樹的值。
4. 左右子樹也是二元搜尋樹。
5. 樹的每個節點值都不相同。

◀ 隨堂範例 ▶ tree_array.cpp

請設計一 C++ 程式，依序輸入一棵二元樹節點的資料，分別是 6、3、5、9、7、8、4、2，並建立一棵二元搜尋樹，最後輸出儲存此二元樹的一維陣列。

```
01   #include <iostream>
02   using namespace std;
03
04   class tree        // 節點串列結構宣告
05   {
```

```
06      public:
07      int data;      // 節點資料
08      class tree *left,*right; // 節點左指標及右指標
09  };
10  typedef class tree node;
11  typedef node *btree;
12  void Inorder(btree ptr);
13  int main(void)
14  {
15      int i,level;
16      int data[]={6,3,5,9,7,8,4,2};       // 原始陣列
17      int btree[16]={0};                  // 存放二元數陣列
18      cout<<" 原始陣列內容："<<endl;
19      for (i=0;i<8;i++)
20          cout<<"["<<data[i]<<"] ";
21      cout<<endl;
22      for(i=0;i<8;i++)                    // 把原始陣列中的值逐一比對
23      {
24          for(level=1;btree[level]!=0;)
25          // 比較樹根及陣列內的值
26          {
27              if(data[i]>btree[level])
28              // 如果陣列內的值大於樹根，則往右子樹比較
29                  level=level*2+1;
30              else   // 如果陣列內的值小於或等於樹根，則往左子樹比較
31                  level=level*2;
32          }      // 如果子樹節點的值不為 0，則再與陣列內的值比較一次
33          btree[level]=data[i];   // 把陣列值放入二元樹
34      }
35      cout<<" 二元樹內容："<<endl;
36      for (i=1;i<16;i++)
37          cout<<"["<<btree[i]<<"] ";
38      cout<<endl;
39      return 0;
40  }
41  void Inorder(btree ptr)
42  {
43      if(ptr!=NULL)
44      {
45          Inorder(ptr->left);             // 走訪左子樹
46          cout<<"["<<ptr->data<<"]";      // 走訪列印樹根
47          Inorder(ptr->right);            // 走訪右子樹
48      }
49  }
```

【執行結果】

```
原始陣列內容:
[ 6] [ 3] [ 5] [ 9] [ 7] [ 8] [ 4] [ 2]
二元樹內容:
[ 6] [ 3] [ 9] [ 2] [ 5] [ 7] [ 0] [ 0] [ 0] [ 4] [ 0] [ 0] [ 8] [ 0] [ 0]
請按任意鍵繼續 . . .
```

下圖是此陣列值在二元樹中的存放情形：

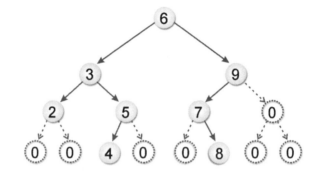

18-1-2 串列實作二元樹

所謂串列實作二元樹，就是利用鏈結串列來儲存二元樹。基本上，使用串列來表示二元樹的好處是對於節點的增加與刪除相當容易，缺點是很難找到父節點，除非在每一節點多增加一個父欄位。

◀ 隨堂範例 ▶ tree_linkedlist.cpp

請設計一 C++ 程式，依序輸入一棵二元樹節點的資料，利用鏈結串列來建立二元樹。

```
01   #include <iostream>
02   #include <cstdlib>
03   #include <iomanip>
04   #define ArraySize 10
05   using namespace std;
06   class Node        // 二元樹的節點宣告
07   {
08       public:
09       int value;   // 節點資料
```

```
10        struct Node *left_Node;   // 指向左子樹的指標
11        struct Node *right_Node;  // 指向左右子樹的指標
12    };
13    typedef class Node TreeNode;  // 定義新的二元樹節點資料型態
14    typedef TreeNode *BinaryTree; // 定義新的二元樹鏈結資料型態
15    BinaryTree rootNode;              // 二元樹的根節點的指標
16
17    // 將指定的值加入到二元樹中適當的節點
18    void Add_Node_To_Tree(int value)
19    {
20        BinaryTree currentNode;
21        BinaryTree newnode;
22        int flag=0;// 用來記錄是否插入新的節點
23        newnode=(BinaryTree) malloc(sizeof(TreeNode));
24        // 建立節點內容
25        newnode->value=value;
26        newnode->left_Node=NULL;
27        newnode->right_Node=NULL;
28        // 如果為空的二元樹，便將新的節點設定為根節點
29        if(rootNode==NULL)
30            rootNode=newnode;
31        else
32        {
33            currentNode=rootNode;// 指定一個指標指向根節點
34            while(!flag)
35              if (value<currentNode->value)
36              { // 在左子樹
37                  if(currentNode->left_Node==NULL)
38                  {
39                      currentNode->left_Node=newnode;
40                      flag=1;
41                  }
42                  else
43                      currentNode=currentNode->left_Node;
44              }
45              else
46              { // 在右子樹
47                  if(currentNode->right_Node==NULL)
48                  {
49                      currentNode->right_Node=newnode;
50                      flag=1;
51                  }
52                  else
53                      currentNode=currentNode->right_Node;
54              }
55        }
56    }
```

```
57   int main(void)
58   {
59       int tempdata;
60       int content[ArraySize];
61       int i=0;
62       rootNode=(BinaryTree) malloc(sizeof(TreeNode));
63       rootNode=NULL;
64       cout<<"請連續輸入10筆資料： "<<endl;
65       for(i=0;i<ArraySize;i++)
66       {
67           cout<<"請輸入第 "<<setw(1)<<(i+1)<<"筆資料： ";
68           cin>>tempdata;
69           content[i]=tempdata;
70       }
71       for(i=0;i<ArraySize;i++)
72           Add_Node_To_Tree(content[i]);
73       cout<<"完成以鏈結串列的方式建立二元樹 ";
74       cout<<endl;
75       return 0;
76   }
```

【執行結果】

```
請連續輸入10筆資料:
請輸入第1筆資料: 1
請輸入第2筆資料: 6
請輸入第3筆資料: 4
請輸入第4筆資料: 2
請輸入第5筆資料: 10
請輸入第6筆資料: 7
請輸入第7筆資料: 8
請輸入第8筆資料: 12
請輸入第9筆資料: 17
請輸入第10筆資料: 3
完成以鏈結串列的方式建立二元樹
------------------------------------
Process exited after 10.54 seconds with return value 0
請按任意鍵繼續 . . .
```

18-1-3 二元樹節點插入

談到二元樹節點插入的情況和搜尋相似，重點是插入後仍要保持二元搜尋樹的特性。如果插入的節點在二元樹中就沒有插入的必要，而搜尋失敗的狀況，就是準備插入的位置，只要多加一道 if 判斷式，當搜尋到鍵值時輸出 "二元樹中有此節點了 !"，如果找不到，再將此節點加到此二元樹中。如下所示：

```
if((search(ptr,data))!=NULL)        // 搜尋二元樹
    cout<<" 二元樹中有此節點了 -"<<data<<endl;
else
{
    ptr=creat_tree(ptr,data); // 將此鍵值加入此二元樹
    inorder(ptr);
}
```

18-1-4 二元樹節點的刪除

二元樹節點的刪除則稍為複雜，可分為以下三種狀況：

1. 刪除的節點為樹葉：只要將其相連的父節點指向 NULL 即可。

2. 刪除的節點只有一棵子樹，如右圖刪除節點 1，就將其右指標欄放到其父節點的左指標欄：

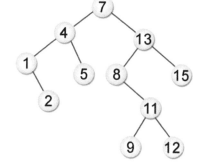

3. 刪除的節點有兩棵子樹，如右圖刪除節點 4，方式有兩種，雖然結果不同，但都可符合二元樹特性，：

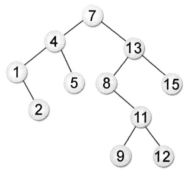

   (1) 找出中序立即前行者（inorder immediate predecessor），即是將欲刪除節點的左子樹最大者向上提，在此即為節點 2，簡單來說，就是在該節點的左子樹，往右尋找，直到右指標為 NULL，這個節點就是中序立即前行者。

   (2) 找出中序立即後繼者（inorder immediate successor），即是將欲刪除節點的右子樹最小者向上提，在此即為節點 5，簡單來說，就是在該節點的右子樹，往左尋找，直到左指標為 NULL，這個節點就是中序立即後繼者。

18-1-5　二元樹走訪的藝術

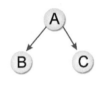

所謂二元樹的走訪（binary tree traversal），最簡單的說法就是「拜訪樹中所有的節點各一次」，並且在走訪後，將樹中的資料轉化為線性關係。就以右圖一個簡單的二元樹節點而言，每個節點都可區分為左右兩個分支。

所以共可以有 ABC、ACB、BAC、BCA、CAB、CBA 等 6 種走訪方法。如果是依照二元樹特性，一律由左向右，那會只剩下三種走訪方式，分別是 BAC、ABC、BCA 三種。走訪方式也一定是先左子樹後右子樹。底下針對這三種方式，為各位做更詳盡的介紹。

☀ 中序走訪

中序走訪（inorder traversal）是 LDR 的組合，也就是從樹的左側逐步向下方移動，直到無法移動，再追蹤此節點，並向右移動一節點。如果無法再向右移動時，可以返回上層的父節點，並重複左、中、右的步驟進行。如下所示：

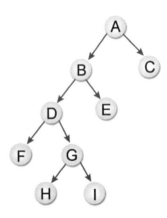

> 1. 走訪左子樹。
> 2. 拜訪樹根。
> 3. 走訪右子樹。

如右圖的中序走訪為：FDHGIBEAC。

☀ 後序走訪

後序走訪（postorder traversal）是 LRD 的組合，走訪的順序是先追蹤左子樹，再追蹤右子樹，最後處理根節點，反覆執行此步驟。如下所示：

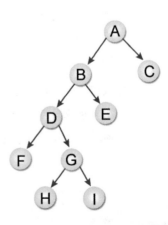

> 1. 走訪左子樹。
> 2. 走訪右子樹。
> 3. 拜訪樹根。

如右圖的後序走訪為：FHIGDEBCA。

☻ 前序走訪

　　前序走訪（preorder traversal）是 DLR 的組合，也就是從根節點走訪，再往左方移動，當無法繼續時，繼續向右方移動，接著再重複執行此步驟。如下所示：

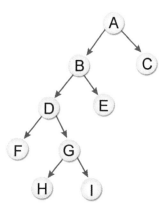

1. 拜訪樹根。
2. 走訪左子樹。
3. 走訪右子樹。

　　如右圖的前序走訪為：ABDFGHIEC。

◀ 隨堂範例 ▶ tree_traversal.cpp

請設計一 C++ 程式，依序輸入一棵二元樹節點的資料，分別是 7、4、1、5、16、8、11、12、15、9、2，輸出此二元樹的中序、前序與後序的走訪結果。

```
01    #include <iostream>
02    #include <iomanip>
03    using namespace std;
04    class tree // 節點串列結構宣告
05    {
06        public :
07            int data; // 節點資料
08            class tree *left,*right; // 節點左指標及右指標
09    };
10    typedef class tree node;
11    typedef node *btree;
12    btree creat_tree(btree,int);
13    void pre(btree);
14    void in(btree);
15    void post(btree);
16    int main(void)
17    {
18        int arr[]={7,4,1,5,16,8,11,12,15,9,2};// 原始陣列內容
19        btree ptr=NULL; // 宣告樹根
20        cout<<"[ 原始陣列內容 ]"<<endl;
21        for (int i=0;i<11;i++)// 建立二元樹，並將二元樹內容列印出來
22        {
23            ptr=creat_tree(ptr,arr[i]);
24            cout<<"["<<setw(2)<<arr[i]<<"] ";
25        }
26        cout<<endl;
27        cout<<"[ 二元樹的內容 ]"<<endl;
```

```
28      cout<<" 前序走訪結果："<<endl;// 列印前、中、後序走訪結果
29      pre(ptr);
30      cout<<endl;
31      cout<<" 中序走訪結果："<<endl;
32      in(ptr);
33      cout<<endl;
34      cout<<" 後序走訪結果："<<endl;
35      post(ptr);
36      cout<<endl;
37      return 0;
38  }
39  btree creat_tree(btree root,int val)// 建立二元樹的副程式
40  {
41      btree newnode,current,backup;     // 宣告一個新節點 newnode 存放陣列資料
42      newnode = new node; //current 及 backup 存放暫存指標
43      newnode->data=val;   // 指定新節點的資料及左右指標
44      newnode->left=NULL;
45      newnode->right=NULL;
46      if (root==NULL)// 如果 root 為空值，把新節點傳回當作樹根
47      {
48          root=newnode;
49          return root;
50      }
51      else // 若 root 不是樹根，則建立二元樹
52      {
53          for(current=root;current!=NULL;) // current 複製 root，以保留目前的
                                             樹根值
54          {
55              backup=current; // 保留父節點
56              if(current->data > val)// 比較樹根節點及新節點資料
57                  current=current->left;
58              else
59                  current=current->right;
60          }
61          if(backup->data >val)// 把新節點和樹根連結起來
62              backup->left=newnode;
63          else
64              backup->right=newnode;
65      }
66      return root; // 傳回樹指標
67  }
68  void pre(btree ptr) // 前序走訪
69  {
70      if (ptr != NULL)
71      {
72          cout<<"["<<setw(2)<<ptr->data<<"] ";
73          pre(ptr->left);
74          pre(ptr->right);
75      }
76  }
77  void in(btree ptr) // 中序走訪
78  {
```

```
79      if (ptr != NULL)
80      {
81          in(ptr->left);
82          cout<<"["<<setw(2)<<ptr->data<<"] ";
83          in(ptr->right);
84      }
85  }
86  void post(btree ptr)// 後序走訪
87  {
88      if (ptr != NULL)
89      {
90          post(ptr->left);
91          post(ptr->right);
92          cout<<"["<<setw(2)<<ptr->data<<"] ";
93      }
94  }
```

【執行結果】

```
[原始陣列內容]
[ 7] [ 4] [ 1] [ 5] [16] [ 8] [11] [12] [15] [ 9] [ 2]
[二元樹的內容]
前序走訪結果：
[ 7] [ 4] [ 1] [ 2] [ 5] [16] [ 8] [11] [ 9] [12] [15]
中序走訪結果：
[ 1] [ 2] [ 4] [ 5] [ 7] [ 8] [ 9] [11] [12] [15] [16]
後序走訪結果：
[ 2] [ 1] [ 5] [ 4] [ 9] [15] [12] [11] [ 8] [16] [ 7]

--------------------------------
Process exited after 0.1595 seconds with return value 0
請按任意鍵繼續 . . . ■
```

下圖是此二元樹的走訪結果。

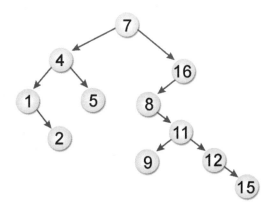

18-2 圖形結構

　　圖形是由「頂點」和「邊」所組成的集合，通常我們會用 G=(V,E) 來表示，其中 V 是所有頂點所成的集合，而 E 代表所有邊所成的集合。圖形的種類有兩種：一是無向圖形，一是有向圖形，無向圖形以 (V₁,V₂) 表示，有向圖形則以 <V₁,V₂> 表示其邊線。

　　無向圖形（graph）是一種具備同邊的兩個頂點沒有次序關係，例如 (V₁,V₂) 與 (V₂,V₁) 是代表相同的邊。如右圖所示：

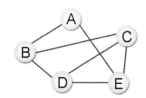

```
V={A,B,C,D,E}
E={(A,B),(A,E),(B,C),(B,D),(C,D),(C,E),(D,E)}
```

　　有向圖形（digraph）則是一種每一個邊都可使用有序對 <V₁,V₂> 來表示，並且 <V₁,V₂> 與 <V₂,V₁> 是表示兩個方向不同的邊，而所謂 <V₁,V₂>，是指 V₁ 為尾端指向為頭部的 V₂。如右圖所示：

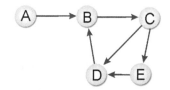

```
V={A,B,C,D,E}
E={<A,B>,<B,C>,<C,D>,<C,E>,<E,D>,<D,B>}
```

18-2-1　常用圖形表示法

　　當各位知道圖形的各種定義與觀念後，有關圖形的資料表示法就益顯重要了。常用來表達圖形資料結構的方法很多，本節中將介紹兩種表示法。

✪ 相鄰矩陣

　　我們就來說明相鄰矩陣法作法，假設圖形 A 有 n 個頂點，以 n*n 的二維矩陣列表示。此矩陣的定義如下：

> 對於一個圖形 G=(V,E)，假設有 n 個頂點，n ≧ 1，則可以將 n 個頂點的圖形，利用一個 n*n 二維矩陣來表示，其中假如 A(i,j)=1，則表示圖形中有一條邊 (Vᵢ,Vⱼ) 存在。反之，A(i,j)=0，則沒有一條邊 (Vᵢ,Vⱼ) 存在。

接著就實際來看一個範例,請以相鄰矩陣表示下列
無向圖:

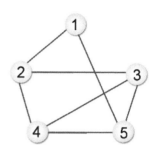

由於上圖共有 5 個頂點,故使用 5*5 的二維陣列存
放圖形。在上圖中,先找和①相鄰的頂點有那些,把和
①相鄰的頂點座標填入 1。

跟頂點 1 相鄰的有頂點 2 及頂點 5,所以完成下
表:

	1	2	3	4	5
1	0	1	0	0	1
2	1	0			
3	0		0		
4	0			0	
5	1				0

其他頂點依此類推可以得到相鄰矩陣:

	1	2	3	4	5
1	0	1	0	0	1
2	1	0	1	1	0
3	0	1	0	1	1
4	0	1	1	0	1
5	1	0	1	1	0

⭐ 相鄰串列法

前面所介紹的相鄰矩陣法,優點是藉著矩陣的運算,可以求取許多特別的應
用,如要在圖形中加入新邊時,這個表示法的插入與刪除相當簡易。不過考慮到稀
疏矩陣空間浪費的問題,因此可以考慮更有效的方法,就是相鄰串列法(adjacency
list)。這種表示法就是將一個 n 列的相鄰矩陣,表示成 n 個鏈結串列,這種作法和
相鄰矩陣相比較節省空間,缺點是圖形新邊的加入或刪除會更動到相關的串列鏈
結,較為麻煩費時。

首先將圖形的 n 個頂點形成 n 個串列首,每個串列中的節點表示它們和首節點
之間有邊相連。每個節點資料結構如下:

Vertex	Link

在無向圖形中，因為對稱的關係，若有 n 個頂點、m 個邊，則形成 n 個串列首，2m 個節點。若為有向圖形中，則有 n 個串列首，以及 m 個頂點，因此相鄰串列中，求所有頂點分支度所需的時間複雜度為 O(n+m)。現在分別來討論下圖的兩個範例，該如何使用相鄰串列表示：

(a)   (b)

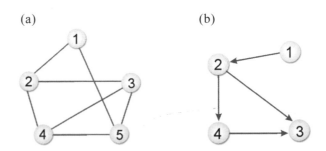

首先來看 (a) 圖，因為 5 個頂點使用 5 個串列首，V_1 串列代表頂點 1，與頂點 1 相鄰的頂點有 2 及 5，依此類推。

V_1 → 2 → 5 → NULL
V_2 → 1 → 3 → 4 → NULL
V_3 → 2 → 4 → 5 → NULL
V_4 → 2 → 3 → 5 → NULL
V_5 → 1 → 3 → 4 → NULL

接下來看 (b) 圖。

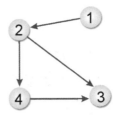

因為 4 個頂點使用 4 個串列首，V_1 串列代表頂點 1，與頂點 1 相鄰的頂點有 2，依此類推。

V_1 → 2 → NULL
V_2 → 3 → 4 → NULL
V_3 → NULL
V_4 → 3 → NULL

18-2-2 圖形的走訪─先深後廣走訪法（DFS）

　　圖形的最佳用途是用來表示相關聯的資料關係，我們知道樹的追蹤目的是欲拜訪樹的每一個節點一次，而圖形的走訪的目地是用來判斷圖形是否連通，可能會重複經過某些頂點及邊線，經由圖形的走訪可以判斷該圖形是否連通，並找出連通單元及路徑，圖形走訪的方法有兩種：「先深後廣走訪」及「先廣後深走訪」。

　　我們先來了解圖形走訪的定義如下：

> 一個圖形 G=(V,E)，存在某一頂點 v∈V，我們希望從 v 節點開始，經由此節點相鄰的節點而去拜訪 G 中其他節點，這稱之為「圖形追蹤」，也就是從某一個頂點 V_1 開始，走訪可以經由 V_1 到達的頂點，接著再走訪下一個頂點直到全部的頂點走訪完畢為止。

　　先深後廣走訪（depth-first search, DFS）的方式有點類似樹的前序走訪，就是從圖形的某一頂點開始走訪，被拜訪過的頂點就做上已拜訪的記號，接著走訪此頂點的所有相鄰且未拜訪過的頂點中的任意一個頂點，並做上已拜訪的記號，再以該點為新的起點繼續進行先深後廣的搜尋。

　　這種圖形追蹤方法結合了遞迴及堆疊兩種資料結構的技巧，由於此方法會造成無窮迴路，所以必須加入一個變數，判斷該點是否已經走訪完畢。底下我們以右圖來看看這個方法的走訪過程：

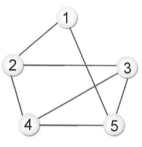

STEP 1 以頂點 1 為起點，將相鄰的頂點 2 及頂點 5 放入堆疊。

⑤	②			

STEP 2 取出頂點 2，將與頂點 2 相鄰且未拜訪過的頂點 3 及頂點 4 放入堆疊。

⑤	④	③		

STEP 3 取出頂點 3，將與頂點 3 相鄰且未拜訪過的頂點 4 及頂點 5 放入堆疊。

⑤	④	⑤	④	

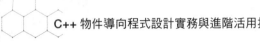
STEP 4 取出頂點 4，將與頂點 4 相鄰且未拜訪過的頂點 5 放入堆疊。

| ⑤ | ④ | ⑤ | ⑤ | |

STEP 5 取出頂點 5，將與頂點 5 相鄰且未拜訪過的頂點放入堆疊，各位可以發現與頂點 5 相鄰的頂點全部被拜訪過，所以無需再放入堆疊。

| ⑤ | ④ | ⑤ | | |

STEP 6 將堆疊內的值取出並判斷是否已經走訪過了，直到堆疊內無節點可走訪為止。

| | | | | |

故先深後廣的走訪順序為：頂點 1、頂點 2、頂點 3、頂點 4、頂點 5。

◀隨堂範例▶ dfs.cpp

圖形陣列如下：

```
int data[20][2]={{1,2},{2,1},{1,3},{3,1},{2,4},{4,2},{2,5},{5,2},{3,6},{6,3},
{3,7},{7,3},{4,5},{5,4},{6,7},{7,6},{5,8},{8,5},{6,8},{8,6}};
```

請將上圖的先深後廣搜尋法，以 C++ 程式實作。

```
01  #include <iostream>
02  using namespace std;
03  class list
04  {
05      public:
06          int val;
07          class list *next;
08  };
09  typedef class list node;
10  typedef node *link;
11  class list* head[9];
12  void dfs(int);
13  int run[9];
14  int main(void)
15  {
16      link ptr,newnode;
17      // 圖形邊線陣列宣告
18      int data[20][2]={{1,2},{2,1},{1,3},{3,1},
```

```
19                        {2,4},{4,2},{2,5},{5,2},
20                        {3,6},{6,3},{3,7},{7,3},
21                        {4,5},{5,4},{6,7},{7,6},
22                        {5,8},{8,5},{6,8},{8,6}};
23
24      for (int i=1;i<=8;i++)        // 共有八個頂點
25      {
26          run[i]=0;                 // 設定所有頂點成尚未走訪過
27          head[i]= new node;
28          head[i]->val=i;           // 設定各個串列首的初值
29          head[i]->next=NULL;
30          ptr=head[i];              // 設定指標為串列首
31          for(int j=0;j<20;j++)     // 二十條邊線
32          {
33              if(data[j][0]==i)     // 如果起點和串列首相等，則把頂點加入串列
34              {
35                  newnode =new node;
36                  newnode->val=data[j][1];
37                  newnode->next=NULL;
38                  do
39                  {
40                      ptr->next=newnode;    // 加入新節點
41                      ptr=ptr->next;
42                  }while(ptr->next!=NULL);
43              }
44          }
45      }
46      cout<<" 圖形的鄰接串列內容："<<endl;      // 列印圖形的鄰接串列內容
47      for(int i=1;i<=8;i++)
48      {
49          ptr=head[i];
50          cout<<" 頂點 "<<i<<"=> ";
51          ptr = ptr->next;
52          while(ptr!=NULL)
53          {
54              cout<<"["<<ptr->val<<"] ";
55              ptr=ptr->next;
56          }
57          cout<<endl;
58      }
59      cout<<" 深度優先走訪頂點："<<endl;        // 列印深度優先走訪的頂點
60      dfs(1);
61      cout<<endl;
62  }
63  void dfs(int current)                        // 深度優先走訪副程式
64  {
65      link ptr;
```

```
66      run[current]=1;
67      cout<<"["<<current<<"] ";
68      ptr=head[current]->next;
69      while(ptr!=NULL)
70      {
71          if (run[ptr->val]==0)            // 如果頂點尚未走訪，
72              dfs(ptr->val);              // 就進行 dfs 的遞迴呼叫
73          ptr=ptr->next;
74      }
75  }
```

【執行結果】

```
圖形的鄰接串列內容：
頂點 1=> [2] [3]
頂點 2=> [1] [4] [5]
頂點 3=> [1] [6] [7]
頂點 4=> [2] [5]
頂點 5=> [2] [4] [8]
頂點 6=> [3] [7] [8]
頂點 7=> [3] [6]
頂點 8=> [5] [6]
深度優先走訪頂點：
[1] [2] [4] [5] [8] [6] [3] [7]

_____
Process exited after 0.1223 seconds with return value 0
請按任意鍵繼續 . . . ■
```

18-2-3 圖形的走訪—先廣後深搜尋法（BFS）

之前談到先深後廣是利用堆疊及遞迴的技巧來走訪圖形，而先廣後深（breadth-first search, BFS）走訪方式則是以佇列及遞迴技巧來走訪，也是從圖形的某一頂點開始走訪，被拜訪過的頂點就做上已拜訪的記號。接著走訪此頂點的所有相鄰且未拜訪過的頂點中的任意一個頂點，並做上已拜訪的記號，再以該點為新的起點繼續進行先廣後深的搜尋。底下我們以右圖來看看 BFS 的走訪過程：

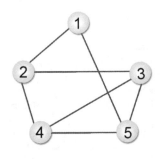

STEP **1** 以頂點 1 為起點，與頂點 1 相鄰且未拜訪過的頂點 2 及頂點 5 放入佇列。

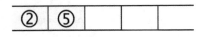

STEP 2 取出頂點 2，將與頂點 2 相鄰且未拜
訪過的頂點 3 及頂點 4 放入佇列。

⑤	③	④	

STEP 3 取出頂點 5，將與頂點 5 相鄰且未拜
訪過的頂點 3 及頂點 4 放入佇列。

③	④	③	④

STEP 4 取出頂點 3，將與頂點 3 相鄰且未拜
訪過的頂點 4 放入佇列。

④	③	④	④

STEP 5 取出頂點 4，將與頂點 4 相鄰且未拜
訪過的頂點放入佇列中，各位可以發
現與頂點 4 相鄰的頂點全部被拜訪
過，所以無需再放入佇列中。

③	④	④	

STEP 6 將佇列內的值取出並判斷是否已經
走訪過了，直到佇列內無節點可走訪
為止。

所以，先廣後深的走訪順序為：頂點 1、頂點 2、頂點 5、頂點 3、頂點 4。

◀ 隨堂範例 ▶ bfs.cpp

圖形陣列如下：

```
int Data[20][2] ={{1,2},{2,1},{1,3},{3,1},{2,4},{4,2},{2,5},{5,2},{3,6},{6,3},
{3,7},{7,3},{4,5},{5,4},{6,7},{7,6},{5,8},{8,5},{6,8},{8,6} };
```

請將上圖的先廣後深搜尋法，以 C++ 程式實作。

```
01   /*
02   [ 示範 ]：先廣後深搜尋法 (BFS)
03   */
04   #include <iostream>
05   #include <cstdlib>
06   #define MAXSIZE 10        // 定義佇列的最大容量
07   using namespace std;
08   int front=-1;            // 指向佇列的前端
09   int rear=-1;             // 指向佇列的後端
10   struct list              // 圖形頂點結構宣告
```

```
11  {
12      int x;                  // 頂點資料
13      struct list *next;      // 指向下一個頂點的指標
14  };
15  typedef struct list node;
16  typedef node *link;
17  struct GraphLink
18  {
19      link first;
20      link last;
21  };
22  int run[9];// 用來記錄各頂點是否走訪過
23  int queue[MAXSIZE];
24  struct GraphLink Head[9];
25  void print(struct GraphLink temp)
26  {
27      link current=temp.first;
28      while(current!=NULL)
29      {
30          cout<<"["<<current->x<<"]";
31          current=current->next;
32      }
33      cout<<endl;
34  }
35  void insert(struct GraphLink *temp,int x)
36  {
37      link newNode;
38      newNode=new node;
39      newNode->x=x;
40      newNode->next=NULL;
41      if(temp->first==NULL)
42      {
43          temp->first=newNode;
44          temp->last=newNode;
45      }
46      else
47      {
48          temp->last->next=newNode;
49          temp->last=newNode;
50      }
51  }
52  // 佇列資料的存入
53  void enqueue(int value)
54  {
55      if(rear>=MAXSIZE) return;
56      rear++;
57      queue[rear]=value;
```

```
58      }
59      // 佇列資料的取出
60      int dequeue()
61      {
62          if(front==rear) return -1;
63          front++;
64          return queue[front];
65      }
66      // 廣度優先搜尋法
67      void bfs(int current)
68      {
69          link tempnode;              // 臨時的節點指標
70          enqueue(current);           // 將第一個頂點存入佇列
71          run[current]=1;             // 將走訪過的頂點設定為 1
72          cout<<"["<<current<<"]";    // 印出該走訪過的頂點
73          while(front!=rear) {        // 判斷目前是否為空佇列
74              current=dequeue();      // 將頂點從佇列中取出
75              tempnode=Head[current].first;  // 先記錄目前頂點的位置
76              while(tempnode!=NULL)
77              {
78                  if(run[tempnode->x]==0)
79                  {
80                      enqueue(tempnode->x);
81                      run[tempnode->x]=1;  // 記錄已走訪過
82                      cout<<"["<<tempnode->x<<"]";
83                  }
84                  tempnode=tempnode->next;
85              }
86          }
87      }
88      int main(void)
89      {
90      // 圖形邊線陣列宣告
91          int Data[20][2] =
92          { {1,2},{2,1},{1,3},{3,1},{2,4},{4,2},{2,5},{5,2},{3,6},{6,3},
93          {3,7},{7,3},{4,5},{5,4},{6,7},{7,6},{5,8},{8,5},{6,8},{8,6} };
94          int DataNum;
95          int i,j;
96          cout<<" 圖形的鄰接串列內容："<<endl; // 列印圖形的鄰接串列內容
97          for( i=1 ; i<9 ; i++ )
98          { // 共有八個頂點
99              run[i]=0; // 設定所有頂點成尚未走訪過
100             cout<<" 頂點 "<<i<<"=>";
101             Head[i].first=NULL;
102             Head[i].last=NULL;
103             for( j=0 ; j<20 ;j++)
104             {
```

```
105                    if(Data[j][0]==i)
106                    { // 如果起點和串列首相等，則把頂點加入串列
107                        DataNum = Data[j][1];
108                        insert(&Head[i],DataNum);
109                    }
110                }
111            print(Head[i]);              // 列印圖形的鄰接串列內容
112        }
113        cout<<" 廣度優先走訪頂點："<<endl; // 列印廣度優先走訪的頂點
114        bfs(1);
115        cout<<endl;
116        return 0;
117 }
```

【執行結果】

```
圖形的鄰接串列內容：
頂點1=>[2][3]
頂點2=>[1][4][5]
頂點3=>[1][6][7]
頂點4=>[2][5]
頂點5=>[2][4][8]
頂點6=>[3][7][8]
頂點7=>[3][6]
頂點8=>[5][6]
廣度優先走訪頂點：
[1][2][3][4][5][6][7][8]

----------------------------------
Process exited after 0.2804 seconds with return value 0
請按任意鍵繼續 . . .
```

18-2-4　Kruskal 演算法

　　Kruskal 演算法是將各邊線依權值大小由小到大排列，接著從權值最低的邊線開始架構最小成本擴張樹，如果加入的邊線會造成迴路則捨棄不用，直到加入了 n-1 個邊線為止。

　　這方法看起來似乎不難，我們直接來看如何以 K 氏法得到範例下圖中最小成本擴張樹：

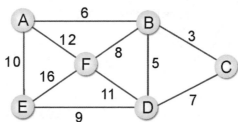

STEP 1 把所有邊線的成本列出並由小到大排序：

起始頂點	終止頂點	成本
B	C	3
B	D	5
A	B	6
C	D	7
B	F	8
D	E	9
A	E	10
D	F	11
A	F	12
E	F	16

STEP 2 選擇成本最低的一條邊線作為架構最小成本擴張樹的起點。

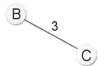

STEP 3 依 STEP 1 所建立的表格，依序加入邊線。

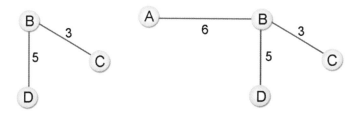

STEP 4 C–D 加入會形成迴路，所以直接跳過。

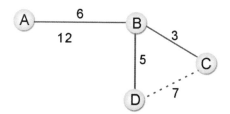

完成圖

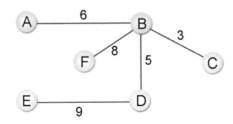

◀ 隨堂範例 ▶ Kruskal.cpp

以下將利用一個二維陣列儲存並排序 K 氏法的成本表，試設計一 C++ 程式來求取最小成本花費樹，二維陣列如下：

```
int data[10][3]={{1,2,6},{1,6,12},{1,5,10},{2,3,3},
                 {2,4,5},{2,6,8},{3,4,7},{4,6,11},
                 {4,5,9},{5,6,16}};
```

```
01   /*
02   [ 示範 ]: 最小成本擴張樹
03   */
04   #include <iostream>
05   #define VERTS 6    // 圖形頂點數
06   using namespace std;
07   class edge         // 邊的結構宣告
08   {
09       public:
10           int from,to;
11           int find,val;
12           class edge* next;
13   };
14   typedef class edge node;
15   typedef node* mst;
16   void mintree(mst head);
17   mst findmincost(mst head);
18   int v[VERTS+1];
19   int main(void)
20   {
21       int data[10][3]={{1,2,6},{1,6,12},
22               {1,5,10},{2,3,3},// 成本表陣列
23               {2,4,5},{2,6,8},{3,4,7},{4,6,11},
24               {4,5,9},{5,6,16}};
25       mst head,ptr,newnode;
26       head=NULL;
```

```
27        cout<<" 建立圖形串列："<<endl;
28        for(int i=0;i<10;i++)// 建立圖形串列
29        {
30            for(int j=1;j<=VERTS;j++)
31            {
32                if(data[i][0]==j)
33                {
34                    newnode = new node;
35                    newnode->from=data[i][0];
36                    newnode->to=data[i][1];
37                    newnode->val=data[i][2];
38                    newnode->find=0;
39                    newnode->next=NULL;
40                    if(head==NULL)
41                    {
42                        head=newnode;
43                        head->next=NULL;
44                        ptr=head;
45                    }
46                    else
47                    {
48                        ptr->next=newnode;
49                        ptr=ptr->next;
50                    }
51                }
52            }
53        }
54    ptr=head;
55    while(ptr!=NULL)// 列印圖形串列
56    {
57        cout<<" 起始頂點 ["<<ptr->from<<"]\t 終止頂點 ["
58        <<ptr->to<<"]\t 路徑長度 ["<<ptr->val<<"]";
59        cout<<endl;
60        ptr=ptr->next;
61    }
62    cout<<" 建立最小成本擴張樹："<<endl;
63    mintree(head);          // 建立最小成本擴張樹
64    delete newnode;
65 }
66 mst findmincost(mst head) // 搜尋成本最小的邊
67 {
68    int minval=100;
69    mst ptr,retptr;
70    ptr=head;
71    while(ptr!=NULL)
72    {
73        if(ptr->val<minval && ptr->find==0)
```

```
74          {    // 假如 ptr->val 的值小於 minval
75               minval=ptr->val; // 就把 ptr->val 設為最小值
76               retptr=ptr;  // 並且把 ptr 記錄下來
77          }
78          ptr=ptr->next;
79      }
80      retptr->find=1;          // 將 retptr 設為已找到的邊
81      return retptr;           // 傳回 retptr
82  }
83  void mintree(mst head)    // 最小成本擴張樹副程式
84  {
85      mst ptr,mceptr;
86      int result=0;
87      ptr=head;
88
89      for(int i=0;i<=VERTS;i++)
90          v[i]=0;
91
92      while(ptr!=NULL)
93      {
94          mceptr=findmincost(head);
95          v[mceptr->from]++;
96          v[mceptr->to]++;
97          if(v[mceptr->from]>1 && v[mceptr->to]>1)
98          {
99              v[mceptr->from]--;
100             v[mceptr->to]--;
101             result=1;
102         }
103         else
104             result=0;
105         if(result==0)
106             cout<<" 起始頂點 ["<<mceptr->from
107             <<"]\t 終止頂點 ["<<mceptr->to<<"]\t 路徑長度 ["
108             <<mceptr->val<<"]"<<endl;
109         ptr=ptr->next;
110     }
111 }
```

【執行結果】

```
建立圖形串列：
起始頂點 [1]      終止頂點 [2]      路徑長度 [6]
起始頂點 [1]      終止頂點 [6]      路徑長度 [12]
起始頂點 [1]      終止頂點 [5]      路徑長度 [10]
起始頂點 [2]      終止頂點 [3]      路徑長度 [3]
起始頂點 [2]      終止頂點 [4]      路徑長度 [5]
起始頂點 [2]      終止頂點 [6]      路徑長度 [8]
起始頂點 [3]      終止頂點 [4]      路徑長度 [7]
起始頂點 [4]      終止頂點 [6]      路徑長度 [11]
起始頂點 [4]      終止頂點 [5]      路徑長度 [9]
起始頂點 [5]      終止頂點 [6]      路徑長度 [16]
建立最小成本擴張樹：
起始頂點 [2]      終止頂點 [3]      路徑長度 [3]
起始頂點 [2]      終止頂點 [4]      路徑長度 [5]
起始頂點 [1]      終止頂點 [2]      路徑長度 [6]
起始頂點 [2]      終止頂點 [6]      路徑長度 [8]
起始頂點 [4]      終止頂點 [5]      路徑長度 [9]

--------------------------------
Process exited after 0.153 seconds with return value 0
請按任意鍵繼續 . . .
```

18-2-5 Dijkstra 演算法

一個頂點到多個頂點通常使用 Dijkstra 演算法求得，Dijkstra 的演算法如下：

1. 假設 $S=\{V_i|V_i \in V\}$，且 V_i 在已發現的最短路徑，其中 $V_0 \in S$ 是起點。

2. 假設 $w \notin S$，定義 DIST(w) 是從 V_0 到 w 的最短路徑，這條路徑除了 w 外必屬於 S。且有下列幾點特性：

   (1) 如果 u 是目前所找到最短路徑之下一個節點，則 u 必屬於 V-S 集合中最小花費成本的邊。

   (2) 若 u 被選中，將 u 加入 S 集合中，則會產生目前的由 V_0 到 u 最短路徑，對於 $w \notin S$，DIST(w) 被改變成 DIST(w) ← Min{DIST(w),DIST(u)+COST(u,w)}。

從上述的演算法我們可以推演出如下的步驟：

STEP 1

G=(V,E)

D[k]=A[F,k] 其中 k 從 1 到 N

S={F}

V={1,2,……N}

(1) D 為一個 N 維陣列用來存放某一頂點到其他頂點最短距離。

(2) F 表示起始頂點。

(3) A[F,I] 為頂點 F 到 I 的距離。

(4) V 是網路中所有頂點的集合。

(5) E 是網路中所有邊的組合。

(6) S 也是頂點的集合，其初始值是 S={F}。

STEP 2 從 V-S 集合中找到一個頂點 x，使 D(x) 的值為最小值，並把 x 放入 S 集合中。

STEP 3 依下列公式：

D[I]=min(D[I],D[x]+A[x,I]) 其中 (x,I)∈E

來調整 D 陣列的值，其中 I 是指 x 的相鄰各頂點。

STEP 4 重複執行步驟 2，一直到 V-S 是空集合為止。

我們直接來看一個例子，請找出下圖中，頂點 5 到各頂點間的最短路徑。

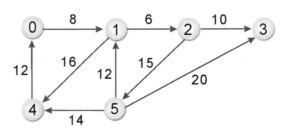

做法相當簡單，首先由頂點 5 開始，找出頂點 5 到各頂點間最小的距離，到達不了以∞表示。步驟如下：

STEP 1 D[0]= ∞, D[1]=12, D[2]= ∞, D[3]=20, D[4]=14。在其中找出值最小的頂點，加入 S 集合中：D[1]。

STEP 2 D[0]= ∞, D[1]=12, D[2]=18, D[3]=20, D[4]=14。D[4] 最小，加入 S 集合中。

STEP 3 D[0]=26, D[1]=12, D[2]=18, D[3]=20, D[4]=14。D[2] 最小，加入 S 集合中。

STEP 4 D[0]=26, D[1]=12, D[2]=18, D[3]=20, D[4]=14。D[3] 最小，加入 S 集合中。

STEP 5 加入最後一個頂點即可得到下表：

步驟	S	0	1	2	3	4	5	選擇
1	5	∞	12	∞	20	14	0	1
2	5,1	∞	12	18	20	14	0	4
3	5,1,4	26	12	18	20	14	0	2
4	5,1,4,2	26	12	18	20	14	0	3
5	5,1,4,2,3	26	12	18	20	14	0	0

由頂點 5 到其他各頂點的最短距離為：

頂點 5-頂點 0：26；

頂點 5-頂點 1：12；

頂點 5-頂點 2：18；

頂點 5-頂點 3：20；

頂點 5-頂點 4：14。

◀隨堂範例▶ Dijkstra.cpp

請設計一 C++ 程式，以 Dijkstra 演算法來求取下列圖形成本陣列中，頂點 1 對全部圖形頂點間的最短路徑：

```
int Path_Cost[7][3] = { {1, 2, 10},
                        {2, 3, 20},
                        {2, 4, 25},
                        {3, 5, 18},
                        {4, 5, 22},
                        {4, 6, 95},
                        {5, 6, 77} };
```

```
01  /*
02  [ 示範 ]:Dijkstra 演算法 ( 單點對全部頂點的最短路徑 )
03  */
04  #include <iostream>
```

```
05   #include <cstdlib>
06   #include <iomanip>
07   #define SIZE    7
08   #define NUMBER 6
09   #define INFINITE  99999        // 無窮大
10   using namespace std;
11   int Graph_Matrix[SIZE][SIZE];// 圖形陣列
12   int distance[SIZE];            // 路徑長度列
13   // 建立圖形
14   void BuildGraph_Matrix(int *Path_Cost)
15   {
16       int Start_Point; // 邊線的起點
17       int End_Point;   // 邊線的終點
18       int i, j;
19       for ( i = 1; i < SIZE; i++ )
20           for ( j = 1; j < SIZE; j++ )
21               if ( i == j )
22                   Graph_Matrix[i][j] = 0; // 對角線設為 0
23               else
24                   Graph_Matrix[i][j] = INFINITE;
25   // 存入圖形的邊線
26       i=0;
27       while(i<SIZE)
28       {
29           Start_Point = Path_Cost[i*3];
30           End_Point = Path_Cost[i*3+1];
31           Graph_Matrix[Start_Point][End_Point]=Path_Cost[i*3+2];
32           i++;
33       }
34   }
35   // 印出圖形
36   void printGraph_Matrix()
37   {
38       int i, j;
39       for ( i = 1; i < SIZE; i++ )
40       {
41           cout<<"vex"<<i;
42           for ( j = 1; j < SIZE; j++ )
43               if ( Graph_Matrix[i][j] == INFINITE )
44                   cout<<setw(5)<<'x';
45               else
46                   cout<<setw(5)<<Graph_Matrix[i][j];
47           cout<<endl;
48       }
49   }
50   // 單點對全部頂點最短距離
51   void shortestPath(int vertex1, int vertex_total)
```

```
52    {
53        extern int distance[SIZE];     // 宣告為外部變數
54        int shortest_vertex = 1;         // 記錄最短距離的頂點
55        int shortest_distance;           // 記錄最短距離
56        int goal[SIZE];  // 用來記錄該頂點是否被選取
57        int i,j;
58        for ( i = 1; i <= vertex_total; i++ )
59        {
60            goal[i] = 0;
61            distance[i] = Graph_Matrix[vertex1][i];
62        }
63        goal[vertex1] = 1;
64        distance[vertex1] = 0;
65        cout<<endl;
66        for (i=1; i<=vertex_total-1; i++ )
67        {
68            shortest_distance = INFINITE;
69            // 找最短距離
70            for (j=1;j<=vertex_total;j++ )
71                if (goal[j]==0&&shortest_distance>distance[j])
72                {
73                    shortest_distance=distance[j];
74                    shortest_vertex=j;
75                }
76            goal[shortest_vertex] = 1;
77            // 計算開始頂點到各頂點最短距離
78            for (j=1;j<=vertex_total;j++ )
79            {
80                if ( goal[j] == 0 &&
81                    distance[shortest_vertex]+Graph_Matrix[shortest_vertex][j]
82                    <distance[j])
83                {
84                    distance[j]=distance[shortest_vertex]
85                    +Graph_Matrix[shortest_vertex][j];
86    }
87            }
88        }
89    }
90    // 主程式
91    int main(void)
92    {
93        extern int distance[SIZE];// 宣告為外部變數
94        int Path_Cost[7][3] = { {1, 2, 10},
95                                {2, 3, 20},
96                                {2, 4, 25},
97                                {3, 5, 18},
98                                {4, 5, 22},
```

```
99                                      {4,  6,  95},
100                                     {5,  6,  77} };
101     int j;
102     BuildGraph_Matrix(&Path_Cost[0][0]);
103     cout<<"================================="<<endl;
104     cout<<" 此範例圖形的相鄰矩陣如下 : "<<endl;
105     cout<<"================================="<<endl;
106     cout<<" 頂點 vex1 vex2 vex3 vex4 vex5 vex6"<<endl;
107     printGraph_Matrix();   // 顯示圖形
108     shortestPath(1,NUMBER); // 找尋最短路徑
109     cout<<"================================="<<endl;
110     cout<<" 頂點 1 到各頂點最短距離的最終結果 "<<endl;
111     cout<<"================================="<<endl;
112     for (j=1;j<SIZE;j++)
113         cout<<" 頂點 1 到頂點 "<<setw(2)<<j<<" 的最短距離 ="
114         <<setw(3)<<distance[j]<<endl;
115     cout<<endl;
116     return 0;
117 }
```

【執行結果】

```
=================================
此範例圖形的相鄰矩陣如下：
=================================
頂點 vex1 vex2 vex3 vex4 vex5 vex6
vex1   0    10    x    x    x    x
vex2   x    0    20   25    x    x
vex3   x    x    0    x    18    x
vex4   x    x    x    0    22   95
vex5   x    x    x    x    0    77
vex6   x    x    x    x    x    0


=================================
頂點1到各頂點最短距離的最終結果
=================================
頂點 1 到頂點 1 的最短距離=  0
頂點 1 到頂點 2 的最短距離= 10
頂點 1 到頂點 3 的最短距離= 30
頂點 1 到頂點 4 的最短距離= 35
頂點 1 到頂點 5 的最短距離= 48
頂點 1 到頂點 6 的最短距離=125


_____
Process exited after 0.3262 seconds with return value 0
請按任意鍵繼續 . . . ■
```

18-2-6　Floyd 演算法

　　由於 Dijkstra 的方法只能求出某一點到其他頂點的最短距離，如果要求出圖形中任意兩點甚至所有頂點間最短的距離，就必須使用 Floyd 演算法。

Floyd 演算法定義：

1.　$A^k[i][j]=\min\{A^{k-1}[i][j],A^{k-1}[i][k]+A^{k-1}[k][j]\}$，$k\geq 1$；
　　k 表示經過的頂點，$A^k[i][j]$ 為從頂點 i 到 j 的經由 k 頂點的最短路徑。

2.　$A^0[i][j]=COST[i][j]$（即 A^0 便等於 COST），A^0 為頂點 i 到 j 間的直通距離。

3.　$A^n[i,j]$ 代表 i 到 j 的最短距離，即 A^n 便是我們所要求的最短路徑成本矩陣。

這樣看起來似乎覺得 Floyd 演算法相當複雜難懂，我們將直接以實例說明它的演算法則。例如試以 Floyd 演算法求得下圖各頂點間的最短路徑：

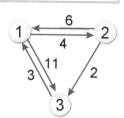

STEP 1 找到 $A^0[i][j]=COST[i][j]$，A^0 為不經任何頂點的成本矩陣。若沒有路徑則以 ∞（無窮大）表示。

A^0	1	2	3
1	0	4	11
2	6	0	2
3	3	∞	0

STEP 2 找出 $A^1[i][j]$ 由 i 到 j，經由頂點①的最短距離，並填入矩陣。

$A^1[1][2]=\min\{A^0[1][2],A^0[1][1]+A^0[1][2]\}=\min\{4,0+4\}=4$

$A^1[1][3]=\min\{A^0[1][3],A^0[1][1]+A^0[1][3]\}=\min\{11,0+11\}=11$

$A^1[2][1]=\min\{A^0[2][1],A^0[2][1]+A^0[1][1]\}=\min\{6,6+0\}=6$

$A^1[2][3]=\min\{A^0[2][3],A^0[2][1]+A^0[1][3]\}=\min\{2,6+11\}=2$

$A^1[3][1]=\min\{A^0[3][1],A^0[3][1]+A^0[1][1]\}=\min\{3,3+0\}=3$

$A^1[3][2]=\min\{A^0[3][2],A^0[3][1]+A^0[1][2]\}=\min\{∞,3+4\}=7$

依序求出各頂點的值後可以得到 A^1 矩陣：

A^1	1	2	3
1	0	4	11
2	6	0	2
3	3	7	0

STEP 3 求出 $A^2[i][j]$ 經由頂點②的最短距離。

$A^2[1][2] = \min\{A^1[1][2], A^1[1][2]+A^1[2][2]\} = \min\{4, 4+0\} = 4$

$A^2[1][3] = \min\{A^1[1][3], A^1[1][2]+A^1[2][3]\} = \min\{11, 4+2\} = 6$

依序求其他各頂點的值可得到 A^2 矩陣：

A^2	1	2	3
1	0	4	6
2	6	0	2
3	3	7	0

STEP 4 求出 $A^3[i][j]$ 經由頂點③的最短距離。

$A^3[1][2] = \min\{A^2[1][2], A^2[1][3]+A^2[3][2]\} = \min\{4, 6+7\} = 4$

$A^3[1][3] = \min\{A^2[1][3], A^2[1][3]+A^2[3][3]\} = \min\{6, 6+0\} = 6$

依序求其他各頂點的值可得到 A^3 矩陣：

A^3	1	2	3
1	0	4	6
2	5	0	2
3	3	7	0

完成

所有頂點間的最短路徑為矩陣 A^3 所示。

　　由上例可知，一個加權圖形若有 n 個頂點，則此方法必須執行 n 次迴圈，逐一產生 A^1、A^2、A^3、……、A^k 個矩陣。

◀ 隨堂範例 ▶ Floyd .cpp

請設計一 C++ 程式，以 Floyd 演算法來求取下列圖形成本陣列中，所有頂點兩兩之間的最短路徑，原圖形的鄰接矩陣陣列如下：

```
int Path_Cost[7][3] = { {1, 2, 10}, {2, 3, 20},{2, 4, 25},{3, 5, 18},{4, 5, 22},
{4, 6, 95},{5, 6, 77} };
```

```
01   /*
02   [示範]:Floyd演算法(所有頂點兩兩之間的最短距離)
03   */
04   #include <iostream>
05   #include <cstdlib>
06   #include <iomanip>
07   #define SIZE    7
08   #define INFINITE  99999        // 無窮大
09   #define NUMBER 6
10   using namespace std;
11   int Graph_Matrix[SIZE][SIZE];// 圖形陣列
12   int distance[SIZE][SIZE];      // 路徑長度陣列
13   // 建立圖形
14   void BuildGraph_Matrix(int *Path_Cost)
15   {
16       int Start_Point;          // 邊線的起點
17       int End_Point;            // 邊線的終點
18       int i, j;
19       for ( i = 1; i < SIZE; i++ )
20           for ( j = 1; j < SIZE; j++ )
21               if (i==j)
22                   Graph_Matrix[i][j] = 0; // 對角線設為0
23               else
24                   Graph_Matrix[i][j] = INFINITE;
25   // 存入圖形的邊線
26       i=0;
27       while(i<SIZE)
28       {
29           Start_Point = Path_Cost[i*3];
30           End_Point = Path_Cost[i*3+1];
```

```
31              Graph_Matrix[Start_Point][End_Point]=Path_Cost[i*3+2];
32              i++;
33          }
34  }
35  // 印出圖形
36  void printGraph_Matrix()
37  {
38      int i, j;
39      for ( i = 1; i < SIZE; i++ )
40      {
41          cout<<"vex%d"<<i;
42          for ( j = 1; j < SIZE; j++ )
43              if ( Graph_Matrix[i][j] == INFINITE )
44                  cout<<setw(5)<<'x';
45              else
46                  cout<<setw(5)<<Graph_Matrix[i][j];
47          cout<<endl;
48      }
49  }
50  // 單點對全部頂點最短距離
51  void shortestPath(int vertex_total)
52  {
53      int i,j,k;
54      extern int distance[SIZE][SIZE];// 宣告為外部變數
55      // 圖形長度陣列初始化
56      for (i=1;i<=vertex_total;i++ )
57          for (j=i;j<=vertex_total;j++ )
58          {
59              distance[i][j]=Graph_Matrix[i][j];
60              distance[j][i]=Graph_Matrix[i][j];
61          }
62      // 利用 Floyd 演算法找出所有頂點兩兩之間的最短距離
63      for (k=1;k<=vertex_total;k++ )
64          for (i=1;i<=vertex_total;i++ )
65              for (j=1;j<=vertex_total;j++ )
66                  if (distance[i][k]+distance[k][j]<distance[i][j])
67                      distance[i][j] = distance[i][k] + distance[k][j];
68  }
69  // 主程式
70  int main(void)
71  {
72      extern int distance[SIZE][SIZE];// 宣告為外部變數
73      int Path_Cost[7][3] = { {1, 2, 10},
74                              {2, 3, 20},
75                              {2, 4, 25},
76                              {3, 5, 18},
77                              {4, 5, 22},
```

```
78                              {4,  6,  95},
79                              {5,  6,  77} };
80        int i,j;
81        BuildGraph_Matrix(&Path_Cost[0][0]);
82        cout<<"================================="<<endl;
83        cout<<" 此範例圖形的相鄰矩陣如下 : "<<endl;
84        cout<<"================================="<<endl;
85        cout<<" 頂點 vex1 vex2 vex3 vex4 vex5 vex6"<<endl;
86        printGraph_Matrix();   // 顯示圖形的相鄰矩陣
87        cout<<"================================="<<endl;
88        cout<<" 所有頂點兩兩之間的最短距離 : "<<endl;
89        cout<<"================================="<<endl;
90        shortestPath(NUMBER); // 計算所有頂點間的最短路徑
91        // 求得兩兩頂點間的最短路徑長度陣列後，將其印出
92        cout<<" 頂點 vex1 vex2 vex3 vex4 vex5 vex6"<<endl;
93        for ( i = 1; i <= NUMBER; i++ )
94        {
95            cout<<"vex"<<i;
96            for ( j = 1; j <= NUMBER; j++ )
97            {
98                cout<<setw(5)<<distance[i][j];
99            }
100           cout<<endl;
101       }
102       cout<<endl;
103       return 0;
104  }
```

【 執行結果 】

```
=================================
此範例圖形的相鄰矩陣如下:
=================================
頂點 vex1 vex2 vex3 vex4 vex5 vex6
vex%d1     0    10     x     x     x     x
vex%d2     x     0    20    25     x     x
vex%d3     x     x     0     x    18     x
vex%d4     x     x     x     0    22    95
vex%d5     x     x     x     x     0    77
vex%d6     x     x     x     x     x     0
=================================
所有頂點兩兩之間的最短距離:
=================================
頂點 vex1 vex2 vex3 vex4 vex5 vex6
vex1     0    10    30    35    48   125
vex2    10     0    20    25    38   115
vex3    30    20     0    40    18    95
vex4    35    25    40     0    22    95
vex5    48    38    18    22     0    77
vex6   125   115    95    95    77     0

----------------------------------------
Process exited after 0.3651 seconds with return value 0
請按任意鍵繼續 . . . ▃
```

課後評量

1. 請問以下二元樹的中序、後序以及前序表示法為何？

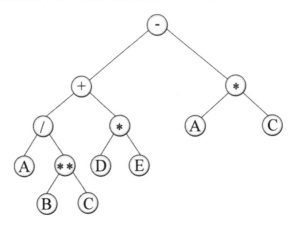

2. 請問以下運算二元樹的中序、後序與前序表示法為何？

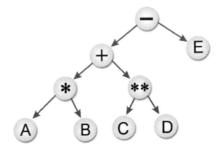

3. 請嘗試將 A-B*(-C+-3.5) 運算式，轉為二元運算樹，並求出此算術式的前序（prefix）與後序（postfix）表示法。

4. 求出下圖的 DFS 與 BFS 結果。

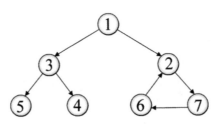

5. 請以 K 氏法求取下圖中最小成本擴張樹：

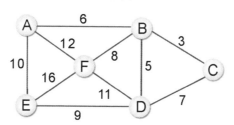

6. 利用

    (1) 深度優先（depth first）搜尋法

    (2) 廣度優先（breadth first）搜尋法

    求出 Spanning Tree。

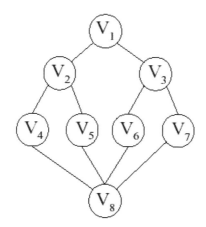

7. 以下所列之樹皆是關於圖形 G 之搜尋樹（search tree）。假設所有的搜尋皆始於節點（node）1。試判定每棵樹是深度優先搜尋樹（depth-first search tree），或廣度優先搜尋樹（breadth-first search tree），或二者皆非。

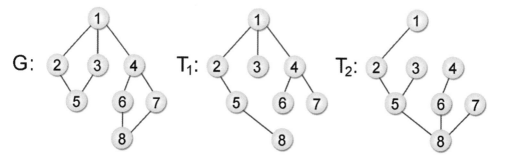

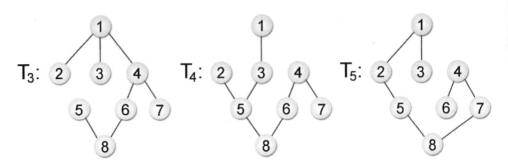

8. 求 V_1、V_2、V_3 任兩頂點之最短距離。

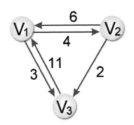

並描述其過程。

9. 假設在註有各地距離之圖上（單行道），求各地之間之最短距離（shortest paths）求下列各題。

(1) 利用距離，將下圖資料儲存起來，請寫出結果。

(2) 寫出所有各地間最短距離執行法。

(3) 寫出最後所得之距陣，並說明其可表示所求各地間之最短距雜。

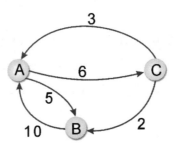

10. 求得一個無向連通圖形的最小花費樹 Kruskal 演算法的主要作法為何？試簡述之。

APPENDIX

C++ 的常用函數庫

程式設計者除了可以依照個人需求自行設計所需的函數外，其實在 ANSI C++ 的標準函數庫中已經提供許多設計好的常用函數，各位只要將此函數宣告的標頭檔含括（#include）進來，即可方便的使用這些函數。

雖然本書前面內容已討論過部份函數的使用，為了方便讀者於閱讀本書時查詢之用，在本附錄中仍然會加以列出。

A-1 字元處理函數

在 C++ 的標頭檔 <cctype.h> 中，提供了許多針對字元處理的函數。下表是字元處理函數的相關說明：

函數原型	說明
int isalpha(int c)	如果 c 是一個英文字母字元則傳回 1（true），否則傳回 0（false）。
int isdigit(int c)	如果 c 是一個數字字元則傳回 1（true），否則傳回 0（false）。
int isspace(int c)	如果 c 是空白字元則傳回 1（true），否則傳回 0（false）。
int isalnum(int c)	如果 c 是英文字母或數字字元則傳回 1（true），否則傳回 0（false）。
int iscntrl(int c)	如果 c 是控制字元則傳回 1（true），否則傳回 0（false）。
int isprint(int c)	如果 c 是一個可以列印的字元則傳回 1（true），否則傳回 0（false）。
int isgraph(int c)	如果 c 不是空白的可列印字元則傳回 1（true），否則傳回 0（false）。
int ispunct(int c)	如果 c 是空白、英文或數字字元以外的可列印字元則傳回 1（true），否則傳回 0（false）。
int islower(int c)	如果 c 是一個小寫的英文字母則傳回 1（true），否則傳回 0（false）。

函數原型	說明
int isupper(int c)	如果 c 是一個大寫的英文字母則傳回 1（true），否則傳回 0（false）。
int isxdigit(int c)	如果 c 是一個 16 進位數字則傳回 1（true），否則傳回 0（false）。
Int toascii(int c)	將 c 轉為有效的 ASCII 字元。
int tolower(int c)	如果 c 是一個大寫的英文字母則傳回小寫字母，否則直接傳回 c。
int toupper(int c)	如果 c 是一個小寫的英文字母則傳回大寫字母，否則直接傳回 c。

以下程式範例是利用標頭檔 <cctype> 中的字元處理函數來判斷所輸入的字元是英文字母、數字或其他符號。

◀ 隨堂範例 ▶ A_1.cpp

字元處理函數的說明與應用。

```cpp
01   #include<iostream>
02   #include<cctype>// 引用字元處理函數標頭檔
03
04   using namespace std;
05
06   int main()
07   {
08       char ch1;
09
10       cout<<" 請輸入任一字元 ";
11       cout<<"( 輸入空白鍵為結束 ):";
12       // 讀取字元
13       cin.get(ch1);
14       cout<<endl;
15       // 字母部分
16       if(isalpha(ch1))
17       {
18           cout<<ch1<<" 字元為字母 "<<endl;
19           if(islower(ch1))
20               cout<<" 將字母轉成大寫 :"<<(char)toupper(ch1)<<endl;
21           else
22               cout<<" 將字母轉成小寫 :"<<(char)tolower(ch1)<<endl;
23       }
24       // 數字部分
25       else if(isdigit(ch1))
26       {
27           cout<<ch1<<" 字元為數字 "<<endl;
28       }
29       // 其他符號部分
30       else if(ispunct(ch1))
31           cout<<ch1<<" 字元為符號 "<<endl;
32
33       return 0;
34   }
```

【執行結果】

```
請輸入任一字元<輸入空白鍵為結束>:j

j字元為字母
將字母轉成大寫:J

-----------------------------------
Process exited after 3.855 seconds with return value 0
請按任意鍵繼續 . . . ▄
```

【程式解析】

- 第 16 ～ 23 行：判斷輸入的字元是否為字母，如果是小寫字母則轉換為大寫字母，大寫字母則轉為小寫字母。
- 第 25 行：判斷輸入的字元是否為數字。
- 第 30 行：判斷輸入的字元是否為符號部分，不過 ispunct() 函數中的符號不包括空白。

A-2　字串處理函數

在 C++ 中也提供了相當多的字串處理函數，只要含括 <cstring.h> 標頭檔，就可以輕易使用這些方便的函數。下表為各位整理出常用的字串函數：

函數原型	說明
size_t strlen(const char *str)	傳回字串 str 的長度。
char *strcpy(char *str1, char *str2)	將 str2 字串複製到 str1 字串，並傳回 str1 位址。
char *strncpy(char *d, char *s, int n)	複製 str2 字串的前 n 個字元到 str1 字串，並傳回 str1 位址。
char *strcat(char *str1, char *str2)	將 str2 字串連結到字串 str1，並傳回 str1 位址。
char *strncat(char *str1, char *str2,int n)	連結 str2 字串的前 n 個字元到 str1 字串，並傳回 str1 位址。
int strcmp(char *str1, char *str2)	比較 str1 字串與 str2 字串。 如果 str1>str2，傳回正值； 　　　str1==str2，傳回 0； 　　　str1<str2，傳回負值。

函數原型	說明
int strncmp(char *str1, char *str2, int n)	比較 str1 字串與 str2 字串的前 n 個字元。 如果 str1>str2，傳回正值； 　　　str1==str2，傳回 0； 　　　str1<str2，傳回負值。
char *strchr(char *str, char c)	搜尋字元 c 在 str 字串中第一次出現的位置，如果有找到則傳回該位置的位址，沒有找到則傳回 NULL。
char *strrchr(char *str, char c)	搜尋字元 c 在 str 字串中最後一次出現的位置，如果有找到則傳回該位置的位址，沒有找到則傳回 NULL。
char *strstr(const char *str1,const char *str2)	搜尋 str2 字串在 str1 字串中第一次出現的位置，如果有找到則傳回該位置的位址，沒有找到則傳回 NULL。
char *strcspn(const char *str1, const char *str2)	除了空白字元外，搜尋 str2 字串在 str1 字串中第一次出現的位置，如果有找到則傳回該位置的位址。
char *strpbrk(const char *str1, const char *str2)	搜尋 str2 字串中的非空白字元在 str1 字串中第一次出現的位置。
char *strlwr(char *str)	將字串中的大寫字元全部轉換成小寫。
char *strupr(char *str)	將字串中的小寫字元全部轉換成大寫。
char *strrev(char *str)	將字串中的字元前後順序顛倒。
Char *strset(char *string,int c)	將字串中的每個字元都設值為所指定的字元。

　　以下程式範例是利用標頭檔 <cstring> 中的各種字串處理函數來判斷所輸入字串大小，並列印比較結果。

◀隨堂範例▶ A_2.cpp

字串處理函數的實作與應用。

```
01   #include <iostream>
02   #include <cstring>
03
04   using namespace std;
05
06   int main()
07   {
08       char Work_Str[80];   // 定義字元陣列 Work_Str[80]
```

```
09      char Str_1[40];        // 定義字元陣列 Str_1[40]
10      char Str_2[40];        // 定義字元陣列 Str_2[40]
11
12      cout<<" 比較下列 2 個字串 :"<<endl;
13      cout<<" 請輸入第一個字串 :"<<endl;
14      cin>>Str_1;
15      cout<<"Str_1="<<Str_1<<endl;
16      cout<<" 請輸入第二個字串 :"<<endl;
17      cin>>Str_2;
18      cout<<"Str_2="<<Str_2<<endl;
19      cout<<endl;    // 換行
20
21      // 比較字串的大小
22      if ( strcmp(Str_1, Str_2) )          // 使用 strcmp() 函式比較字串
23          if ( strcmp(Str_1, Str_2) > 0 )   //Str_1 字串 > Str_2 字串
24              {
25                  strcpy(Work_Str, Str_1);
26                  strcat(Work_Str, " > ");        // 連結 ">" 符號
27                  strcat(Work_Str, Str_2);
28              }
29          else                              //Str_1 字串 < Str_2 字串
30              {
31                  strcpy(Work_Str, Str_1);
32                  strcat(Work_Str, " < ");        // 連結 "<" 符號
33                  strcat(Work_Str, Str_2);
34              }
35      else                                  //Str_1 字串 = Str_2 字串
36          {
37                  strcpy(Work_Str, Str_1);
38                  strcat(Work_Str, " = ");        // 連結 "=" 符號
39                  strcat(Work_Str, Str_2);
40          }
41
42      cout<<" 比較的結果 :"<<Work_Str;
43                          // 顯示結果
44
45      cout<<endl;        // 換行
46
47
48      return 0;
49  }
```

【執行結果】

```
比較下列2個字串:
請輸入第一個字串:
happy
Str_1=happy
請輸入第二個字串:
Happy
Str_2=Happy

比較的結果:happy > Happy

--------------------------------
Process exited after 18.92 seconds with return value 0
請按任意鍵繼續 . . .
```

【程式解析】

- 第 22 行：使用 strcmp() 函數比較字串。
- 第 42 行：將字串列印出來。

A-3 型態轉換函數

在 <cstdlib> 標頭檔中，也提供了各種數字相關資料型態的函數。不過使用這些函數的條件，必須是由數字字元所組成的字串，如果輸入字串不是由數字字元組成，則輸出結果將會是數字型態的 0。底下表格列出標準函數庫中的字串轉換函數：

函數原型	說明
double atof(const char *str)	把字串 str 轉為倍精準浮點數（doublefloat）數值。
int atoi(const char *str)	把字串 str 轉為整數（int）數值。
long atol(const char *str)	把字串 str 轉為長整數（longint）數值。
char itoa(int num,char *str,int radix)	將整數轉換為以數字 radix 為底的字串。
char ltoa(int num,char *str,int radix)	將長整數轉換為以數字 radix 為底的字串。

◀隨堂範例▶ A_3.cpp

型態轉換函數的實作與應用。

```
01   #include <iostream>
02   #include<cstdlib>
03   using namespace std;
```

```
04
05   int main()
06   {
07       char Read_Str[20];     // 定義字元陣列 Read_Str[20]
08       double d,cubic;
09
10       cout<<" 請輸入打算轉換成實數的字串 :";
11       cin>>Read_Str;          // 讀取字串
12       d=atof(Read_Str);       //atof() 函式數輸出
13       cubic=d*d*d;
14       cout<<d<<" 的立方值 ="<<cubic<<endl;
15
16
17       return 0;
18   }
```

【執行結果】

```
請輸入打算轉換成實數的字串:8.3
8.3的立方值=571.787

-----------------------------------
Process exited after 3.807 seconds with return value 0
請按任意鍵繼續 . . .
```

【程式解析】

- 第 7 行：定義字元陣列 Read_Str[20]。
- 第 12 行：atof() 函數數轉換，並輸出實數。

A-4　時間及日期函數

　　C++ 中也所提供了與時間日期相關的函數，定義於 ctime 標頭檔中，包含了顯示與設定系統目前的時間、程式處理時間函數、計算時間差等等。下表為各位於程式設計時，較常會使用到的時間及日期函數說明：

函數原型	說明
time_t time(time_t *systime);	傳回系統目前的時間，而 time_t 為 time.h 中所定義的時間資料型態，是以長整數型態表示。time() 會回應從 1970 年 1 月 1 日 00:00:00 到目前時間所經過的秒數。如果沒有指定 time_t 型態，就使用 NULL，表示傳回系統時間。不過如果想這個長整數轉換為時間格式，必須利用其他的轉換函數。
char *ctime(const time_t *systime);	將 t_time 長整數轉換為字串，以我們可了解的時間型式表現。
struct tm *localtime(const time_t *timer);	取得當地時間，並傳回 tm 結構，而 tm 為 time.h 中所定義的結構型態，包含年、月、日等資訊。
char* asctime(const struct tm *tblock);	傳入 tm 結構指標，將結構成員以我們可了解的時間型式呈現。
struct tm *gmtime(const time_t *timer);	取得格林威治時間，並傳回 tm 結構。
clock_t clock(void);	取得程式從開始執行到此函數，所經過的時脈數。clock_t 型態定義於 time.h 中，為一長整數，另外也定義了 CLK_TCK 來表示每秒的滴答數，所以經過秒數必須將 clock() 函數值 /CLK_TCK。
double difftime(time_t t2,time_t t1);	傳回 t2 與 t1 的時間差距，單位為秒。

以下這個程式範例將分別利用 time() 函數、localtime() 函式來取得目前系統時間，並透過 ctime() 與 asctime() 函數轉換為日常通用的時間格式。

◀隨堂範例▶ A_4.cpp

time() 函數、localtime() 函數的說明與應用。

```
01   #include <iostream>
02   #include <cstdlib>
03   #include <ctime>
04   using namespace std;
05
06   int main()
07   {
08       time_t now;
09       struct tm *local,*gmt;     // 宣告 local 結構變數
10       now = time(NULL);          // 取得系統目前時間
11
12       cout<<now<<" 秒 "<<endl;
13       cout<<" 現在時間 :ctime():"<<ctime(&now)<<endl;          // 轉為一般時間格式
```

```
14      local = localtime(&now);
15      cout<<" 本地時間 :asctime():"<<asctime(local)<<endl; // 轉為一般時間格式
16      gmt = gmtime(&now);        // 取得格林威治時間
17      cout<<" 格林威治時間： "<<asctime(gmt)<<endl;
18
19
20      return 0;
21  }
```

【執行結果】

```
1528700592秒
現在時間:ctime():Mon Jun 11 15:03:12 2018

本地時間:asctime():Mon Jun 11 15:03:12 2018

格林威治時間:Mon Jun 11 07:03:12 2018


--------------------------------
Process exited after 0.09966 seconds with return value 0
請按任意鍵繼續 . . .
```

【程式解析】

- 第 9 行：宣告 local 結構變數。
- 第 10 行：取得系統目前時間。
- 第 13、15 行：轉為一般時間格式。
- 第 16 行：取得格林威治時間。

A-5　數學函數

　　數學函數定義在 <cmath> 標頭檔裡，包括有三角函數、雙曲線函數、指數與對數函數和一些數學計算上的基本函數。各位可以利用這些函數作為基礎，組合出各種複雜的數學公式。下表為各位介紹於程式設計時，較常會使用到相關函數說明：

函數原型	說明
double sin(double 弧度);	弧度（radian）= 角度 * π/180，而回傳值則為正弦值。
double cos(double 弧度);	傳遞的參數為弧度，而回傳值則為餘弦值。
double tan(double 弧度);	傳遞的參數為弧度，而回傳值則為正切值。
double asin(double 正弦值);	傳遞的參數為必須介於 -1~1，而回傳值則為反正弦值。
double acos(double 餘弦值);	傳遞的參數為必須介於 -1~1，而回傳值則為反餘弦值。
double atan(double 正切值)	回傳值為反正切值。
double sinh(double 弧度);	弧度（radian）= 角度 * π/180，而回傳值則為雙曲線的正弦值。
double cosh(double 弧度);	傳遞的參數為弧度，而回傳值則為雙曲線的餘弦值。
double tanh(double 弧度);	傳遞的參數為弧度，而回傳值則為雙曲線的正切值。
double exp(double x);	傳遞一個實數為參數，計算後傳回 e 的次方值。
double log(double x);	傳遞正數（大於零）為參數，計算後傳回該數的自然對數。
double log10(double x);	傳遞正數為參數，計算後傳回該數以 10 為底的自然對數。
int abs(int n);	求取整數的絕對值。
int labs(int n);	求取長整數的絕對值。
double pow(double x,double y);	傳回底數 x 的 y 次方，其中當 x<0 且 y 不是整數，或 x 為 0 且 y<=0 時，會發生錯誤。
double sqrt(double x);	傳回 x 的平方根，x 不可小於 0。
double fmod(double x,double y);	計算 x/y 的餘數，其中 x,y 皆為 double 型態。
double fabs(double number);	傳回 number 數值的絕對值。
double ceil(double number);	傳回不小於 number 數值的最小整數，相當於無條件進入法。
double floor(double number);	傳回不大於 number 數值的最大整數，相當於無條件捨去法。

◀ 隨堂範例 ▶ A_5.cpp

三角函數與雙曲線函數的輸出說明與應用。

```
01   #include <iostream>
02   #include <cstdlib>
03   #include <cmath>// 引用 cmath 頭檔
04   using namespace std;
05
06   int main()
```

```
07   {
08       double rad;
09       double deg;
10       double pi=3.14159;
11       cout<<"請輸入角度 :";
12       cin>>deg;
13       rad=deg*pi/180;// 將角度轉換成徑度
14       // 輸出結果
15       cout<<"sin("<<deg<<" 度 )="<<sin(rad)<<endl;
16       cout<<"cos("<<deg<<" 度 )="<<cos(rad)<<endl;
17       cout<<"tan("<<deg<<" 度 )="<<tan(rad)<<endl;
18       // 雙曲線部分
19       cout<<" 雙曲線的 sin("<<deg<<" 度 )="<<sinh(rad)<<endl;
20       cout<<" 雙曲線的 cos("<<deg<<" 度 )="<<cosh(rad)<<endl;
21       cout<<" 雙曲線的 tan("<<deg<<" 度 )="<<tanh(rad)<<endl;
22
23
24       return 0;
25   }
```

【執行結果】

```
請輸入角度:45
sin(45 度)=0.707106
cos(45 度)=0.707107
tan(45 度)=0.999999
雙曲線的sin(45 度)=0.86867
雙曲線的cos(45 度)=1.32461
雙曲線的tan(45 度)=0.655794

---------------------------------
Process exited after 5.334 seconds with return value 0
請按任意鍵繼續 . . .
```

【程式解析】

- 第 13 行：將輸入的角度轉換為弳度，因為所要應用的三角函數和雙曲線函數的參數是以弳度來傳遞。

- 第 15 ～ 17 行：三角函數的輸出。

- 第 19 ～ 21 行：雙曲線函數的輸出。

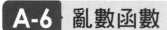

A-6 亂數函數

亂數函數定義於 <cstdlib> 的標頭檔中，其功能是能隨機產生數字提供程式做應用，像是猜數字遊戲、猜拳遊戲或是其他與機率相關的遊戲程式需要使用到亂數函數。亂數函數的應用相當廣泛，下表為各位於程式設計時，較常會使用到的亂數函數說明：

函數原型	說明
int rand(void);	產生的亂數基本上是介於 0~RAND_MAX 之間的整數。
void srand(unsigned seed);	設定亂數種子來初始化 rand() 的起始點產生亂數的函數，範圍一樣介於 0~RAND_MAX 之間的整數。
#define random(num) (rand() % (num));	為一巨集展開，可以產生 0 ～ num 之間的亂數。

請注意喔！以上 rand() 函數又稱為「假隨機亂數」，因為它是根據固定的亂數公式產生亂數，當重複執行一個程式時，它的起始點都相同，所以產生的亂數都相同，也就是程式執行一次或 100 次都只有一組的亂數碼。因為 rand() 函數所產生的亂數，是介於 0 ～ RAND_MAX 之間的整數，其中的 RAND_MAX 也是定義於 <stdlib.h> 標頭檔中，最大值在標準 ANSI C 中為 32767。請各位試著執行以下程式範例的輸出結果兩次，會發現兩次 rand() 函數所產生的亂數都相同。

◀隨堂範例▶ A_6.cpp

rand() 函數的使用說明與應用。

```
01   #include<iostream>
02   #include<cstdlib> // 引入亂數函數的標頭檔
03   using namespace std;
04
05   int main()
06   {
07       int i;
08       cout<<"===rand() 亂數函數 ==="<<endl;
09       cout<<" 產生的亂數 :"<<endl;
10       for(i=0; i<5; i++)
11       {
12           cout<<rand()<<"   ";
13       }
```

```
14      cout<<endl;
15
16      return 0;
17  }
```

【執行結果】

```
===rand()亂數函數===
產生的亂數:
41  18467  6334  26500  19169

--------------------------------
Process exited after 0.07752 seconds with return value 0
請按任意鍵繼續 . . .
```

【程式解析】

- 第 2 行：引入亂數函數的標頭檔。
- 第 12 行：產生亂數。

由於 rand() 函數的傳回值是藉由亂數公式所產生，因此每次重新產生亂數的起點都相同，如果可以隨機設定亂數的起點，每次所得到的亂數順序就不會相同，這個起點我們稱為「亂數種子」。

至於 srand() 函數則可以使用亂數種子（seed）當作起始點，只要改變亂數種子，每次執行程式的亂數都會不同。通常亂數種子可以藉由時間函數取得系統時間來設定，因為時間是隨時在變動，所以利用時間當作亂數種子，可以讓亂數的分佈十分均勻。現在也請各位試著執行以下程式範例的輸出結果兩次，會發現兩次 srand() 函數所產生的亂數都不會相同。

◀隨堂範例▶ A_7.cpp

srand() 函數的使用說明與應用。

```
01  #include<iostream>
02  #include<cstdlib>// 引入亂數函式的標頭檔
03  #include<ctime>// 引入時間函式的標頭檔
04  using namespace std;
05
06  int main()
07  {
```

```
08      int i;
09      long int seed;
10      cout<<"===srand() 亂數函數 ==="<<endl;
11      cout<<" 產生的亂數 :"<<endl;
12
13      seed=time(NULL);// 以系統時間當作亂數種子
14      srand(seed);
15
16      for(i=0; i<5; i++)
17      {
18          cout<<rand()<<" ";
19      }
20      cout<<endl;
21
22
23      return 0;
24  }
```

【執行結果】

```
===srand()亂數函數===
產生的亂數:
19496 13994 21998 21686 6101

------------------------------------
Process exited after 0.06912 seconds with return value 0
請按任意鍵繼續 . . .
```

【程式解析】

■ 第 2 行：引入亂數函數的標頭檔。

■ 第 13 行：以系統時間當作亂數種子。

■ 第 14 行：產生亂數。

格式化輸出入資料

本書中只針對 C++ 的 cout、cin 指令來介紹，可能各位會好奇是否 C++ 中有像 C 中的 printf() 函數與 scanf() 函數那樣一板一眼的格式化輸出入功能？接下來在本附錄，將針對 C++ 中其他的輸出入指令做更完整的說明。

B-1 插入運算子 <<

插入運算子讓我們可以直接將資料作輸出的動作。資料經由 << 運算子與輸出物件（例如 cout）透過指標 " 插入 " 至 streambuf 類別暫存區中，然後再輸出至周邊設備（例如螢幕）。

在前面的範例中，通常在 cout 的結尾加上 endl，這就是所謂「操縱子」（manipulator），它可以用來設定輸出資料的格式，「操縱子」分為有具備引數與否兩種。下表列出常用的無引數操縱子：

操縱子	功能
dec	將資料轉換為十進位（預設值）。
oct	將資料轉換為八進位。
hex	將資料轉換為十六進位。
boolalpha	以 true、false 字串表示 bool 值。
noboolalpha	以 1、0 表示 bool 值（預設值）。
showbase	使用基底格式（0 代表八進制，0x 代表十六進制）。
noshowbase	不使用基底格式（預設值）。
showpos	在正整數前顯示正號。

操縱子	功能
noshowpos	在正整數前不顯示正號（預設值）。
uppercast	使用大寫。
nouppercast	使用小寫（預設值）。
showpoint	永遠顯示小數點。
noshowpoint	不強制顯示小數點（預設值）。
fixed	使用十進位格式。
scientific	使用科學格式。
endl	插入換行字元 '\n' 並輸出資料。
ends	插入空字元 '\0'。
flush	輸出物件暫存區中的資料訊息。
ws	讀取後忽略空白字元。
skipws	不讀取空白字元（預設值）。
noskipws	讀取空白字元。
unitbuf	輸出指令完成就立即清空暫存區。
nounitbuf	不立即清空暫存區（預設值）。

◀ 隨堂範例 ▶ B_1.cpp

無引數操縱子的宣告與使用範例。

```
01   #include <iostream>   // 處理輸出入的標頭檔
02
03   using namespace std;
04
05   int main()
06   {
07       int d = 777;// 使用十進位格式輸出資料
08       cout << "十進位 : " << d << endl;
09       cout << "八進位 : " << oct << d << endl;   // 使用八進位格式輸出資料
10       cout << "十六進位 : " << hex << d << endl; // 使用十六進位格式輸出資料
11       cout << "插入空字元並輸出資料訊息 " << ends;   // 用 ends 插入空字元
12       cout << "@@@" << endl;
13       cout << "換行並輸出 " << endl;
14       cout << flush;
15       cout << endl;
16
17
18       return 0;
19   }
```

【執行結果】

```
十進位：777
八進位：1411
十六進位：309
插入空字元並輸出資料訊息 @@@
換行並輸出

------------------------------------
Process exited after 0.0855 seconds with return value 0
請按任意鍵繼續 . . .
```

【程式解析】

- 第 12 ～ 13 行：使用 endl 換行。

- 第 14 行：使用 flush 輸出 cout 物件中暫存器的訊息資料。其中 endl 與 ends 這兩個操縱子均會自行呼叫 flush，以輸出物件暫存區中的資料訊息。

除了沒有引數的操縱子外，以下也整理一些有引數的操縱子，它們包含在標頭檔 iomanip 中：

操縱子	功能	用法
setw()	設定輸出訊息的最小欄位寬。	cout << setw(int) << 輸出資料
setfill()	設定輸出訊息空白處的字元。	cout << setfill(char) << 輸出資料
setprecision()	設定浮點數的位數。	cout << setprecision(int) << 輸出資料
setiosflags()	設定 ios 類別的格式旗標（format flag）。	cout << setiosflags(long) << 輸出資料
resetiosflags()	清除 ios 類別格式旗標的設定。	cout << resetiosflags(long) << 輸出資料

◀隨堂範例▶ B_2.cpp

有引數操縱子的宣告與使用範例。

```
01   #include <iostream>  // 處理輸出入的標頭檔
02   #include <iomanip>   // 操縱子的標頭檔
03
04   using namespace std;
05
06
07   int main()
08   {
```

```
09      int i, n;
10      cout << " 設定輸出訊息的最小寬度為 3" << endl;
11      for( i = 1, n = 0; i < 6; i++)
12      {
13          n *= 10;
14          n += i;
15          cout << setw(3) << n << endl; // 使用 setw() 操縱子
16      }
17      cout << endl;
18      cout << " 設定空白填充字元為 '@'" << endl;
19      for( i = 1, n = 0; i < 6; i++)
20      {
21          n *= 10;
22          n += i;
23          cout << setw(3) << setfill('@') << n << endl;// 使用 setfill() 操縱子
24      }
25      cout << endl;
26      cout << " 設定浮點數的位數為 3 與 5" << endl;
27      cout << setprecision( 3 ) << 12.3456789 << endl
                                    // 使用 setprecision() 操縱子
28      << setprecision( 5 ) << 123.456789 << endl;
29      cout << endl;
30      cout << " 使用 setiosflags() 操縱子與 ios 旗標 \"scientific\" 設定浮點數以科學
                記號格式顯示 "<< endl;
31      // 使用 setiosflags() 操縱子
32      cout << setiosflags( ios::scientific ) << setprecision( 3 )
            << 12.3456789 << endl << endl;
33      cout << " 使用 resetiosflags() 操縱子與 ios 旗標 \"scientific\" 清除科學記號
                格式顯示 "<< endl;
34      // 使用 resetiosflags() 操縱子
35      cout << resetiosflags( ios::scientific ) << setprecision(3)
            << 12.3456789 << endl;
36      cout << endl;
37
38
39      return 0;
40  }
```

【執行結果】

```
設定輸出訊息的最小寬度為 3
  1
 12
123
1234
12345

設定空白填充字元為'@'
@@1
@12
123
1234
12345

設定浮點數的位數為3與5
12.3
123.46

使用setiosflags()操縱子與ios旗標"scientific"設定浮點數以科學記號格式顯示
1.235e+001

使用resetiosflags()操縱子與ios旗標"scientific"清除科學記號格式顯示
12.3

------------------------------------
Process exited after 0.08167 seconds with return value 0
請按任意鍵繼續 . . .
```

【程式解析】

- 第 15 行：使用 setw() 操縱子設定輸出訊息最小欄位。

- 第 23 行：使用 setfill() 操縱子設定輸出訊息空白字元。

- 第 28 行：使用 setprecision() 操縱子設定輸出浮點數的位數。

- 第 32 行：使用 setiosflags() 操縱子與 ios 類別的 scientific 旗標設定輸出格式為科學記號表示法。

- 第 35 行：使用 resetiosflags() 操縱子與 ios 類別的 scientific 旗標清除科學記號表示法輸出格式。

在以上的範例中，setiosflags() 與 resetiosflags() 操縱子會設定 ios 類別中的「格式化旗標」（format flag），下表列出常用的旗標說明：

格式化旗標	功能
skipws	忽略輸入的空白字元。
left	向左切齊，必須與操縱子 setw() 一起使用。
right	向右切齊，必須與操縱子 setw() 一起使用，此為預設值。
internal	在正負符號或基底與數字建補上空白字元。
dec	轉換成十進制，此為預設值。
oct	轉換成八進制。
hex	轉換成十六進制。
showbase	使用基底格式（0 代表八進制，0x 代表十六進制）。
showpoint	以 0 補足小數點不足位數，需配合操縱子 setprecision()。
uppercase	使用大寫。
showpos	在正數前顯示 + 號。
scientific	使用科學記號格式。
fixed	使用與預設相同的格式顯示浮點數，但是其浮點數的位數只包含小數點後的位數，例如 12.345 其位數為三；若是使用預設格式表示，則其位數為五。
unitbuf	在插入運算（<<）後立即輸出，只以一次輸入的資料作為暫存單位（unit buffering），例如 cerr 標準輸出物件。
boolaplha	以 true、false 表示 bool 值。
stdio	在插入運算後更新 C 語言的輸出函數 stdout、stderror。

例如下面的程式範例可利用「格式化旗標」將輸出作靠左或靠右的設定。

◀ 隨堂範例 ▶ B_3.cpp

「格式化旗標」的宣告與使用範例。

```
01  #include <iostream>  // 處理輸出入的標頭檔
02  #include <iomanip>   // 操縱子的標頭檔
03
04  using namespace std;
05
06  int main()
07  {
08      int i, n;        // 使用旗標 ios::right
```

```
09        cout << " 使用格式旗標 \"ios::right\" 將輸出靠右顯示 , 此為預設值 " << endl;
10        for( i = 1, n = 0; i < 6; i++)
11        {
12            n *= 10;
13            n += i;
14            cout << setiosflags( ios::right ) << setw(5) << n << endl;
15        }
16        cout << resetiosflags( ios::right ) << endl; // 解除設定
17        // 使用旗標 ios::left
18        cout << " 使用格式旗標 \"ios::left\" 將輸出靠右顯示 " << endl;
19        for( i = 1, n = 0; i < 6; i++)
20        {
21            n *= 10;
22            n += i;
23            cout << setiosflags( ios::left ) << setw(5) << n << endl;
24        }
25        cout << endl;
26
27
28        return 0;
29  }
```

【執行結果】

```
使用格式旗標"ios::right"將輸出靠右顯示,此為預設值
    1
   12
  123
 1234
12345

使用格式旗標"ios::left"將輸出靠右顯示
1
12
123
1234
12345


--------------------------------
Process exited after 0.09904 seconds with return value 0
請按任意鍵繼續 . . .
```

【程式解析】

- 第 14 行：使用格式旗標 ios::right 將輸出靠右對齊。
- 第 16 行：解除格式旗標 ios::right 設定。
- 第 23 行：使用格式旗標 ios::left 將輸出靠左對齊。

　　ios 類別除了提供格式旗標以外，它也包含了用來設定旗標以及傳回旗標值的函數，請看下面的表格：

函數	功能
char fill()	傳回填入字元，預設值為空白字元。
char fill(char f)	設定填入字元為 "f"，並傳回之前的設定。
int precision()	傳回準確度位數。
int precision(int p)	設定準確度位數為 p，並傳回之前的設定。
int width()	傳回欄位寬。
int width(int w)	設定欄位寬為 w，並傳回之前的設定。
long setf(long flag)	設定旗標為 flag，並傳回之前的設定。
long setf(long flag, long field)	清除與 field 相關的旗標設定後再設定旗標為 flag，並傳回之前的設定。
long unsetf(long flag)	清除 flag 旗標設定。

　　例如雙引數 setf 函數的第二個引數在 ios 類別中定義如下：

```
static const long basefield;      // dec | oct | hex
static const long adjustfield;    // left | right | internal
static const long floatfield;     // scientific | fixed
```

　　常用的格式旗標被分到三種欄位（field）中以方便作清除的動作：

- basefield（數字基底欄位）：包含 dec、oct、hex 旗標。
- adjustfield（對齊欄位）：包含 left、right、internal 旗標。
- floatfield（浮點數格式欄位）：包含 scientific、fixed 旗標。

　　您會發現這些函數與操縱子在功能上有許多重疊的部分，它們的差別在於不但可以利用這些函數來設定格式旗標，還可以取得目前旗標的設定值，請看下面的程式範例。

◀ 隨堂範例 ▶ B_4.cpp

設定旗標以及傳回旗標值函數的宣告與使用範例。

```
01  #include <iostream>   // 處理輸出入的標頭檔
02  #include <iomanip>
03
04  using namespace std;
```

```
05
06  int main()
07  {
08      int i, n;// 使用 width() 函數
09      cout << " 設定輸出訊息的最小寬度為 3" << endl;
10      for( i = 1, n = 0; i < 6; i++)
11      {
12          n *= 10;
13          n += i;
14          cout.width(3);
15          cout << n << endl;
16      }
17      cout << endl;
18      // 使用 fill() 函數
19      cout << " 設定空白填充字元為 '@'" << endl;
20      for( i = 1, n = 0; i < 6; i++)
21      {
22          n *= 10;
23          n += i;
24          cout.width(3);
25          cout.fill('@');
26          cout << n << endl;
27      }
28      cout << endl;
29      // 取得浮點數位元的預設值
30      cout << " 浮點數的位數的預設值為 : " << cout.precision() << endl;
31      cout << endl; // 使用 setf() 函數
32      cout << " 使用 setf() 函數與旗標 \"scientific\" 設定浮點數以科學記號格式顯示 "
33      << endl;
34      cout.setf(ios::scientific);
35      cout << 12.3456789 << endl << endl;// 使用 setf( flag, field) 函數
36      cout << " 使用 \" setf( ios::fixed, ios::floatfield );\" " << endl
37      << " 清除科學記號格式顯示 , 並重設為 fixed point 格式 " << endl;
38      cout.setf( ios::fixed, ios::floatfield );
39      cout << 12.3456789 << endl;
40      cout << endl;
41
42
43      return 0;
44  }
```

【執行結果】

```
設定輸出訊息的最小寬度為 3
  1
 12
123
1234
12345

設定空白填充字元為 '@'
@@1
@12
123
1234
12345

浮點數的位數的預設值為 : 6
使用setf()函數與旗標"scientific"設定浮點數以科學記號格式顯示
1.234568e+001

使用" setf( ios::fixed, ios::floatfield );"
清除科學記號格式顯示,並重設為fixed point格式
12.345679

------------------------------------
Process exited after 0.08198 seconds with return value 0
請按任意鍵繼續 . . .
```

【程式解析】

- 第 14 行：cout 物件使用 width() 函數來設定輸出資料的欄寬。
- 第 25 行：cout 物件使用 fill() 函數來設定填入空白處的字元。
- 第 30 行：cout 物件使用 precision() 函數來取得浮點數位數的預設值。
- 第 34 行：cout 物件使用 setf() 函數來設定格式旗標。
- 第 38 行：cout 物件使用 setf(ios::fixed, ios::floatfield) 函數來清除浮點數格式相關的欄位，並重新設為 fixed point 格式。

B-2 常用輸出函數

資料流的輸出除了可以使用插入運算子 << 之外，也能夠使用下列二種函數：

函數名稱	功能
put(char)	輸出字元。
write(string, size)	輸出大小為 size 的字串。

請看以下的程式範例。

◀隨堂範例▶ B_5.cpp

put() 函數與 write() 函數的宣告與使用範例。

```
01    #include <iostream>              // 處理輸出入的標頭檔
02
03    using namespace std;
04
05    int main()
06    {
07        char ch = 'a';
08        char str_e[] = "peace";
09        char str_c[] = "您好";
10        cout.put(ch);                // 輸出字元
11        cout << endl;
12        cout.write( str_e, 5 );      // 輸出 5 個字元英文字串
13        cout << endl;
14        cout.write( str_c, 2 );      // 輸出 2 個字元中文字串
15        cout << endl << endl;
16
17
18        return 0;
19    }
```

【執行結果】

```
a
peace
您

--------------------------------
Process exited after 0.06873 seconds with return value 0
請按任意鍵繼續 . . .
```

【程式解析】

- 第 10 行：使用 ostream 類別的成員函數 put() 輸出字元。
- 第 12 行：使用 ostream 類別的成員函數 write() 輸出長度為 5 的英文字串。
- 第 14 行：使用 ostream 類別的成員函數 write() 輸出長度為 2 的中文字串。

擷取運算子 >>

istream 類別多載（overloading）">>" 運算子，讓我們可以直接將資料做輸入的動作，而不須考慮資料的格式與傳送端的連接。輸入周邊設備（例如鍵盤）會與將資料放置於 streambuf 暫存類別中，輸入物件（例如 cin）透過指標連接到暫存類別，再藉由運算子 >> 將其中的資料 " 擷取 " 出來，存放於變數中，因此 >> 運算子被稱為「擷取運算子」。

◀隨堂範例▶ B_6.cpp

cin 物件與擷取運算子 >> 的宣告與使用範例

```
01  #include <iostream>              // 輸出入的標頭檔
02
03  using namespace std;
04
05  const int MAX_STR = 80;          // 設定字串長度最長為 80 個字元
06  int main()
07  {
08      int      year;
09      char name[MAX_STR];
10      cout << " 請輸入您的年齡 : ";
11      cin >> year;                 // 將鍵盤輸入的資料放到變數中
12      cout << " 請輸入您的姓名 : ";
13      cin >> name;                 // 將鍵盤輸入的資料放到變數中
14      cout << endl;
15      cout << " 您的年齡是 : " << year << endl;
16      cout << " 您的姓名是 : " << name << endl;
17      cout << endl;
18
19
20      return 0;
21  }
```

【執行結果】

```
請輸入您的年齡 : 28
請輸入您的姓名 : 朱音玲

您的年齡是 : 28
您的姓名是 : 朱音玲


-----------------------------------
Process exited after 25.27 seconds with return value 0
請按任意鍵繼續 . . .
```

【程式解析】

- 第 11、13 行：使用擷取運算子 >> 將輸入的資料存入變數中。
- 第 15、16 行：將變數資料輸出到螢幕上。

B-4　常用輸入函數

除了擷取運算子，istream 類別也定義了其他的輸入函數，下表列出我們常用的輸入函數：

函數	功能
get(ch)	讀入一個字元並存入變數 ch 中。
get(str, size)	讀取 size-1 個字元並存入字元陣列 str 中。
get(str, delimiter)	讀取字元直到分隔字元 delimiter 並存入字元陣列 str 中，分隔字元預設為 '\n'，它會被留在暫存區中。
get(str, size, delimiter)	讀取 size-1 個字元或是在分隔字元 delimiter 前的字元，並將其存入字元陣列 str 中。
getline(str, size, delimiter)	讀取 size-1 個字元或是直到分隔字元 delimiter 的以前字元，並將之存入字元陣列 str 中，分隔字元也會存入 str 而不會留在暫存區中。
ignore(size, delimiter)	清除暫存區中 size 個字元或是分隔字元前的字元，分隔字元也會被清除。
count = gcount()	傳回上一次讀取的字元個數。

◀ 隨堂範例 ▶ B_7.cpp

常用輸入函數的宣告與使用範例。

```
01   #include <iostream>              // 輸出入的標頭檔
02   using namespace std;
03   const int MAX_STR = 80;          // 設定字串長度最長為 80 個字元
04
05   int main()
06   {
07       char name[MAX_STR];
08       char weight[MAX_STR];
09       char height[MAX_STR];
10       char blood[MAX_STR];
```

```
11        char birthday[MAX_STR];
12        char ch;
13        int       index = 0;
14        cout << " 請輸入您的姓名 : ";
15
16        while(ch != '\n')
17        {
18            cin.get(ch);                    // 使用 get(char) 函數
19            name[index] = ch;
20            index++;
21        }
22        name[index] = '\0';// 加入字串結束字元 '\0'
23        cout << " 請輸入您的身高 : ";
24        cin.get( height, MAX_STR );     // 使用 get(str, size) 函數
25        cin.ignore( MAX_STR, '\n');     // 清除暫存區中的字元
26        cout << " 請輸入您的體重 : ";
27        cin.get( weight, '\n' );        // 使用 get(str, delimiter) 函數
28        cin.ignore( MAX_STR, '\n');     // 清除暫存區中的字元
29        cout << " 請輸入您的血型 : ";
30        cin.get( blood, MAX_STR, '\n' ); // 使用 get(str, size, delimiter) 函數
31        cin.ignore( MAX_STR, '\n');     // 清除暫存區中的字元
32        cout << " 請輸入您的生日 : ";
33        cin.getline( birthday, MAX_STR, '\n' );
                                        // 使用 getline(str, size,delimiter) 函數
34        cout << " 您輸入 " << cin.gcount() << " 個字元 " << endl;
                                        // 使用 gcount() 函數
35        cout << endl;
36        cout << " 您的姓名是 : " << name;
37        cout << " 您的身高是 : " << height << endl;
38        cout << " 您的體重是 : " << weight << endl;
39        cout << " 您的血型是 : " << blood << endl;
40        cout << " 您的生日是 : "<<birthday<<endl;
41
42
43        return 0;
44  }
```

【執行結果】

```
請輸入您的姓名 : 吳東進
請輸入您的身高 : 187
請輸入您的體重 : 76
請輸入您的血型 : A
請輸入您的生日 : 680123
您輸入 7 個字元

您的姓名是 : 吳東進
您的身高是 : 187
您的體重是 : 76
您的血型是 : A
您的生日是 : 680123
----------------------------------
Process exited after 35.9 seconds with return value 0
請按任意鍵繼續 . . . ▪
```

【程式解析】

- 第 18 行：使用函數 get(char) 讀取字元。
- 第 22 行：將空字元 '\0' 加入字串中作為結束。
- 第 24 行：使用函數 get(str, size) 讀取字串。
- 第 25 行：使用函數 ignore() 清除暫存區的資料。
- 第 34 行：使用函數 gcount() 傳回上一次讀取的字元數。

B-5 錯誤狀態位元

若是我們在輸入數字的地方填上字串，則會因為對應變數的型態不符合，而造成錯誤。除了輸入型態的錯誤，電腦的軟硬體在做輸出入的動作時，也可能發生錯誤，因此 ios 類別定義了「錯誤狀態位元」，如下所示：

錯誤狀態位元	說明
goodbit	沒有錯誤。
eofbit	到達檔案結尾（end-of-file）。
failbit	輸出入的動作發生錯誤，例如資料型態對應錯誤，此時資料流物件仍可使用。
badbit	其他嚴重錯誤致使資料流物件無法使用，例如讀取檔案開頭之前或是結尾之後的資料。

另外我們可使用 ios 類別所提供的函數檢查錯誤狀態位元來偵測錯誤的發生，下表列出常用的函數：

錯誤偵測函數	功能
int good()	若沒有任何位元被設定，則傳回真值。
int eof()	若 eofbit 被設定，則傳回真值。
int fail()	若 failbit 或 badbit 被設定，則傳回真值。
int bad()	若 badbit 被設定，則傳回真值。
clear() 或 clear(int io_state)	清除所有的錯誤狀態位元，若是有傳入參數，例如 clear(ios::failbit) 則會設定該位元。

下面的程式範例使用錯誤偵測函數修正輸入時的錯誤，這些錯誤包含格式對應錯誤（字元或字串對應到整數型態的變數）、輸入空白字元以及自訂的錯誤（例如整數值必須大於 0）。

◀隨堂範例▶ B_8.cpp

錯誤狀態函數的宣告與使用範例。

```cpp
01   #include <iostream>          // 輸出入的標頭檔
02
03   using namespace std;
04
05   const int MAX_STR = 80;   // 設定字串長度最長為 80 個字元
06
07   int main()
08   {
09       char name[MAX_STR];
10       int     age = 0;
11       int     index = 0;
12       cout << " 請輸入您的姓名 : ";
13       cin.getline( name, MAX_STR, '\n' );   // 使用 getline(str, size,
                                                //             delimiter) 函數
14       while(1)
15       {
16           cout << " 請輸入您的年齡 : ";
17           cin.unsetf(ios::skipws);  // 不跳過空白字元，將其視為輸入的字元，
18                                     // 因為它不是數字所以會造成錯誤
19           cin >> age;               // 將輸入存入型態為整數的變數中
20           if( age < 0 )
21           {
22               cout << " 您輸入的年齡小於 0" << endl;
23               cin.clear( ios::failbit );   // 設定 failbit 錯誤狀態位元
24           }
25           if( cin.good() )                 // 若是輸入正確
26           {
27               cin.ignore( MAX_STR, '\n' ); // 清除暫存區
28               break;                       // 跳出迴圈
29           }// 輸入錯誤
30           cin.clear();                     // 先清除錯誤位元，
31           cout << " 輸入錯誤 !" << endl;    // 輸出錯誤訊息
32           cin.ignore( MAX_STR, '\n');      // 清除暫存區中的字元
33       }
34       cout << endl;
35       cout << " 您的姓名是 : " << name << endl;
36       cout << " 您的年齡是 : " << age << endl;
37       cout << endl;
```

```
38
39
40      return 0;
41  }
```

【執行結果】

```
請輸入您的姓名 ： 許振維
請輸入您的年齡 : 52

您的姓名是 ： 許振維
您的年齡是 : 52


------------------------------------
Process exited after 10.25 seconds with return value 0
請按任意鍵繼續 . . . ▄
```

【程式解析】

- 第 17 行：使用函數 unsetf() 與操縱子 ios::skipws 設定輸入資料時不跳過空白字元，將其視為一般字元讀取，因為它不符合對應的整數型態，所以錯誤狀態位元 failbit 會自動被設定。

- 第 23 行：如果輸入值小於 0，設定錯誤狀態位元 failbit。

- 第 25 行：使用函數 good() 檢查是否有輸入錯誤發生。

- 第 30 行：使用函數 clear() 清除錯誤狀態位元。

MEMO

ChatGPT 與 C++ 程式設計

　　年度最火紅的話題絕對離不開 ChatGPT AI 革命，目前網路、社群對於 ChatGPT 的討論已經沸沸揚揚。ChatGPT 是由 OpenAI 所開發的一款基於生成式 AI 的免費聊天機器人，擁有強大的自然語言生成能力，可以根據上下文進行對話，並進行多種應用，包括客戶服務、銷售、產品行銷等。ChatGPT 技術是建立在深度學習（deep learning）和自然語言處理技術（natural language processing, NLP）的基礎上。由於 ChatGPT 以開放式網路的大量資料進行訓練，使其能夠產生高度精確、自然流暢的對話回應，並與人進行互動。如下圖所示：

　　ChatGPT 能和人類以一般人的對話方式與使用者互動，例如提供建議、寫作輔助、寫程式、寫文章、寫信、寫論文、劇本小說…等，而且所回答的內容有模有

樣，除了可以給予各種問題的建議，也可以幫忙寫作業或程式碼，例如下列二圖的
回答內容：

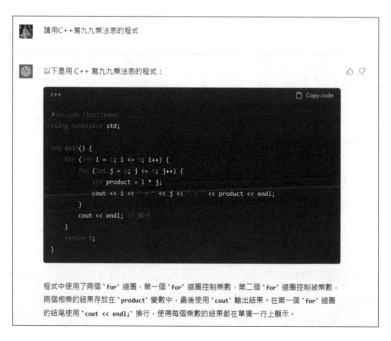

　　ChatGPT 之所以強大，是它背後難以數計的資料庫，任何食衣住行育樂的各
種生活問題或學科都可以問 ChatGPT，而 ChatGPT 也會以類似人類會寫出來的文
字，給予相當到位的回答，與 ChatGPT 互動是一種雙向學習的過程，在用戶獲得

想要資訊內容文字的過程中，ChatGPT 也不斷在吸收與學習。ChatGPT 堪稱是目前科技整合的極致，繼承了幾十年來資訊科技的精華。以前只能在電影上想像的情節，現在幾乎都實現了。在生成式 AI 蓬勃發展的階段，ChatGPT 擁有強大的自然語言生成及學習能力，更具備強大的資訊彙整功能，各位想到的任何問題都可以尋找適當的工具協助，加入自己的日常生活中，並且得到快速正確的解答。

C-1　認識聊天機器人

　　人工智慧行銷從本世紀以來，一直都是店家或品牌尋求擴大影響力和與客戶互動的強大工具，過去企業為了與消費者互動，需聘請專人全天候在電話或通訊平台前待命，不僅耗費了人力成本，也無法妥善地處理龐大的客戶量與資訊，聊天機器人（chatbot）則是目前許多店家客服的創意新玩法，背後的核心技術即是以自然語言處理（natural language processing, NLP）中的一種模型（generative pre-trained transformer, GPT）為主，利用電腦模擬與使用者互動對話，算是由對話或文字進行交談的電腦程式，並讓用戶體驗像與真人一樣的對話。聊天機器人能夠全天候地提供即時服務，與自設不同的流程來達到想要的目的，協助企業輕鬆獲取第一手消費者偏好資訊，有助於公司精準行銷、強化顧客體驗與個人化的服務。這對許多粉絲專頁的經營者或是想增加客戶名單的行銷人員來說，聊天機器人就相當適用。

AI 電話客服也是自然語言的應用之一

圖片來源：https://www.digiwin.com/tw/blog/5/index/2578.html

C-1-1 聊天機器人的種類

例如以往店家或品牌進行行銷推廣時，必須大費周章取得用戶的電子郵件，不但耗費成本，而且郵件的開信率低，由於聊天機器人的應用方式多元、效果容易展現，可以直觀且方便的透過互動貼標來收集消費者第一方資料，直接幫你獲取客戶的資料，例如：姓名、性別、年齡…等臉書所允許的公開資料，驅動更具效力的消費者回饋。

臉書的聊天機器人就是一種自然語言的典型應用

聊天機器人共有兩種主要類型：一種是以工作目的為導向，這類聊天機器人是一種專注於執行一項功能的單一用途程式。例如 LINE 的自動訊息回覆，就是一種簡單型聊天機器人。

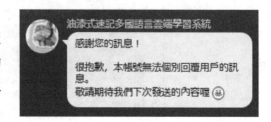

　　另一種聊天機器人則是一種資料驅動的模式，能具備預測性的回答能力，Apple 的 Siri 就是屬於這一種類型的聊天機器人。

　　例如在臉書粉絲專頁或 LINE，常見有包含留言自動回覆、聊天或私訊互動等各種類型的機器人，其實這一類具備自然語言對話功能的聊天機器人也可以利用 NLP 分析方式進行打造，也就是說，聊天機器人是一種自動的問答系統，它會模仿人的語言習慣，也可以和你「正常聊天」，就像人與人的聊天互動，而 NLP 方式來讓聊天機器人可以根據訪客輸入的留言或私訊，以自動回覆的方式與訪客進行對話，也會成為企業豐富消費者體驗的強大工具。

C-2 ChatGPT 初體驗

　　從技術的角度來看，ChatGPT 是根據從網路上獲取的大量文字樣本進行機器人工智慧的訓練，與一般聊天機器人的相異之處在於 ChatGPT 有豐富的知識庫以及強大的自然語言處理能力，使得 ChatGPT 能夠充分理解並自然地回應訊息，不管你有什麼疑難雜症，你都可以詢問它。國外許多專家都一致認為 ChatGPT 聊天機器人比 Apple Siri 語音助理或 Google 助理更聰明，當用戶不斷以問答的方式和 ChatGPT 進行互動對話，聊天機器人就會根據你的問題進行相對應的回答，並提升這個 AI 的邏輯與智慧。

　　登入 ChatGPT 網站註冊的過程中雖然是全英文介面，但是註冊過後在與 ChatGPT 聊天機器人互動發問問題時，可以直接使用中文的方式來輸入，而且回答的內容專業性也不失水準，甚至不亞於人類的回答內容。

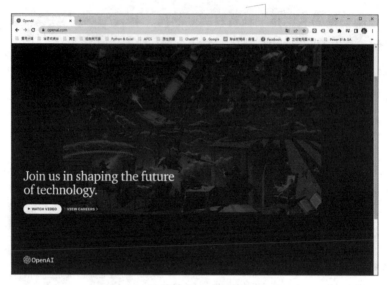

OpenAI 官網 https://openai.com/

　　目前 ChatGPT 可以辨識中文、英文、日文或西班牙等多國語言，透過人性化的回應方式來回答各種問題。這些問題甚至含括了各種專業技術領域或學科的問題，可以說是樣樣精通的百科全書。

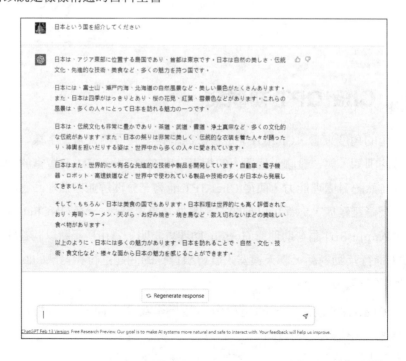

不過 ChatGPT 的資料來源並非 100% 正確，為了得到的答案更準確，當使用 ChatGPT 回答問題時，應避免使用模糊的詞語或縮寫。「問對問題」不僅能夠幫助用戶獲得更好的回答，ChatGPT 也會藉此不斷精進優化，AI 工具的魅力就在於它的學習能力及彈性，尤其目前的 ChatGPT 版本已經可以累積與儲存學習記錄。切記！清晰具體的提問才是與 ChatGPT 的最佳互動。如果需要深入知道更多的內容，除了盡量提供夠多的訊息，就是提供足夠的細節和上下文。

C-2-1　註冊免費 ChatGPT 帳號

首先我們示範如何註冊免費的 ChatGPT 帳號，請先登入 ChatGPT 官網，網址為 https://chat.openai.com/，登入官網後，若沒有帳號的使用者，可以直接點選畫面中的「Sign up」按鈕註冊一個免費的 ChatGPT 帳號：

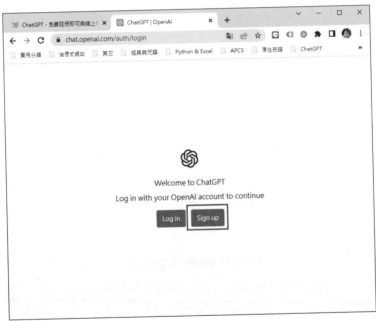

接著請輸入 Email 帳號，或是也可以透過已有的 Google 帳號、Microsoft 帳號進行註冊登入。請在下圖視窗中間的文字輸入方塊中輸入要註冊的電子郵件，輸入完畢後，請按下「Continue」鈕。

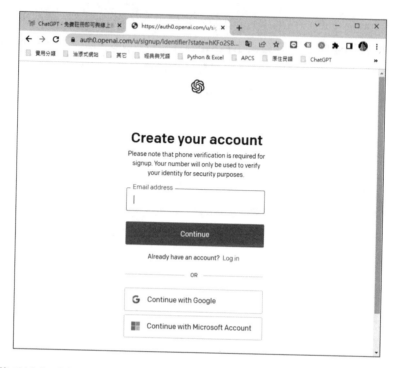

接著系統會要求輸入一組至少 8 個字元的密碼作為這個帳號的註冊密碼。

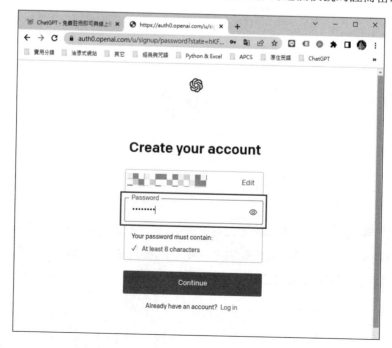

　　輸入完畢後，接著再按下「Continue」鈕，會出現類似下圖的「Verify your email」的視窗。

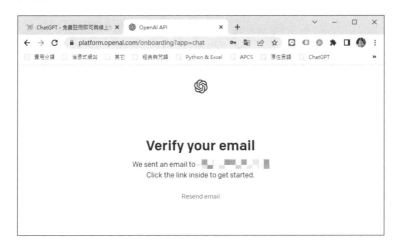

　　請打開收發郵件的程式，可以收到如下圖的「Verify your email address」的電子郵件。請各位直接按下「Verify email address」鈕：

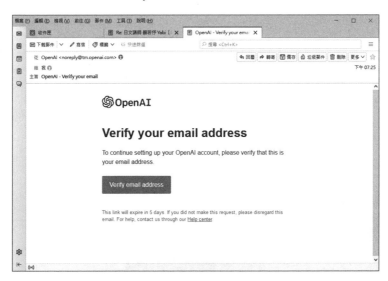

　　接著會進入到下一步輸入姓名的畫面，請注意，這裡要特別補充說明的是，如果你是透過 Google 帳號或 Microsoft 帳號快速註冊登入，那麼就會直接進入到下一步輸入姓名的畫面：

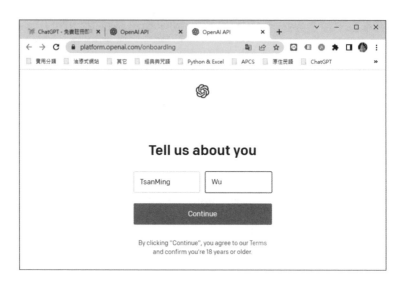

　　輸入完姓名後，再次按下「Continue」鈕，就會要求輸入個人的電話號碼進行身分驗證，這是一個非常重要的步驟，如果沒有透過電話號碼來通過身分驗證，就沒有辦法使用 ChatGPT。請注意，輸入行動電話時，請直接輸入行動電話後面的數字，例如你的電話是「0931222888」，只要直接輸入「931222888」，輸入完畢後，記得按下「Send code」鈕。

　　幾秒後就可以收到官方系統發送到指定號碼的簡訊，該簡訊會顯示 6 碼的數字。

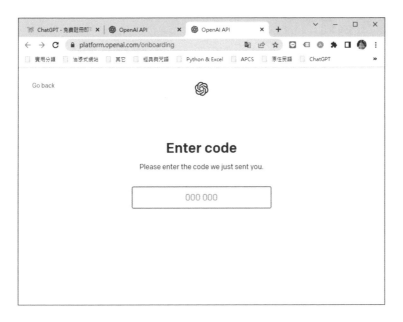

　　各位只要於上圖中輸入手機所收到的 6 碼驗證碼後，就可以正式啟用 ChatGPT。登入 ChatGPT 之後，會看到下圖畫面，在畫面中可以找到許多和 ChatGPT 進行對話的真實例子，也可以了解使用 ChatGPT 有哪些限制。

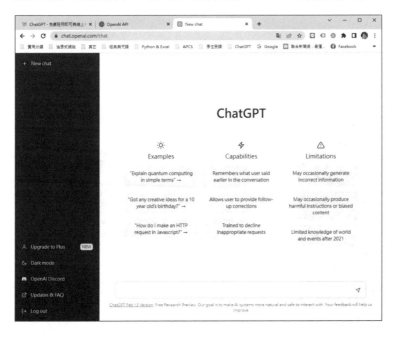

C-2-2　更換新的機器人

你可以藉由這種問答的方式，持續地去和 ChatGPT 對話。如果你想要結束這個機器人，可以點選左側的「New Chat」，他就會重新回到起始畫面，並新開一個新的訓練模型，這個時候輸入同一個題目，可能得到的結果會不一樣。

C-2-3　登出 ChatGPT

如果要登出 ChatGPT，只要按下畫面中的「Log out」鈕。

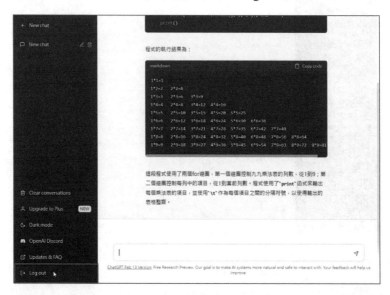

登出後就會看到如下的畫面，允許各位再按下「Log in」鈕再次登入ChatGPT。

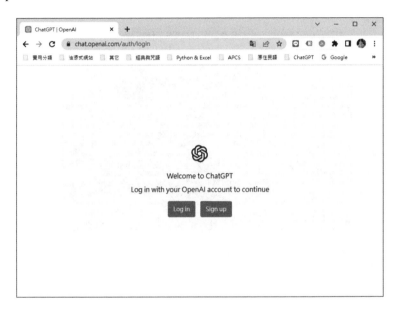

C-3　使用 ChatGPT 寫 C++ 語言程式

當我們登入 ChatGPT 之後，開始畫面會告訴你 ChatGPT 的使用方式，各位只要將自己想要問的問題直接於畫面下方的對話框輸入。

C-3-1　利用 ChatGPT AI 撰寫 C++ 語言程式

例如輸入「請用 C++ 語言寫九九乘法表的程式」，按下「Enter」鍵正式向ChatGPT 機器人詢問，就可以得到類似下圖的回答：

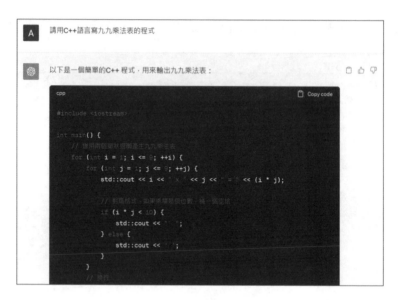

我們還可以從 ChatGPT 的回答中看到執行此程式後，你將會看到輸出的九九
乘法表，像是這樣：

C-3-2　複製 ChatGPT 幫忙寫的程式碼

如果要取得這支程式碼，可以按下回答視窗右上角的「Copy code」鈕，就可以將 ChatGPT 所幫忙撰寫的程式，複製貼上到 DEV C++ 的程式碼編輯器，如下圖所示：

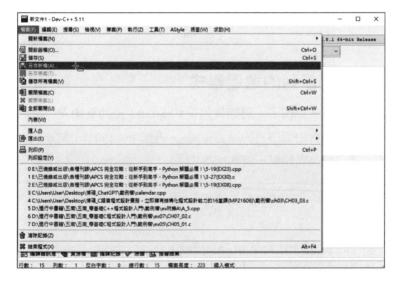

接著執行「檔案 / 另存新檔」指令，將程式儲存起來。

如果要執行程式，請執行「執行 / 編譯並執行」指令，如下圖所示：

【執行結果】

C-3-3　費伯那序列的遞迴程式

我們再來看另外一個例子，例如我們在 ChatGPT 提問框輸入「請用 C++ 語言設計一個計算第 n 項費伯那序列的遞迴程式」，再按下「Enter」鍵正式向 ChatGPT 機器人詢問，就可以得到類似下圖的回答：

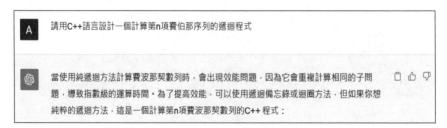

```cpp
#include <iostream>

int fibonacci(int n) {
    if (n <= 0) {
        return 0;
    } else if (n == 1) {
        return 1;
    } else {
        return fibonacci(n - 1) + fibonacci(n - 2);
    }
}

int main() {
    int n;
    std::cout << "請輸入要計算的費波那契數列項數: ";
    std::cin >> n;

    if (n < 0) {
        std::cout << "項數必須為正整數。" << std::endl;
    } else {
```

其程式說明如下：

> 這個程式中，fibonacci 函數使用遞迴方式計算費伯那序列的第 n 項。如果 n 小
> 於等於 0，它將返回 0。如果 n 等於 1，它將返回 1。對於其他情況，它將遞迴
> 呼叫 fibonacci(n-1) 和 fibonacci(n-2) 來計算結果。
>
> 在 main 函數中，我們首先輸入要計算的費伯那序列項數，然後呼叫 fibonacci
> 函數來計算並輸出結果。如果輸入的項數小於 0，程式將給出一個錯誤消息。
> 請注意，這種純遞迴方法在計算大的 n 時效能較差，因為它會計算相同的子問
> 題多次。

C-3-4　利用 ChatGPT AI 撰寫萬年曆

　　萬年曆一直是人們生活中不可或缺的工具。隨著科技的發展和人工智慧的突
破，我們現在可以利用 ChatGPT AI 來撰寫一個全功能、智能的萬年曆。這項技術
使我們能夠創造出更加便利、精確的日曆工具，幫助我們更好地管理時間和生活。

提問：請用 C++ 語言設計一支可以允許輸入年份及月份的月曆輸出外觀。

回答：

A
請用C++語言設計一支可以允許輸入年份及月份的月曆輸出外觀。
以下是一個簡單的C++ 程式，用於輸入年份和月份，並生成對應月曆的外觀：
cpp
Copy code
#include <iostream>
#include <iomanip>
// 函數用於判斷是否為閏年
bool isLeapYear(int year) {
if ((year % 4 == 0 && year % 100 != 0) || (year % 400 == 0)) {
return true;
} else {
return false;
}
}
// 函數用於取得每個月的天數
int getDaysInMonth(int year, int month) {
if (month == 2) {
return isLeapYear(year) ? 29 : 28;
} else if (month == 4 || month == 6 || month == 9 || month == 11) {
return 30;
} else {
return 31;

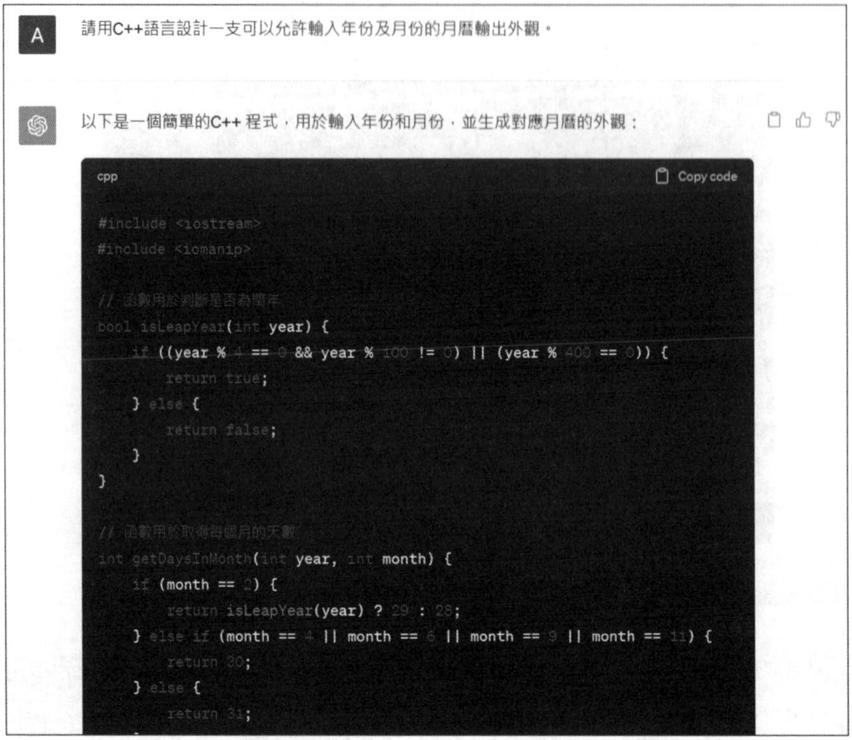

【執行結果】

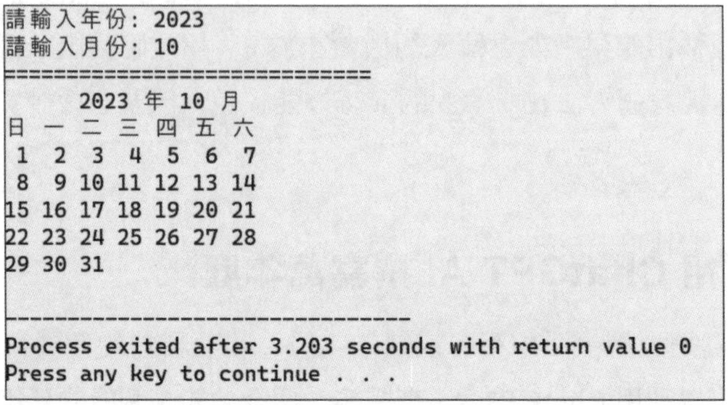

請輸入年份: 2023
請輸入月份: 10
==============================
2023 年 10 月
日 一 二 三 四 五 六
1 2 3 4 5 6 7
8 9 10 11 12 13 14
15 16 17 18 19 20 21
22 23 24 25 26 27 28
29 30 31

Process exited after 3.203 seconds with return value 0
Press any key to continue . . .

機器人寫出的程式或許不會盡善盡美，例如上圖的沒有對齊，這種情況下只要小小修改程式就可以大幅提高程式設計的效率。

C-4 課堂上學不到的 ChatGPT 使用祕訣

在開始介紹各種 ChatGPT 的對話範例之前，我們將談談 ChatGPT 正確使用訣竅及一些 ChatGPT 的重要特性，這將有助於各位更加得心應手地使用 ChatGPT。當使用 ChatGPT 進行對話前，必須事先想好明確的主題和問題，這才可以幫助 ChatGPT 更加精準理解要問的重點，才能提供更準確的答案。尤其所輸入的提問，必須是簡單、清晰、明確的，避免使用難以理解或模糊的語言，才不會發生 ChatGPT 的回答內容，不是自己所期望的。

因為 ChatGPT 的設計目的是要理解和生成自然語言，避免使用過於正式或技術性的語言。另外不要提問與主題無關的問題，否則可能導致所得到的回答，和自己想要問的題目不太相關。

有一點要強調的是在與 ChatGPT 進行對話時，還是要保持基本的禮貌和尊重，不要使用攻擊性的語言或不當言詞，因為 ChatGPT 能記錄對話內容，保持禮貌和尊重的提問方式，將有助於建立一個良好的對話環境。

C-4-1 能記錄對話內容

由於 ChatGPT 會記錄雙方的對話內容，因此如果你希望 ChatGPT 可以針對你的提問提供更準確的回答內容，就必須儘量提供足夠的上下文資訊，例如問題的背景描述、角色細節及專業領域…等。

C-4-2 專業問題可事先安排人物設定腳本

輸入的問題可事先進行人物背景專業的設定，因為有無事先說明人物背景設定所回答的結果，有時會產生完全不一樣的重點。例如想要問 ChatGPT 如何改善便祕問題的診斷方向，如果沒有事先設定人物背景的專業，其回答內容可能較為一般通俗性的回答。

C-4-3 目前只回答 2021 年前

這是因為 ChatGPT 是使用 2021 年前所收集到的網路資料進行訓練，如果各位試著提供 2022 年之後的新知，就有可能出現 ChatGPT 無法回答的情況產生。

C-4-4 善用英文及 Google 翻譯工具

ChatGPT 在接收到英文問題時，其回答速度及答案的完整度及正確性較好，所以如果用戶想要以較快的方式取得較正確或內容豐富的解答，就可以考慮先以英文的方式進行提問，如果自身的英文閱讀能力夠好，就可以直接吸收英文的回答內容。即使英文程度不算好的情況下只要善用 Google 翻譯工具，也可以協助各位將英文內容翻譯成中文來幫助理解，而且 Google 翻譯品質還有一定的水準。

C-4-5 熟悉重要指令

ChatGPT 指令相當多元，您可以要求 ChatGPT 編寫程式，也可以要求 ChatGPT 幫忙寫 README 文件，或是您也可以要求 ChatGPT 幫忙編寫履歷與自傳或是協助語言的學習。如果想充份了解更多有關 ChatGPT 常見指令大全，建議各位可以連上「ExplainThis（https://www.explainthis.io/zh-hant/chatgpt）」網站，在網頁中提供諸如程式開發、英語學習、寫報告…等許多類別指令，可以幫助各位充分發揮 ChatGPT 的強大功能。

C-4-6　充份利用其他網站的 ChatGPT 相關資源

除了上面介紹的「ChatGPT 指令大全」網站的實用資源外，由於 ChatGPT 功能強大，而且應用層面越來越廣，現在有越來越多的網站提供有關 ChatGPT 不同方面的資源，包括：ChatGPT 指令、學習、功能、研究論文、技術文章、示範應用等相關資源，本節將介紹幾個 ChatGPT 相關資源的網站：

- **OpenAI 官方網站**：提供 ChatGPT 的相關技術文章、示範應用、新聞發布等等：https://openai.com/。

- **GitHub**：是一個網上的程式碼存儲庫（code repository）它的主要宗旨在協助開發人員與團隊進行協作開發。GitHub 使用 Git 作為其基礎技術，讓開發人員可以更好地掌握程式碼版本控制，更容易地協作開發。OpenAI 官方的開放原始程式碼和相關資源：https://github.com/openai。

- **arXiv.org**：提供 ChatGPT 相關的學術研究論文和技術報告：https://arxiv.org/。
- **Google Scholar**：提供 ChatGPT 相關的學術研究論文和技術報告的搜尋引擎：https://scholar.google.com/。
- **Towards Data Science**：提供有關 ChatGPT 的技術文章和教學：https://towardsdatascience.com/。
- 數位時代：提供有關 ChatGPT 的技術文章和示範應用：https://www.bnext.com.tw/。